수학의
발견
수학 (상)

『고등 수학의 발견』 학습 설계

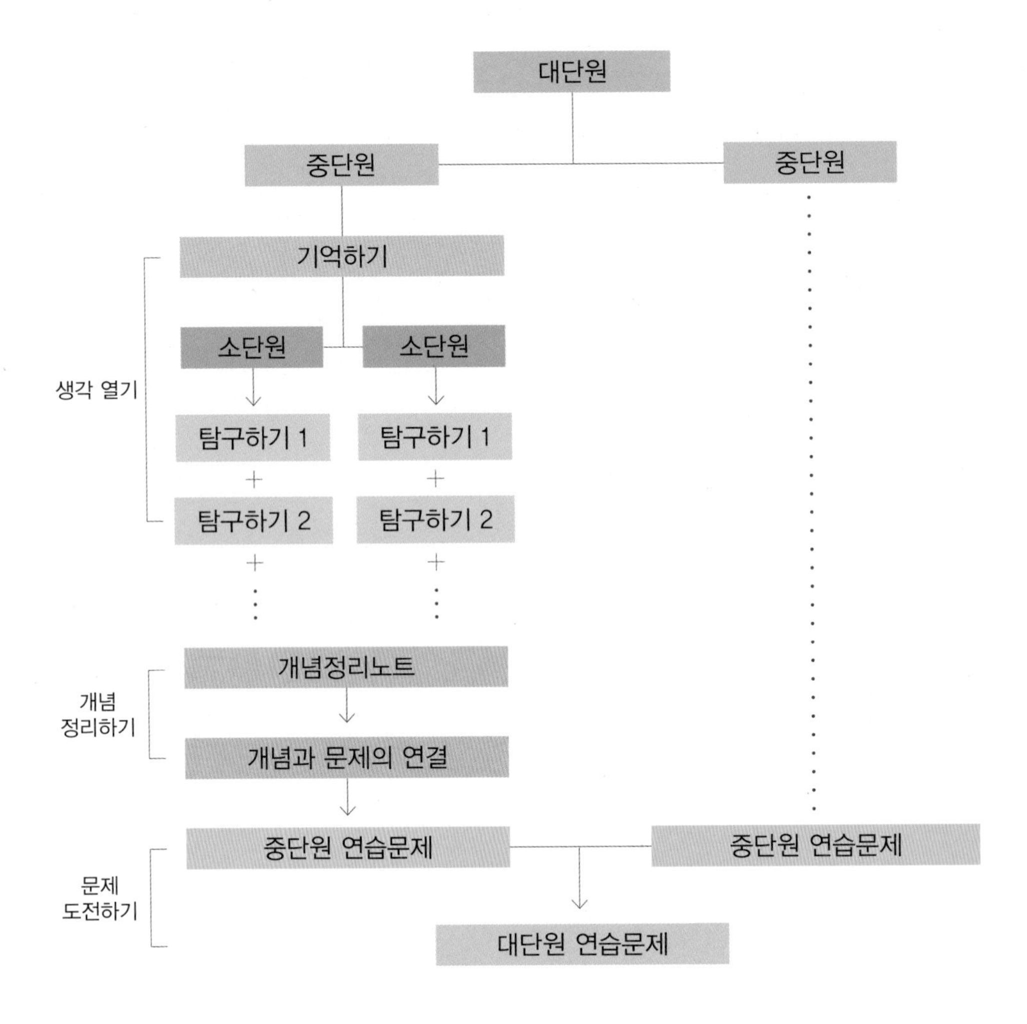

발행처 비아에듀 | 발행인 한상준 | 초판 1쇄 발행일 2023년 1월 9일
편집 김민정 · 강탁준 · 최정휴 · 손지원 · 정수림 | 삽화 김재훈 · 이소영 | 디자인 조경규 · 정은예 · 이우현
주소 서울시 마포구 월드컵북로6길 97 | 전화 02-334-6123 | 홈페이지 viabook.kr
내용 문의 사교육걱정없는세상 수학교육혁신센터 02-797-4044

『고등 수학의 발견』 카페

『고등 수학의 발견』은 이런 책입니다!

현재 학생이 사용하는 수학 교과서나 시중의 참고서 들은 수학 개념을 이해하도록 돕기보다 주입식 설명과 문제 풀이 중심으로 구성되어 빠르게 문제를 푸는 데 초점을 맞추고 있습니다. 그 결과 학생들은 개념적인 이해를 토대로 문제를 푸는 대신 무조건 공식만 외워서 푸는, 어렵고 지겨운 공부를 하고 있습니다.

고1 수학은 중학 수학과 연결되면서, 이후 고등 수학 선택과목 이수에 필수적인 내용입니다. '입시 수학'의 기초가 되는 중요한 분수령인 셈이지요. 주입식 설명과 공식 암기 위주의 학습으로는 수능에 적절히 대응하기가 힘들 수밖에 없습니다.

그래서 입시까지 흔들리지 않는 수학적 사고력을 키우는 미래형 교과서를 만들기 위해 19명의 현직 수학교사와 수학교육 전문가가 모였습니다. 2년여 개발 기간을 거쳐 완성된 실험본을 2021~22년 동안 8개 학교 약 1,500여 명의 학생들이 직접 사용해 보게 했습니다. 실험에 참여한 학생과 교사의 의견을 반영해 수정과 보완을 거쳐 출간된 『고등 수학의 발견』은 수학 개념을 내 것으로 만들어 주는 책입니다. 개념에 대한 이해가 충분해지면 문제 푸는 기술을 별도로 익히지 않아도 스스로 문제를 해결할 수 있습니다. 자기주도적 발견을 통해 학생의 수학적 성장을 돕는 교과서입니다.

INITIATIVE

학습의 주도권은 학생에게 있어야 합니다.
『고등 수학의 발견』은 자기주도적 발견을 통해 공부가 내 것이 되는 경험을 드립니다.

CONNECTION

중학교 수학 개념과 연결된 질문으로 시작해 상위 개념으로 유도하기 때문에
누구나 개념을 쉽고 깊이 있게 이해할 수 있습니다.

REFLECTION

정의나 공식을 주입식으로 외우게 하는 것이 아니라
학생의 삶과 연계된 질문을 통해 스스로 곱씹어 생각하는 힘을 키워 줍니다.

CREATIVITY

수학적 창의성을 키우는 다양한 과제를 통해 문제해결능력을 길러줍니다.
어떤 문제가 나와도 당황하지 않고 푸는 힘이 생깁니다.

GROWTH

수학을 발견하는 과정을 통해 동기 부여와 성취감을 느끼고,
훌쩍 성장한 나를 발견할 수 있습니다.

사용 설명서

고등학교 수학이 복잡하고 어려워 보이지만 초등학교와 중학교 수학 개념과의 연결 고리를 찾으면 쉽고 재미있게 접근할 수 있답니다. 『고등 수학의 발견』은 매 단계 과거에 배운 개념을 연결하도록 유도하여 누구나 쉽게 고등 수학의 개념에 다가설 수 있게 구성되었습니다. 끈기를 가지고 관찰하고, 추론하고, 분석해 나만의 개념을 발견해 보세요. 스스로 문제를 해결해 가는 과정에서 자신감이 생기고, 수학을 발견하는 기쁨을 맛볼 수 있을 것입니다.

01 도입

잠시 호흡을 크게 하면서 대단원의 흐름을 조망해 보아요.
'숲을 보고 나무를 본다'는 마음으로 나의 위치와 나아갈 방향을 확인해 보세요.

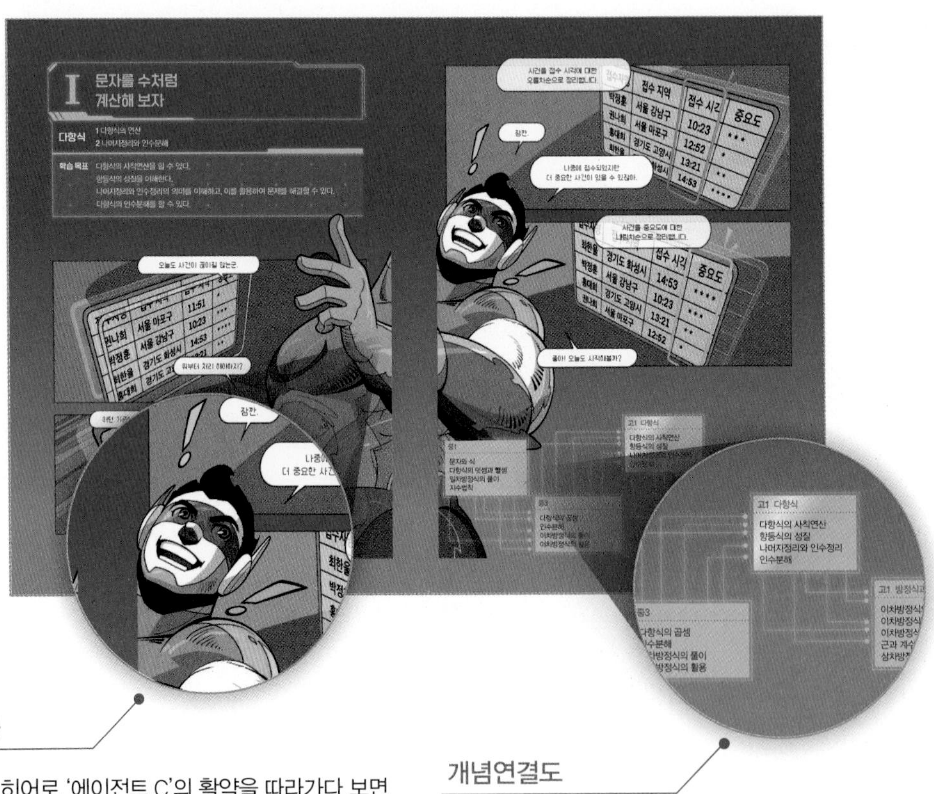

만화

수학 히어로 '에이전트 C'의 활약을 따라가다 보면 이번 단원에서 학습할 주요한 내용에 쉽고 재미있게 접근할 수 있어요. 여러분도 '에이전트 C'와 함께 도전해 보세요!

개념연결도

과거와 현재, 그리고 미래를 꿰뚫는 개념연결에 주목해 주세요. 개념연결에서 가장 중요한 것은 과거 개념입니다. 과거 주제를 하나씩 읽으면서 머릿속에 공부했던 내용을 떠올려 보세요. 잘 떠오르지 않는다면 책을 덮고 해당 개념이 있는 과거로 갔다 오는 것도 좋은 방법입니다.

02 기억하기

새로운 개념을 공부하기 전 이전에 배웠던 '연결된 개념'을 꼭 확인하세요. 각 문제는 기억해야 할 개념과 짝을 이뤄 학습 결손이 생기지 않도록 만든 장치랍니다. 아는 내용이라고 지나치지 말고 내가 제대로 이해했는지 확인하면서 문제를 풀어 보세요. 새로운 개념을 공부할 때마다 어떤 개념에서 나왔는지, 어떤 개념과 연결되는지 확인하는 습관을 지니는 것이 중요해요. 이런 습관이 만들어지면 앞으로 공부할 내용이 쉽게 느껴질 거예요.

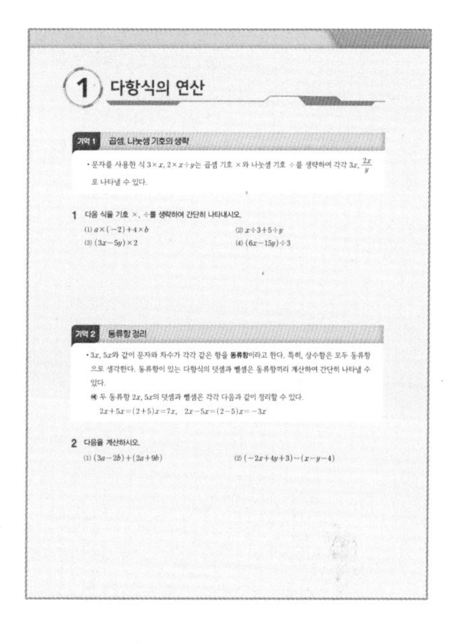

1 다항식의 연산

기억 1 곱셈, 나눗셈 기호의 생략

• 문자를 사용한 식 $3\times x$, $2\times x\div y$는 곱셈 기호 ×와 나눗셈 기호 ÷를 생략하여 각각 $3x$, $\frac{2x}{y}$로 나타낼 수 있다.

1 다음 식을 기호 ×, ÷를 생략하여 간단히 나타내시오.

(1) $a\times(-2)+4\times b$
(2) $x\div3+5\div y$
(3) $(3x-5y)\times2$
(4) $(6x-15y)\div3$

기억 2 동류항 정리

• $3x$, $5x$와 같이 문자와 차수가 각각 같은 항을 **동류항**이라고 한다. 특히, 상수항은 모두 동류항으로 생각한다. 동류항이 있는 다항식의 덧셈과 뺄셈은 동류항끼리 계산하여 간단히 나타낼 수 있다.

예 두 동류항 $2x$, $5x$의 덧셈과 뺄셈은 각각 다음과 같이 정리할 수 있다.

$2x+5x=(2+5)x=7x$, $2x-5x=(2-5)x=-3x$

2 다음을 계산하시오.

(1) $(3a-2b)+(2a+9b)$
(2) $(-2x+4y+3)-(x-y-4)$

03 탐구하기

'탐구하기' 문제의 목적은 답을 구하는 것이 아닙니다. 스스로 생각하면서 수학의 개념과 원리를 발견하고 터득하는 과정을 경험하기 위한 것입니다. 그러므로 답을 구하는 방법을 배우기 전에 반드시 자신의 생각을 써 보아야 합니다. 처음에는 어려울 수 있지만 자기 생각을 끄집어내고 발전시키는 연습을 해 보세요. 내가 알고 있는 것, 내가 알아낸 것이 부족해 보여도 자기 생각을 쓰고 친구들과 토론하는 과정을 거치며 다듬어지고 완성될 것입니다.

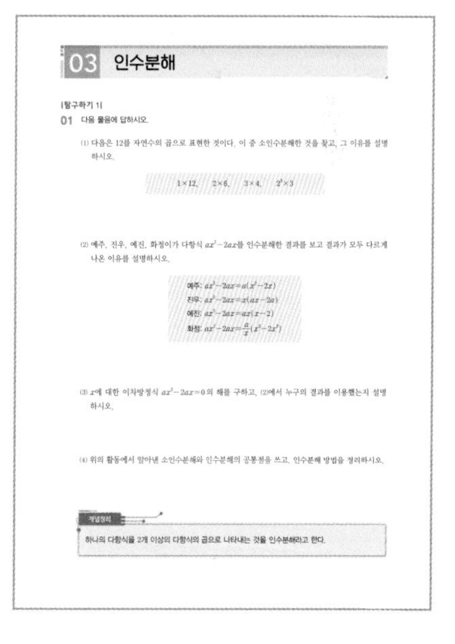

03 인수분해

|탐구하기 1|

01 다음 물음에 답하시오.

(1) 다음은 12를 자연수의 곱으로 표현한 것이다. 이 중 소인수분해한 것을 찾고, 그 이유를 설명하시오.

1×12, 2×6, 3×4, $2^2\times3$

(2) 예주, 진우, 예진, 화정이가 다항식 ax^2-2ax를 인수분해한 결과를 보고 결과가 모두 다르게 나온 이유를 설명하시오.

예주: $ax^2-2ax=a(x^2-2x)$
진우: $ax^2-2ax=x(ax-2a)$
예진: $ax^2-2ax=ax(x-2)$
화정: $ax^2-2ax=\frac{a}{x}(x^3-2x^2)$

(3) x에 대한 이차방정식 $ax^2-2ax=0$의 해를 구하고, (2)에서 누구의 결과를 이용했는지 설명하시오.

(4) 위의 활동에서 알아낸 소인수분해와 인수분해의 공통점을 쓰고, 인수분해 방법을 정리하시오.

개념정리

하나의 다항식을 2개 이상의 다항식의 곱으로 나타내는 것을 인수분해라고 한다.

사용 설명서

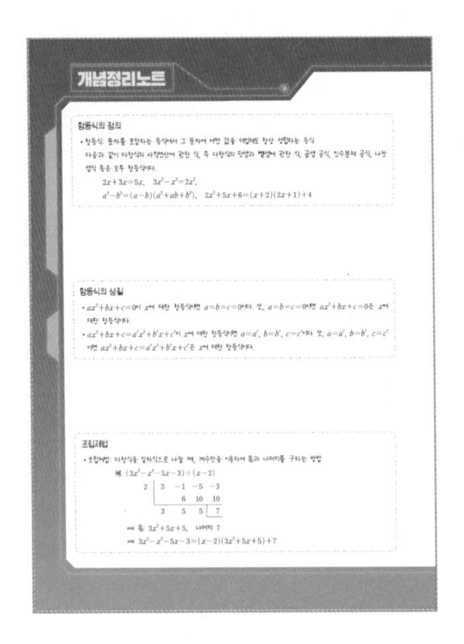

개념정리노트

항등식의 정의

• 항등식: 문자를 포함하는 등식에서 그 문자에 어떤 값을 대입해도 항상 성립하는 등식
다음과 같이 다항식의 사칙연산에 관한 식, 즉 다항식의 덧셈과 뺄셈에 관한 식, 곱셈 공식, 인수분해 공식, 나눗셈식 등은 모두 항등식이다.

$2x+3x=5x$, $3x^2-x^2=2x^2$,
$a^3-b^3=(a-b)(a^2+ab+b^2)$, $2x^2+5x+6=(x+2)(2x+1)+4$

항등식의 성질

• $ax^2+bx+c=0$이 x에 대한 항등식이면 $a=b=c=0$이다. 또, $a=b=c=0$이면 $ax^2+bx+c=0$은 x에 대한 항등식이다.
• $ax^2+bx+c=a'x^2+b'x+c'$이 x에 대한 항등식이면 $a=a'$, $b=b'$, $c=c'$이다. 또, $a=a'$, $b=b'$, $c=c'$이면 $ax^2+bx+c=a'x^2+b'x+c'$은 x에 대한 항등식이다.

조립제법

• 조립제법: 다항식을 일차식으로 나눌 때, 계수만을 이용하여 몫과 나머지를 구하는 방법
예 $(3x^3-x^2-5x-3)\div(x-2)$

2	3	−1	−5	−3
		6	10	10
	3	5	5	7

⇒ 몫: $3x^2+5x+5$, 나머지: 7
⇒ $3x^3-x^2-5x-3=(x-2)(3x^2+5x+5)+7$

04 개념정리노트

본문에서 발견한 공식이나 성질, 법칙, 명제 등을 모아 놓았습니다. 이들은 암기의 대상이 아니라 유도의 대상입니다. 외우지 말고 그 유도 과정을 떠올려 보면 공식이 저절로 몸에 밸 거예요. 잘 떠오르지 않는다면 즉시 해당 본문으로 가서 복습하기 바랍니다.

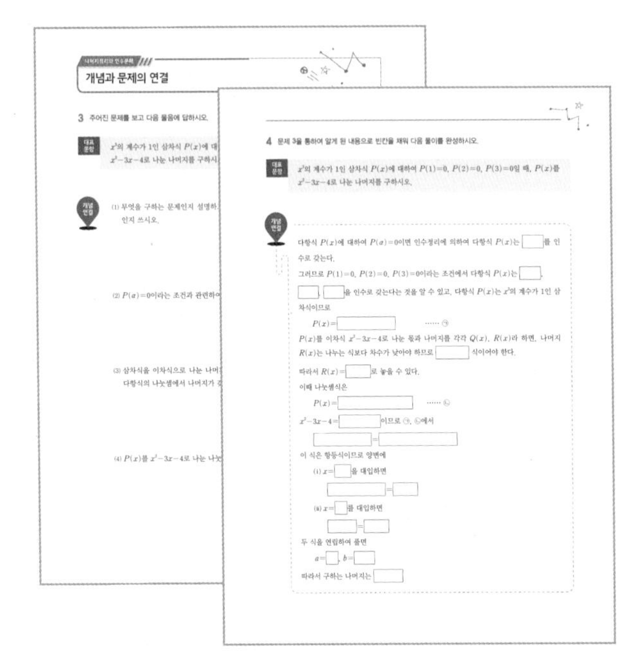

개념과 문제의 연결

3 주어진 문제를 보고 다음 물음에 답하시오.

4 문제 3을 통하여 알게 된 내용으로 빈칸을 채워 다음 풀이를 완성하시오.

대표 문항 x^3의 계수가 1인 삼차식 $P(x)$에 대하여 $P(1)=0$, $P(2)=0$, $P(3)=0$일 때, $P(x)$를 x^2-3x-4로 나눈 나머지를 구하시오.

개념 연결

다항식 $P(x)$에 대하여 $P(a)=0$이면 인수정리에 의하여 다항식 $P(x)$는 □를 인수로 갖는다.
그러므로 $P(1)=0$, $P(2)=0$, $P(3)=0$이라는 조건에서 다항식 $P(x)$는 □, □, □을 인수로 갖는다는 것을 알 수 있고, 다항식 $P(x)$는 x^3의 계수가 1인 삼차식이므로
$P(x)=$□ …… ㉠
$P(x)$를 이차식 x^2-3x-4로 나눈 몫과 나머지를 각각 $Q(x)$, $R(x)$라 하면, 나머지 $R(x)$는 나누는 식보다 차수가 낮아야 하므로 □ 식이어야 한다.
따라서 $R(x)=$□로 놓을 수 있다.
이때 나눗셈식은
$P(x)=$□ …… ㉡
$x^2-3x-4=$□이므로 ㉠, ㉡에서
□=□
이 식은 항등식이므로 양변에
(i) $x=$□을 대입하면
□=□
(ii) $x=$□를 대입하면
□=□
두 식을 연립하여 풀면
$a=$□, $b=$□
따라서 구하는 나머지는 □

05 개념과 문제의 연결

고등학교 수학 문제 중 여러 개념이 복합된 것은 바로 풀기가 어렵습니다. 여러 개념 사이의 연결 과정을 따로 공부한 적이 없기 때문이지요. 하지만 여러 개념이 복합된 문제가 주로 수능에 출제된답니다. 매 중단원마다 3개씩 제공되는 '개념과 문제의 연결'은 이런 문제 풀이에 대한 적응 능력을 키워 줄 것입니다. 먼저 '탐구하기'에서 익힌 여러 개념이 문제에 어떻게 녹아있는지 각 개념을 끄집어내는 질문이 주어집니다. 그 질문에 차근차근 답을 하다 보면 풀이의 빈칸을 채울 힘을 얻게 될 것입니다. 이 힘으로 뒤따라 나오는 연습문제를 해결해 보세요.

06 연습문제

개념을 완벽하게 이해했다면 실제 시험에 대비하여 연습문제를 풀어 보세요. 매 중단원 끝과 대단원 끝에 주어지는 연습문제는 다양한 유형에 대처할 수 있도록 문제의 형식과 난이도를 조절했습니다. 꼭 스스로 해결해야 합니다. 문제가 풀리지 않는다고 바로 '정답 및 풀이'를 보지 말고 3번 정도 도전한 후에 도움을 받기 바랍니다.

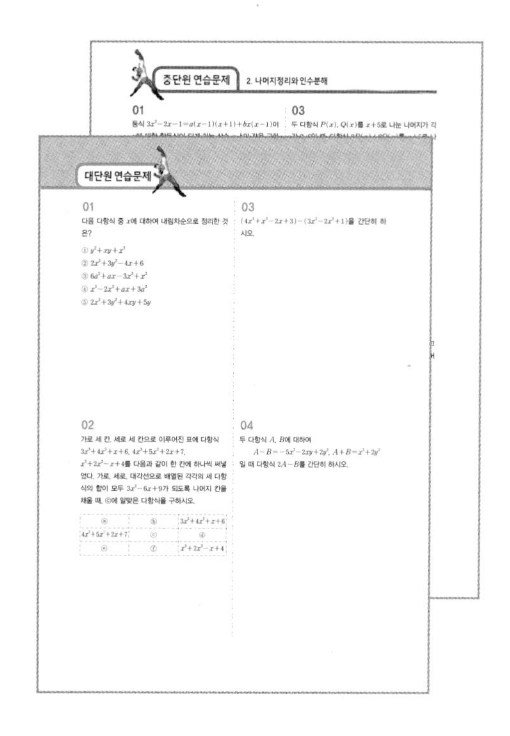

07 정답 및 풀이

『고등 수학의 발견』은 혼자서도 개념을 익히고 적용하여 어떤 문제를 만나도 당황하지 않고 풀 수 있도록 설계되었습니다. 문제를 푼 후에 '정답 및 풀이'를 확인하여 여러분의 생각과 비교하고 수정해 보세요.

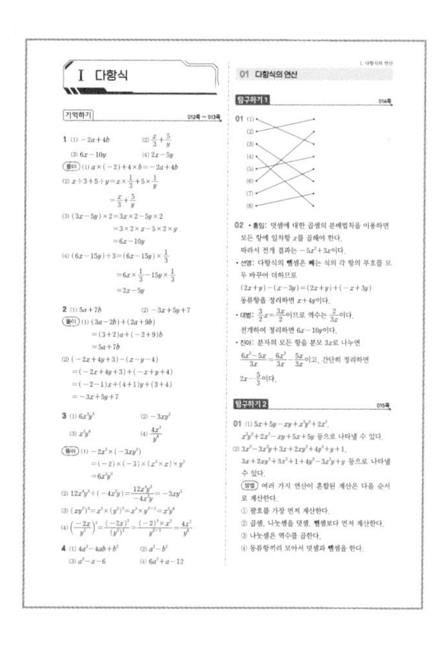

차례

고등 수학(상)

Ⅰ 다항식

Ⅰ-1 다항식의 연산

1 다항식의 연산 014
2 다항식의 곱셈 017
3 다항식의 나눗셈 021
개념과 문제의 연결 026
중단원 연습문제 032

Ⅰ-2 나머지정리와 인수분해

1 항등식과 다항식의 나눗셈 038
2 나머지정리와 인수정리 042
3 인수분해 044
개념과 문제의 연결 052
중단원 연습문제 058
대단원 연습문제 062

Ⅱ 방정식과 부등식

Ⅱ-1 이차방정식과 이차함수

1 복소수와 그 연산 072
2 이차방정식의 판별식 084
3 이차방정식의 근과 계수의 관계 086
4 이차방정식과 이차함수의 관계 087
5 이차함수의 그래프와 직선의 위치 관계 091
6 이차함수의 최대, 최소 095
개념과 문제의 연결 100
중단원 연습문제 106

Ⅱ-2 여러 가지 방정식과 부등식

1 삼차방정식과 사차방정식 112
2 연립이차방정식 114
3 연립일차부등식과 절댓값을 포함한 일차부등식 117
4 이차부등식과 연립이차부등식 123
개념과 문제의 연결 128
중단원 연습문제 134
대단원 연습문제 138

Ⅲ 도형의 방정식

Ⅲ-1 평면좌표와 직선의 방정식

1 두 점 사이의 거리 148
2 선분의 내분점과 외분점 151
3 직선의 방정식 156
4 두 직선의 위치 관계 160
5 점과 직선 사이의 거리 162
개념과 문제의 연결 168
중단원 연습문제 174

Ⅲ-2 원의 방정식과 도형의 이동

1 원의 방정식 180
2 원과 직선의 위치 관계 185
3 평행이동 188
4 대칭이동 191
개념과 문제의 연결 200
중단원 연습문제 206
대단원 연습문제 210

정답 및 풀이 217

I 문자를 수처럼 계산해 보자

다항식

1 다항식의 연산
2 나머지정리와 인수분해

학습 목표

다항식의 사칙연산을 할 수 있다.
항등식의 성질을 이해한다.
나머지정리와 인수정리의 의미를 이해하고, 이를 활용하여 문제를 해결할 수 있다.
다항식의 인수분해를 할 수 있다.

사건을 접수 시각에 대한
오름차순으로 정리합니다.
접수자명 | 접수 지역 | 접수 시각 | 중요도
박정훈 | 서울 강남구 | 10:23 | ***
권나희 | 서울 마포구 | 12:52 | *
홍대희 | 경기도 고양시 | 13:21 | **
최한울 | 화성시 | 14:53 | ****
잠깐.
나중에 접수되었지만
더 중요한 사건이 있을 수 있잖아.
사건을 중요도에 대한
내림차순으로 정리합니다.
최한울 | 경기도 화성시 | 14:53 | ****
박정훈 | 서울 강남구 | 10:23 | ***
홍대희 | 경기도 고양시 | 13:21 | **
권나희 | 서울 마포구 | 12:52 | *
접수 시각
중요도
좋아! 오늘도 시작해볼까?
고1 다항식
다항식의 사칙연산
항등식의 성질
나머지정리와 인수정리
인수분해
중1
문자와 식
다항식의 덧셈과 뺄셈
일차방정식의 풀이
지수법칙
고1 방정식과 부등식
이차방정식의 실근과 허근
이차방정식의 판별식
이차방정식의
근과 계수의 관계
삼차방정식과 사차방정식
중3
다항식의 곱셈
인수분해
이차방정식의 풀이
이차방정식의 활용

1 다항식의 연산

기억 1 곱셈, 나눗셈 기호의 생략

• 문자를 사용한 식 $3\times x$, $2\times x\div y$는 곱셈 기호 $\times$와 나눗셈 기호 $\div$를 생략하여 각각 $3x$, $\frac{2x}{y}$로 나타낼 수 있다.

1 다음 식을 기호 $\times$, $\div$를 생략하여 간단히 나타내시오.

(1) $a\times(-2)+4\times b$

(2) $x\div 3+5\div y$

(3) $(3x-5y)\times 2$

(4) $(6x-15y)\div 3$

기억 2 동류항 정리

• $3x$, $5x$와 같이 문자와 차수가 각각 같은 항을 **동류항**이라고 한다. 특히, 상수항은 모두 동류항으로 생각한다. 동류항이 있는 다항식의 덧셈과 뺄셈은 동류항끼리 계산하여 간단히 나타낼 수 있다.

예 두 동류항 $2x$, $5x$의 덧셈과 뺄셈은 각각 다음과 같이 정리할 수 있다.

$2x+5x=(2+5)x=7x$, $2x-5x=(2-5)x=-3x$

2 다음을 계산하시오.

(1) $(3a-2b)+(2a+9b)$

(2) $(-2x+4y+3)-(x-y-4)$

기억 3 지수법칙

① m, n이 자연수일 때,

$$a^m \times a^n = a^{m+n}, \qquad (a^m)^n = a^{mn}$$

② $a \neq 0$이고 m, n이 자연수일 때,

$$a^m \div a^n = \begin{cases} a^{m-n} & (m>n) \\ 1 & (m=n) \\ \dfrac{1}{a^{n-m}} & (m<n) \end{cases}$$

③ n이 자연수일 때

$$(ab)^n = a^n b^n, \qquad \left(\frac{a}{b}\right)^n = \frac{a^n}{b^n} \text{ (단, } b \neq 0\text{)}$$

3 다음을 계산하시오.

(1) $-2x^2 \times (-3xy^3)$

(2) $12x^4y^3 \div (-4x^3y)$

(3) $(xy^2)^3$

(4) $\left(\dfrac{-2x}{y^3}\right)^2$

기억 4 분배법칙

• 단항식과 다항식의 곱은 분배법칙을 이용하여 다음과 같이 전개한다.

$$a(b+c) = ab + ac, \qquad (a+b)c = ac + bc$$

• 다항식과 다항식의 곱도 분배법칙을 이용하여 다음과 같이 전개한다.

$$(a+b)(c+d) = a(c+d) + b(c+d) = ac + ad + bc + bd$$

4 다음 식을 전개하시오.

(1) $(2a-b)^2$

(2) $(a+b)(a-b)$

(3) $(a+2)(a-3)$

(4) $(2a+3)(3a-4)$

01 다항식의 연산

| 탐구하기 1 |

01 중학교에서 배운 다항식과 관련된 용어와 용어의 뜻에 해당하는 설명을 선으로 연결하시오.

(1) 상수로만 이루어진 항 •	• 항
(2) 식 $3x+2$에서 $3x$와 2 •	• 다항식
(3) 항에서 문자에 곱해져 있는 수 •	• 상수항
(4) 한 개의 항으로 이루어진 식 •	• 차수
(5) 항에서 곱해진 문자의 개수 •	• 일차식
(6) 한 개 또는 두 개 이상의 항의 합으로 이루어진 식 •	• 계수
(7) 차수가 1인 다항식 •	• 동류항
(8) 다항식에서 문자와 차수가 각각 같은 항 •	• 단항식

02 다음 4명의 계산 과정에서 틀린 부분을 찾아 고치고, 그 이유를 다항식과 관련된 용어를 사용하여 설명하시오.

• 홍임

$$x(-5x+3)=-5x^2+3$$

• 선영

$$\begin{aligned}&(2x+y)-(x-3y)\\&=2x+y-x-3y\\&=x-2y\end{aligned}$$

• 대범

$$\begin{aligned}&(9x^2-15xy)\div\frac{3}{2}x\\&=(9x^2-15xy)\times\frac{2}{3}x\\&=9x^2\times\frac{2}{3}x-15xy\times\frac{2}{3}x\\&=6x^3-10x^2y\end{aligned}$$

• 진아

$$\begin{aligned}\frac{6x^2-5x}{3x}&=\frac{6x^2}{3x}-5x\\&=2x-5x\\&=-3x\end{aligned}$$

|탐구하기 2|

01 다음 다항식의 혼합 계산을 간단히 나타내고 내가 이용한 방법을 정리하시오.

(1) $3\times x-y\times(-3)+2(x+y)+x\times(-1)\times y+x\times x\times y\times y\times y+2x^3\div x$

(2) $(-2x+xy^2+x^2-3+y^2-4x^2y+2y)+(3y^2-y+x^2y+5x+xy^2+4+2x^2)$

02 문제 **01**의 (1)과 (2)에 대한 나의 계산 결과와 친구들의 계산 결과를 쓰고, 각각 무엇을 기준으로 항을 정리했는지 설명하시오.

(1) $3\times x-y\times(-3)+2(x+y)+x\times(-1)\times y+x\times x\times y\times y\times y+2x^3\div x$

나의 계산 결과	친구들의 계산 결과

(2) $(-2x+xy^2+x^2-3+y^2-4x^2y+2y)+(3y^2-y+x^2y+5x+xy^2+4+2x^2)$

나의 계산 결과	친구들의 계산 결과

03 출석부에 학생의 이름이 어떤 기준으로 정리되어 있는지 설명하고, 이를 바탕으로 문제 **02**의 계산 결과를 어떤 기준으로 정리하면 효율적일지 쓰시오.

개념정리

다항식을 특정한 문자에 대하여 차수가 높은 항부터 낮아지는 순서로 정리하는 것을 그 문자에 대하여 **내림차순으로 정리한다**고 하고, 차수가 낮은 항부터 높아지는 순서로 정리하는 것을 그 문자에 대하여 **오름차순으로 정리한다**고 한다.

|탐구하기 3|

01 세 다항식 $A=x^3-x^2+2x+4$, $B=-2x^2-3x+5$, $C=x^2-5x+6$에 대하여 다음을 계산하고 x에 대하여 내림차순으로 정리하시오.

(1) $A+B$

(2) $-3B$

(3) $A-(B+2C)$

(4) $(A-2B)-(C+2A)$

(5) 등식 $3X-4A=2B+X$를 만족시키는 다항식 X

02 다항식의 곱셈

|탐구하기 1|

01 동찬이는 초등학생인 동생이 '(두 자리 수)×(두 자리 수)'의 계산을 세로셈으로 하는 것을 보고 두 다항식의 곱셈도 세로셈으로 전개할 수 있겠다는 아이디어가 떠올랐다. 세로셈과 가로셈의 계산 과정을 살펴보고 빈칸을 완성하시오.

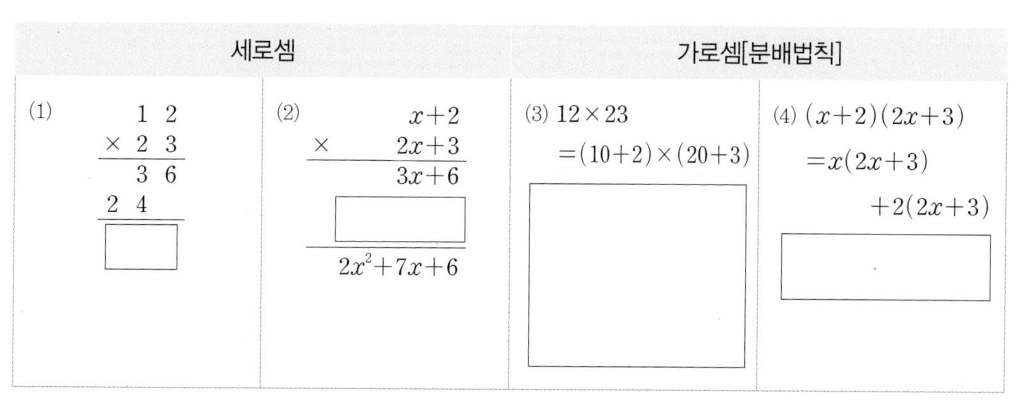

세로셈
가로셈[분배법칙]
(1) 1 2
× 2 3
3 6
2 4
(2) $x+2$
× $2x+3$
$3x+6$
$2x^2+7x+6$
(3) 12×23
$=(10+2)\times(20+3)$
(4) $(x+2)(2x+3)$
$=x(2x+3)$
$+2(2x+3)$

02 세로셈을 활용하여 다음 식을 전개하시오.

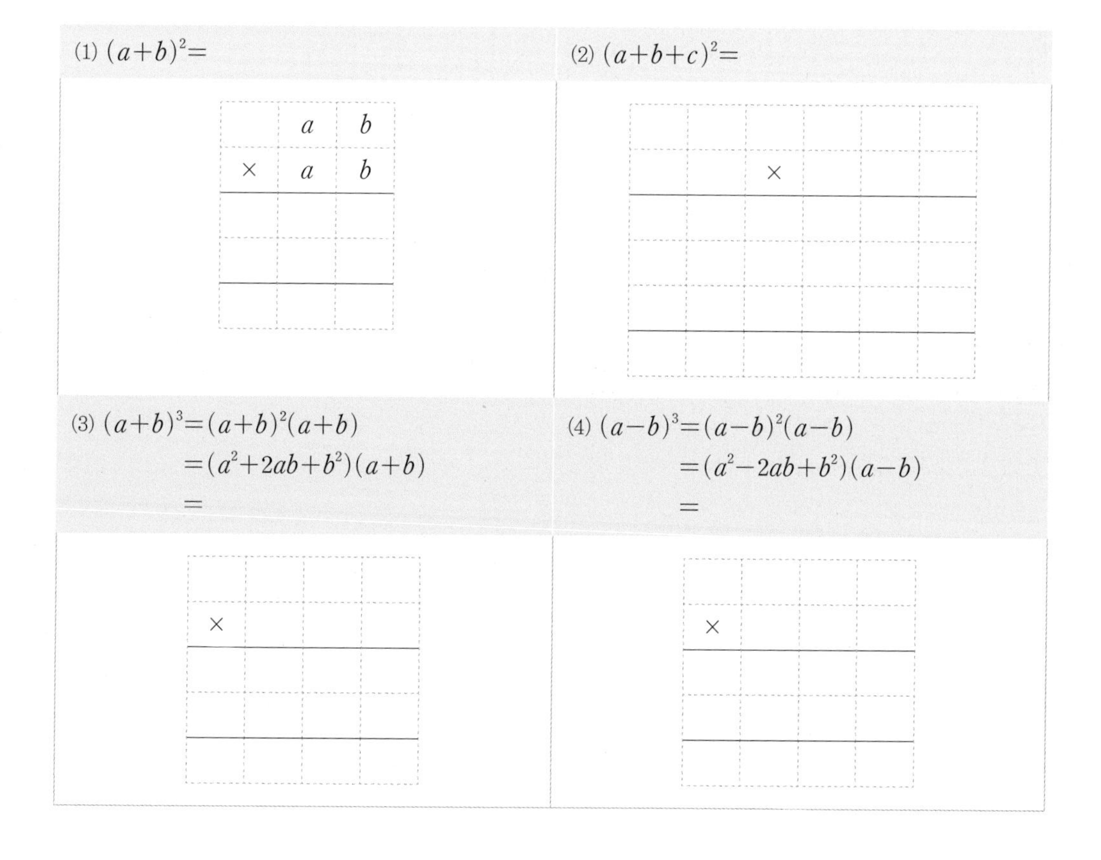

(5) $(a+b)(a^2-ab+b^2)=(a^2-ab+b^2)(a+b)$ $=$	(6) $(a-b)(a^2+ab+b^2)=(a^2+ab+b^2)(a-b)$ $=$
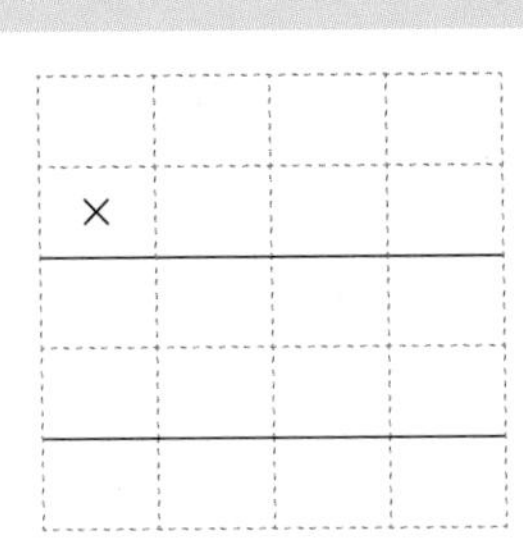	×

03 곱셈 공식을 활용하여 전개한 식을 옳게 연결하시오.

(1) $(x+1)^3$ • • x^3+3x^2+3x+1

(2) $(x-2)^3$ • • x^3+27y^3

(3) $(3x+2y-1)^2$ • • $9x^2+12xy-6x+4y^2-4y+1$

(4) $(x+3y)(x^2-3xy+9y^2)$ • • x^3-1

(5) $(x-1)(x^2+x+1)$ • • $x^3-6x^2+12x-8$

|탐구하기 2|

01 다항식 $A=2x+3$, $B=x^2+2x-2$에서 덧셈에 대한 곱셈의 분배법칙을 이용하여 다항식 AB와 BA를 간단히 하시오.

AB	BA

02 문제 01에서 두 다항식 A와 B를 곱할 때 AB와 BA의 결과를 비교하고, 수의 계산과 관련지어 설명하시오.

03 주어진 식을 다양한 방법으로 전개하고 그 과정을 설명하시오.

(1) $(x-1)^3(x+1)^3$

(2) $(x+1)(x-1)(x^2-x+1)(x^2+x+1)$

|탐구하기 3|

01 다음 문제에 대한 광호, 유경, 영애의 풀이를 각각 추측하여 답을 구하시오.

> $x+y=10$, $xy=16$인 두 수 x, y에 대하여 x^3+y^3의 값을 구하시오.

광호: 더하면 10이 되는 두 수를 직접 찾은 다음, 곱이 16이 되는 두 수를 찾아봤어.

유경: 두 수 x, y를 더하면 10이고 곱하면 16이니까 식으로 나타내면 $x+y=10$, $xy=16$이야. 중학교에서 배운 연립방정식을 해결하는 방법인 대입법을 이용했어.

영애: 앞에서 배운 $(x+y)^3=x^3+3x^2y+3xy^2+y^3$을 이용하면 x와 y의 값을 구하지 않고 x^3+y^3의 값을 구할 수 있어.

02 다음 문제에 대하여 제시된 다양한 방법으로 답을 구할 수 있는지 판단하시오.

$x+y=10$, $xy=23$인 두 수 x, y에 대하여 x^3+y^3의 값을 구하시오.

(1) 합이 10이고 곱이 23인 두 수를 추측하여 x^3+y^3의 값을 구하는 방법

(2) 한 문자를 소거하여 x, y의 값을 구한 다음 x^3+y^3의 값을 구하는 방법

(3) 두 수를 직접 구하지 않고 x^3+y^3의 값을 구하는 방법

03 다음 문제를 문제 **01**에서 광호, 유경, 영애가 각각 이용한 3가지 방법으로 해결하시오.

$x+y+z=4$, $xy+yz+zx=5$인 세 수 x, y, z에 대하여 $x^2+y^2+z^2$의 값을 구하시오.

03 다항식의 나눗셈

|탐구하기 1|

01 동찬이는 초등학생인 동생이 '(세 자리 수)÷(한 자리 수)'의 자연수의 나눗셈 계산을 하는 것을 보고, 두 다항식의 나눗셈도 같은 방법으로 계산할 수 있겠다는 아이디어가 떠올랐다. 다음 물음에 답하시오.

(1) 빈칸을 완성하시오.

$(5x^2+2x-2)\div(x-2)$는 다음과 같이 계산한다.

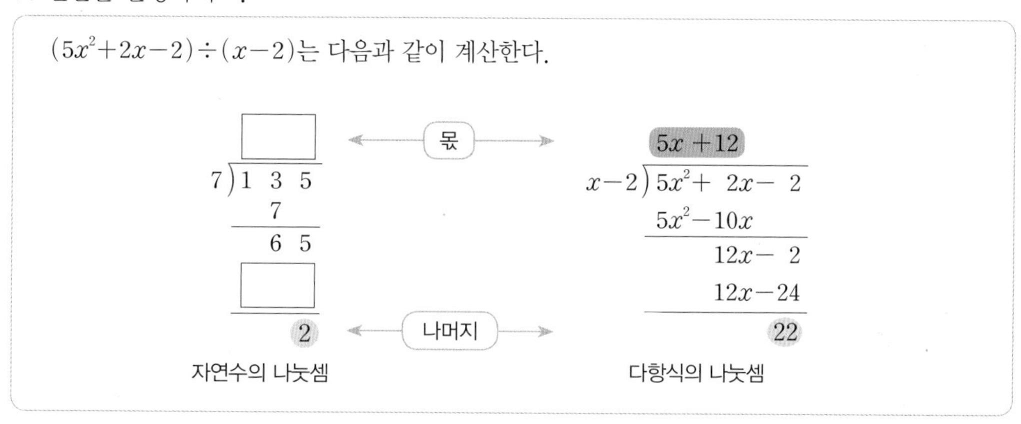

(2) 자연수의 나눗셈 검산식을 살펴보고 다항식의 나눗셈 검산식을 완성하시오.

자연수의 나눗셈 검산식	다항식의 나눗셈 검산식
$135=7\times19+2$	$5x^2+2x-2=$

02 자연수의 나눗셈에서 나머지는 나누는 수보다 작은 자연수 또는 0임을 참고하여 다음 다항식의 나눗셈의 몫과 나머지에 대한 수현이와 지아의 의견이 맞는지 설명하시오.

$$x^3-2x^2+4x+2=(x^2-x+1)(x-1)+2x+3$$

수현: 다항식 x^3-2x^2+4x+2를 x^2-x+1로 나눈 몫이 $x-1$이고 나머지가 $2x+3$이야.

지아: 다항식 x^3-2x^2+4x+2를 $x-1$로 나눈 몫이 x^2-x+1이고 나머지가 $2x+3$이야.

03 x^3+3x+5를 x^2+1로 나눈 몫과 나머지를 구하려고 한다. 승현이의 설명에 대한 나의 생각을 쓰시오.

승현: 다항식 x^3+3x+5를 x^2+1로 나누면 몫이 $x+\frac{2}{x}$이고

나머지가 $5-\frac{2}{x}$야.

왜냐하면 $(x^2+1)\left(x+\frac{2}{x}\right)+5-\frac{2}{x}$를 계산하면

x^3+3x+5가 되기 때문에

$x^3+3x+5=(x^2+1)\left(x+\frac{2}{x}\right)+5-\frac{2}{x}$가 성립하잖아.

$$\begin{array}{r} x+\frac{2}{x} \\ x^2+1\,\big)\,\overline{x^3+3x+5} \\ \underline{x^3+\ \ x\quad\ \ } \\ 2x+5 \\ \underline{2x+\frac{2}{x}} \\ 5-\frac{2}{x} \end{array}$$

나의 생각

개념정리

다항식 A를 다항식 $B(B\neq 0)$로 나누었을 때의 몫을 Q, 나머지를 R라고 하면

$$A=BQ+R$$

와 같이 나타낼 수 있다. 이때 Q, R도 다항식이고, R의 차수는 B의 차수보다 낮다. 특히, $R=0$이면 A는 B로 나누어떨어진다고 한다.

04 ㉮와 같이 다항식의 나눗셈을 계산하여 몫과 나머지를 구하고, 검산식을 쓰시오.

<table>
<tr><th>÷</th><th colspan="2">x^2+1</th><th colspan="2">$x-2$</th></tr>
<tr><th>다항식</th><th>몫</th><th>나머지</th><th>몫</th><th>나머지</th></tr>
<tr><td rowspan="2">x^2+3x+5</td><td colspan="2">예 $(x^2+3x+5)\div(x^2+1)$
$\begin{array}{r} 1 \\ x^2+1\,\overline{)\,x^2+3x+5} \\ x^2 \qquad +1 \\ \hline 3x+4 \end{array}$</td><td colspan="2">$x-2\,\overline{)\,x^2+3x+5}$</td></tr>
<tr><td></td><td></td><td></td><td></td></tr>
<tr><td>검산식</td><td colspan="2">$x^2+3x+5=$</td><td colspan="2">$x^2+3x+5=$</td></tr>
<tr><td rowspan="2">x^3-x^2-2x+3</td><td colspan="2">$x^2+1\,\overline{)\,x^3-x^2-2x+3}$</td><td colspan="2">$x-2\,\overline{)\,x^3-x^2-2x+3}$</td></tr>
<tr><td></td><td></td><td></td><td></td></tr>
<tr><td>검산식</td><td colspan="2"></td><td colspan="2"></td></tr>
</table>

다항식의 혼합 계산

- 덧셈, 뺄셈, 곱셈, 나눗셈이 섞여 있는 식은 다음과 같은 순서로 계산한다.
  ① 거듭제곱이 있으면 거듭제곱을 먼저 계산한다.
  ② 괄호가 있으면 괄호 안을 먼저 계산한다.
  이때 괄호는 소괄호 ( ), 중괄호 { }, 대괄호 [ ]의 순서로 계산한다.
  ③ 곱셈, 나눗셈을 앞에서부터 차례로 계산한다.
  ④ 덧셈, 뺄셈을 앞에서부터 차례로 계산한다.

차순으로 정리하기

- 다항식을 특정한 문자에 대하여 차수가 높은 항부터 낮아지는 순서로 정리하는 것을 그 문자에 대하여 내림차순으로 정리한다고 하고, 차수가 낮은 항부터 높아지는 순서로 정리하는 것을 그 문자에 대하여 오름차순으로 정리한다고 한다.

다항식의 덧셈과 뺄셈

- 덧셈: 동류항끼리 모아서 정리한다.
- 뺄셈: 빼는 식의 각 항의 부호를 바꾸어 더한다.

$$A-B=A+(-B)$$

- 다항식의 덧셈에 대한 성질
  세 다항식 A, B, C에 대하여
  ① 교환법칙: $A+B=B+A$
  ② 결합법칙: $(A+B)+C=A+(B+C)$

다항식의 곱셈

- 곱셈: 분배법칙을 이용하여 전개한 다음 동류항끼리 모아서 정리한다.
- 다항식의 곱셈에 대한 성질

세 다항식 A, B, C에 대하여

① 교환법칙: $AB=BA$

② 결합법칙: $(AB)C=A(BC)$

③ 분배법칙: $A(B+C)=AB+AC$, $(A+B)C=AC+BC$

곱셈 공식

① $(a+b)^2=a^2+2ab+b^2$, $(a-b)^2=a^2-2ab+b^2$

② $(a+b)(a-b)=a^2-b^2$

③ $(x+a)(x+b)=x^2+(a+b)x+ab$

④ $(a+b+c)^2=a^2+b^2+c^2+2ab+2bc+2ca$

⑤ $(a+b)^3=a^3+3a^2b+3ab^2+b^3$, $(a-b)^3=a^3-3a^2b+3ab^2-b^3$

⑥ $(a+b)(a^2-ab+b^2)=a^3+b^3$, $(a-b)(a^2+ab+b^2)=a^3-b^3$

다항식의 나눗셈

- 나눗셈: 다항식을 내림차순으로 정리한 다음 자연수의 나눗셈과 같은 방법으로 계산한다.
- 다항식 A를 다항식 $B(B\neq0)$로 나누었을 때의 몫을 Q, 나머지를 R라고 하면

$$A=BQ+R$$

이고 이때 Q, R도 다항식이고, R의 차수는 B의 차수보다 낮다.

개념과 문제의 연결

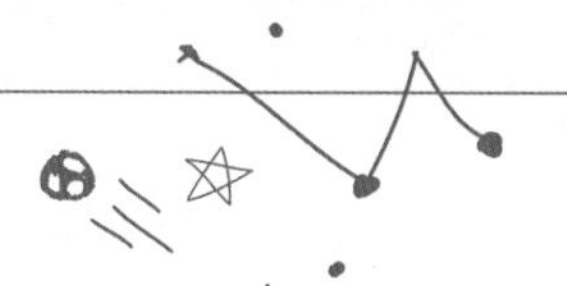

1 주어진 문제를 보고 다음 물음에 답하시오.

대표 문항

다항식 $(x^4-5x^3+3x^2-2x+a)(bx^4+2x^3+x^2-3x+5)$의 전개식에서 x^7과 x^2의 계수가 모두 7일 때, 상수 a, b의 값을 구하시오.

(1) 주어진 다항식을 덧셈에 대한 곱셈의 분배법칙을 이용하여 모두 전개하면 항이 몇 개가 되는지 구하시오.

(2) x^7의 계수만을 구할 때, 다항식 전체를 전개해야 하는지 알아보시오.

(3) 곱해서 x^2이 나오는 경우는 몇 가지인지 찾아보시오.

2 문제 **1**을 통하여 알게 된 내용으로 빈칸을 채워 다음 풀이를 완성하시오.

대표 문항 다항식 $(x^4-5x^3+3x^2-2x+a)(bx^4+2x^3+x^2-3x+5)$의 전개식에서 x^7과 x^2의 계수가 모두 7일 때, 상수 a, b의 값을 구하시오.

개념 연결

덧셈에 대한 곱셈의 분배법칙을 이용하여 다항식을 전개하면 총 ☐개의 항이 나오고, 이를 동류항끼리 모아 덧셈과 뺄셈을 하여 정리하더라도 ☐개의 항이 된다. 이 방법은 계산이 복잡하다.

x^7의 계수만을 생각한다면 2가지 경우를 조사하면 된다.

$A=x^4-5x^3+3x^2-2x+a$, $B=bx^4+2x^3+x^2-3x+5$라 하면

① (A의 ☐)×(B의 ☐)

② (A의 ☐)×(B의 ☐)

이 외에 나머지 곱셈에서는 x^7이 나올 수 없다.

①에서 x^7의 계수는 ☐, ②에서 x^7의 계수는 ☐이므로

☐에서 $b=$☐

x^2의 계수만을 생각한다면 3가지 경우를 조사하면 된다.

③ (A의 ☐)×(B의 ☐)

④ (A의 ☐)×(B의 ☐)

⑤ (A의 ☐)×(B의 ☐)

이 외에 나머지 곱셈에서는 x^2이 나올 수 없다.

③에서 x^2의 계수는 ☐, ④에서 x^2의 계수는 ☐, ⑤에서 x^2의 계수는 ☐이므로

☐에서 $a=$☐

따라서 $a=$☐, $b=$☐

다항식의 연산

개념과 문제의 연결

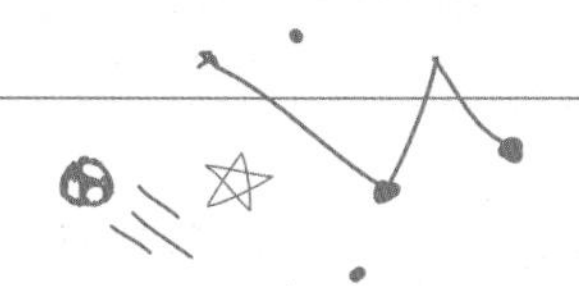

3 주어진 문제를 보고 다음 물음에 답하시오.

대표 문항

$x=2-\sqrt{3}$, $y=2+\sqrt{3}$일 때, 다음 식의 값을 구하시오.

(1) x^3+y^3 (2) x^4+y^4

(1) x, y의 값을 주어진 식에 직접 대입하여 계산하면 어떤 불편한 점이 있는지 찾아보시오.

(2) 합과 곱을 이용하기 위하여 여러 가지 곱셈 공식 중 x^3+y^3을 포함하는 공식을 찾으시오.

(3) x^2+y^2, x^3+y^3 등을 이용하여 x^4+y^4을 구하는 과정을 쓰시오.

4 문제 **3**을 통하여 알게 된 내용으로 빈칸을 채워 다음 풀이를 완성하시오.

대표 문항

$x=2-\sqrt{3}$, $y=2+\sqrt{3}$일 때, 다음 식의 값을 구하시오.

(1) x^3+y^3　　　　(2) x^4+y^4

x, y의 값을 주어진 식에 직접 대입하여 계산하려면
$(2-\sqrt{3})^3$, $(2+\sqrt{3})^3$, $(2-\sqrt{3})^4$, $(2+\sqrt{3})^4$과 같은 복잡한 식을 전개해야 하는 어려움이 생긴다.

그런데 두 수의 합과 곱을 구하면

$x+y=\square$, $xy=\square$ …… ㉠

이므로 곱셈 공식을 이용하여 보다 간편하게 값을 구할 수 있다.

i) x^3+y^3과 관련된 곱셈 공식

$(x+y)^3=\square$

에 ㉠을 대입하면

$4^3=\square$

에서 $x^3+y^3=\square$ …… ㉡

ii) x^4+y^4과 관련된 곱셈 공식은 없지만 $(x+y)(x^3+y^3)$이나 $(x^2+y^2)^2$을 전개하는 과정에서 x^4+y^4을 얻을 수 있다.

$(x+y)(x^3+y^3)=\square=\square$ …… ㉢

그런데 $x^2+y^2=\square$이므로 이 값과 ㉠, ㉡을 ㉢에 대입하면

$4\times52=\square$

에서 $x^4+y^4=\square$

개념과 문제의 연결

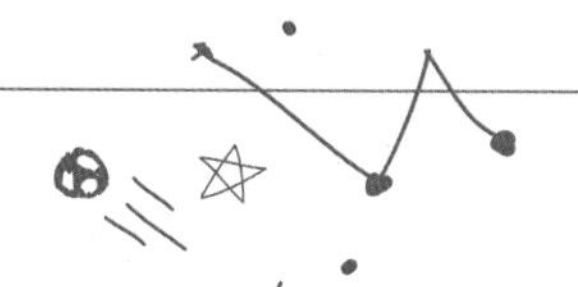

5 주어진 문제를 보고 다음 물음에 답하시오.

대표 문항

다항식 $P(x)$를 $x-\frac{1}{3}$로 나눈 몫과 나머지를 각각 $Q(x)$, R라고 할 때, 다항식 $P(x)$를 $3x-1$로 나눈 몫과 나머지를 구하시오.

(1) 다항식 $A(x)$를 다항식 $B(x)$로 나눈 몫을 $Q(x)$라고 할 때, 나머지는 어떻게 표현할 수 있는지 쓰시오.

(2) 다항식 $A(x)$를 다항식 $B(x)$로 나눈 몫과 나머지를 각각 $Q(x)$, $R(x)$라고 할 때 $A(x)$를 $B(x)$, $Q(x)$, $R(x)$를 이용하여 나타내고, $R(x)$와 $B(x)$의 차수 사이의 관계를 설명하시오.

(3) 다항식 $P(x)$를 $x-\frac{1}{3}$로 나눈 나머지는 몇 차식인지 구하시오.

(4) 다항식 $P(x)$를 $x-\frac{1}{3}$로 나눈 몫과 나머지를 각각 $Q(x)$, R라 할 때, 나눗셈식을 쓰시오.

6 문제 5를 통하여 알게 된 내용으로 빈칸을 채워 다음 풀이를 완성하시오.

대표 문항

다항식 $P(x)$를 $x-\frac{1}{3}$로 나눈 몫과 나머지를 각각 $Q(x)$, R라고 할 때, 다항식 $P(x)$를 $3x-1$로 나눈 몫과 나머지를 구하시오.

다항식 $A(x)$를 다항식 $B(x)$로 나눈 몫을 $Q(x)$라고 할 때, 나머지 $R(x)$는 오른쪽 식과 같이 나누는 다항식과 몫의 곱을 나누어지는 다항식에서 뺀 것이므로 $A(x)-B(x)Q(x)$이다.

$$\begin{array}{r|l} & Q(x) \\ \hline B(x) & A(x) \\ & \underline{B(x)Q(x)} \\ & A(x)-B(x)Q(x) \end{array}$$

즉, $R(x)=A(x)-B(x)Q(x)$이므로

$$A(x)=B(x)Q(x)+R(x)$$

로 나타낼 수 있다. 이때, 나머지 $R(x)$의 차수는 나누는 식 $B(x)$의 차수보다 낮아야 한다.

다항식 $P(x)$를 $x-\frac{1}{3}$로 나눈 몫과 나머지는 각각 $Q(x)$, R이므로

$P(x)=\boxed{\qquad\qquad}$ …… ㉠

이고, 나머지 R의 차수는 일차보다 작아야 하므로 R는 $\boxed{\quad}$이다.

다항식 $P(x)$를 $3x-1$로 나눈 몫과 나머지를 구하기 위하여 ㉠의 우변을 변형하면

$P(x)=\boxed{\qquad\qquad}$

$\quad\;\;=\boxed{\qquad\qquad\qquad}$

$\quad\;\;=\boxed{\qquad\qquad\quad}$

에서 다항식 $P(x)$를 $3x-1$로 나눈 몫은 $\boxed{\qquad}$, 나머지는 $\boxed{\quad}$이다.

중단원 연습문제 1. 다항식의 연산

01

다항식 $x^2-3xy+2y^2+2x-y+5$에 대하여 다음 물음에 답하시오.

(1) x에 대하여 내림차순으로 정리하시오.

(2) y에 대하여 오름차순으로 정리하시오.

02

다항식 $2x^2+3x^3y-4xy^2+y^3$에 대한 설명 중 옳지 않은 것은?

① x에 대한 삼차식이다.

② y에 대한 삼차식이다.

③ x, y에 대한 사차식이다.

④ x에 대한 다항식일 때, 상수항은 없다.

⑤ y에 대한 다항식일 때, y^2의 계수는 $-4x$이다.

03

두 다항식 $A=-2x^2-3xy$, $B=x^2-2xy+3y^2$에 대하여 $-2A+3B$를 간단히 하시오.

04

세 다항식 A, B, C에 대하여

$$A=2x^3-ax^2+bx+3$$
$$B=x^3-2x^2-5x$$
$$C=2x^3-4x^2-2x-1$$

이고, 다항식 $2B-\{A-(B-2C)\}$를 전개한 식에서 x^2의 계수는 5, x의 계수는 -3일 때, 두 상수 a, b의 값을 구하시오.

05

어느 다항식에서 $3xy-2yz+3zx$를 빼야 할 것을 잘못하여 더했더니 $yz+3zx-2xy$가 나왔다. 바르게 계산한 결과를 구하시오.

06

다음 식을 전개하시오.

(1) $(-2x+5y)^3$

(2) $(a-2b-c)^2$

(3) $(x+3)(x^2-3x+9)$

(4) $(a+b+c)(a+b-c)+(a-b+c)(-a+b+c)$

(5) $(x-1)^2(x+1)^2$

07

다항식 $(x^2-5x-2)(3x^2+x+a)$의 전개식에서 x의 계수가 8일 때, 실수 a의 값을 구하시오.

08

$x+y+z=a$, $xy+yz+zx=b$일 때, 다음 식을 a, b를 이용하여 나타내시오.

(1) $x^2+y^2+z^2$

(2) $(x+y)(y+z)+(y+z)(z+x)+(z+x)(x+y)$

09

$x>y$이고 $x+y=3$, $x^2+y^2=7$일 때, 다음 식의 값을 구하시오.

(1) $x-y$

(2) x^3+y^3

(3) x^3-y^3

(4) x^5+y^5

10

다음은 $x^2-x-1=0\ (x>0)$일 때, $x^2+\frac{1}{x^2}$과 $x^3-\frac{1}{x^3}$의 값을 구하는 과정의 일부이다.

> $x^2-x-1=0$에서 $x>0$이므로
> 양변을 x로 나누면
> $x-1-\frac{1}{x}=0$
> 따라서 $x-\frac{1}{x}=1$
> ⋯

이를 참고하여 다음 식의 값을 구하시오.

(1) $x^2+\frac{1}{x^2}$

(2) $x^3-\frac{1}{x^3}$

11

$x=\frac{1+\sqrt{3}}{2}$, $y=\frac{1-\sqrt{3}}{2}$일 때, $x^3+y^3+3xy(x+y)$의 값을 구하시오.

12

다음 중 $8\times12\times104\times10016$과 값이 같은 것은?

① 10^8-2^6 ② 10^8-2^7 ③ 10^8-2^8
④ 10^7-2^7 ⑤ 10^7-2^8

13

다음 그림과 같이 대각선의 길이가 $\sqrt{23}$이고 겉넓이가 26인 직육면체의 가로의 길이, 세로의 길이, 높이를 각각 a, b, c라고 할 때, $a+b+c$의 값을 구하시오.

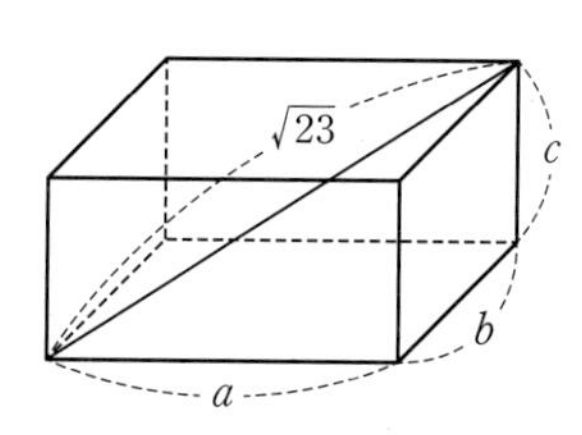

14

다음 다항식 A, B에 대하여 A를 B로 나누었을 때의 몫 Q와 나머지 R를 각각 구하고 $A=BQ+R$ 꼴로 나타내시오.

(1) $A=x^2-2x+3$, $B=x+1$
(2) $A=x^3-3x^2-1$, $B=x^2+1$

15

다항식 x^3+2x를 A로 나누었더니 몫이 $x-1$, 나머지가 3이었다. 다항식 A를 구하시오.

2 나머지정리와 인수분해

기억 1 항등식

- 미지수 x에 어떤 값을 대입해도 항상 참이 되는 등식을 x에 대한 **항등식**이라고 한다.
  등식의 좌변과 우변을 각각 간단히 정리했을 때, 양변의 식이 같으면 항등식이다.
  등식 $(x-2)(x+1)=x^2-x-2$, $5x-3x=2x$ 등은 문자 x에 어떠한 값을 대입해도 항상 참이 되므로 x에 대한 항등식이다.

1 다음 중 x에 대한 항등식을 모두 찾으시오.

① $x+2=0$
② $2(x-5)=2x-10$
③ $6x-(4x-5)=2x-5$
④ $(x-1)(x+1)=x^2-1$

기억 2 일차방정식

- 모든 항을 좌변으로 이항하여 정리했을 때 (x에 대한 일차식)$=0$의 꼴로 변형되는 방정식을 x에 대한 **일차방정식**이라고 한다.

2 다음 일차방정식을 푸시오.

(1) $3x-1=11$
(2) $5x+3=-5$
(3) $2-4x=6$
(4) $-6x-3=-1$

기억 3 전개와 분배법칙

• **전개**: 다항식의 곱을 하나의 다항식으로 나타내는 것

전개할 때는 주로 다음 분배법칙을 사용한다.

$$a(b+c)=ab+ac,\quad (a+b)c=ac+bc$$

3 분배법칙을 사용하여 다음 식을 전개하시오.

(1) $(2a+b)(c-3d)$

(2) $(3x-y)(4x-2y)$

기억 4 곱셈 공식

① $(a+b)^2=a^2+2ab+b^2,\quad (a-b)^2=a^2-2ab+b^2$

② $(a+b)(a-b)=a^2-b^2$

③ $(x+a)(x+b)=x^2+(a+b)x+ab$

④ $(ax+b)(cx+d)=acx^2+(ad+bc)x+bd$

4 다음 식을 전개하시오.

(1) $(-x+2y)^2$

(2) $(2x+y)(2x-y)$

(3) $(x-1)(x-4)$

(4) $(5x-2)(3x-1)$

01 항등식과 다항식의 나눗셈

|탐구하기 1|

01 다음 등식을 성립하게 하는 x의 값을 모두 구하시오.

(1) $(x+1)(x-5)=7$

(2) $(x+1)(x-5)=x^2-4x-5$

02 문제 **01**의 (1), (2)에서 두 등식의 차이점을 찾아 설명하시오.

개념정리

문자를 포함하는 등식에서 그 문자에 어떤 값을 대입해도 항상 성립하는 등식을 그 문자에 관한 **항등식**이라고 한다.

03 다음 물음에 답하시오.

(1) 등식 $ax^2+bx+c=0$이 x에 대한 방정식인지 항등식인지 판단하고, x에 대한 항등식이 되기 위한 조건을 찾으시오.

(2) 등식 $ax^2+bx+c=a'x^2+b'x+c'$이 x에 대한 항등식이 되기 위한 조건을 찾으시오.

04 다음 등식이 x에 대한 항등식일 때, 실수 a, b, c의 값을 구하시오.

$$3x^2-x-6=ax(x+1)+b(x+1)(x-1)+cx(x-1)$$

|탐구하기 2|

01 $(3x^3-5x^2+1)\div(x-2)$를 (가)는 다항식의 나눗셈으로 계산한 것이고, (나)는 계수만 이용하여 계산한 것이다. 다음 물음에 답하시오.

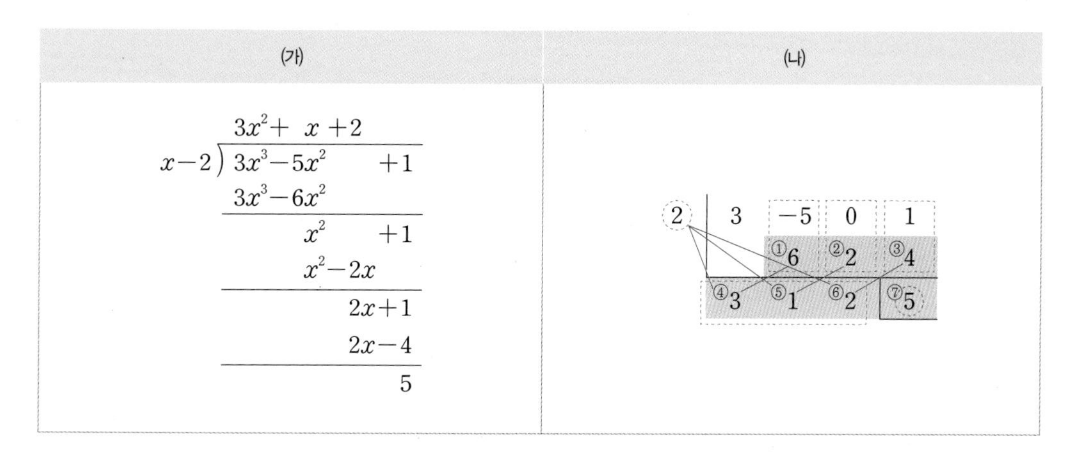

(1) (나)의 계산에서 점선으로 표시된 부분을 (가)의 계산에서 찾아 어느 부분인지 표시하시오.

$$\begin{array}{r}
3x^2+\ x+2 \\
x-2\,\overline{)\,3x^3-5x^2\qquad+1} \\
\underline{3x^3-6x^2\qquad\quad} \\
x^2\qquad+1 \\
\underline{x^2-2x\qquad} \\
2x+1 \\
\underline{2x-4} \\
5
\end{array}$$

(2) ㈎의 계산 과정에 ㈏의 ①~⑦이 어떤 순서로 나오는지 찾고, ①~⑦의 수가 어떻게 계산한 결과인지 ㈎와 비교하여 설명하시오.

(3) ㈏의 점선으로 표시된 부분의 수가 ㈎의 계산 과정에 나타난 수와 다른 부분을 찾고, 그 이유를 설명하시오.

(4) ㈏에서 몫과 나머지를 어떻게 알 수 있는지 설명하시오.

개념정리

다항식을 일차식으로 나눌 때, 계수만을 이용하여 몫과 나머지를 구하는 방법을 **조립제법**이라 한다.

예) $(3x^3-x^2-5x-3)\div(x-2)$

2	3	-1	-5	-3
		6	10	10
	3	5	5	7

➡ 몫: $3x^2+5x+5$, 나머지: 7

➡ $3x^3-x^2-5x-3=(x-2)(3x^2+5x+5)+7$

02 다항식 $P(x)=2x^3-3x^2+5x+2$를 일차식 $x-2$로 나눌 때, 다음 물음에 답하시오.

(1) 조립제법을 이용하여 몫과 나머지를 구하고, 나눗셈식으로 나타내시오.

(2) (1)에서 나타낸 나눗셈식이 항등식인지 판단하고, 그 이유를 설명하시오.

(3) 다항식 $P(x)=2x^3-3x^2+5x+2$를 $x-2$로 나눈 몫 $Q(x)$가 이차식이 되는 이유를 설명하시오. 또, 다항식 $P(x)$가 사차식인 경우 $x-a$로 나눈 몫 $Q(x)$는 몇 차식이 되는지 판단하고, 그 이유를 설명하시오.

03 삼차식 $4x^3-3x+1$을 일차식으로 나눈 몫과 나머지를 구할 때, 다음 물음에 답하시오.

(1) 다음 조립제법을 보고 $x+\frac{1}{2}$로 나눈 몫과 나머지를 구하고, 나눗셈식으로 나타내시오.

$-\frac{1}{2}$	4	0	-3	1
		-2	1	1
	4	-2	-2	2

(2) $2x+1$로 나눈 몫과 나머지를 구하시오.

(3) 두 나눗셈의 몫과 나머지에서 차이를 찾아 설명하시오.

02 나머지정리와 인수정리

|탐구하기 1|

01 다항식 $P(x)=x^3+x^2-x+2$를 일차식 $x-2$로 나눈 나머지를 다양한 방법으로 구하고, 그 과정을 설명하시오.

02 도윤이의 주장이 옳은지 판단하고, 그 이유를 설명하시오.

> 도윤: 다항식 $P(x)=x^3+x^2-x+2$에 $x=2$를 대입하여 계산한 값 $P(2)$는 $P(x)$를 $x-2$로 나눈 나머지와 같아.

03 다항식 $P(x)$를 $x-a$로 나눈 나머지는 항상 $P(a)$가 되는지 판단하고, 그 이유를 설명하시오.

개념정리

다항식 $P(x)$를 일차식 $x-a$로 나누었을 때의 나머지를 R라고 하면 $R=P(a)$이다.
이를 **나머지정리**라 한다.

04 다항식 $P(x)$를 $x-1$로 나눈 나머지가 2이고, $x+1$로 나눈 나머지는 4일 때, 다항식 $(x+2)P(x)$를 x^2-1로 나눈 나머지를 구하고, 그 방법을 설명하시오.

05 태윤이의 주장이 옳은지 판단하고, 그 이유를 설명하시오.

> 태윤: 다항식 $P(x)$에 대하여 $P(2)=0$이면, $x-2$는 다항식 $P(x)$의 인수야.

06 다항식 $P(x)$에 대하여 $P(\alpha)=0$이면 $x-\alpha$는 항상 다항식 $P(x)$의 인수가 되는지 판단하고, 그 이유를 설명하시오.

개념정리

다항식 $P(x)$에 대하여 $P(\alpha)=0$이면 $P(x)$는 $x-\alpha$로 나누어떨어진다. 거꾸로 $P(x)$가 $x-\alpha$로 나누어떨어지면 $P(\alpha)=0$이다. 이를 **인수정리**라 한다.

03 인수분해

|탐구하기 1|

01 다음 물음에 답하시오.

(1) 다음은 12를 자연수의 곱으로 표현한 것이다. 이 중 소인수분해한 것을 찾고, 그 이유를 설명하시오.

1×12, 2×6, 3×4, $2^2\times3$

(2) 예주, 진우, 예진, 화정이가 다항식 ax^2-2ax를 인수분해한 결과를 보고 결과가 모두 다르게 나온 이유를 설명하시오.

예주: $ax^2-2ax=a(x^2-2x)$
진우: $ax^2-2ax=x(ax-2a)$
예진: $ax^2-2ax=ax(x-2)$
화정: $ax^2-2ax=\frac{a}{x}(x^3-2x^2)$

(3) x에 대한 이차방정식 $ax^2-2ax=0$의 해를 구하고, (2)에서 누구의 결과를 이용했는지 설명하시오.

(4) 위의 활동에서 알아낸 소인수분해와 인수분해의 공통점을 쓰고, 인수분해 방법을 정리하시오.

개념정리

하나의 다항식을 2개 이상의 다항식의 곱으로 나타내는 것을 **인수분해**라고 한다.

02 다음 물음에 답하시오.

(1) 다항식의 곱을 분배법칙을 이용하여 전개하시오.

다항식의 곱	전개
$m(a+b)$	
$(a+b)^2$	
$(a-b)^2$	
$(a+b)(a-b)$	
$(x+a)(x+b)$	
$(ax+b)(cx+d)$	

(2) (1)의 전개 결과를 이용하여 인수분해 공식을 정리하시오.

다항식	인수분해 공식
$ma+mb$	
$a^2+2ab+b^2$	
$a^2-2ab+b^2$	
a^2-b^2	
$x^2+(a+b)x+ab$	
$acx^2+(ad+bc)x+bd$	

(3) 다항식의 곱셈과 인수분해는 어떤 관계가 있는지 설명하시오.

|탐구하기 2|

01 다음 물음에 답하시오.

(1) 다항식의 곱을 분배법칙을 이용하여 전개하시오.

다항식의 곱	전개
$(a+b+c)^2$	
$(a+b)^3$	
$(a-b)^3$	
$(a+b)(a^2-ab+b^2)$	
$(a-b)(a^2+ab+b^2)$	

(2) (1)의 전개 결과를 이용하여 인수분해 공식을 정리하시오.

다항식	인수분해 공식
$a^2+b^2+c^2+2ab+2bc+2ca$	
$a^3+3a^2b+3ab^2+b^3$	
$a^3-3a^2b+3ab^2-b^3$	
a^3+b^3	
a^3-b^3	

02 문제 01의 (2)에서 정리한 공식을 이용하여 다음 다항식을 인수분해하시오.

(1) $a^2+4b^2+9c^2+4ab+12bc+6ca$

(2) $27x^3+54x^2+36x+8$

(3) $8x^3-125$

03 $\frac{100^3-8}{100\times102+4}$의 값을 다음 두 친구의 방법으로 각각 계산하고, 두 방법을 비교하시오.

> 예주: 나는 계산기를 이용했어.
> 진우: 나는 계산기가 없어서 $100=x$로 두고 인수분해 공식을 이용했어.

|탐구하기 3|

01 $(7a+5)^2+4(7a+5)+3$을 인수분해하는 과정을 보고 다음 물음에 답하시오.

(1) 예주와 진우의 방식으로 인수분해하시오.

예주: 주어진 식을 전개하여 인수분해하자.	진우: $7a+5$를 A로 바꾸어 인수분해하자.

(2) 예주와 진우의 풀이 방법을 비교하시오.

02 다음 다항식을 여러 가지 방법으로 인수분해하고, 그 과정을 설명하시오.

다항식	여러 가지 방법으로 인수분해하기
x^4-2x^2-8	
$(x^2+5x+4)(x^2+5x+6)-8$	

|탐구하기 4|

01 사차식 x^4+x^2+1을 인수분해한 결과를 보고 그 과정을 추측하시오.

$$x^4+x^2+1=(x^2-x+1)(x^2+x+1)$$

02 문제 **01**에서 추측한 방법으로 다음 사차식을 인수분해하시오.

(1) x^4+11x^2+36

(2) x^4+4

|탐구하기 5|

01 다음 일차식 중 다항식 $P(x)=x^3+4x^2+x-6$의 인수를 모두 찾고, 그 이유를 설명하시오.

$$x, \quad x+1, \quad x+2, \quad x-2, \quad x-5$$

02 다항식 $P(x)=x^3+4x^2+x-6$을 다음과 같이 계수가 모두 정수인 두 다항식의 곱으로 표현할 수 있다고 할 때, 다음 물음에 답하시오.

$$P(x)=x^3+4x^2+x-6=(x-a)(x^2+bx+c) \text{ (단, } a, b, c\text{는 정수)}$$

(1) 양변의 상수항을 비교하여 a의 값을 찾고, 그 과정을 설명하시오.

(2) (1)의 결과를 이용하여 $P(x)=x^3+4x^2+x-6$을 인수분해하시오.

(3) (1), (2)에서 발견한 삼차식이나 사차식 등의 다항식의 인수분해 방법을 정리하시오.

03 다음 식을 인수분해하시오.

(1) x^3-4x^2-4x-5

(2) $x^4+2x^3-7x^2-20x-12$

개념정리노트

항등식의 정의

- 항등식: 문자를 포함하는 등식에서 그 문자에 어떤 값을 대입해도 항상 성립하는 등식
  다음과 같이 다항식의 사칙연산에 관한 식, 즉 다항식의 덧셈과 뺄셈에 관한 식, 곱셈 공식, 인수분해 공식, 나눗셈식 등은 모두 항등식이다.

  $2x+3x=5x,\quad 3x^2-x^2=2x^2,$

  $a^3-b^3=(a-b)(a^2+ab+b^2),\quad 2x^2+5x+6=(x+2)(2x+1)+4$

항등식의 성질

- $ax^2+bx+c=0$이 x에 대한 항등식이면 $a=b=c=0$이다. 또, $a=b=c=0$이면 $ax^2+bx+c=0$은 x에 대한 항등식이다.
- $ax^2+bx+c=a'x^2+b'x+c'$이 x에 대한 항등식이면 $a=a'$, $b=b'$, $c=c'$이다. 또, $a=a'$, $b=b'$, $c=c'$이면 $ax^2+bx+c=a'x^2+b'x+c'$은 x에 대한 항등식이다.

조립제법

- 조립제법: 다항식을 일차식으로 나눌 때, 계수만을 이용하여 몫과 나머지를 구하는 방법

  예 $(3x^3-x^2-5x-3)\div(x-2)$

2	3	-1	-5	-3
		6	10	10
	3	5	5	7

  ➡ 몫: $3x^2+5x+5$, 나머지: 7

  ➡ $3x^3-x^2-5x-3=(x-2)(3x^2+5x+5)+7$

나머지정리

- 다항식 $P(x)$를 일차식 $x-\alpha$로 나누었을 때의 나머지를 R라고 하면 $R=P(\alpha)$이다.
- 다항식 $P(x)$를 일차식 $ax+b$ 로 나누었을 때의 나머지를 R라고 하면 $R=P\left(-\frac{b}{a}\right)$이다.

인수정리

- 다항식 $P(x)$에 대하여 $P(\alpha)=0$이면 $P(x)$는 $x-\alpha$로 나누어떨어진다. 거꾸로 $P(x)$가 $x-\alpha$로 나누어떨어지면 $P(\alpha)=0$이다.

곱셈 공식과 인수분해 공식 Ⅰ

① $m(a+b)=ma+mb$

② $(a+b)^2=a^2+2ab+b^2$, $(a-b)^2=a^2-2ab+b^2$

③ $(a+b)(a-b)=a^2-b^2$

④ $(x+a)(x+b)=x^2+(a+b)x+ab$

⑤ $(ax+b)(cx+d)=acx^2+(ad+bc)x+bd$

곱셈 공식과 인수분해 공식 Ⅱ

① $(a+b+c)^2=a^2+b^2+c^2+2ab+2bc+2ca$

② $(a+b)^3=a^3+3a^2b+3ab^2+b^3$

③ $(a-b)^3=a^3-3a^2b+3ab^2-b^3$

④ $(a+b)(a^2-ab+b^2)=a^3+b^3$

⑤ $(a-b)(a^2+ab+b^2)=a^3-b^3$

여러 가지 다항식의 인수분해

- 공통부분이 있는 다항식은 공통부분을 하나의 문자로 바꾸어 인수분해한다.
- ax^4+bx^2+c의 꼴의 다항식은 $x^2=X$로 놓거나 A^2-B^2의 꼴로 바꾸어 인수분해한다.
- 삼차 이상의 다항식은 인수정리와 조립제법을 이용하여 인수분해한다.

개념과 문제의 연결

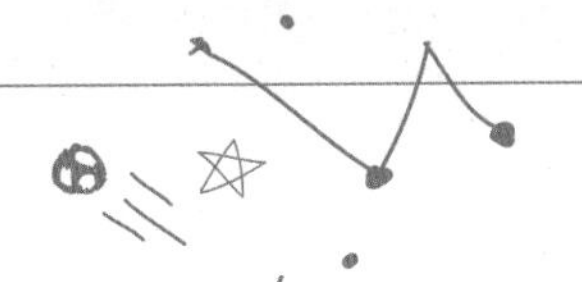

1 주어진 문제를 보고 다음 물음에 답하시오.

대표 문항

다항식 $P(x)$에 대하여 등식 $(x^2-1)P(x)+ax+b=x^3-2x^2+5x-3$이 x에 대한 항등식이 되도록 하는 상수 a, b의 값을 구하시오.

(1) 항등식의 뜻을 이용하여 문제를 해결할 수 있는지 알아보시오.

(2) 항등식의 성질을 이용하여 문제를 해결할 수 있는지 알아보시오.

(3) 다항식의 나눗셈을 이용하여 문제를 해결할 수 있는지 알아보시오.

2 문제 **1**을 통하여 알게 된 내용으로 빈칸을 채워 다음 풀이를 완성하시오.

대표 문항 다항식 $P(x)$에 대하여 등식 $(x^2-1)P(x)+ax+b=x^3-2x^2+5x-3$이 x에 대한 항등식이 되도록 하는 상수 a, b의 값을 구하시오.

(1) 항등식의 뜻을 이용하여 수치를 대입하는 방법

항등식은 문자 x에 어떤 값을 대입하더라도 항상 성립하므로 좌변의 $P(x)$ 앞에 곱해진 x^2-1의 값이 $\square$이 되는 값을 찾아 대입한다.

$x^2-1=\square$에서 $x=\square$이므로

(i) $x=\square$을 대입하면

$\square$

(ii) $x=\square$을 대입하면

$\square$

두 식을 연립하여 풀면 $a=\square$, $b=\square$

(2) 항등식의 성질을 이용하여 양변의 계수를 비교하는 방법

주어진 등식은 x에 대한 항등식이므로 좌변도 우변과 같이 최고차항의 계수가 1인 삼차식이다. 항등식의 성질을 이용하여 양변의 동류항의 계수를 비교하려면

$P(x)=\square$로 둔다.

좌변을 전개하면

$(x^2-1)\square+ax+b=\square$

이다. 양변의 계수를 비교하면

$\square=\square$, $\square=\square$, $\square=\square$

세 식을 연립하여 풀면 $a=\square$, $b=\square$, $c=\square$

따라서 구하는 상수 a, b의 값은 $a=\square$, $b=\square$

나머지정리와 인수분해

개념과 문제의 연결

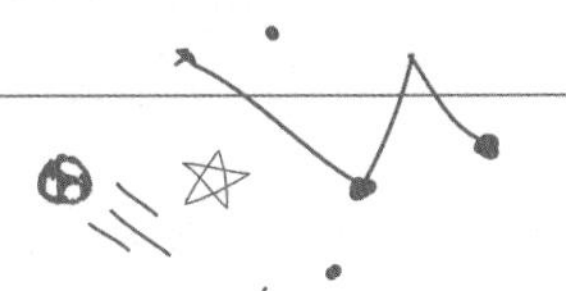

3 주어진 문제를 보고 다음 물음에 답하시오.

대표 문항

x^3의 계수가 1인 삼차식 $P(x)$에 대하여 $P(1)=0$, $P(2)=0$, $P(3)=0$일 때, $P(x)$를 x^2-3x-4로 나눈 나머지를 구하시오.

(1) 무엇을 구하는 문제인지 설명하고, 이 문제를 해결하기 위하여 필요한 개념은 무엇인지 쓰시오.

(2) $P(\alpha)=0$이라는 조건과 관련하여 적용할 수 있는 개념은 무엇인지 쓰시오.

(3) 삼차식을 이차식으로 나눈 나머지를 $R(x)$라 하면 $R(x)$는 몇 차식인지 알아보고, 다항식의 나눗셈에서 나머지가 갖추어야 하는 조건을 찾아 쓰시오.

(4) $P(x)$를 x^2-3x-4로 나눈 나눗셈식을 쓰시오.

4 문제 **3**을 통하여 알게 된 내용으로 빈칸을 채워 다음 풀이를 완성하시오.

대표 문항 x^3의 계수가 1인 삼차식 $P(x)$에 대하여 $P(1)=0$, $P(2)=0$, $P(3)=0$일 때, $P(x)$를 x^2-3x-4로 나눈 나머지를 구하시오.

개념 연결

다항식 $P(x)$에 대하여 $P(\alpha)=0$이면 인수정리에 의하여 다항식 $P(x)$는 [　　]를 인수로 갖는다.

그러므로 $P(1)=0$, $P(2)=0$, $P(3)=0$이라는 조건에서 다항식 $P(x)$는 [　　], [　　], [　　]을 인수로 갖는다는 것을 알 수 있고, 다항식 $P(x)$는 x^3의 계수가 1인 삼차식이므로

$P(x)=$ [　　] …… ㉠

$P(x)$를 이차식 x^2-3x-4로 나눈 몫과 나머지를 각각 $Q(x)$, $R(x)$라 하면, 나머지 $R(x)$는 나누는 식보다 차수가 낮아야 하므로 [　　] 식이어야 한다.

따라서 $R(x)=$ [　　]로 놓을 수 있다.

이때 나눗셈식은

$P(x)=$ [　　] …… ㉡

$x^2-3x-4=$ [　　]이므로 ㉠, ㉡에서

[　　] $=$ [　　]

이 식은 항등식이므로 양변에

(i) $x=$ [　　]을 대입하면

[　　] $=$ [　　]

(ii) $x=$ [　　]를 대입하면

[　　] $=$ [　　]

두 식을 연립하여 풀면

$a=$ [　　], $b=$ [　　]

따라서 구하는 나머지는 [　　]

개념과 문제의 연결

5 주어진 문제를 보고 다음 물음에 답하시오.

대표 문항 다항식 x^3-1을 $(x-1)^2$으로 나눈 나머지를 $R(x)$라고 할 때, $R(5)$의 값을 구하시오.

(1) 다항식의 나눗셈에서 나누는 식과 나머지의 차수 사이의 관계를 생각할 때, 이 문제 상황에서 $R(x)$를 어떻게 정할 수 있는지 쓰시오.

(2) (1)을 이용하여 나눗셈식을 작성하시오.

(3) (2)에서 구한 나눗셈식에서 미지수의 개수와 대입할 수 있는 x의 값의 개수를 비교하여 어떤 문제가 있는지 쓰시오.

6 문제 **5**를 통하여 알게 된 내용으로 빈칸을 채워 다음 풀이를 완성하시오.

대표 문항 다항식 x^3-1을 $(x-1)^2$으로 나눈 나머지를 $R(x)$라고 할 때, $R(5)$의 값을 구하시오.

개념 연결

다항식 x^3-1을 이차식 $(x-1)^2$으로 나눈 몫을 $Q(x)$라 놓고 나눗셈식을 세우면

[　　　　　　] …… ㉠

나눗셈식에서 나머지의 차수는 나누는 식의 차수보다 [　　] 하는데,

나누는 식 $(x-1)^2$이 이차식이므로 나머지 $R(x)$는 [　　] 식이어야 한다.

따라서 $R(x)=$[　　]로 놓을 수 있고 ㉠은 다음과 같이 쓸 수 있다.

[　　　　　　] …… ㉡

㉡은 [　　]이므로 양변에 $x=$[　]을 대입하면

[　　] …… ㉢

x^3-1을 인수분해하면

$x^3-1=$[　　　　] …… ㉣

한편, ㉢에서 $b=$[　]이고, 이것과 ㉣을 ㉡에 대입하여 정리하면

[　　　　　　　　]

이 식은 항등식이므로

[　　　　　　]

이 식의 양변에 $x=$[　]을 다시 대입하면

$a=$[　]

㉢에서 $b=$[　]이므로 $R(x)=$[　　]

$\therefore R(5)=$[　　]

01

등식 $3x^2-2x-1=a(x-1)(x+1)+bx(x-1)$이 x에 대한 항등식이 되게 하는 상수 a, b의 값을 구하시오.

02

$2x^3-5x^2+7x-4$를 $2x-3$으로 나눈 몫과 나머지를 구하시오.

03

두 다항식 $P(x)$, $Q(x)$를 $x+5$로 나눈 나머지가 각각 2, 6일 때, 다항식 $3P(x)+2Q(x)$를 $x+5$로 나눈 나머지를 구하시오.

04

다항식 $P(x)$를 $2x^3+x^2+1$로 나눈 몫은 x^2+2이고 나머지는 $3x^2+2x$이다. $P(x)$를 x^2+2로 나눈 나머지를 구하시오.

05

다항식 x^4+ax+b를 $(x+1)^2$으로 나눈 나머지가 -1일 때, 상수 a, b의 값을 구하시오.

06

다항식 $P(x)=2x^3+ax^2+bx-6$이 x^2-x-6으로 나누어떨어질 때, 상수 a, b의 값을 구하시오.

07

다음을 인수분해하시오.

(1) $3x-6y+(x-2y)^2$

(2) $x^3-xy^2-3y^2+3x^2$

08

$(x^2-1)+(x^3-1)+(x^4-1)-(x-1)$을 인수분해하시오.

09

다음을 인수분해하시오.

(1) $a^3-6a^2b+12ab^2-8b^3$

(2) $8a^3-27b^3$

(3) $x^2+y^2+z^2-2xy+2yz-2zx$

11

다항식 $(x^2+3x)(x^2+3x-1)-6$을 인수분해하시오.

10

두 친구의 방법 중 어느 한 방법을 이용하여 $51\times53\times57+7\times53-2$를 소인수분해하시오.

예주: $51\times53\times57+7\times53-2$의 값을 직접 계산하여 구하는 것 대신 다른 방법으로 문제를 해결하고 싶어.
진우: 그러면 문자를 사용하여 식을 표현하고, 인수분해해 보자.
예주: 어떤 수를 문자로 바꿀까?
진우: 큰 수를 문자로 바꾸는 것이 간단하지 않을까? 57을 x로 바꾸어 볼까?
예주: 그래. 나는 많이 나온 53을 x로 바꾸어 볼게.

12

x^4+9x^2+25가 $(x^2+ax+b)(x^2-ax+b)$로 인수분해될 때, 자연수 a, b의 값을 구하시오.

13

$x^3-3x^2-10x+24$를 인수분해하시오.

14

다항식 x^4-x^2+ax+b는 $x+1$로 나누어떨어지고, $x-1$로 나눈 나머지는 -8이다. 상수 a, b의 값을 구하고 이 다항식을 인수분해하시오.

15

다항식 $2x^3+x^2+5x-3$을 계수가 정수인 다항식의 곱 $(ax+b)(px^2+qx+r)$의 형태로 인수분해하시오.

대단원 연습문제

01

다음 다항식 중 x에 대하여 내림차순으로 정리한 것은?

① y^2+xy+x^2
② $2x^2+3y^2-4x+6$
③ $6a^2+ax-3x^2+x^3$
④ $x^3-2x^2+ax+3a^2$
⑤ $2x^2+3y^2+4xy+5y$

02

가로 세 칸, 세로 세 칸으로 이루어진 표에 다항식 $3x^3+4x^2+x+6$, $4x^3+5x^2+2x+7$, x^3+2x^2-x+4를 다음과 같이 한 칸에 하나씩 써넣었다. 가로, 세로, 대각선으로 배열된 각각의 세 다항식의 합이 모두 $3x^2-6x+9$가 되도록 나머지 칸을 채울 때, ⓒ에 알맞은 다항식을 구하시오.

ⓐ	ⓑ	$3x^3+4x^2+x+6$
$4x^3+5x^2+2x+7$	ⓒ	ⓓ
ⓔ	ⓕ	x^3+2x^2-x+4

03

$(4x^3+x^2-2x+3)-(3x^3-2x^2+1)$을 간단히 하시오.

04

두 다항식 A, B에 대하여

$$A-B=-5x^2-2xy+2y^2,\ A+B=x^2+2y^2$$

일 때 다항식 $2A-B$를 간단히 하시오.

05

다음 중 $xy+y-x-y^2$의 인수인 것은?

① $x+y$ ② $1-x$ ③ $y-1$
④ $x+1$ ⑤ $y+1$

06

다음 중 옳지 않은 것은?

① $a^3+15a^2+75a+125=(a+5)^3$
② $x^3-6x^2y+12xy^2-8y^3=(x-2y)^3$
③ $x^3+64=(x+4)(x^2-4x+16)$
④ $8x^3-y^3=(2x-y)(4x^2-2xy+y^2)$
⑤ x^6-y^6
$=(x-y)(x+y)(x^2-xy+y^2)(x^2+xy+y^2)$

07

그림과 같이 점 O를 중심으로 하는 반원에 내접하는 직사각형 ABCD는 다음 조건을 만족시킨다.

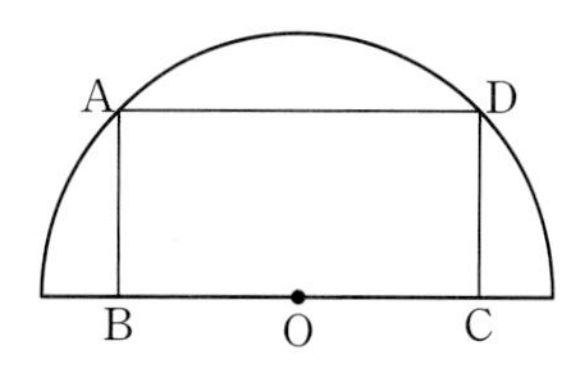

(가) $\overline{OC}+\overline{CD}=x+y+2$
(나) $\overline{DA}+\overline{AB}+\overline{BO}=x+3y+4$

이때 직사각형 ABCD의 넓이를 x, y의 식으로 나타낸 것은?

① $2(x-1)(y-1)$ ② $2(x+1)(y-1)$
③ $(x+1)(y+1)$ ④ $2(x-1)(y+1)$
⑤ $2(x+1)(y+1)$

08

$(x+2y+3)^2$을 전개하여 y에 대한 다항식으로 정리했을 때 y의 계수를 구하시오.

09

다음 식의 값을 구하시오.

(1) $x+y+z=4$, $xy+yz+zx=5$일 때, $x^2+y^2+z^2$의 값

(2) $x-y=3$, $xy=4$일 때, x^3-y^3의 값

10

다음 등식이 x에 대한 항등식이 되도록 상수 a, b의 값을 정하시오.

$$x^2+2x+3=(x+2)^2+a(x+2)+b$$

11

x에 대한 다항식 $f(x)=(ax-1)^3$의 전개식에서 모든 항의 계수의 합이 27일 때, x에 대한 다항식 $g(x)=(3ax^2-ax-2)^3$의 전개식에서 모든 항의 계수의 합을 구하시오. (단, a는 실수)

12

그림과 같이 반지름의 길이가 20 cm, 중심각의 크기가 90°인 부채꼴에 내접하는 직사각형이 있다. 이 직사각형의 둘레의 길이가 44 cm일 때, 직사각형의 넓이를 구하시오.

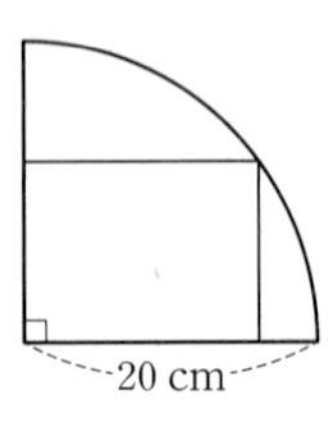

13

밑면의 가로의 길이가 $a+1$, 세로의 길이가 $a+3$인 직육면체의 부피가 $a^3+8a^2+19a+12$일 때, 이 직육면체의 높이를 구하시오.

14

사차식 $f(x)$를 이차식 $g(x)$로 나눈 몫을 $Q(x)$, 나머지를 $R(x)$라고 할 때, 보기에서 옳은 것만을 있는 대로 고른 것은?

보기

ㄱ. $f(x)-Q(x)$를 $Q(x)$로 나눈 나머지는 $R(x)$이다.
ㄴ. $f(x)+Q(x)$를 $Q(x)$로 나눈 나머지는 $R(x)$이다.
ㄷ. $f(x)$를 $Q(x)$로 나눈 나머지는 $R(x)$이다.

① ㄱ ② ㄷ ③ ㄱ, ㄴ
④ ㄴ, ㄷ ⑤ ㄱ, ㄴ, ㄷ

15

연찬이는 다항식 $P(x)=x^3-2x^2+5x-4$가 $x-1$로 나누어떨어진다는 조건을 보고 아래와 같이 식을 세웠다. 연찬이가 이렇게 식을 세운 것이 타당한지 설명하시오.

$$x^3-2x^2+5x-4=(x-1)(ax^2+bx+c)$$

16

$x^3-2x^2+5x-4=(x-1)(ax^2+bx+c)$가 x에 관한 항등식일 때, 상수 a, b, c의 값을 구하시오.

17

삼차식 $P(x)$에 대하여 $P(x)+8$은 $(x+2)^2$으로 나누어떨어지고, $P(x)-1$은 x^2-1로 나누어떨어질 때, $P(0)$의 값을 구하시오.

18

다항식 $P(x)$를 일차식 $3x-1$로 나눈 몫과 나머지를 각각 $Q(x)$, R라고 할 때, 다항식 $P(x)$를 일차식 $x-\frac{1}{3}$로 나누었을 때의 몫과 나머지를 $Q(x)$, R를 써서 나타내시오.

19

다항식 $P(x)=x^3-x^2+ax+b$가 $x-2$와 $x-1$로 모두 나누어떨어지도록 상수 a, b의 값을 정하시오.

20

다항식 x^4-1을 $(x-1)^2$으로 나눈 나머지를 $R(x)$라고 할 때, $R(10)$의 값을 구하시오.

21

다항식 $P(x)$를 $(x+1)^2$으로 나눈 나머지는 $-3x+1$이고, $x-2$로 나눈 나머지는 4이다. $P(x)$를 $(x+1)^2(x-2)$로 나눈 나머지를 $R(x)$라 할 때, $R(0)$의 값을 구하시오.

22

다항식 x^4-10x^2+9를 네 일차식의 곱으로 인수분해하시오.

24

다항식 $P(x)=x^3-ax^2+11x-6$이 $x-1$을 인수로 가질 때, $P(x)$를 인수분해하시오.

(단, a는 상수이다.)

23

다항식 $x^4-2x^3+3x^2-2x-8$이 $(x-2)(x+a)(x^2+bx+c)$로 인수분해될 때, 정수 a, b, c에 대하여 $a-b+c$의 값을 구하시오.

25

$\sqrt{10\times13\times14\times17+36}$의 값을 구하시오.

중2

연립일차방정식
일차부등식
일차함수
일차함수의 그래프
일차함수와 일차방정식

중3

제곱근과 실수
이차방정식
이차함수
이차함수의 그래프
이차함수의 활용

고1 방정식과 부등식

복소수와 그 연산
이차방정식의 판별식
이차함수의 근과 계수의 관계
이차방정식과 이차함수의 관계
여러 가지 방정식
이차부등식
연립부등식

수학 I

지수함수
로그함수
삼각함수

Ⅱ 방정식, 부등식, 함수는 서로 어떤 관계가 있을까?

방정식과 부등식
1 이차방정식과 이차함수
2 여러 가지 방정식과 부등식

학습 목표
복소수의 뜻과 성질을 이해하고 사칙연산을 할 수 있다.
이차방정식의 실근과 허근의 뜻을 안다.
이차방정식에서 판별식의 의미를 이해하고 이를 설명할 수 있다.
이차방정식의 근과 계수의 관계를 이해한다.
이차방정식과 이차함수의 관계를 이해한다.
이차함수의 그래프와 직선의 위치 관계를 이해한다.
이차함수의 최대, 최소를 이해하고, 이를 활용하여 문제를 해결할 수 있다.

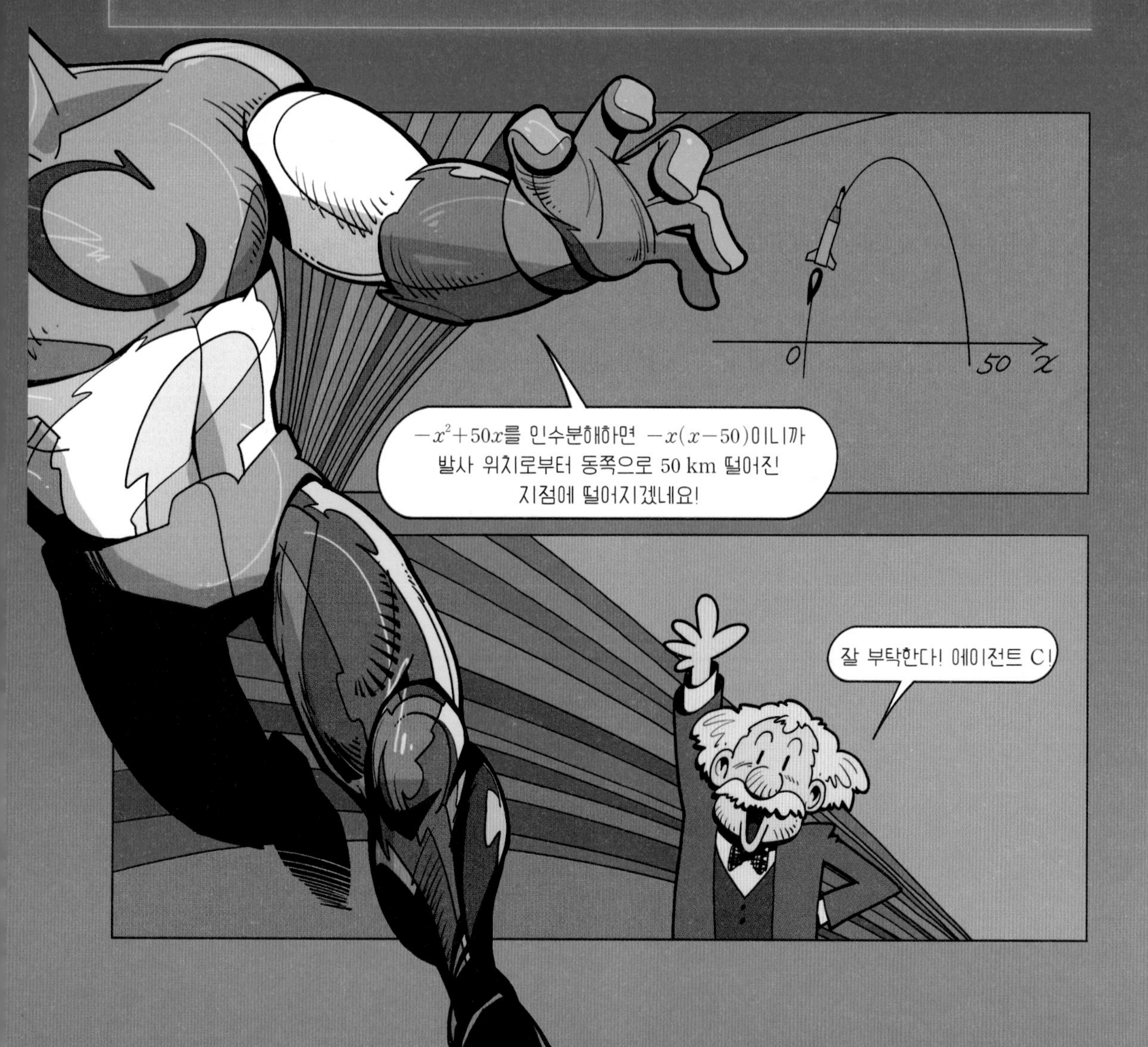

1 이차방정식과 이차함수

기억 1 이차방정식의 풀이

• 이차방정식 $ax^2+bx+c=0$을 참이 되게 하는 미지수 x의 값을 이차방정식의 **해** 또는 **근**이라 하고, 이차방정식의 해 또는 근을 모두 구하는 것을 **이차방정식을 푼다**고 한다. 이차방정식의 풀이는 **인수분해**를 이용하거나 **근의 공식**을 이용한다.

1 다음 이차방정식을 푸시오.

(1) $x^2+5x+6=0$

(2) $x^2-6x+9=0$

(3) $2x^2-x-3=0$

(4) $x^2+2x-1=0$

기억 2 인수정리

• 다항식 $P(x)$에 대하여

① $P(a)=0$이면 $P(x)$는 일차식 $x-a$로 나누어떨어진다.

② $P(x)$가 일차식 $x-a$로 나누어떨어지면 $P(a)=0$이다.

2 다항식 $\mathrm{P}(x)=2x^3-3x^2+ax-1$이 $x+1$로 나누어떨어지도록 하는 상수 a의 값을 구하시오.

3 인수정리를 이용하여 x^3-2x^2-5x+6을 인수분해하시오.

4 다항식 x^3-ax+9를 $x-2$로 나눈 몫이 $Q(x)$, 나머지가 5일 때, $Q(3)$의 값을 구하시오.

기억 3 이차함수 $y=a(x-p)^2+q$의 그래프

① 이차함수의 그래프는 $a>0$이면 아래로 볼록하고, $a<0$이면 위로 볼록한 포물선이다.

② 이차함수의 그래프의 꼭짓점의 좌표는 점 (p, q)이다.

5 다음 이차함수의 그래프를 그리고, 꼭짓점의 좌표를 구하시오.

(1) $y=2(x-1)^2-2$

(2) $y=-2x^2-4x-3$

01 복소수와 그 연산

| 탐구하기 1 |

01 문제 해결 방법에 대한 우빈이와 윤서의 대화를 보고 다음 물음에 답하시오.

> -2와 3을 근으로 갖는 이차방정식을 구하시오.

우빈: 이차방정식을 $ax^2+bx+c=0$이라 하자. -2는 이 방정식의 근이니까 $x=-2$를 대입하면 등식이 성립해.

윤서: 그렇다면 ax^2+bx+c는 $x+2$를 인수로 갖네!

우빈: 아하! 네 아이디어를 이용하면 이차방정식이 뭔지 알 수 있겠다.

(1) 윤서가 ax^2+bx+c가 $x+2$를 인수로 갖는다고 한 이유를 추측하여 쓰시오.

(2) 우빈이가 윤서의 아이디어를 이용하여 이차방정식을 어떻게 찾았는지 추측하여 쓰시오.

02 다음 물음에 답하시오.

(1) 임의의 두 실수를 택하고, 그 두 수를 근으로 갖는 이차방정식을 만드시오.
(단, 이차방정식은 $ax^2+bx+c=0$의 형태로 나타내며, a, b, c는 실수이다.)

(2) 친구들이 만든 이차방정식 중 하나를 택하여 근을 구하고, 그 과정을 쓰시오.

친구가 만든 이차방정식	풀이 및 이차방정식의 근

03 두 실수 α, β를 근으로 갖는 이차방정식은 항상 존재하는지 판단하고, 그 이유를 쓰시오.

04 모든 이차방정식은 항상 근을 갖는지 판단하고, 그 이유를 설명하시오.

| 탐구하기 2 |

보기

유리수와 무리수를 통틀어 **실수**라고 한다. 실수를 분류하면 다음과 같다.

$$\text{실수}\begin{cases}\text{유리수}\begin{cases}\text{정수}\begin{cases}\text{양의 정수(자연수)} & \cdots\cdots ㉠\\ 0 & \\ \text{음의 정수} & \cdots\cdots ㉡\end{cases}\\ \text{정수가 아닌 유리수} & \cdots\cdots ㉢\end{cases}\\ \text{무리수} & \cdots\cdots ㉣\end{cases}$$

01 실수에 관한 다음 물음에 답하시오.

(1) **보기** 의 ㉠, ㉡, ㉢, ㉣에 해당하는 수의 특징을 쓰고, 예시를 5개씩 드시오.

수의 종류	특징	예시
㉠		
㉡		
㉢		
㉣		

(2) **보기** 의 ㉠, ㉡, ㉢, ㉣ 중 제곱하면 음이 되는 수가 있는지 찾아보시오.

02 다음 이차방정식의 두 근을 구하고 그 과정을 쓴 다음, 두 근이 보기 의 ㉠, ㉡, ㉢, ㉣ 중 어디에 속하는지 찾아 쓰시오.

이차방정식	풀이 및 이차방정식의 근	수의 종류
$x^2-1=0$		
$x^2+x-2=0$		
$4x^2-4x+1=0$		
$x^2-5=0$		
$x^2-2x-1=0$		

03 이차방정식의 해를 구하는 방법을 정리하시오.

04 이차방정식 $x^2-4x+5=0$의 근을 구하려고 한다. 다음 물음에 답하시오.

(1) 좌변을 인수분해하여 근을 구할 수 있는지 알아보시오.

(2) 이차방정식의 근의 공식으로 근을 구할 수 있는지 알아보시오.

05 계수가 실수인 이차방정식 $ax^2+bx+c=0$의 근은 항상 실수인지, 실수가 아닌 경우가 있는지 설명하시오.

개념정리

제곱하여 -1이 되는 새로운 수를 기호 i로 나타낸다. 즉,

$$i^2=-1$$

이러한 수 i를 **허수단위**라 하고, 제곱하여 -1이 되는 수이므로 $i=\sqrt{-1}$과 같이 나타낸다.

한편, $a>0$일 때

$$(\sqrt{a}i)^2=ai^2=-a, \quad (-\sqrt{a}i)^2=ai^2=-a$$

이므로 $\sqrt{a}i$와 $-\sqrt{a}i$는 음수 $-a$의 제곱근이다. 이때 $\sqrt{-a}=\sqrt{a}i$로 나타낸다.

06 다음 이차방정식의 근을 구하시오.

이차방정식	근	이차방정식	근
$x^2=1$		$x^2=-1$	
$x^2=2$		$x^2=-2$	
$x^2=3$		$x^2=-3$	
$x^2=4$		$x^2=-4$	

| 탐구하기 3 |

01 다음 이차방정식의 근을 구하시오.

(1) $x^2-4x+5=0$

(2) $x^2-6x+12=0$

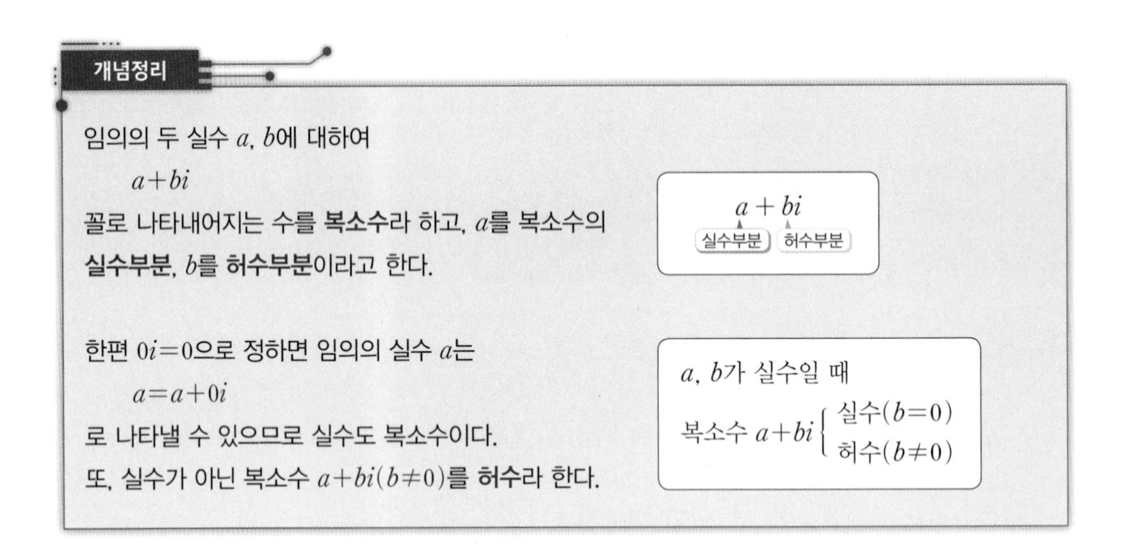

개념정리

임의의 두 실수 a, b에 대하여

$$a+bi$$

꼴로 나타내어지는 수를 **복소수**라 하고, a를 복소수의 **실수부분**, b를 **허수부분**이라고 한다.

한편 $0i=0$으로 정하면 임의의 실수 a는

$$a=a+0i$$

로 나타낼 수 있으므로 실수도 복소수이다.

또, 실수가 아닌 복소수 $a+bi(b\neq0)$를 **허수**라 한다.

a, b가 실수일 때
복소수 $a+bi$ 실수$(b=0)$
허수$(b\neq0)$

02 다음 물음에 답하시오.

(1) 다음 희원이의 의견에 동의하는지 동의하지 않는지 쓰고, 그 이유를 설명하시오.

> 희원: 복소수는 $a+bi$(a, b는 실수)로 나타내어지는 수야.
> 실수는 i가 없으니까 복소수가 아니야.

(2) 이차방정식의 해를 구하여 수직선 위에 대략 표시하시오.

이차방정식	이차방정식의 해
$x^2=9$	$-3\quad -2\quad -1\quad 0\quad 1\quad 2\quad 3$
$x^2=2$	$-3\quad -2\quad -1\quad 0\quad 1\quad 2\quad 3$
$x^2=-1$	$-3\quad -2\quad -1\quad 0\quad 1\quad 2\quad 3$
$x^2=\frac{9}{16}$	$-3\quad -2\quad -1\quad 0\quad 1\quad 2\quad 3$

(3) (2)를 통하여 알 수 있는 것을 2가지 이상 쓰고, 모둠 활동 후 모둠의 생각을 정리하여 쓰시오.

나의 생각	모둠의 생각

03 주어진 수가 포함되는 수의 종류를 ○로 표시하시오.

수	정수	유리수	실수	복소수
$-2+3i$				
$-\sqrt{7}$				
5				
2.7				
$-\frac{2}{3}$				
$3i$				
$2-\sqrt{9}$				
$1-\sqrt{-5}$				

04 (1)~(8)에 주어진 용어를 알맞게 써넣어 수의 분류를 완성하시오.

자연수,　정수,　허수,　무리수,　유리수,
실수,　음의 정수,　정수가 아닌 유리수

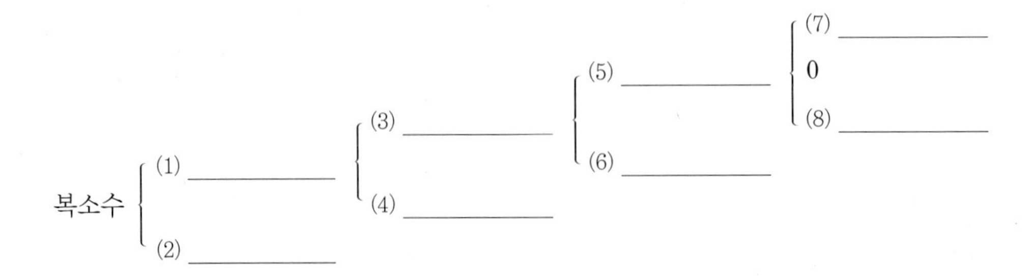

05 다음 이차방정식의 두 근을 구하고, 특징을 정리하시오.

(1) $x^2+x+1=0$

(2) $x^2-6x+10=0$

(3) $x^2+4=0$

개념정리

복소수 $a+bi$에서 a, b가 실수일 때, 허수부분의 부호를 바꾼 복소수 $a-bi$를 $a+bi$의 **켤레복소수**라고 하며, 이것을 기호로 $\overline{a+bi}$와 같이 나타낸다. 즉, $\overline{a+bi}=a-bi$이다.
두 복소수 $a+bi$와 $a-bi$는 서로 켤레복소수이다.

| 탐구하기 4 |

01 다음 물음에 답하시오.

(1) $2x^2+3=ax^2+bx+c$가 x에 대한 항등식일 때 a, b, c의 값을 구하시오.

(2) $a+5\sqrt{2}=-7+b\sqrt{2}$일 때, 두 유리수 a, b의 값을 구하시오.

(3) (1), (2)를 참고하여 $a+5i=-7+bi$인 두 실수 a, b의 값을 추측하시오.

개념정리

두 복소수 $a+bi$, $c+di$(a, b, c, d는 실수)의 실수부분과 허수부분이 각각 같을 때, 즉 $a=c$이고 $b=d$일 때, 두 복소수는 **서로 같다**고 하며

$$a+bi=c+di$$

와 같이 나타낸다. 특히 $a+bi=0$이면 $a=0$, $b=0$이다.

02 지석이는 '다항식과 제곱근의 계산'에서 '복소수의 덧셈과 뺄셈'에 대한 아이디어를 얻었다. 지석이와 같이 다항식과 제곱근을 계산한 다음, 이를 이용하여 복소수의 덧셈과 뺄셈을 계산하고 그 방법을 정리하시오.

다항식과 제곱근의 계산	복소수의 덧셈과 뺄셈
(1) $(1+2x)-(2-x)$	(4) $(1+5i)+(-7-2i)$
(2) $(1+5\sqrt{2})+(-2\sqrt{2}-7)$	(5) $3i-(5i-5)$
(3) $3\sqrt{3}-(5\sqrt{3}-5)$	

복소수의 덧셈과 뺄셈 방법 정리

03 지석이는 '다항식과 제곱근의 계산'에서 '복소수의 곱셈'에 대한 아이디어를 얻었다. 지석이와 같이 다항식과 제곱근을 계산한 다음, 이를 이용하여 복소수의 곱셈을 계산하고 그 방법을 정리하시오.

다항식과 제곱근의 계산	복소수의 곱셈
(1) $(2x-1)(3x+2)$	(3) $(1+5i)(-2i-7)$
(2) $(1+5\sqrt{2})(2\sqrt{2}+2)$	(4) $(4-3i)(4+3i)$

복소수의 곱셈 방법 정리

04 i의 거듭제곱을 계산하고 물음에 답하시오.

i의 거듭제곱	계산하기
i^2	$i^2=(\sqrt{-1})^2=-1$
i^3	
i^4	
i^5	
i^6	
i^7	
i^8	
i^9	
i^{10}	
i^{11}	
i^{12}	

(1) i의 거듭제곱의 계산 결과가 같은 것끼리 모으고, i의 거듭제곱의 특징을 정리하시오.

(2) i^{20}과 i^{30}을 간단히 하시오.

|탐구하기 5|

01 제곱근의 나눗셈과 복소수의 나눗셈을 계산하고, 복소수의 나눗셈 방법을 정리하시오.

제곱근의 나눗셈	복소수의 나눗셈
(1) $12\sqrt{3}\div3$ (2) $3\div(\sqrt{5}-\sqrt{2})$	(3) $1\div i$ (4) $1\div(2-i)$ (5) $(3+4i)\div(2+3i)$

복소수의 나눗셈 방법 정리

02 다음 복소수를 $a+bi$(a, b는 실수) 꼴로 바꾸고 그 과정을 쓰시오.

(1) $\dfrac{3-i}{3+i}$

(2) $\dfrac{1}{x+yi}$ (x, y는 실수)

|탐구하기 6|

01 $\sqrt{2}\sqrt{3}=\sqrt{6}$, $\frac{\sqrt{2}}{\sqrt{3}}=\sqrt{\frac{2}{3}}$, $\sqrt{-2}=\sqrt{2}i$임을 이용하여 보기와 같이 다음을 계산하시오.

보기

$$\sqrt{-2}\sqrt{3}=(\sqrt{2}i)\times(\sqrt{3})=\sqrt{2}\sqrt{3}i=\sqrt{6}i=\sqrt{-6}$$

(1) $\sqrt{2}\sqrt{-3}$

(2) $\sqrt{-2}\sqrt{-3}$

(3) $\frac{\sqrt{-2}}{\sqrt{3}}$

(4) $\frac{\sqrt{2}}{\sqrt{-3}}$

(5) $\frac{\sqrt{-2}}{\sqrt{-3}}$

02 $a>0$, $b>0$일 때, $\sqrt{a}\sqrt{b}=\sqrt{ab}$, $\frac{\sqrt{a}}{\sqrt{b}}=\sqrt{\frac{a}{b}}$, $\sqrt{-a}=\sqrt{a}i$임을 이용하여 다음을 계산하시오.

(1) $\sqrt{-a}\sqrt{b}$

(2) $\sqrt{-a}\sqrt{-b}$

(3) $\frac{\sqrt{a}}{\sqrt{-b}}$

(4) $\frac{\sqrt{-a}}{\sqrt{-b}}$

02 이차방정식의 판별식

|탐구하기 1|

01 a, b, c가 실수일 때, 이차방정식 $ax^2+bx+c=0$의 근은 $x=\frac{-b\pm\sqrt{b^2-4ac}}{2a}$이다. 다음 물음에 답하시오.

(1) $x=-\frac{b}{2a}\pm\frac{\sqrt{b^2-4ac}}{2a}$에서 $-\frac{b}{2a}$는 실수인지 알아보시오.

(2) $\frac{\sqrt{b^2-4ac}}{2a}$는 실수인지 알아보시오.

(3) 이차방정식 $ax^2+bx+c=0$의 근의 종류는 어떻게 판단할 수 있는지 쓰시오.

개념정리

계수가 실수인 이차방정식 $ax^2+bx+c=0$은 복소수의 범위에서 $x=\frac{-b\pm\sqrt{b^2-4ac}}{2a}$를 항상 근으로 갖는다. 이때 실수인 근을 실근, 허수인 근을 허근이라고 한다.
실근, 허근의 판단은 b^2-4ac의 값에 달려 있기 때문에 $D=b^2-4ac$를 이차방정식 $ax^2+bx+c=0$의 **판별식**이라고 한다.

02 계수가 실수인 이차방정식 $ax^2+bx+c=0$의 근이 판별식 D의 부호에 따라 실근인지 허근인지 알아보시오.

(1) $D>0$

(2) $D=0$

(3) $D<0$

03 이차방정식의 판별식을 이용하여 다음 이차방정식의 근을 판별하시오.

(1) $x^2+4x+3=0$

(2) $x^2+4x+4=0$

(3) $x^2+4x+5=0$

|탐구하기 2|

01 a, b, c가 실수인 이차방정식 $ax^2+bx+c=0$의 허근에 대한 윤지와 희준이의 대화를 보고 이차방정식의 근의 공식 $x=\frac{-b\pm\sqrt{b^2-4ac}}{2a}$를 이용하여 이차방정식이 한 허근 $m+ni$(m, n은 실수)를 가지면 그 켤레복소수인 $m-ni$도 반드시 이차방정식의 근이 됨을 설명하시오.

> 윤지: 계수가 실수인 이차방정식 $ax^2+bx+c=0$의 판별식을 보면 실근 하나와 허근 하나를 갖는 경우는 없네. 만약 이차방정식이 허근을 갖는다면 허근은 반드시 2개이고, 실근을 따로 가질 수는 없어.
>
> 희준: 맞아. 왜냐하면 $D=b^2-4ac$라고 하면 $D>0$, $D=0$, $D<0$ 셋 중 하나인데, $D>0$인 경우는 서로 다른 두 실근, $D=0$인 경우는 서로 같은 실근(중근), $D<0$인 경우는 서로 다른 두 허근을 갖기 때문이지.
>
> 윤지: 지금까지 이차방정식을 푼 결과를 생각해 볼 때, 허근을 갖는다면 두 근이 서로 켤레복소수 관계였는데, 허근은 항상 켤레복소수인 경우만 있을까?
>
> 희준: 한 허근을 $m+ni$(m, n은 실수, $n\neq0$)라고 하면 다른 허근은 어떤 형태일까?
>
> 윤지: 근의 공식을 분석해 보면 설명이 가능할 것 같아.

03 이차방정식의 근과 계수의 관계

|탐구하기 1|

01 주어진 두 수를 근으로 하고 이차항의 계수가 1인 이차방정식을 구하고, 그 방법을 설명하시오.

(1) 4, -1

(2) $\frac{1}{2}$, $-\frac{3}{2}$

(3) $1+i$, $1-i$

(4) $1+\sqrt{3}$, $1-\sqrt{3}$

(5) 0, 5

02 이차방정식의 두 근을 α, β라고 할 때, 다음 물음에 답하시오.

(1) 이차항의 계수가 1인 이차방정식을 구하시오.

(2) 이차항의 계수가 a인 이차방정식을 구하시오.

(3) (2)에서 구한 이차방정식을 $ax^2+bx+c=0$이라고 할 때, 두 근 α, β의 합과 곱 $\alpha+\beta$, $\alpha\beta$를 계수 a, b, c로 나타내시오.

03 이차방정식 $3x^2+2x+6=0$의 두 근을 α, β라고 할 때, 다음 식의 값을 구하시오.

(1) $\frac{1}{\alpha}+\frac{1}{\beta}$

(2) $\alpha^3+\beta^3$

04 이차방정식과 이차함수의 관계

|탐구하기 1|

01 일차함수 $y=-\frac{1}{2}x+2$에 대하여 다음 물음에 답하시오.

(1) 일차함수의 그래프의 x절편과 y절편을 구하고, 그 방법을 설명하시오.

(2) (1)에서 구한 x절편과 y절편을 이용하여 일차함수의 그래프를 대략 그리시오.

(3) 일차함수 $y=-\frac{1}{2}x+2$와 일차방정식 $-\frac{1}{2}x+2=0$의 관계를 정리하시오.

02 이차함수 $y=x^2-2x-3$에 대하여 다음 물음에 답하시오.

(1) 이차함수 그래프의 x절편과 y절편을 구하고, 그 방법을 설명하시오.

(2) (1)에서 구한 x절편과 y절편을 이용하여 이차함수의 그래프를 대략 그리시오.

(3) 이차함수 $y=ax^2+bx+c$와 이차방정식 $ax^2+bx+c=0$의 관계를 정리하시오.

03 이차함수 $y=x^2-2x+2$의 그래프에 대하여 알아보려고 한다. 다음 물음에 답하시오.

(1) 이차방정식 $x^2-2x+2=0$의 근을 판별하시오.

(2) 이차함수 $y=x^2-2x+2$의 그래프에 대하여 알 수 있는 것을 찾아 쓰시오.

|탐구하기 2|

01 이차함수 $y=ax^2+bx+c$가 다음과 같을 때, 각 함수의 그래프를 그리시오.

(1) $y=x^2+2x+1$

(2) $y=-x^2+2x-2$

(3) $y=2x^2-4x+3$

(4) $y=-2x^2-4x+1$

02 다음 물음에 답하시오.

(1) 분류 기준을 정하여 문제 **01**의 이차함수의 그래프들을 분류한 다음 모둠 활동을 통하여 모둠의 생각을 정리하시오.

나의 생각	모둠의 생각

(2) 이차함수 $y=ax^2+bx+c$의 그래프와 x축의 위치 관계를 이차방정식 $ax^2+bx+c=0$의 판별식 $D=b^2-4ac$의 부호를 이용하여 보기 와 같이 설명하시오. 또 모둠 활동을 통하여 모둠의 생각을 정리하시오.

보기

$y=ax^2+bx+c$	나의 생각	모둠의 생각
$y=-2x^2-4x+1$	$-2x^2-4x+1=0$의 $D>0$: x축과 서로 다른 두 점에서 만나는 경우	예 $-2x^2-4x+1=0$의 $D>0$: x축과 교점의 개수가 2개인 경우

$y=ax^2+bx+c$	나의 생각	모둠의 생각
$y=x^2+2x+1$		
$y=-x^2+2x-2$		
$y=2x^2-4x+3$		

(3) 다음 표를 완성하시오.

$ax^2+bx+c=0$의 판별식 D	$D>0$	$D=0$	$D<0$
$ax^2+bx+c=0$의 근의 판별		서로 같은 두 실근 (중근)	
$y=ax^2+bx+c$의 그래프와 x축의 위치 관계			만나지 않는다.
$a>0$일 때 $y=ax^2+bx+c$의 그래프	x	x	x
$a<0$일 때 $y=ax^2+bx+c$의 그래프	x	x	x

03 이차함수의 그래프를 그리지 않고 이차함수의 그래프와 x축의 위치 관계를 알 수 있는 방법을 정리하시오.

04 이차함수 $y=x^2-2(k-1)x+k^2$의 그래프와 x축의 위치 관계에 대한 다음 세 친구의 의견이 옳은지 판단하고, 그 이유를 쓰시오.

> 은혁: $k=2$이면 포물선은 x축과 서로 다른 두 점에서 만나.
> 민지: 포물선이 x축과 접하도록 하는 정수 k의 값은 존재하지 않아.
> 지우: $k=-1$이면 포물선과 x축은 만나지 않아.

05 이차함수 $y=x^2+2ax-8$의 그래프의 x절편이 -2, b일 때, 준현이와 진아는 다음과 같은 방법으로 상수 a, b의 값을 구하려고 한다. 다음 물음에 답하시오.

> 준현: 그래프가 점$(-2, 0)$을 지난다는 것을 이용할 거야.
> 진아: 이차방정식의 근과 계수의 관계를 이용할 거야.

(1) 준현이의 방법으로 상수 a, b의 값을 구하시오.

(2) 진아의 방법으로 상수 a, b의 값을 구하시오.

06 이차항의 계수가 1인 이차함수 $y=f(x)$가 다음 조건을 모두 만족할 때, 함수 $y=f(x)$의 그래프의 x절편을 모두 구하시오.

> (가) 이차함수 $y=f(x)$의 그래프는 직선 $x=3$에 대하여 대칭이다.
> (나) 이차방정식 $f(x)=-1$은 중근을 갖는다.

05 이차함수의 그래프와 직선의 위치 관계

|탐구하기 1|

01 한 평면 위에 있는 두 직선의 위치 관계를 나타낸 보기 를 참고하여 한 평면에서 이차함수의 그래프(포물선)와 직선의 위치 관계를 그림으로 나타내고, 분류 기준을 쓰시오. 또 모둠 활동을 한 다음, 모둠의 생각을 정리하시오.

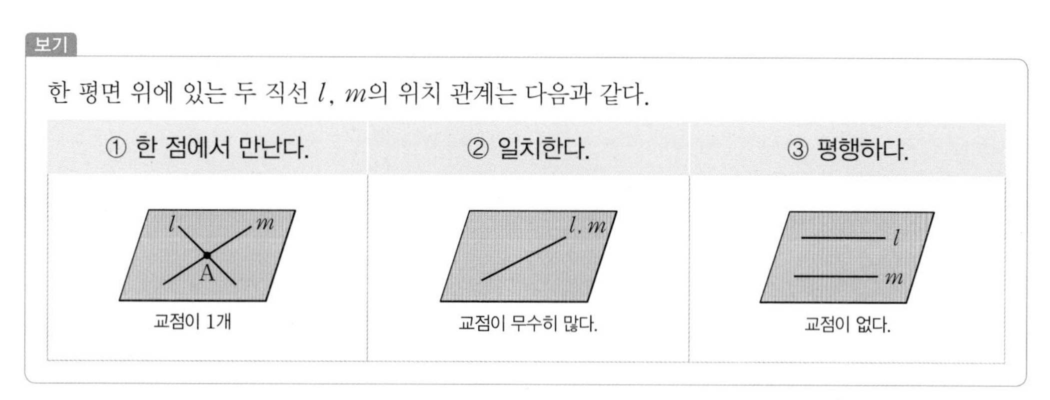
보기
한 평면 위에 있는 두 직선 l, m의 위치 관계는 다음과 같다.
① 한 점에서 만난다.
② 일치한다.
③ 평행하다.
l
m
A
교점이 1개
l, m
교점이 무수히 많다.
l
m
교점이 없다.

구분	나의 생각	모둠의 생각
이차함수의 그래프와 직선의 위치 관계		
분류 기준		

02 다음 각 경우에 대하여 두 직선의 위치 관계를 말하고, 그 이유를 설명하시오.

(1) $\begin{cases} y=2x+1 \\ y=x-1 \end{cases}$

(2) $\begin{cases} 2x-y+1=0 \\ 4x-2y-1=0 \end{cases}$

(3) $\begin{cases} y=-\frac{1}{2}x+1 \\ x+2y-2=0 \end{cases}$

03 이차함수 $y=x^2-2x+3$의 그래프를 보고 이 이차함수와 세 직선 $y=x+3$, $y=-x+1$, $y=2x-1$의 위치 관계를 각각 말하고, 그 이유를 설명하시오.

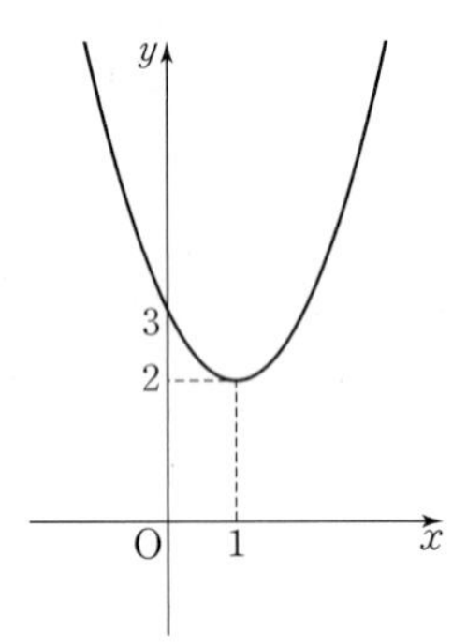

(1) $\begin{cases} y=x^2-2x+3 \\ y=x+3 \end{cases}$

(2) $\begin{cases} y=x^2-2x+3 \\ y=-x+1 \end{cases}$

(3) $\begin{cases} y=x^2-2x+3 \\ y=2x-1 \end{cases}$

04 이차함수 $y=2x^2+3x+2$의 그래프와 직선 $y=2x+1.9$를 그린 그림을 보고 두 도형의 위치 관계를 정확하게 판단할 수 있는지 설명하시오.

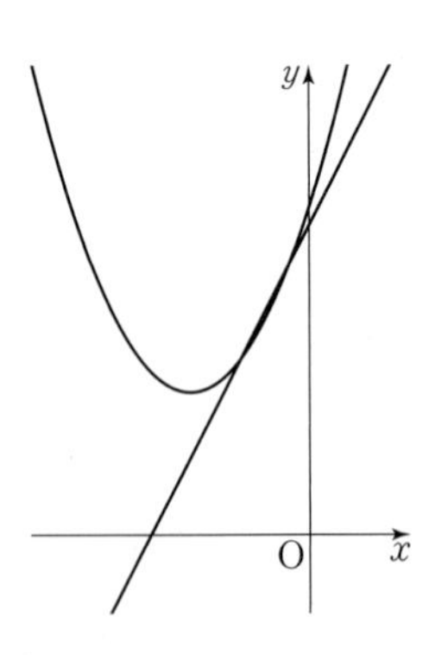

|탐구하기 2|

01 이차함수 $y=ax^2+bx+c$의 그래프와 직선 $y=mx+n$의 위치 관계를 정리하는 과정을 보고 다음 물음에 답하시오.

(1) 유빈이의 의견이 옳은지 판단하고, 그 이유를 설명하시오.

> 유빈: 이차함수 $y=ax^2+bx+c$의 그래프와 직선 $y=mx+n$의 교점의 개수는 이차방정식 $ax^2+bx+c=mx+n$의 판별식으로 결정할 수 있어.

(2) 이차함수 $y=ax^2+bx+c$의 그래프와 직선 $y=mx+n$의 위치 관계를 그래프로 나타내고, 교점의 개수와 위치 관계를 쓰시오. 또 그래프를 그리지 않고 위치 관계를 판단할 수 있는 기준을 정리하시오.

그래프로 나타낸 위치 관계	교점의 개수와 위치 관계	판단 기준

02 이차함수 $y=x^2$의 그래프와 직선 $y=x+k$의 위치 관계가 다음과 같을 때, 실수 k의 값 또는 범위를 구하시오.

(1) 서로 다른 두 점에서 만난다.

(2) 한 점에서 만난다.

(3) 만나지 않는다.

03 이차함수 $y=x^2-2x-1$의 그래프와 세 점 $A(1, 0)$, $B(3, 2)$, $C(2, -3)$을 각각 지나는 직선의 위치 관계를 모두 나타내시오.

(1)

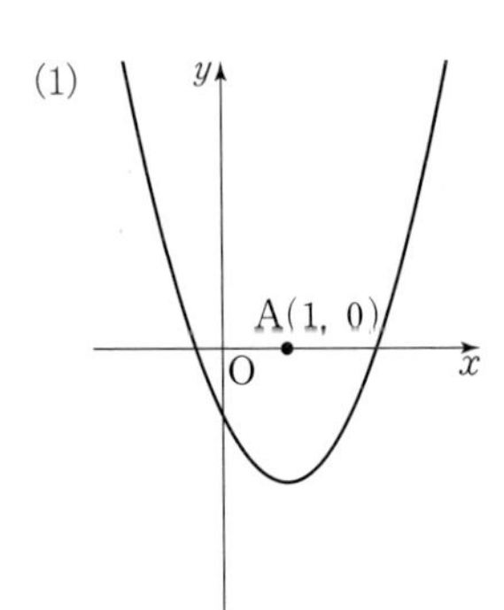

(2)

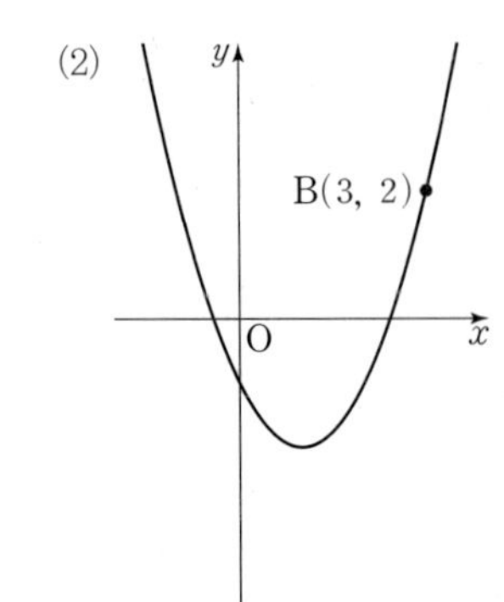

(3)

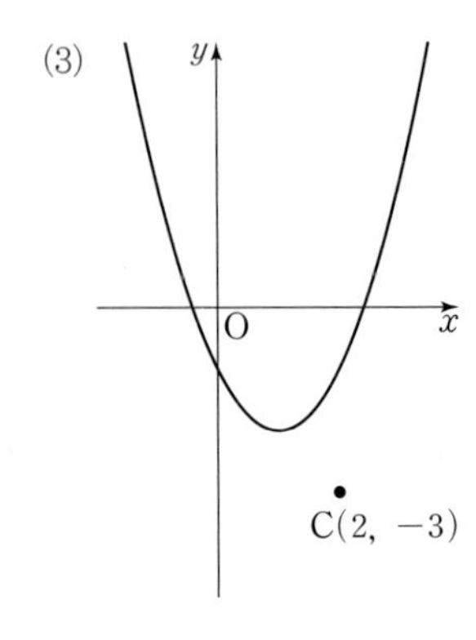

04 이차함수 $y=x^2$의 그래프와 직선 $y=ax-1$의 위치 관계를 알아보려고 한다. 다음 물음에 답하시오.

(1) 직선 $y=ax-1$이 이차함수 $y=x^2$의 그래프에 접하도록 그리시오.

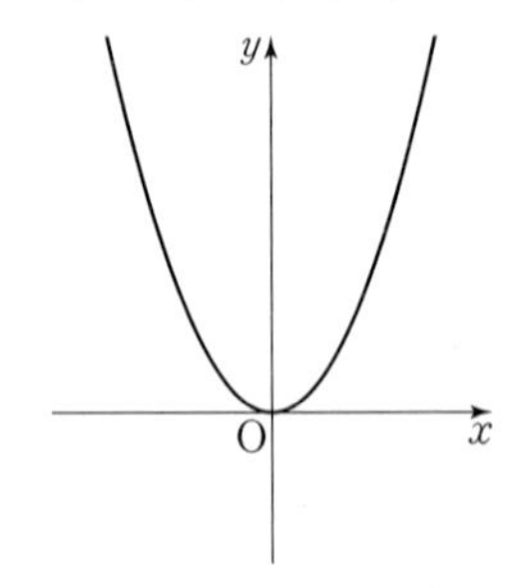

(2) 접하는 직선의 기울기를 구하시오.

(3) (2)에서 구한 접선의 기울기를 이용하여 각각의 위치 관계에 대한 a의 값 또는 범위를 구하시오.

서로 다른 두 점에서 만난다.	만나지 않는다.

06 이차함수의 최대, 최소

|탐구하기 1|

01 일차함수 $y=\frac{1}{2}x+1$의 그래프를 보고 다음 x의 값의 범위에서 가장 큰 함숫값과 가장 작은 함숫값을 구하시오.

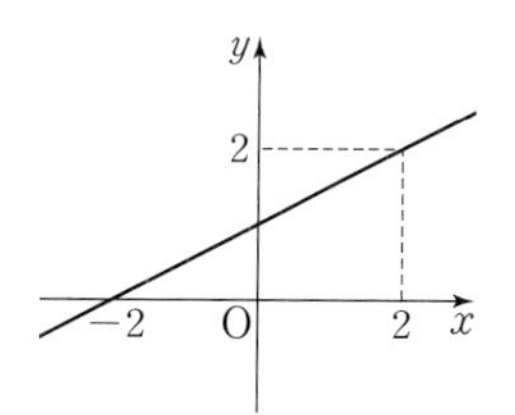

(1) x가 실수 전체일 때

(2) $x \geq 2$

(3) $x \leq 2$

(4) $-2 \leq x \leq 2$

02 철수는 $-1 \leq x \leq 1$에서 일차함수 $y=ax+b$가 $x=-1$일 때 가장 작은 함숫값을, $x=1$일 때 가장 큰 함숫값을 갖는다고 설명했다. 철수의 설명이 옳은지 판단하고, 그 이유를 설명하시오.

|탐구하기 2|

01 이차함수의 함숫값 중에서 가장 큰 값과 가장 작은 값을 갖는 지점을 조사하려고 한다. 다음 물음에 답하시오.

(1) 이차함수 $y=x^2+1$의 그래프는 오른쪽과 같이 아래로 볼록한 포물선이다. 이 이차함수의 함숫값 중에서 가장 작은 값과 가장 큰 값을 갖는 지점을 찾고, 그 이유를 설명하시오.

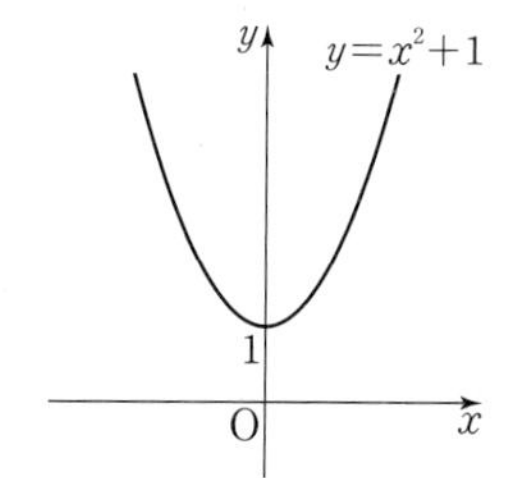

(2) 이차함수 $y=-x^2+2$의 그래프는 오른쪽과 같이 위로 볼록한 포물선이다. 이 이차함수의 함숫값 중에서 가장 작은 값과 가장 큰 값을 갖는 지점을 찾고, 그 이유를 설명하시오.

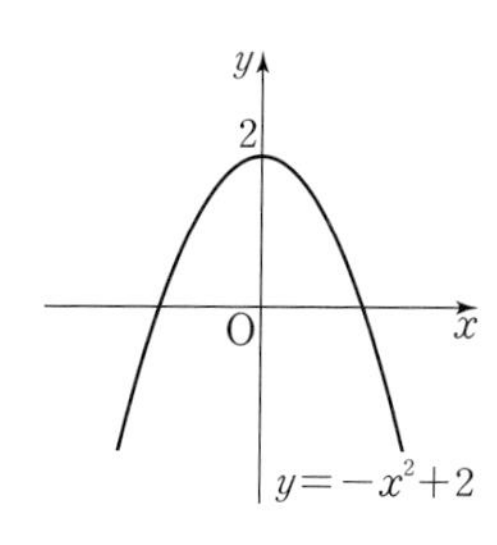

02 다음은 x의 값의 범위가 전체 또는 일부분으로 제한될 때, 이차함수 $y=x^2-4x+1$의 그래프이다. 각각의 그래프에서 함숫값이 어떻게 변하는지 설명하고, 가장 큰 함숫값과 가장 작은 함숫값을 구하시오.

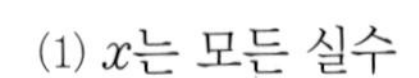

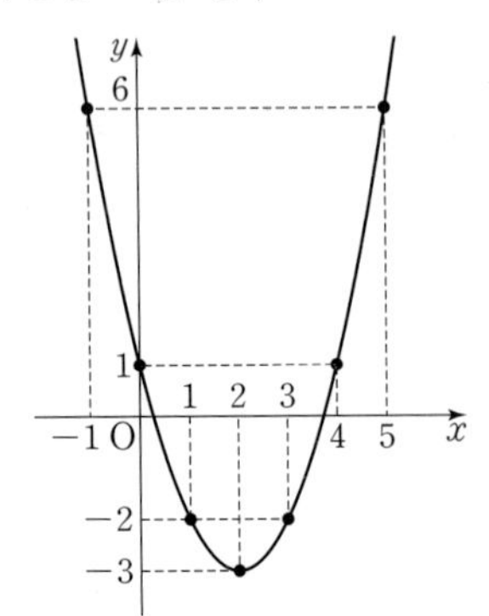

(2) $0\le x\le 5$

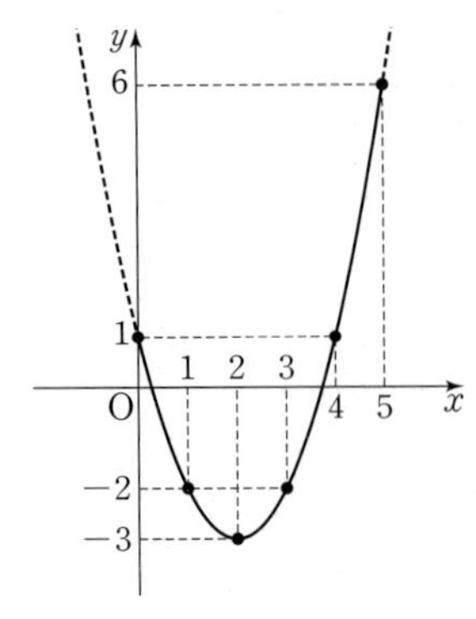

(3) $-1\le x\le 1$

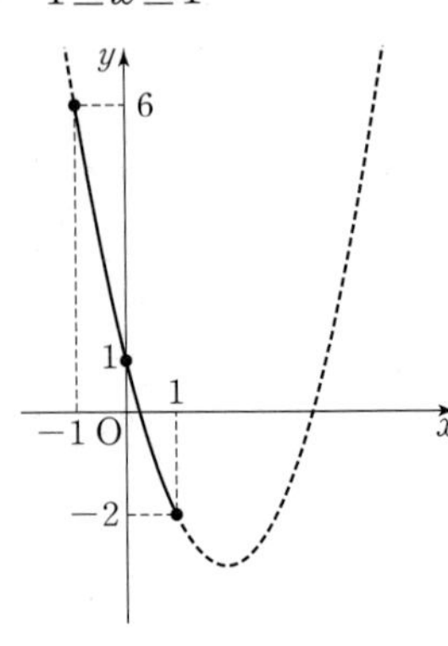

03 이차함수 $y=-\frac{1}{2}(x-1)^2+2$에 대하여 다음 x의 값의 범위에서 각 함수의 그래프를 그리고 함숫값이 어떻게 변하는지 설명하시오. 또 가장 큰 함숫값과 가장 작은 함숫값을 구하시오.

(1) x의 값의 범위: $x\le 2$

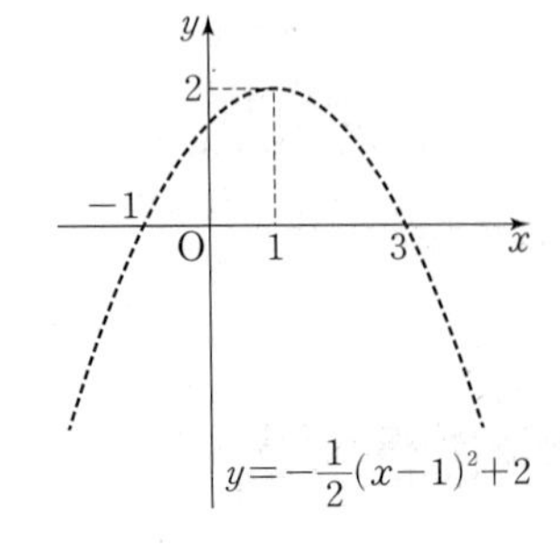

(2) x의 값의 범위: $-2\le x\le 3$

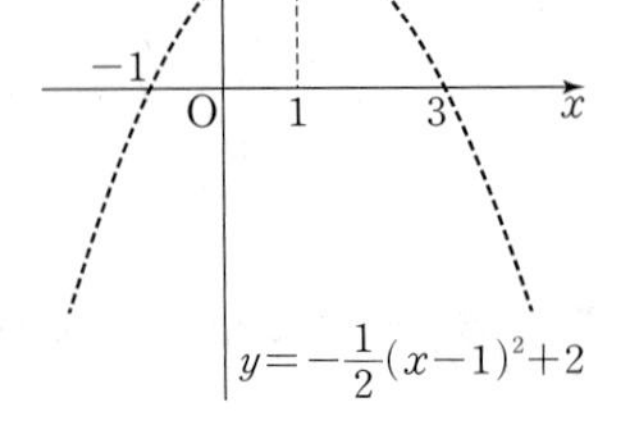

(3) x의 값의 범위: $2\le x\le 4$

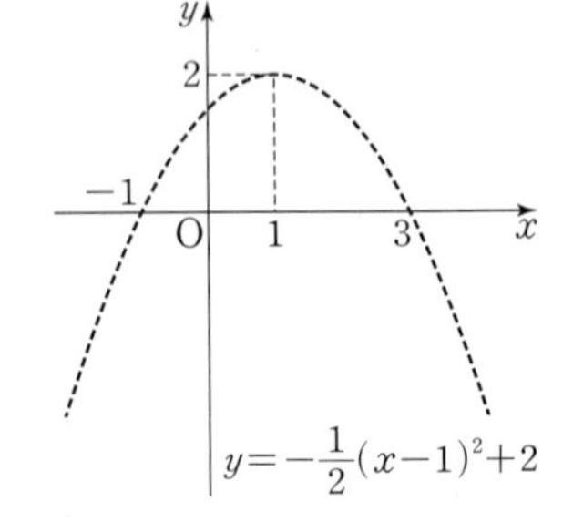

개념정리

함수의 함숫값 중에서 가장 큰 값을 그 함수의 **최댓값**이라 하고, 가장 작은 값을 그 함수의 **최솟값**이라고 한다.

04 다음 이차함수의 최댓값과 최솟값을 구하고, 어떻게 구했는지 설명하시오.

(1) $y=x^2-2x-2$

(2) $y=-2x^2+6x-1$

(3) $y=-2x^2+4x+5(2\leq x\leq 4)$

(4) $y=\frac{1}{2}(x-2)^2-3(x\leq 1)$

05 이차함수의 최댓값과 최솟값을 구할 때 중요하게 고려해야 하는 것을 정리하시오.

|탐구하기 3|

01 길이 12 m의 철망으로 직사각형 모양의 닭장을 가능한 한 가장 넓게 만들려고 한다. 닭장의 모양이 각각 그림과 같을 때 만들 수 있는 닭장의 최대 넓이를 구하시오. (단, 철망의 두께는 생각하지 않는다.)

(1)

(2)

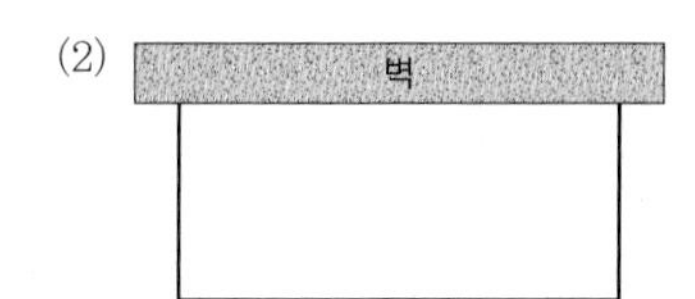

(3)

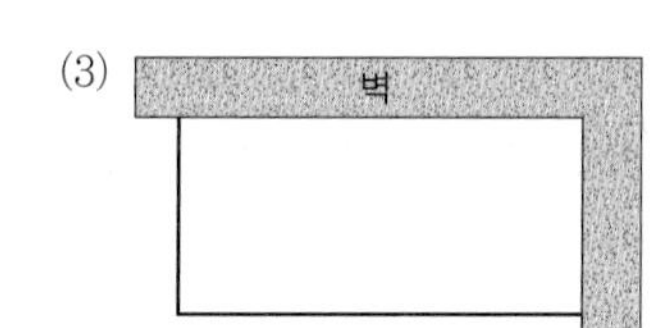

02 길이 40 cm의 벽돌 14개로 그림과 같은 직사각형 모양의 화단을 만들려고 한다. 벽돌을 자르지 않고 만들 수 있는 화단의 최대 넓이를 구하시오. (단, 벽돌의 두께와 높이는 생각하지 않는다.)

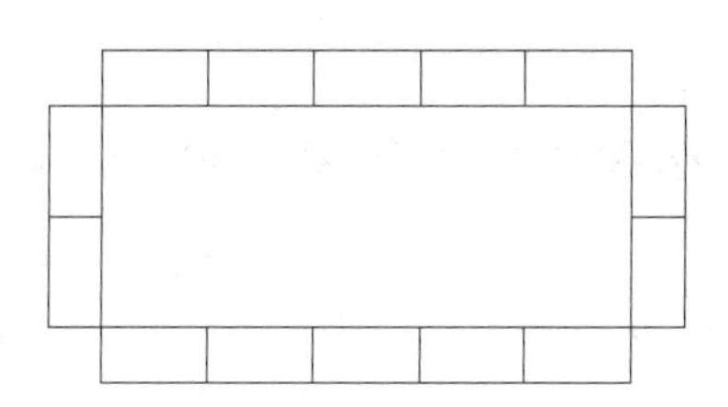

개념정리노트

서로 같은 복소수

• a, b, c, d가 실수일 때

① $a=c$, $b=d$이면 $a+bi=c+di$ ② $a+bi=c+di$이면 $a=c$, $b=d$

복소수의 덧셈과 뺄셈

• a, b, c, d가 실수일 때

① $(a+bi)+(c+di)=(a+c)+(b+d)i$ ② $(a+bi)-(c+di)=(a-c)+(b-d)i$

복소수의 곱셈

• a, b, c, d가 실수일 때 $(a+bi)(c+di)=(ac-bd)+(ad+bc)i$

복소수의 나눗셈

• a, b, c, d가 실수일 때 $(a+bi)\div(c+di)=\dfrac{ac+bd}{c^2+d^2}+\dfrac{bc-ad}{c^2+d^2}i$ (단, $c+di\neq0$)

음수의 제곱근

• $a>0$일 때

① $\sqrt{-a}=\sqrt{a}\,i$ ② $-a$의 제곱근은 $\pm\sqrt{a}\,i$이다.

이차방정식의 근의 판별

• 이차방정식 $ax^2+bx+c=0$에서 판별식 $D=b^2-4ac$일 때

① $D>0$이면 서로 다른 두 실근을 갖는다.

② $D=0$이면 서로 같은 두 실근(중근)을 갖는다.

③ $D<0$이면 서로 다른 두 허근을 갖는다.

이차방정식의 근과 계수의 관계

- 이차방정식 $ax^2+bx+c=0$의 두 근을 α, β라고 하면

$$\alpha+\beta=-\frac{b}{a},\ \alpha\beta=\frac{c}{a}$$

이차함수의 그래프와 직선의 위치 관계

- 이차함수 $y=ax^2+bx+c$의 그래프와 직선 $y=mx+n$의 위치 관계는 $ax^2+bx+c=mx+n$의 판별식 D의 값에 따라 다음과 같이 정해진다.
  ① $D>0$이면 서로 다른 두 점에서 만난다.
  ② $D=0$이면 한 점에서 만난다(접한다).
  ③ $D<0$이면 만나지 않는다.

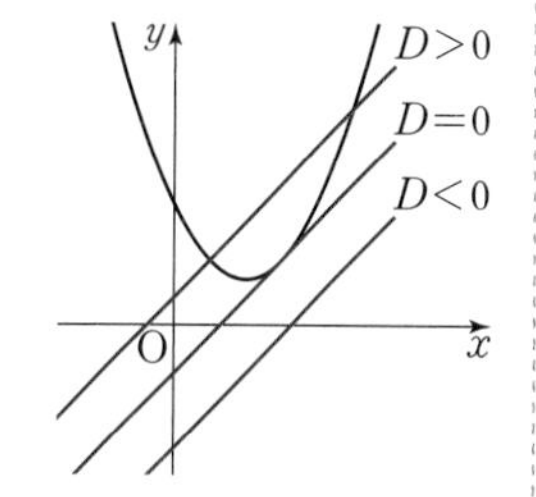

제한된 범위에서 이차함수의 최대, 최소

x의 값의 범위가 $\alpha\leq x\leq\beta$일 때, 이차함수 $y=a(x-p)^2+q$의 최댓값과 최솟값은 이차함수의 그래프의 꼭짓점의 x좌표 p가 주어진 범위에 포함되는지 조사하여 다음과 같이 구한다.

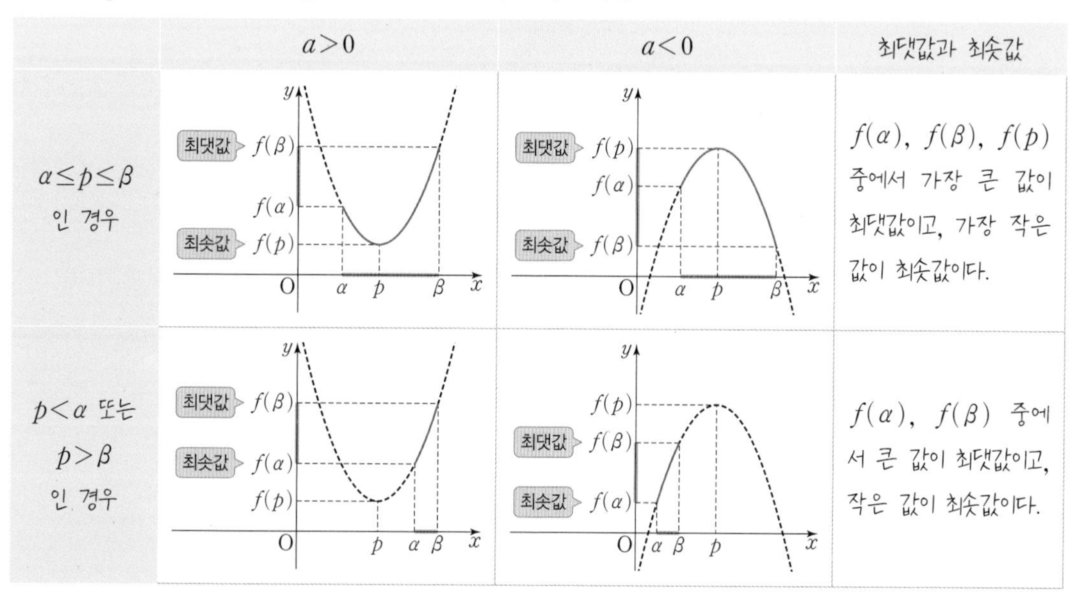

	$a>0$	$a<0$	최댓값과 최솟값
$\alpha\leq p\leq\beta$ 인 경우			$f(\alpha)$, $f(\beta)$, $f(p)$ 중에서 가장 큰 값이 최댓값이고, 가장 작은 값이 최솟값이다.
$p<\alpha$ 또는 $p>\beta$ 인 경우			$f(\alpha)$, $f(\beta)$ 중에서 큰 값이 최댓값이고, 작은 값이 최솟값이다.

개념과 문제의 연결

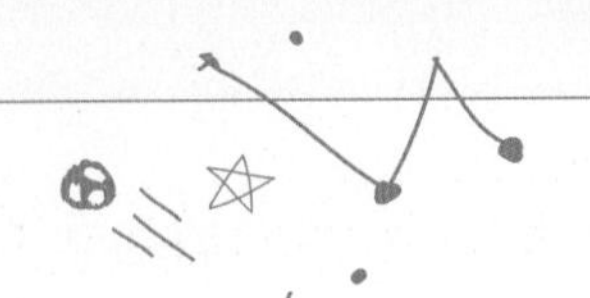

1 주어진 문제를 보고 다음 물음에 답하시오.

대표 문항 복소수 $(1+i)x^2+(1-i)x-6-12i$를 제곱하면 음의 실수가 된다고 할 때, 실수 x의 값을 구하시오.

(1) 다음 각 복소수를 제곱하여 음의 실수가 되는 것의 특징을 정리하시오.

$3,\quad -5,\quad 2i,\quad -3i,\quad 1+i,\quad 3+4i,\quad 3-2i$

(2) 복소수 $z=a+bi$ (a, b는 실수)에 대하여 z^2이 음의 실수가 되는 a, b의 조건을 찾아 보시오.

(3) 복소수 $(1+i)x^2+(1-i)x-6-12i$의 실수부분과 허수부분을 구하시오.

2 문제 **1**을 통하여 알게 된 내용으로 빈칸을 채워 다음 풀이를 완성하시오.

대표 문항 복소수 $(1+i)x^2+(1-i)x-6-12i$를 제곱하면 음의 실수가 된다고 할 때, 실수 x의 값을 구하시오.

개념 연결

복소수 $z=a+bi$(a, b는 실수)에 대하여 z^2이 음의 실수가 되려면

$z^2=(a+bi)^2=a^2-b^2+2abi$

에서 실수부분은 $\square$이어야 하고, 허수부분은 $\square$이어야 한다.

이때 $ab=0$은 $\square$ 또는 $\square$이므로

(i) $\square$이면 $z=\square$가 되고 $z^2=\square$이 되어 음의 실수가 된다.

(ii) $\square$이면 $z=\square$가 되고 $z^2=\square$이 되어 음의 실수가 될 수 없다.

따라서 z^2이 음의 실수가 되려면 복소수는 $z=\square$ 꼴의 $\square$여야 한다.

복소수 $(1+i)x^2+(1-i)x-6-12i$를 정리하면

$(1+i)x^2+(1-i)x-6-12i=\square+\square i$

이므로 실수부분은 $\square$이고, 허수부분은 $\square$이다.

주어진 복소수를 제곱하여 음의 실수가 되려면

$\square=0$이고 $\square\neq0$

이어야 한다.

$\square=\square=0$에서

$x=\square$ 또는 $x=\square$

그런데 $x=\square$이면 $\square=0$이므로 주어진 복소수는 0이 되어 그 제곱이 음의 실수가 될 수 없다.

따라서 $x=\square$이고, 이때 $z=\square$이므로 $z^2=\square<0$임을 확인할 수 있다.

개념과 문제의 연결

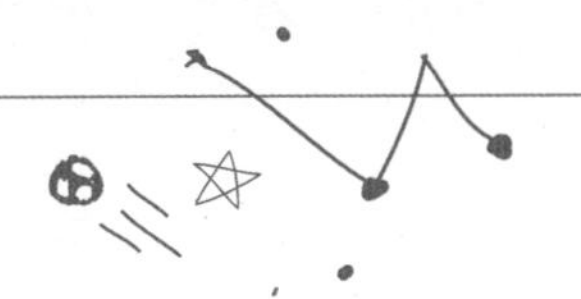

3 주어진 문제를 보고 다음 물음에 답하시오.

대표 문항 이차방정식 $x^2-8x+k=0$의 두 근의 비가 $1:3$일 때 상수 k에 대하여 이차방정식 $2x^2+kx+k=0$의 두 근을 α, β라 할 때 $\alpha^3+\beta^3$의 값을 구하시오.

(1) 비가 $1:3$인 두 근을 어떻게 나타낼지 설명하시오.

(2) 이차방정식 $x^2-8x+k=0$의 두 근의 비가 $1:3$이라는 조건에서 이용할 수 있는 것이 무엇인지 설명하시오.

(3) 이차방정식의 두 근 α, β를 알 때 $\alpha^3+\beta^3$의 값을 구하는 방법을 설명하시오.

4 문제 **3**을 통하여 알게 된 내용으로 빈칸을 채워 다음 풀이를 완성하시오.

대표 문항 이차방정식 $x^2-8x+k=0$의 두 근의 비가 $1:3$일 때 상수 k에 대하여 이차방정식 $2x^2+kx+k=0$의 두 근을 α, β라 할 때 $\alpha^3+\beta^3$의 값을 구하시오.

이차방정식 $x^2-8x+k=0$의 두 근의 비가 $1:3$이므로 두 근을 a와 $3a\,(a\neq 0)$로 둘 수 있다.

두 근이 a, $3a$이므로 이차방정식의 근과 계수의 관계에 의해

$\square=8$, $\square=k$

$\square=8$에서 $a=\square$이므로

$k=\square$

이차방정식 $2x^2+kx+k=0$에 $k=\square$를 대입하면 이차방정식은 $\square=0$이 된다.

이차방정식 $\square=0$의 두 근이 α, β이므로 이차방정식의 근과 계수의 관계에 의해

$\alpha+\beta=\square$, $\alpha\beta=\square$ …… ㉠

$\alpha^3+\beta^3$의 값은 다음 전개식에서 구할 수 있다.

$(\alpha+\beta)^3=\square$

$=\square$

이므로 여기에 ㉠을 대입하면

$\square=\square$

$\square=\square$

에서 $\alpha^3+\beta^3=\square$이다.

개념과 문제의 연결

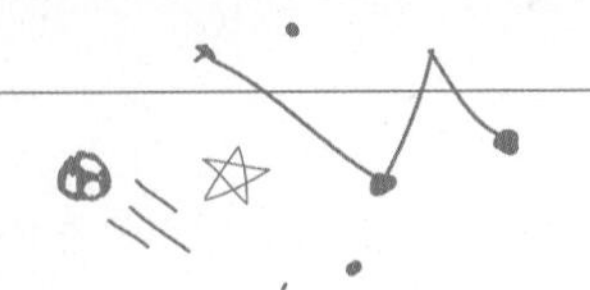

5 주어진 문제를 보고 다음 물음에 답하시오.

대표 문항

계수가 실수인 이차방정식 $ax^2+bx+c=0$이 실근 하나와 허근 하나를 근으로 가질 수 없음을 보이시오.

개념 연결

(1) 이차방정식 $ax^2+bx+c=0$의 근을 모두 구하시오.

(2) 이차방정식 $ax^2+bx+c=0$의 한 근이 실근이면 다른 한 근은 실근인지 허근인지 판단하시오.

(3) 이차방정식 $ax^2+bx+c=0$의 한 근이 허근이면 다른 한 근은 실근인지 허근인지 판단하시오.

6 문제 **5**를 통하여 알게 된 내용으로 빈칸을 채워 다음 풀이를 완성하시오.

대표 문항 계수가 실수인 이차방정식 $ax^2+bx+c=0$이 실근 하나와 허근 하나를 근으로 가질 수 없음을 보이시오.

이차방정식 $ax^2+bx+c=0$의 두 근은 근의 공식에 의해

$x=$ 

(i) 이차방정식 $ax^2+bx+c=0$의 한 근 $x=$ □ 가 실근이면 □ $\geq$ □

이므로 다른 한 근 $x=$ □ 도 실근이다.

(ii) 이차방정식 $ax^2+bx+c=0$의 한 근 $x=$ □ 가 허근이면 □ $<$ □

이므로 다른 한 근 $x=$ □ 도 허근이다.

(i), (ii)에서 계수가 실수인 이차방정식 $ax^2+bx+c=0$은 실근을 2개(중근 포함) 갖든지, 허근을 2개 갖는 경우만 있고, 실근 하나와 허근 하나를 갖는 경우는 있을 수 없다.

중단원 연습문제

1. 이차방정식과 이차함수

01

$(-2+i)(3+4i)+\frac{4+3i}{3-4i}=a+bi$일 때, 실수 a, b의 값을 구하시오.

03

$i+2i^2+3i^3+4i^4+\cdots+100i^{100}=x+yi$를 만족하는 실수 x, y의 값을 구하시오.

02

복소수 $(1+i)x^2+(3-i)x+2(1-i)$가 순허수가 되도록 하는 실수 x의 값을 구하시오.

04

이차방정식 $x^2+kx+7=0$의 한 근이 $2-\sqrt{3}i$일 때, 실수 k의 값을 구하시오.

05

x에 대한 이차방정식 $x^2+2(k-2)x+k^2-24=0$이 적어도 하나의 실근을 갖도록 하는 자연수 k의 개수를 구하시오.

06

이차방정식 $x^2+2x+3=0$의 서로 다른 두 근을 α, β라 할 때, $\frac{1}{\alpha^2+3\alpha+3}+\frac{1}{\beta^2+3\beta+3}$의 값을 구하시오.

07

이차방정식 $x^2-(k+3)x+3k-1=0$의 두 근이 연속된 짝수일 때, 상수 k의 값을 구하시오.

08

유비와 윤선이가 이차방정식 $ax^2+bx+c=0$을 푸는데 유비는 b를 잘못 보고 풀어 두 근 2, 4를 얻었고, 윤선이는 c를 잘못 보고 풀어 두 근 $-3\pm\sqrt{6}$을 얻었다. 이 이차방정식의 올바른 두 근을 구하시오.

09

이차함수 $y=2x^2-ax+b$의 그래프의 x절편이 -1, 3일 때, 실수 a, b의 값을 구하시오.

10

이차함수 $y=x^2-2ax+(a+2)$의 그래프가 x축에 접할 때, 양수 a의 값을 구하시오.

11

이차함수 $y=x^2+2(a-3)x+a^2+2a-1$의 그래프가 x축과 만나지 않도록 하는 정수 a의 최솟값을 구하시오.

12

이차함수 $y=x^2-3x+a$의 그래프와 직선 $y=-2x+1$이 서로 다른 두 점에서 만날 때, 정수 a의 최댓값을 구하시오.

13

$-2\leq x\leq 2$에서 함수 $y=2x^2-4x+1$의 최댓값을 구하시오.

14

$-3\leq x\leq 2$에서 이차함수 $f(x)=-2x^2-8x+a$의 최댓값이 12일 때, $f(x)$의 최솟값을 구하시오.

(단, a는 상수이다.)

15

그림과 같이 직사각형 ABCD의 두 꼭짓점 A, B는 x축 위의 양의 방향에 있고, 두 꼭짓점 C, D는 이차함수 $y=-x^2+8x$의 그래프 위에 있다. 직사각형 ABCD의 둘레의 길이의 최댓값을 구하시오.

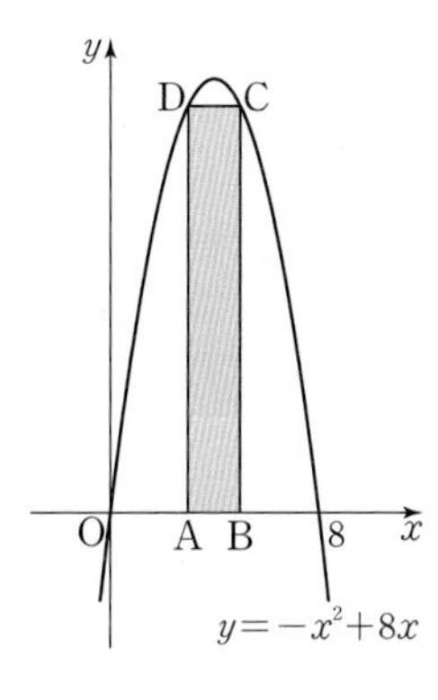

2 여러 가지 방정식과 부등식

기억 1 인수분해

• **인수분해**: 하나의 다항식을 2개 이상의 다항식의 곱으로 나타내는 것

1 다음 식을 인수분해하시오.

(1) x^3+1

(2) $8a^3+36a^2b+54ab^2+27b^3$

(3) x^4+5x^2-36

(4) x^3+x^2-4x-4

(5) $x^4+2x^3-4x^2-5x-6$

기억 2 연립방정식

• **연립방정식**: 2개 이상의 미지수를 포함하는 2개 이상의 방정식의 묶음

2 다음 연립방정식을 푸시오.

(1) $\begin{cases} 2x+y=10 & \cdots\cdots ㉠ \\ x=2y & \cdots\cdots ㉡ \end{cases}$

(2) $\begin{cases} 3x+2y=7 & \cdots\cdots ㉠ \\ x-y=-1 & \cdots\cdots ㉡ \end{cases}$

기억 3 부등식과 일차부등식

- **부등식**: 부등호 $<$, $>$, $\le$, $\ge$를 사용하여 수 또는 식의 대소 관계를 나타낸 식
- **일차부등식**: 부등식의 성질을 이용하여 모든 항을 좌변으로 이항하고 정리한 식이

  (일차식)<0, (일차식)>0, (일차식)≤ 0, (일차식)≥ 0

  중의 어느 한 가지 꼴로 나타나는 부등식

3 다음 일차부등식을 푸시오.

(1) $x-1<2x-5$

(2) $3(2x-1)<4x+3$

기억 4 이차방정식과 이차함수의 그래프의 관계

	$D>0$	$D=0$	$D<0$
$ax^2+bx+c=0$의 해	서로 다른 두 실근	서로 같은 두 실근 (중근)	서로 다른 두 허근
$y=ax^2+bx+c=0$의 그래프와 x축의 위치 관계	서로 다른 두 점에서 만난다.	한 점에서 만난다. (접한다.)	만나지 않는다.
$a>0$일 때 $y=ax^2+bx+c=0$의 그래프	x	x	x

4 다음 이차함수의 그래프의 x절편을 구하시오.

(1) $y=x^2-4x+3$

(2) $y=-2x^2-3x+2$

(3) $y=-x^2+2x-1$

(4) $y=2x^2+2x+3$

01 삼차방정식과 사차방정식

| 탐구하기 1 |

01 다음 다항식을 인수분해하시오.

(1) x^3-1

(2) $27x^3-54x^2+36x-8$

(3) x^3-5x^2+7x-3

(4) x^4+3x^2+2

(5) $x^4+x^3-3x^2-x+2$

(6) $x^4-2x^3-2x^2-2x-3$

개념정리

방정식 $P(x)=0$에서 다항식 $P(x)$가 x에 대한 삼차식, 사차식일 때, 방정식 $P(x)=0$을 각각 x에 대한 **삼차방정식**, **사차방정식**이라고 한다.

02 문제 **01**의 인수분해 결과를 참고하여 삼차방정식과 사차방정식의 해를 구하시오.

(1) $x^3=1$

(2) $27x^3-54x^2+36x=8$

(3) $x^3-5x^2+7x-3=0$

(4) $x^4=-3x^2-2$

(5) $x^4+x^3-3x^2-x=-2$

(6) $x^4-2x^3=2x^2+2x+3$

03 문제 **01~02**를 참고하여 삼차방정식과 사차방정식의 해를 구하는 방법을 정리하시오.

|탐구하기 2|

01 방정식 $x^3=1$의 한 허근을 ω라고 할 때, 다음 식의 값을 구하시오.

(1) ω

(2) ω^3

(3) $\omega^2+\omega+1$

(4) ω^2

02 문제 **01**의 식의 값을 이용하여 다음 식의 값을 구하시오.

(1) $\omega^{10}+\omega^8+\omega^4+\omega^2+1$

(2) $\omega^{20}+\frac{1}{\omega^{20}}$

03 한 모서리의 길이가 x cm인 정육면체의 가로의 길이와 세로의 길이를 각각 1 cm, 2 cm만큼 늘이고, 높이를 3 cm만큼 줄여 부피가 84 cm^3인 직육면체를 만들었을 때, 처음 정육면체의 한 모서리의 길이를 구하시오.

04 인도의 한 수학자가 제시한 다음 삼차방정식의 문제를 풀어 실수 범위에서 알맞은 값을 구하시오.

> 어떤 수의 세제곱에 그 수의 12배를 더하면 그 수의 제곱의 6배에 35를 더한 수와 같을 때, 그 수를 찾으시오.

02 연립이차방정식

|탐구하기 1|

01 다음은 연립일차방정식의 풀이의 일부분이다. 두 풀이를 끝까지 완성하고 풀이 방법의 공통점과 차이점을 설명하시오.

(1) $\begin{cases} 4x+y=2 & \cdots\cdots ㉠ \\ 2x+3y=16 & \cdots\cdots ㉡ \end{cases}$	(2) $\begin{cases} 4x+y=2 & \cdots\cdots ㉠ \\ 2x+3y=16 & \cdots\cdots ㉡ \end{cases}$
[풀이] 미지수 y를 없애기 위하여 ㉠에서 y를 x에 대한 식으로 나타내면 $y=-4x+2 \quad \cdots\cdots ㉢$	[풀이] 미지수 y를 없애기 위하여 ㉠$\times 3$을 하면 $\begin{cases} 12x+3y=6 & \cdots\cdots ㉢ \\ 2x+3y=16 & \cdots\cdots ㉡ \end{cases}$

공통점과 차이점

02 연립방정식 $\begin{cases} x=2y & \cdots\cdots ㉠ \\ x^2+y^2=45 & \cdots\cdots ㉡ \end{cases}$의 해를 구하고, 문제 **01**의 어느 방법을 사용했는지 설명하시오.

03 연립방정식 $\begin{cases} 4x+y=2 \\ 2x+3y=16 \end{cases}$과 연립방정식 $\begin{cases} x=2y \\ x^2+y^2=45 \end{cases}$의 차이점을 설명하시오.

개념정리

미지수가 2개인 연립방정식에서 차수가 가장 높은 방정식이 이차방정식일 때, 이 연립방정식을 **연립이차방정식**이라고 한다.

04 다음 연립이차방정식의 해를 구하시오.

(1) $\begin{cases} x+y=0 \\ x^2+xy+y^2=7 \end{cases}$

(2) $\begin{cases} x-y=-1 \\ y^2+xy-11x+7=0 \end{cases}$

|탐구하기 2|

01 모두 이차방정식으로 구성된 연립방정식을 풀려고 한다. 다음 물음에 답하시오.

(1) 연립방정식 $\begin{cases} 2x^2+3xy-2y^2=0 \\ x^2+y^2=45 \end{cases}$에서 **|탐구하기 1|**의 문제 **04**와 같이 대입법으로 한 문자를 소거할 수 있는지 알아보시오.

(2) 연립방정식 $\begin{cases} 2x^2+3xy-2y^2=0 & \cdots\cdots ㉠ \\ x^2+y^2=45 & \cdots\cdots ㉡ \end{cases}$의 두 이차식 중에서 인수분해하여 두 일차식의 곱으로 표현할 수 있는 식이 있는지 알아보시오.

(3) (2)에서 구한 두 일차식을 이용하여 연립방정식 $\begin{cases} 2x^2+3xy-2y^2=0 \\ x^2+y^2=45 \end{cases}$를 풀 수 있는 연립방정식으로 바꾸시오.

(4) 연립방정식 $\begin{cases} 2x-y=0 \\ x^2+y^2=45 \end{cases}$, $\begin{cases} x+2y=0 \\ x^2+y^2=45 \end{cases}$의 해를 각각 구한 뒤 이 해가 연립방정식 $\begin{cases} 2x^2+3xy-2y^2=0 \\ x^2+y^2=45 \end{cases}$의 해가 되는지 확인하시오.

(5) 연립방정식 $\begin{cases} 2x^2+3xy-2y^2=0 \\ x^2+y^2=45 \end{cases}$를 푸시오.

03 연립일차부등식과 절댓값을 포함한 일차부등식

| 탐구하기 1 |

01 다음 부등식의 기본 성질 을 보고 □ 안에 알맞은 부등호를 써넣으시오.

부등식의 기본 성질

실수 a, b, c에 대하여

① $a>b$, $b>c$이면 $a \square c$

② $a>b$이면 $a+c \square b+c$, $a-c \square b-c$

③ $a>b$, $c>0$이면 $ac \square bc$, $\frac{a}{c} \square \frac{b}{c}$

④ $a>b$, $c<0$이면 $ac \square bc$, $\frac{a}{c} \square \frac{b}{c}$

02 다음은 일차부등식 $x-3<3x+5$를 푼 것이다. 문제 **01**의 부등식의 기본 성질 중 어떤 성질을 이용했는지 괄호 안에 번호를 적고, 그 이유를 설명하시오.

$x-3<3x+5$

$-2x-3<5$ (　　　　　　　　　　)

$-2x<8$ (　　　　　　　　　　)

$x>-4$ (　　　　　　　　　　)

03 다음 조건을 만족하는 x의 값의 범위를 수직선 위에 표시하시오.

(1) $x>3$

−4 −3 −2 −1 0 1 2 3 4

(2) $x\le 3$

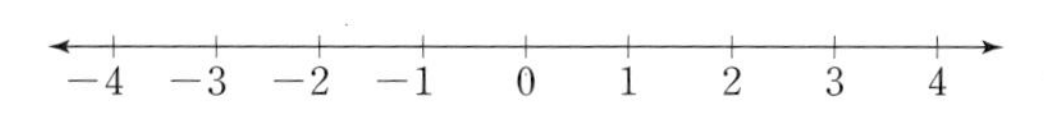

(3) $x>-2$

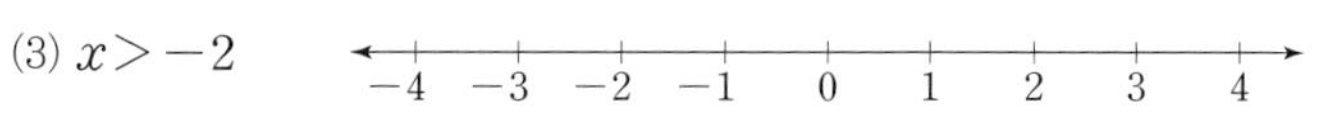

(4) $x\le -2$

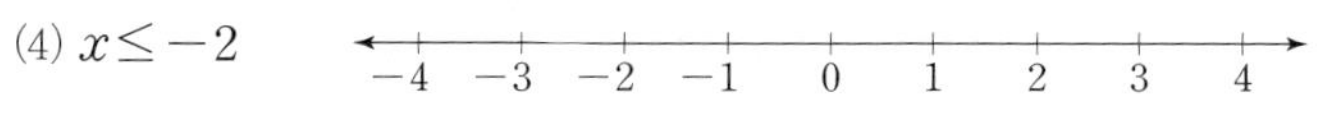

04 문제 **03**에서 x의 값의 범위를 수직선 위에 나타낸 것을 이용하여 다음 조건을 만족하는 x의 값의 범위를 하나의 수직선 위에 표현하고, (1)과 (2)의 결과를 비교하여 그 차이점을 설명하시오.

(1) $x>3$ 또는 $x\leq-2$

(2) $x\leq3$ 그리고 $x>-2$

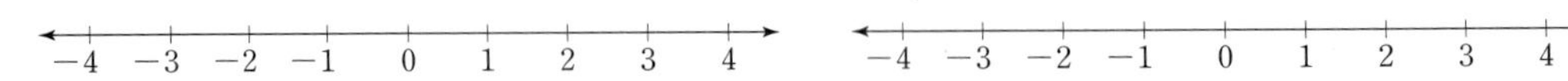

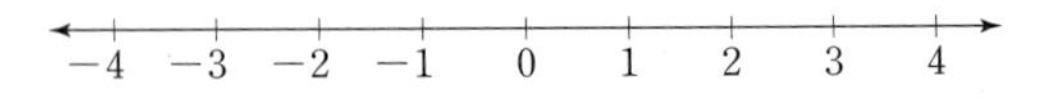

개념정리

두 부등식 $2x\leq6$, $3x+1>-5$를 동시에 만족하는 x의 값의 범위를 구할 때, 이를 한 쌍으로 묶어

$$\begin{cases} 2x\leq6 \\ 3x+1>-5 \end{cases}$$

와 같이 나타낸다. 이와 같이 2개 이상의 부등식을 한 쌍으로 묶어 나타낸 것을 **연립부등식**이라 하고, 미지수가 1개인 일차부등식 2개를 한 쌍으로 묶어 나타낸 연립부등식을 **연립일차부등식**이라고 한다. 또 2개 이상의 부등식의 공통인 해를 **연립부등식의 해**라 하고, 연립부등식의 해를 구하는 것을 **연립부등식을 푼다**고 한다.

05 다음 연립일차부등식에서 두 일차부등식의 해를 하나의 수직선 위에 나타내고, 이를 이용하여 연립부등식의 해를 구하시오.

(1) $\begin{cases} x-3<-x+3 \\ 3x+2\leq4x+3 \end{cases}$

(2) $\begin{cases} x-3>-x+3 \\ 3x+2\leq4x+3 \end{cases}$

(3) $\begin{cases} -x+2\geq2x+5 \\ x+5\leq2x \end{cases}$

(4) $\begin{cases} -x+3\leq4x-7 \\ 2x-3\leq3-x \end{cases}$

(5) $\begin{cases} -x+3<4x-7 \\ 2x-3\leq3-x \end{cases}$

06 문제 **05**를 참고하여 연립부등식 $\begin{cases} (\text{일차부등식}) \\ (\text{일차부등식}) \end{cases}$의 공통적인 풀이 순서를 설명하시오.

|탐구하기 2|

01 $A<B<C$ 꼴로 주어진 연립부등식을 (가) $\begin{cases} A<B \\ A<C \end{cases}$, (나) $\begin{cases} A<B \\ B<C \end{cases}$, (다) $\begin{cases} A<C \\ B<C \end{cases}$의 3가지 중 아무 꼴로 바꾸어 풀어도 해가 같은지 알아보려고 한다. 주어진 보기 를 참고하여 다음 물음에 답하시오.

보기

방정식 $2x+3y=4x+2y=8$은 어떻게 풀까?

$A=B=C$ 꼴의 연립방정식은 다음과 같이 나타낼 수 있다.

$$\begin{cases} A=B \\ A=C \end{cases} \text{ 또는 } \begin{cases} A=B \\ B=C \end{cases} \text{ 또는 } \begin{cases} A=C \\ B=C \end{cases}$$

위의 3가지 연립방정식의 해가 모두 같으므로 이 중 어느 하나를 택하여 풀면 된다.

(1) 연립부등식 $-x+3<2x-3<7$을 각각의 꼴로 바꾸어 해를 구하고, 발견할 수 있는 사실을 정리하시오.

(가)	(나)	(다)

발견할 수 있는 사실

(2) 다음 연립부등식 (가), (나), (다) 중 연립부등식 $A<B<C$와 같지 않은 것을 찾고, 그 이유를 설명하시오.

02 x에 대한 연립부등식 $3x-1<5x+3\le4x+a$를 만족시키는 정수 x의 개수가 7이 되도록 하는 실수 a의 값의 범위를 구하시오.

|탐구하기 3|

01 다음 보기 를 보고 물음에 답하시오.

보기

수직선 위에서 어떤 수를 나타내는 점과 원점 사이의 거리를 그 수의 절댓값이라고 한다. 어떤 수의 절댓값은 기호 $|\quad|$를 사용하여 나타낸다. 예를 들어, 수직선 위에서 2, -2를 나타내는 점과 원점 사이의 거리를 각각 2의 절댓값, -2의 절댓값이라 하고 기호로 각각 $|2|$, $|-2|$로 나타낸다.

(1) 다음 조건을 만족하는 점을 수직선 위에 표시하고, 그 점에 대응하는 수를 x에 관한 식으로 나타내시오.

조건	점을 수직선 위에 표시하기	x에 관한 식
원점으로부터의 거리가 3인 점	-4 -3 -2 -1 0 1 2 3 4	
원점으로부터의 거리가 3보다 작은 점	-4 -3 -2 -1 0 1 2 3 4	
원점으로부터의 거리가 3보다 큰 점	-4 -3 -2 -1 0 1 2 3 4	

(2) 다음 식을 만족하는 x의 값에 대응하는 점을 (1)의 조건과 같이 '거리'를 사용하여 설명하고, x의 값을 절댓값 기호가 없는 식으로 표현하시오. (단, $a>0$)

조건	'거리'를 사용하여 설명하기	절댓값 기호가 없는 식으로 표현하기
$\lvert x\rvert=a$		
$\lvert x\rvert\le a$		
$\lvert x\rvert>a$		

(3) $\lvert a\rvert=a$가 항상 옳은지 판단하고, 그 이유를 설명하시오.

02 다음 일차부등식을 풀고, 그 과정을 설명하시오.

(1) $\lvert x+3\rvert<7$

(2) $\lvert 3x-4\rvert\ge 5$

|탐구하기 4|

01 보기와 같이 절댓값 기호를 없애는 과정을 통하여 부등식 $\lvert x\rvert+\lvert x-3\rvert\le 7$의 해를 구하려고 한다. 다음 물음에 답하시오.

보기

$\lvert x+4\rvert$는 $x=-4$를 기준으로 절댓값 기호 안의 식의 부호가 바뀌므로

$\lvert x+4\rvert=\begin{cases} x+4 & (x\ge -4) \\ -(x+4) & (x<-4) \end{cases}$와 같이 절댓값 기호가 없는 식으로 나타낼 수 있다.

이때 x의 값의 범위를 수직선 위에 나타내면 다음과 같다.

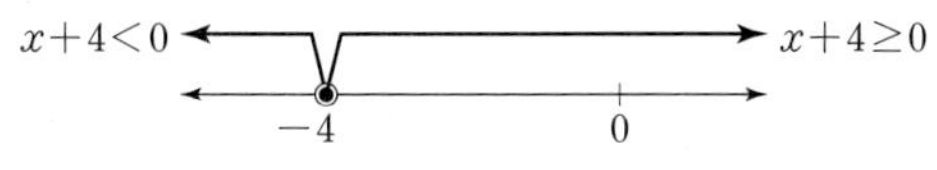

(1) 보기를 참고하여 $\lvert x\rvert$와 $\lvert x-3\rvert$을 절댓값 기호가 없는 식으로 각각 나타내고, x의 값의 범위를 수직선 위에 표시하시오.

(2) (1)의 결과를 이용하여 x의 값의 범위를 적절히 나누고, $|x|+|x-3|$을 절댓값 기호가 없는 식으로 나타낸 다음, 부등식 $|x|+|x-3|\leq 7$을 푸시오.

02 다음 일차부등식을 풀고, 그 과정을 설명하시오.

(1) $|x|+|x-2|\leq 4$

(2) $|x+2|+|2x-3|>10$

03 **|탐구하기 3|**에서 학습한 식과 같이 절댓값이 1개 포함된 일차부등식과 절댓값이 2개 포함된 일차부등식의 해를 구하는 과정에는 어떤 차이가 있는지 설명하시오.

04 이차부등식과 연립이차부등식

개념정리

부등식에서 모든 항을 좌변으로 이항하여 정리했을 때,

$$ax^2+bx+c>0, \quad ax^2+bx+c<0, \quad ax^2+bx+c\geq 0, \quad ax^2+bx+c\leq 0$$

과 같이 좌변이 미지수 x에 대한 이차식인 부등식을 x에 대한 **이차부등식**이라고 한다.

| 탐구하기 1 |

01 이차부등식 $x^2-4<0$을 다음 방법을 이용하여 푸시오.

(1) 이차부등식 $x^2-4<0$을 이차방정식 $x^2-4=0$으로 고쳐서 구한 해 $x=2$, $x=-2$를 수직선에 표시하고 특정한 수를 대입하는 방법

(2) 이차부등식의 좌변을 인수분해하여 $(x+2)(x-2)<0$으로 고친 다음, 두 식 $x+2$, $x-2$의 곱이 음수가 되는 경우를 조사하는 방법

02 다음 이차부등식을 다양한 방법으로 풀고, 친구들은 어떠한 방법으로 풀었는지 알아보시오.

(1) $x^2-2x-3<0$

나의 풀이 방법	친구의 풀이 방법

(2) $x^2-4x+3\geq 0$

나의 풀이 방법	친구의 풀이 방법

|탐구하기 2|

01 일차부등식과 일차함수의 관계를 알아보려고 한다. 보기 를 보고 부등식 $x-2<0$과 함수 $y=x-2$의 그래프는 어떤 관계가 있는지 설명하시오.

보기

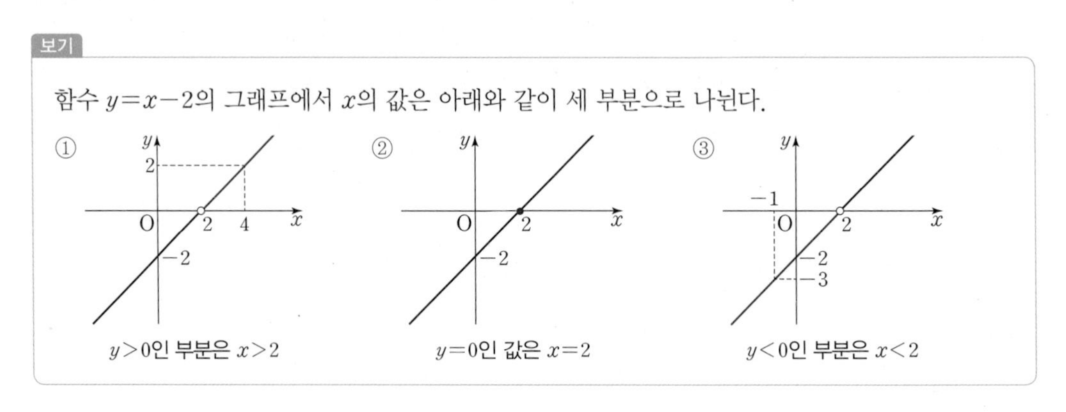

함수 $y=x-2$의 그래프에서 x의 값은 아래와 같이 세 부분으로 나뉜다.
①
②
③
$y>0$인 부분은 $x>2$
$y=0$인 값은 $x=2$
$y<0$인 부분은 $x<2$

02 이차부등식과 이차함수의 관계를 알아보려고 한다. 다음 물음에 답하시오.

(1) 이차함수 $y=x^2-2x-3$의 그래프에서 $y<0$인 부분에 빗금을 긋고, 그 부분의 특징을 있는 대로 쓰시오.

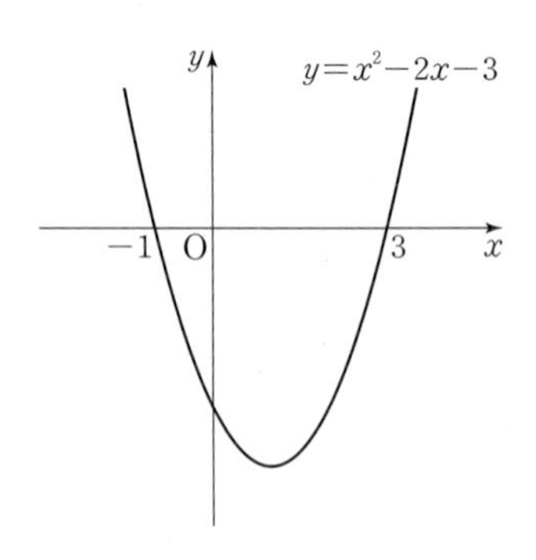

$y=x^2-2x-3$

(2) 이차함수 $y=x^2-2x-3$, 이차방정식 $x^2-2x-3=0$, 이차부등식 $x^2-2x-3<0$은 어떤 관계가 있는지 설명하시오.

(3) 이차함수와 이차부등식의 관계를 이용하여 $x^2-2x-3\geq 0$의 해를 구하시오.

|탐구하기 3|

01 민욱이와 신영이가 이차함수의 그래프를 이용하여 이차부등식 $-x^2+7x-10\geq0$을 풀려고 한다. 각각의 방법으로 이차부등식을 풀고 두 방법을 비교하시오.

> 민욱: 이차함수 $y=-x^2+7x-10$의 그래프를 그렸어.
> 신영: 이차함수 $y=x^2-7x+10$의 그래프를 그렸어.

02 이차함수의 그래프를 이용하여 다음 이차부등식의 해를 구하시오.

(1) $x^2-6x+10\geq0$　　(2) $-x^2+10<3x$　　(3) $2x-1\geq x^2$

03 이차함수, 이차방정식, 이차부등식의 관계를 이용하여 이차부등식의 해를 정리하시오. (단, $a>0$)

이차방정식 $ax^2+bx+c=0$의 판별식 D	$D>0$	$D=0$	$D<0$
이차함수 $y=ax^2+bx+c$의 그래프	α β x	α x	x
$ax^2+bx+c>0$의 해			
$ax^2+bx+c\geq0$의 해			
$ax^2+bx+c<0$의 해			
$ax^2+bx+c\leq0$의 해			

04 부등식 $ax^2+bx+c>0$이 항상 성립하는 조건을 구하시오.

| 탐구하기 4 |

01 세 변의 길이가 x, $x+1$, $x+2$인 둔각삼각형을 그릴 때, 가능한 x의 값의 범위를 구하려고 한다. 다음 물음에 답하시오.

(1) x의 값을 구하기 위하여 필요한 부등식을 모두 찾고, 그 이유를 설명하시오.

(2) x의 값의 범위를 구하고, 그 이유를 설명하시오.

연립부등식에서 차수가 가장 높은 부등식이 이차부등식일 때, 이것을 **연립이차부등식**이라고 한다.

02 다음 연립부등식을 풀고, 그 과정을 설명하시오.

(1) $\begin{cases} 2x+5>-1-x \\ x^2+4x+3<0 \end{cases}$ (2) $\begin{cases} |x|\geq 2 \\ -x^2+2x+3<0 \end{cases}$ (3) $\begin{cases} x^2-3x\leq 0 \\ 2x^2-9x+4<0 \end{cases}$

03 연립부등식 $x<x(x-4)<12$의 해를 구하고, 오른쪽 함수의 그래프와 연결하여 설명하시오.

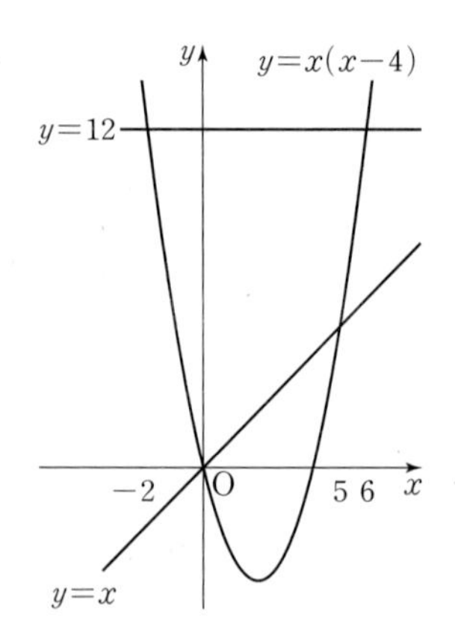

개념정리노트

삼차방정식과 사차방정식

- 방정식 $P(x)=0$에서 다항식 $P(x)$가 x에 대한 삼차식, 사차식일 때, 방정식 $P(x)=0$을 각각 x에 대한 삼차방정식, 사차방정식이라 한다.

연립이차방정식

- 연립방정식을 이루는 방정식 중에서 차수가 가장 높은 방정식이 이차방정식일 때, 이 연립방정식을 연립이차방정식이라 하고 미지수가 2개인 연립이차방정식은 다음과 같은 2가지 꼴이 있다.

$$\begin{cases}(\text{일차식})=0\\(\text{이차식})=0\end{cases},\quad \begin{cases}(\text{이차식})=0\\(\text{이차식})=0\end{cases}$$

연립부등식

- 연립부등식: 2개 이상의 부등식을 한 쌍으로 묶어서 나타낸 것

연립일차부등식

- 연립일차부등식: 일차부등식으로만 이루어진 연립부등식

이차부등식

- 부등식에서 모든 항을 좌변으로 이항하여 정리했을 때, 좌변이 x에 대한 이차식인 부등식을 x에 대한 이차부등식이라고 한다.

연립이차부등식

- 연립부등식을 이루는 부등식 중에서 차수가 가장 높은 부등식이 이차부등식일 때, 이 연립부등식을 연립이차부등식이라 한다.

개념과 문제의 연결

1 주어진 문제를 보고 다음 물음에 답하시오.

대표 문항

삼차방정식 $x^3-2x^2+(a-8)x+2a=0$의 서로 다른 실근의 개수가 2가 되도록 하는 모든 실수 a의 값의 합을 구하시오.

(1) 삼차방정식의 근을 구하는 공식이 무엇인지 쓰시오.

(2) 삼차방정식의 좌변을 인수분해하시오.

(3) 삼차방정식 $x^3-2x^2+(a-8)x+2a=0$의 서로 다른 실근의 개수가 2가 되려면 어떤 조건을 만족해야 하는지 쓰시오.

2 문제 **1**을 통하여 알게 된 내용으로 빈칸을 채워 다음 풀이를 완성하시오.

대표 문항

삼차방정식 $x^3-2x^2+(a-8)x+2a=0$의 서로 다른 실근의 개수가 2가 되도록 하는 모든 실수 a의 값의 합을 구하시오.

개념 연결

삼차방정식의 실근을 구하려면 좌변을 인수분해해야 한다.

$P(x)=x^3-2x^2+(a-8)x+2a$라 하자.

$P(\alpha)=0$인 α의 값은 □여야 한다.

$P($□$)=$□$=0$이므로 조립제법을 이용하여 다항식 $P(x)$를 인수분해하면,

$P(x)=$□이다.

□	1	-2	$a-8$	$2a$
		□	□	□
	1	□	□	0

따라서 $x^3-2x^2+(a-8)x+2a=$□

이 삼차방정식의 서로 다른 실근의 개수가 2가 될 때는 다음 2가지 경우 중 하나이다.

(i) 이차방정식 $x^2-4x+a=0$이 $x=-2$가 아닌 중근을 갖는 경우

이차방정식 $x^2-4x+a=0$이 중근을 가질 때는 판별식을 D라 하면

$D=$□$=0$에서 $a=$□

이때 $x^3-2x^2+(a-8)x+2a=$□이므로 서로 다른 실근은 □, □의 2개이다.

(ii) 이차방정식 $x^2-4x+a=0$이 $x=-2$인 근과 -2가 아닌 근을 갖는 경우

이차방정식 $x^2-4x+a=0$이 $x=-2$인 근을 가지면, 인수정리에 의해

□$=0$에서 $a=$□

이때 $x^3-2x^2+(a-8)x+2a=$□이므로 서로 다른 실근은 □, □의 2개이다.

(i), (ii)에 의해 모든 실수 a의 값의 합은

□$+$□$=$□

개념과 문제의 연결

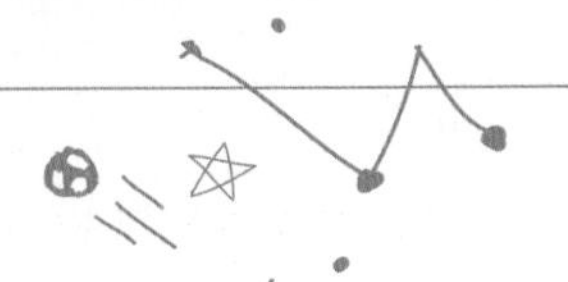

3 주어진 문제를 보고 다음 물음에 답하시오.

대표 문항

x에 대한 연립부등식

$$\begin{cases} |x-5|<\dfrac{a}{2} & \cdots\cdots ㉠ \\ x^2-2(a+1)x+a^2+2a\le 0 & \cdots\cdots ㉡ \end{cases}$$

을 만족하는 정수 x가 3개일 때, 실수 a의 값을 구하시오.

(1) 부등식 ㉠의 해를 수직선에 나타내시오.

(2) 부등식 ㉡의 해를 수직선에 나타내시오.

(3) (2)에서 연립부등식을 만족하는 정수 x가 3개이기 위한 실수 a의 조건을 구하시오.

4 문제 3을 통하여 알게 된 내용으로 빈칸을 채워 다음 풀이를 완성하시오.

대표 문항

x에 대한 연립부등식

$$\begin{cases} |x-5|<\dfrac{a}{2} & \cdots\cdots ㉠ \\ x^2-2(a+1)x+a^2+2a\le 0 & \cdots\cdots ㉡ \end{cases}$$

을 만족하는 정수 x가 3개일 때, 실수 a의 값을 구하시오.

㉠: 부등식 $|x-5|<\dfrac{a}{2}$에서 $\boxed{\quad}$

$5-\dfrac{a}{2}<x<5+\dfrac{a}{2}$ $\cdots\cdots$ ㉢

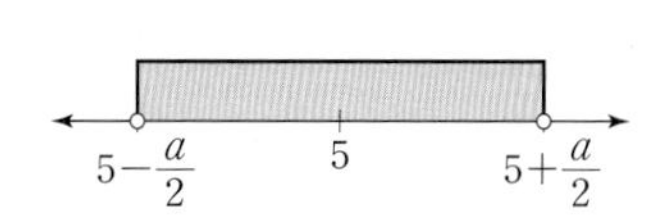

㉡: 부등식 $x^2-2(a+1)x+a^2+2a\le 0$에서

$x^2-(2a+2)x+a(a+2)\le 0$

$(x-a)\{x-(a+2)\}\le 0$에서

$a\le x\le a+2$ $\cdots\cdots$ ㉣

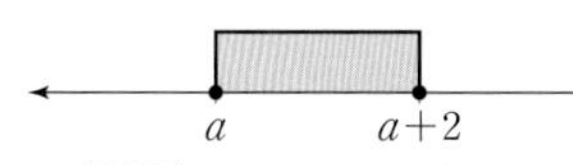

a가 정수이면 부등식 $a\le x\le a+2$의 해를 만족하는 정수 x는 $\boxed{\quad}$개, a가 정수가 아니면 부등식 $a\le x\le a+2$의 해를 만족하는 정수 x는 $\boxed{\quad}$개이다.

연립부등식의 해는 ㉢과 ㉣의 부등식의 해의 공통부분이므로, ㉣의 부등식의 해의 일부이다. 따라서 연립부등식을 만족하는 정수 x가 3개이기 위하여 실수 a는 정수여야 한다.

연립부등식을 만족하는 정수 x가 3개이기 위해서는 부등식 ㉣의 해를 만족하는 정수 x가 모두 ㉢의 부등식을 만족해야 한다. 이를 수직선으로 표현하면 다음과 같다.

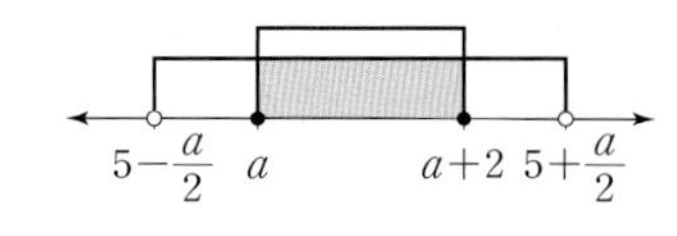

따라서 정수 a는 $\boxed{\quad}<\boxed{\quad}$와 $\boxed{\quad}<\boxed{\quad}$를 동시에 만족해야 한다.

따라서 $\boxed{\quad}<a$이고, $a<\boxed{\quad}$이므로, $\boxed{\quad}<a<\boxed{\quad}$을 만족하는 정수 a는 $\boxed{\quad}$, $\boxed{\quad}$이다.

개념과 문제의 연결

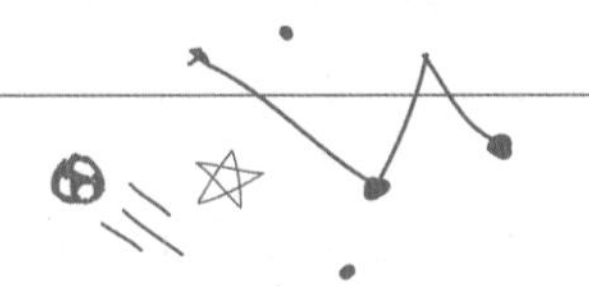

5 주어진 문제를 보고 다음 물음에 답하시오.

대표 문항

최고차항의 계수가 정수인 이차식 $f(x)$가 다음 조건을 만족시킬 때, $f(-1)$의 값을 모두 구하시오.

(가) 이차부등식 $f(x)>2x-\frac{9}{4}$의 해는 $0<x<1$이다.

(나) 모든 실수 x에 대하여 $f(x)<0$이다.

(1) 조건 (가)에서 해가 $0<x<1$인 이차부등식을 생각하여 이차식 $f(x)$를 구하시오.

(2) 조건 (나)를 만족하려면 $f(x)$는 어떤 조건을 갖추어야 하는지 쓰시오.

6 문제 **5**를 통하여 알게 된 내용으로 빈칸을 채워 다음 풀이를 완성하시오.

대표 문항

최고차항의 계수가 정수인 이차식 $f(x)$가 다음 조건을 만족시킬 때, $f(-1)$의 값을 모두 구하시오.

> ㈎ 이차부등식 $f(x)>2x-\frac{9}{4}$의 해는 $0<x<1$이다.
>
> ㈏ 모든 실수 x에 대하여 $f(x)<0$이다.

조건 ㈎에서 이차부등식의 해가 $0<x<1$이면 양의 정수 k에 대하여 $kx(x-1)<0$을 만족한다.

이차부등식 $f(x)>2x-\frac{9}{4}$에서 $\square$ <0이므로

$\square$ $=kx(x-1)$ (단, k는 양의 정수)

$\therefore f(x)=$ $\square$

조건 ㈏에서 모든 실수 x에 대하여 $\square$ <0이어야 하므로

모든 실수 x에 대하여 $\square$ >0이어야 한다.

이차함수의 그래프를 생각할 때, 이차방정식 $\square$ $=0$의 판별식을 D라 하면

$D=$ $\square$ <0이 성립해야 한다.

$\square$ <0을 전개하여 정리하면 $k^2-5k+4<0$이므로

$\square$ <0에서 $\square<k<\square$이다.

따라서 양의 정수 k의 값은 $\square$ 또는 $\square$이다.

k의 값이 $\square$일 때, $f(x)=$ $\square$ 이므로, $f(-1)=$ $\square$ $=$ $\square$

k의 값이 $\square$일 때, $f(x)=$ $\square$ 이므로, $f(-1)=$ $\square$ $=$ $\square$

01

최고차항의 계수가 1인 삼차식 $f(x)$가 $f(-1)=f(1)=f(2)$를 만족시킨다. $f(0)=3$일 때, $f(-2)$의 값을 구하시오.

02

x에 대한 사차방정식 $x^4-(2a+1)x^2+a^2+a-6=0$이 실근과 허근을 모두 갖도록 하는 실수 a의 값의 범위를 구하시오.

03

사차방정식 $(x^2+3x)(x^2+3x+2)-8=0$의 한 허근을 α라 할 때, $\alpha^2+3\alpha$의 값을 구하시오.

04

x, y에 대한 연립방정식 $\begin{cases} x+y=1 \\ x^2-ky=-3 \end{cases}$이 오직 한 쌍의 해를 갖도록 하는 k의 값을 구하시오.

05

연립방정식 $\begin{cases} x^2-3xy+2y^2=0 \\ 2x^2-y^2=7 \end{cases}$ 의 해를 $x=\alpha$, $y=\beta$ 라 할 때, $\alpha+\beta$의 최댓값을 구하시오.

06

두 자리 자연수에서 각 자리 숫자의 제곱의 합은 58 이고, 일의 자리의 숫자와 십의 자리의 숫자를 바꾼 수와 처음 수의 합은 110일 때, 처음 수를 구하시오.
(단, 십의 자리의 숫자가 일의 자리의 숫자보다 작다.)

07

연립부등식 $\begin{cases} 2(x+2)\geq 3x \\ -2x+5\leq x-1 \end{cases}$ 의 해가 $a\leq x\leq b$일 때, $a+b$의 값을 구하시오.

08

x에 대한 연립부등식

$$3x-1<5x+3\leq 4x+a$$

를 만족시키는 정수 x의 개수가 8이 되도록 하는 자연수 a의 값을 구하시오.

09

부등식 $|3x-2| \leq 4$를 만족시키는 모든 정수 x의 합을 구하시오.

10

이차함수 $y=f(x)$의 그래프가 다음과 같을 때, 부등식 $f(x)<4$을 푸시오.

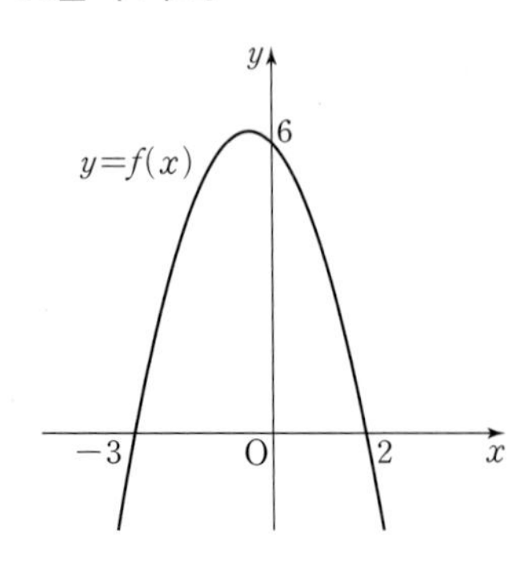

11

이차부등식 $x^2+ax+b<0$의 해가 $-3<x<1$일 때, 이차부등식 $ax^2-bx+1\leq 0$의 해를 구하시오.

12

다음 연립부등식을 푸시오.

(1) $\begin{cases} 3x-1>8 \\ x^2-5x-6\leq 0 \end{cases}$ (2) $\begin{cases} x^2-9x+18>0 \\ x^2-3x\leq 4 \end{cases}$

13

x에 대한 부등식 $|x-7| \leq a+1$을 만족시키는 모든 정수 x의 개수가 9가 되도록 하는 자연수 a의 값을 구하시오.

14

다음 이차부등식을 푸시오.

(1) $-9x^2+12x-4 \geq 0$

(2) $x^2+3x+4>0$

15

연립부등식 $\begin{cases} x^2+4x \geq 0 \\ x^2-3x-1 \leq 5-2x \end{cases}$의 해와 이차부등식 $2x^2+ax+b \leq 0$의 해가 서로 같을 때, 실수 a, b의 값을 구하시오.

대단원 연습문제

01

$\sqrt{-2}\sqrt{-18}+\dfrac{\sqrt{12}}{\sqrt{-3}}$를 계산하시오.

02

0이 아닌 복소수 $z=(i-2)x^2-3xi-4i+32$가 $z+\overline{z}=0$을 만족시킬 때, 실수 x의 값을 구하시오.

03

실수 x에 대하여 복소수 z가 다음 조건을 만족시킬 때, 정수 x의 개수를 구하시오.

(가) $z=3x+(2x-7)i$
(나) $z^2+(\overline{z})^2$은 음수이다.

04

한 변의 길이가 10인 정사각형 ABCD가 있다. 그림과 같이 정사각형 ABCD의 내부에 한 점 P를 잡고, 점 P를 지나며 정사각형의 각 변에 평행한 두 직선이 정사각형의 네 변과 만나는 점을 각각 E, F, G, H라 한다. 직사각형 PFCG의 둘레의 길이가 28이고 넓이가 46일 때, 두 선분 AE와 AH의 길이를 두 근으로 갖는 이차방정식이 $x^2-px+q=0$이다. 두 상수 p, q의 값을 구하시오.

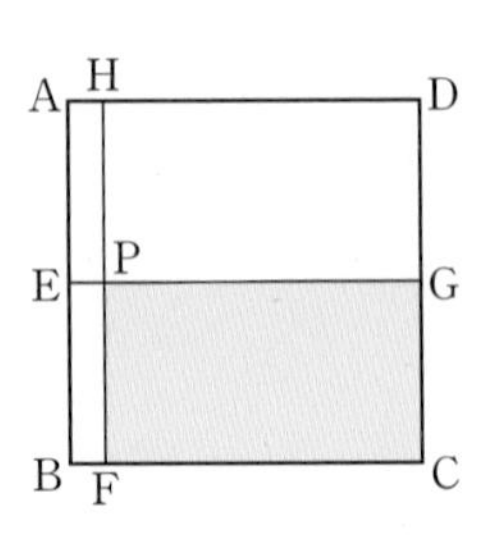

05

이차방정식 $2x^2-4x+k=0$의 서로 다른 두 실근 α, β가 $\alpha^3+\beta^3=7$을 만족시킬 때, 상수 k의 값을 구하시오.

06

이차함수 $y=x^2+kx+k-1$이 $x=a$에서 x축에 접할 때, a의 값을 구하시오. (단, k는 상수이다.)

07

점 $(-1, 0)$을 지나고 기울기가 m인 직선이 곡선 $y=x^2+x+4$에 접할 때, 양수 m의 값을 구하시오.

08

이차함수 $y=x^2+ax+3$의 그래프와 직선 $y=2x-b$가 서로 다른 두 점에서 만나고, 두 교점의 x좌표가 -1과 2일 때, 두 상수 a, b의 값을 구하시오.

09

이차함수 $f(x)=x^2+ax+b$의 그래프는 직선 $x=2$에 대하여 대칭이다. $0\le x\le 3$에서 함수 $f(x)$의 최댓값이 8일 때, $a+b$의 값을 구하시오.

(단, a, b는 상수이다.)

10

이차항의 계수가 -1인 이차함수 $y=f(x)$의 그래프와 직선 $y=g(x)$가 만나는 두 점의 x좌표는 2와 6이다. $h(x)=f(x)-g(x)$라 할 때, 함수 $h(x)$의 최댓값을 구하시오.

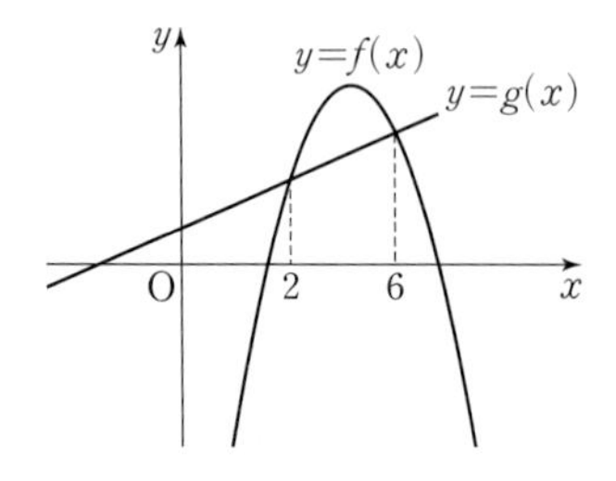

11

그림과 같이 $\angle A=90^\circ$이고 $\overline{AB}=6$인 직각이등변삼각형 ABC가 있다. 변 AB 위의 한 점 P에서 변 BC에 내린 수선의 발을 Q, 점 P를 지나고 변 BC와 평행한 직선이 변 AC와 만나는 점을 R라 할 때, 사각형 PQCR의 넓이의 최댓값을 구하시오.

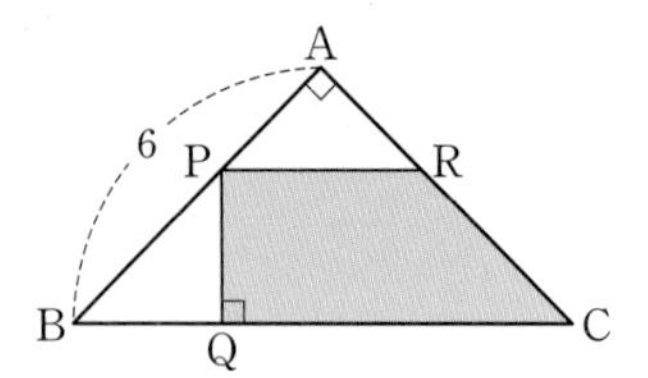

12

이차항의 계수가 1인 이차함수 $y=f(x)$가 다음 조건을 만족시킬 때, $f(6)$의 값을 구하시오.

> (가) 방정식 $f(x)=0$의 두 근의 곱은 8이다.
> (나) 방정식 $x^2-4x+2=0$의 두 근 α, β에 대하여 $f(\alpha)+f(\beta)=4$이다.

13

양수 a에 대한 이차함수 $y=2x^2-2ax$의 그래프의 꼭짓점을 A, x축과 만나는 두 점을 각각 O, B라 한다. 점 A를 지나고 최고차항의 계수가 -1인 이차함수 $y=f(x)$의 그래프가 x축과 만나는 두 점을 각각 B, C라 할 때, 선분 BC의 길이는 3이다. 삼각형 ACB의 넓이를 구하시오. (단, O는 원점이다.)

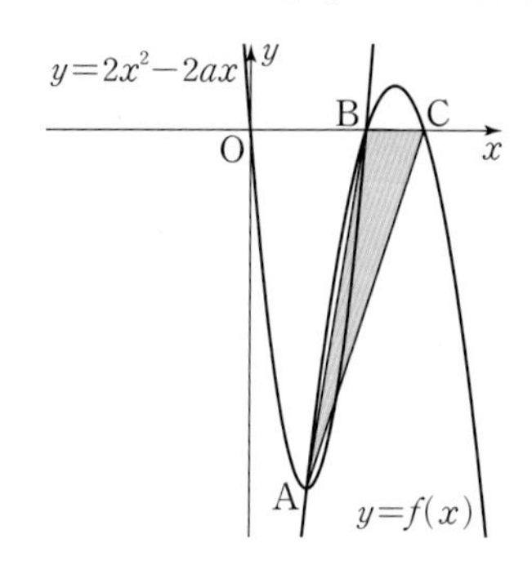

14

복소수 $z=a+bi$(a, b는 실수)가 다음 조건을 만족시킬 때, $a+b$의 값을 구하시오.

> (가) z는 방정식 $x^3-3x^2+9x+13=0$의 허근이다.
> (나) $\dfrac{z-\bar{z}}{i}$는 음의 실수이다.

15

연립방정식 $\begin{cases} 2x+y=1 \\ x^2+xy+y^2=k \end{cases}$가 실근을 가질 때, 실수 k의 최솟값을 구하시오.

16

연립방정식 $\begin{cases} x+3y=k \\ y^2-x^2=1 \end{cases}$이 오직 한 쌍의 해를 갖도록 하는 모든 실수 k의 값의 곱을 구하시오.

17

x에 대한 연립부등식

$$\begin{cases} x+2>3 \\ 3x<a+1 \end{cases}$$

을 만족시키는 모든 정수 x의 값의 합이 9가 되도록 하는 자연수 a의 최댓값을 구하시오.

18

x에 대한 이차부등식 $x^2-3x-28<0$과 x에 대한 부등식 $|x-a|<b$의 해가 같을 때, ab의 값을 구하시오. (단, a, b는 상수, $b>0$)

19

부등식 $|3x+2|>|2x-1|$을 푸시오.

20

연립부등식 $\begin{cases} x^2-3x-18\le 0 \\ x^2-8x+15\ge 0 \end{cases}$을 만족시키는 모든 정수 x의 값의 합을 구하시오.

21

모든 실수 x에 대하여 부등식 $ax^2-3ax-2<0$이 항상 성립할 때, 실수 a의 값의 범위를 구하시오.

22

$3 \le x \le 5$인 실수 x에 대하여 부등식

$$x^2-4x-4k+3 \le 0$$

이 항상 성립하도록 하는 실수 k의 최솟값을 구하시오.

23

어느 학교 농업 동아리에서 울타리를 세워 둘레의 길이가 $40\ \text{m}$이고, 넓이가 $96\ \text{m}^2$ 이상인 직사각형 모양의 텃밭을 만들려고 한다. 텃밭의 가로의 길이가 세로의 길이보다 길 때, 가로의 길이의 범위를 구하시오. (단, 울타리의 두께는 무시한다.)

24

이차식 $P(x)$가 다음 조건을 만족시킬 때, $P(-1)$의 값을 구하시오.

(가) 부등식 $P(x) \ge -2x-3$의 해는 $0 \le x \le 1$이다.

(나) 방정식 $P(x)=-3x-2$는 중근을 가진다.

25

x에 대한 연립부등식

$$\begin{cases} x^2-(a^2-3)x-3a^2<0 \\ x^2+(a-9)x-9a>0 \end{cases}$$

을 만족시키는 정수 x가 존재하지 않기 위한 실수 a의 최댓값을 구하시오. (단, $a>2$)

III 방정식과 좌표평면의 만남

도형의 방정식

1 평면좌표와 직선의 방정식
2 원의 방정식과 도형의 이동

학습 목표 두 점 사이의 거리와 선분의 내분점과 외분점의 좌표를 구할 수 있다.
직선의 방정식을 구하고 두 직선의 평행 조건, 수직 조건을 이해한다.
원의 방정식을 구하고 원과 직선의 위치 관계를 이해한다.
평행이동과 대칭이동의 의미를 이해한다.

범인의 위치는 여기서 동쪽으로 40 km,
북쪽으로 30 km
N
y
30
0
40
x
그렇다면 거리는……
$\sqrt{30^2+40^2}=\sqrt{2500}=50$ km군.
바로 쫓아가겠습니다!
고1 도형의 방정식
평면좌표
직선의 방정식
원의 방정식
도형의 이동
중1
절댓값
순서쌍과 좌표
선분의 중점
도형의 합동
수학 Ⅰ, Ⅱ
지수함수와 로그함수
함수의 극한과 연속
다항함수의 미분법
다항함수의 적분법
중2, 3
일차함수와 그 그래프
도형의 닮음
피타고라스 정리
이차함수와 그 그래프

1 평면좌표와 직선의 방정식

기억 1 피타고라스 정리

• 직각삼각형에서 직각을 낀 두 변의 길이를 각각 a, b라 하고, 빗변의 길이를 c라 하면

$$a^2+b^2=c^2$$

인 관계가 성립한다.

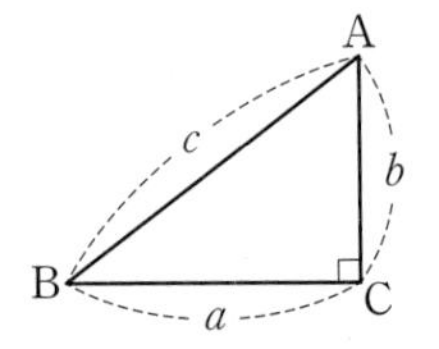

1 오른쪽 그림과 같은 직각삼각형에서 빗변의 길이 x의 값을 구하시오.

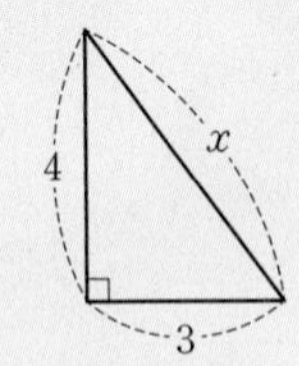

2 오른쪽 그림과 같은 직각삼각형 ABC에서 x의 값을 구하시오.

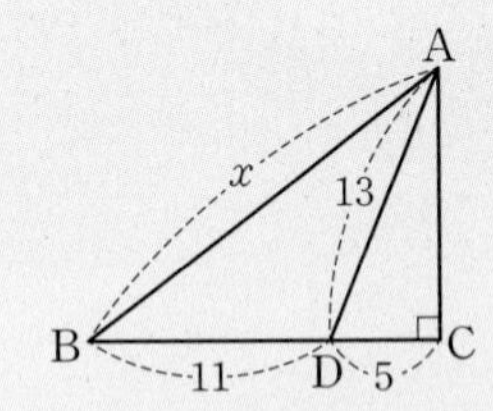

기억 2 무게중심

• 삼각형의 세 중선의 교점을 **무게중심**이라고 한다.

• △ABC의 무게중심 G에 대하여 점 G는 세 중선의 길이를 꼭짓점으로부터 각각 2 : 1로 나눈다.

$$\overline{AG}:\overline{GL}=\overline{BG}:\overline{GM}=\overline{CG}:\overline{GN}=2:1$$

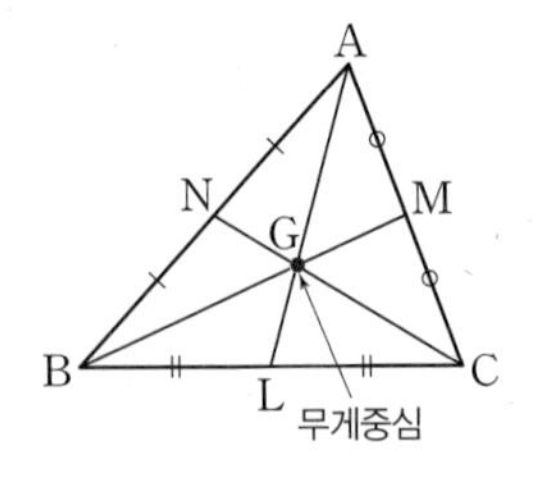

3 오른쪽 그림에서 점 G가 △ABC의 무게중심이고 $\overline{AB}=12$ cm, $\overline{AL}=9$ cm일 때, x, y의 값을 구하시오.

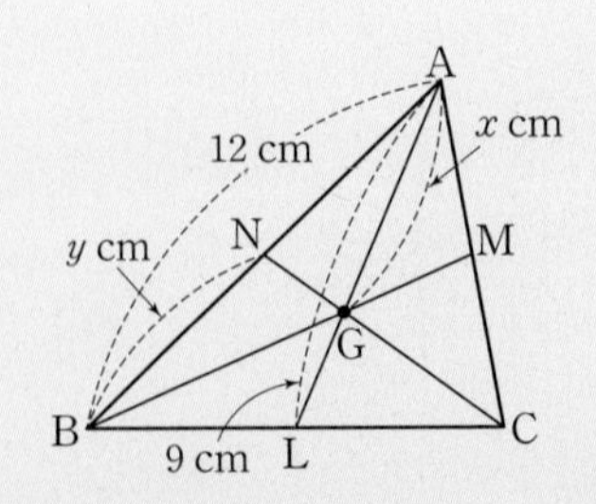

기억 3 점과 직선 사이의 거리

• 그림과 같이 직선 l 위에 있지 않은 한 점 P에서 직선 l에 수선을 그었을 때, 그 교점 H를 점 P에서 직선 l에 내린 **수선의 발**이라고 한다. 이때 선분 PH의 길이를 **점 P와 직선 l 사이의 거리**라고 한다.

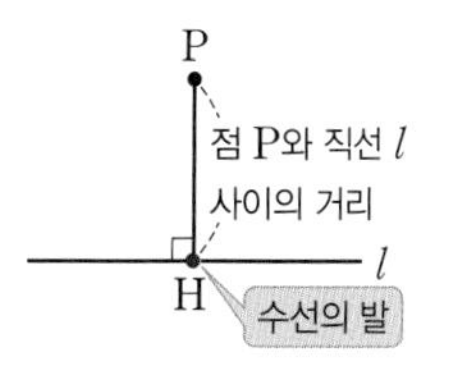

4 사다리꼴 ABCD에서 다음을 구하시오.

(1) 변 BC와 직교하는 변

(2) 점 D에서 변 BC에 내린 수선의 발

(3) 점 D와 변 BC 사이의 거리

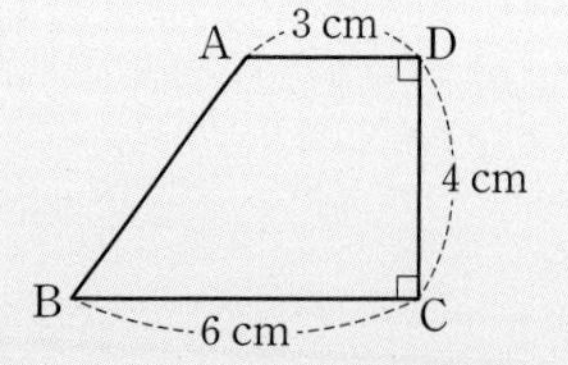

5 그림의 점 P에서 직선 l까지의 거리를 나타내는 선분을 찾아 쓰시오.

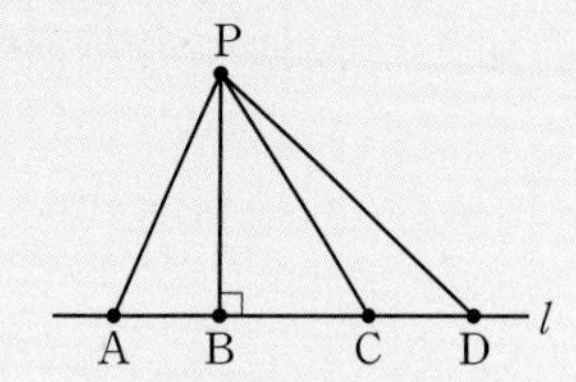

기억 4 연립일차방정식

• $\begin{cases} ax+by=p \\ cx+dy=q \end{cases}$와 같이 미지수가 2개인 일차방정식을 묶어 놓은 것을 **연립일차방정식**이라고 한다.

6 연립방정식 $\begin{cases} 2x-y=5 \\ x+3y=6 \end{cases}$의 해를 구하시오.

01 두 점 사이의 거리

|탐구하기 1|

01 수직선 위의 두 점 P, Q 사이의 거리를 구하고, 절댓값 기호를 사용하여 나타내시오.

	두 점	거리	절댓값 기호로 나타내기
예	P(0), Q(10)	10	$\|10-0\|$ 또는 $\|0-10\|$
(1)	P(2), Q(10)		
(2)	P(−1), Q(5)		
(3)	P(−15), Q(−7)		
(4)	P(x), Q(0)		
(5)	P(x), Q(5)		

02 문제 **01**을 토대로 수직선 위에서 어떤 두 실수 x_1, x_2에 각각 대응하는 두 점 P(x_1), Q(x_2) 사이의 거리를 나타내는 방법을 정리하시오.

| 탐구하기 2 |

01 태윤이는 그림과 같은 가로, 세로의 도로망이 갖추어진 계획도시에 살고 있다. 태윤이네 집과 학교, 그리고 민석이네 집이 표시되어 있는 그림을 보고 다음 물음에 답하시오.

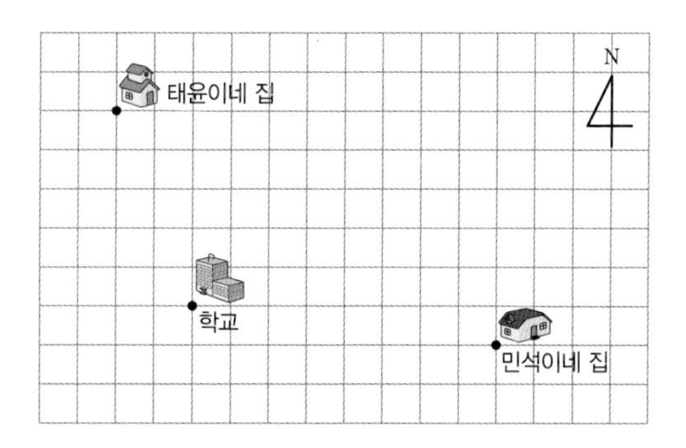

(1) 태윤이는 자전거를 타고 민석이네 집에 가려고 한다. 그림에 표시된 도로망을 따라 이동할 때 태윤이가 자전거를 타고 간 거리를 구하고, 그 방법을 설명하시오.

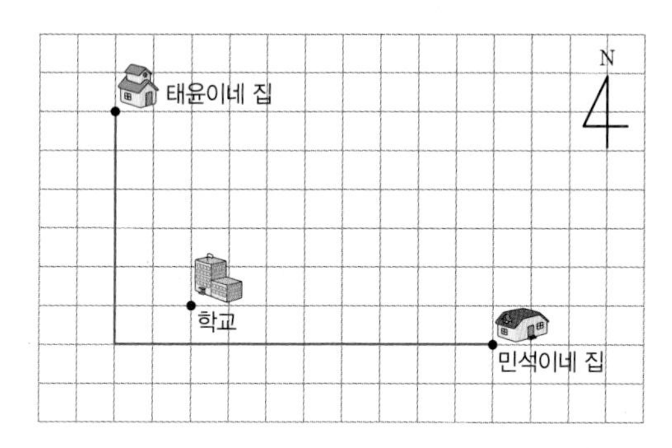

(2) 태윤이는 민석이네 집에 드론을 날려 쪽지를 전달하려고 한다. 드론의 경로가 그림과 같을 때 드론이 날아간 거리를 구하고, 그 방법을 설명하시오.

(단, 드론이 뜨고 내리는 거리는 무시하고 그림과 같이 직선으로 날아간 거리만 구한다.)

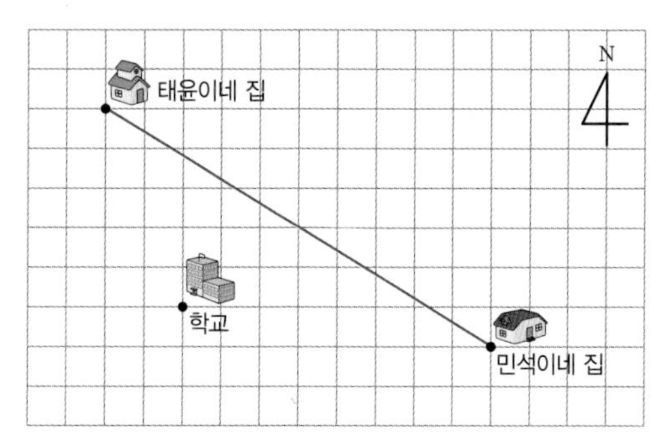

(3) 다음은 학교를 원점으로 하는 좌표평면에 태윤이네 집과 민석이네 집의 위치를 나타낸 것이다. (1)과 (2)에서 구한 자전거와 드론의 이동 거리를 두 집의 좌표를 이용하여 구하는 방법을 설명하시오.

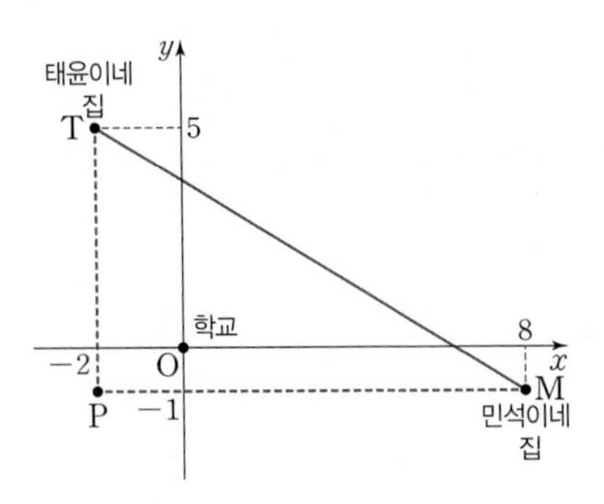

(4) (3)을 토대로 좌표평면 위의 두 점 $A(x_1, y_1)$, $B(x_2, y_2)$ 사이의 거리를 구하는 방법을 정리하시오.

02 선분의 내분점과 외분점

| 탐구하기 1 |

01 어느 지역의 도로 공사 구간에 높은 산이 있어 공사에 참여한 건설업체 **가**와 **나**는 그림과 같이 1.2 km 떨어진 두 지점 A, B 사이에 터널을 일직선으로 뚫기로 했다. 다음 물음에 답하시오.

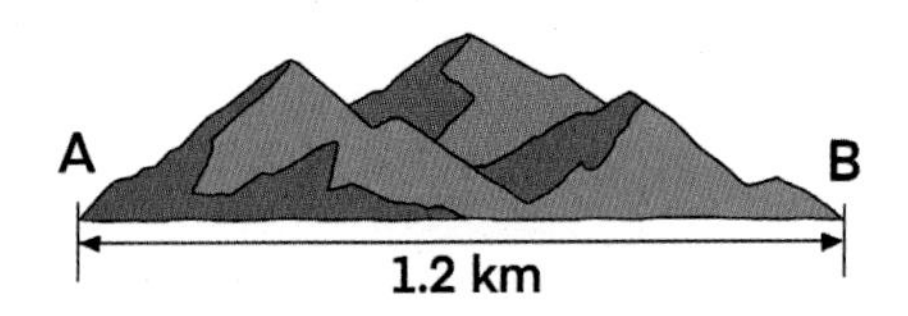

(1) **가** 업체는 A 지점에서 B 지점 방향으로, **나** 업체는 B 지점에서 A 지점 방향으로 터널을 뚫는 작업을 담당하기로 했다. **가** 업체의 작업 속도가 **나** 업체의 작업 속도보다 3배 빠르고, 두 업체가 동시에 작업을 시작했을 때, 두 업체가 서로 만나는 지점을 구하시오.

(2) **가** 업체와 **나** 업체의 작업 속도의 비가 $m : n$이고, 두 업체가 각각 A, B 지점에서 동시에 공사를 시작한다. 두 업체가 두 점 $\mathrm{A}(x_1)$, $\mathrm{B}(x_2)$를 잇는 선분 위에서 만나는 점을 $\mathrm{P}(x)$라 할 때, x를 m, n, x_1, x_2를 이용하여 나타내시오.

개념정리

선분 AB 위의 점 P에 대하여 $\overline{\mathrm{AP}} : \overline{\mathrm{PB}} = m : n\,(m>0,\ n>0)$일 때, 점 P는 선분 AB를 $m : n$으로 **내분**한다고 하며, 점 P를 선분 AB의 **내분점**이라고 한다.

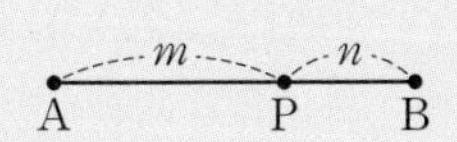

|탐구하기 2|

01 그림과 같이 좌표평면 위의 두 점 $\mathrm{A}(x_1, y_1)$, $\mathrm{B}(x_2, y_2)$를 잇는 선분 AB를 $m : n$으로 내분하는 점 $\mathrm{P}(x, y)$의 좌표를 구하려고 한다. 다음 물음에 답하시오.

(1) 두 직각삼각형이 닮음임을 설명하고, 두 직각삼각형의 밑변의 길이와 닮음의 성질을 이용하여 x를 x_1, x_2, m, n으로 나타내시오.

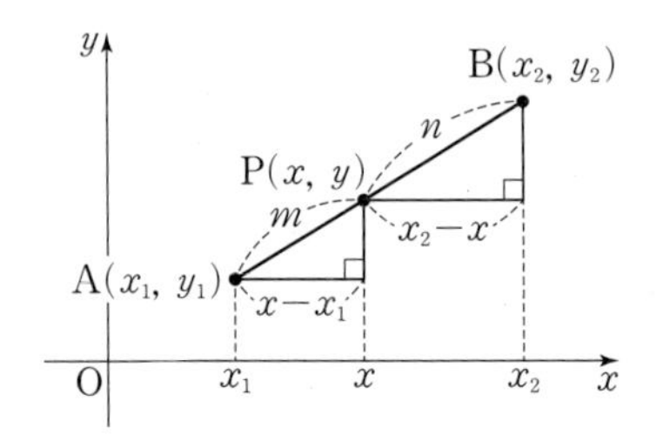

(2) (1)의 방법을 이용하여 y를 y_1, y_2, m, n으로 나타내시오.

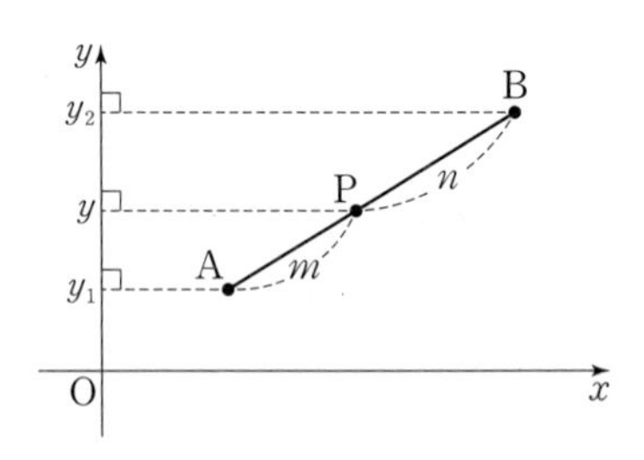

(3) (1), (2)를 이용하여 좌표평면 위의 두 점 $\mathrm{A}(x_1, y_1)$, $\mathrm{B}(x_2, y_2)$를 잇는 선분 AB를 $m : n$으로 내분하는 점 $\mathrm{P}(x, y)$의 좌표를 정리하시오.

02 두 점 $\mathrm{A}(1, -3)$, $\mathrm{B}(4, 3)$을 이은 선분 AB를 $1 : 2$로 내분하는 점 P의 좌표를 구하시오.

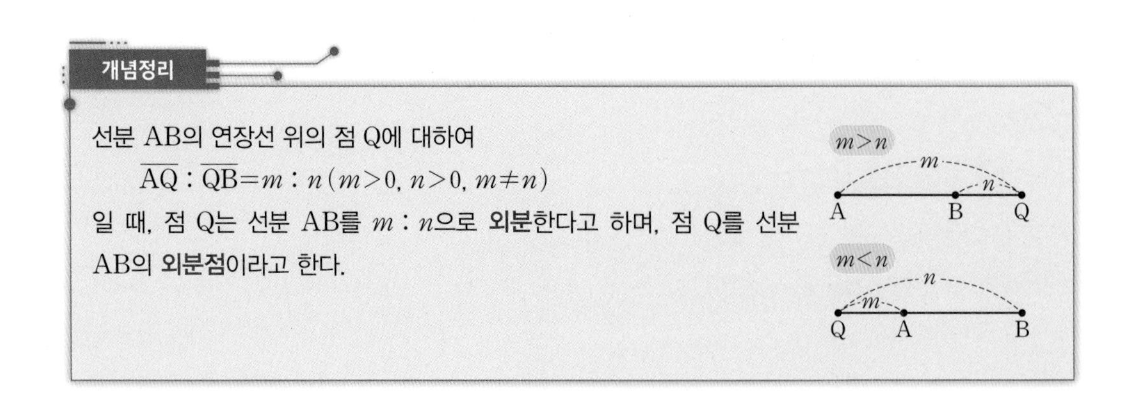

개념정리

선분 AB의 연장선 위의 점 Q에 대하여

$\overline{\mathrm{AQ}} : \overline{\mathrm{QB}} = m : n \ (m>0,\ n>0,\ m \neq n)$

일 때, 점 Q는 선분 AB를 $m : n$으로 **외분**한다고 하며, 점 Q를 선분 AB의 **외분점**이라고 한다.

|탐구하기 3|

01 다음 그림을 보고 물음에 답하시오.

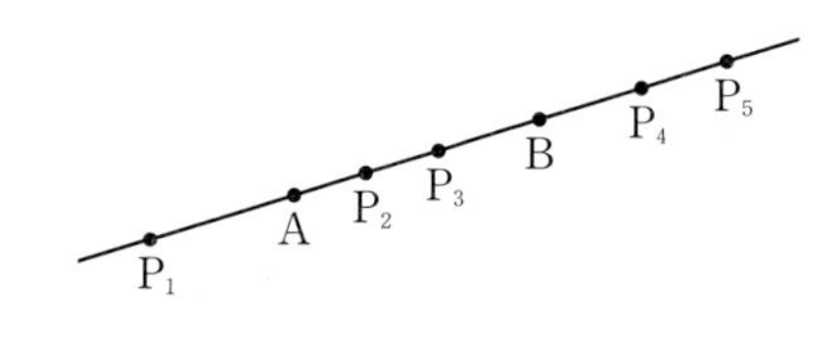

(1) 점 P_1, P_2, P_3, P_4, P_5를 선분 AB의 내분점과 외분점으로 구분하고, 그 이유를 설명하시오.

(2) 선분 AB를 $m : n$으로 외분한다고 할 때 (1)에서 외분점으로 구분한 점을 $m>n$인 점과 $m<n$인 점으로 구분하고, 각각 외분점의 위치가 어떻게 달라지는지 설명하시오.

02 다음 수직선 위의 세 점 Q_1, Q_2, Q_3이 선분 AB를 각각 몇 대 몇으로 외분하는지 □ 안에 알맞게 써넣으시오.

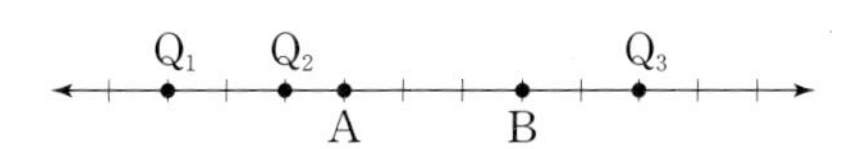

(1) 점 Q_1은 선분 AB를 □로 외분하는 점이다.

(2) 점 Q_2는 선분 AB를 □로 외분하는 점이다.

(3) 점 Q_3은 선분 AB를 □로 외분하는 점이다.

03 다음 수직선 위에 세 점 Q_4, Q_5, Q_6을 표시하시오.

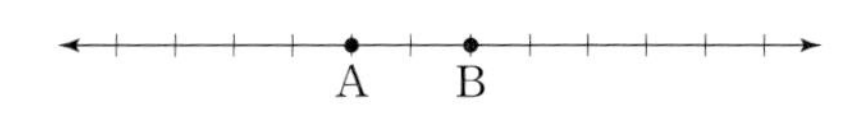

(1) 선분 AB를 $2 : 1$로 외분하는 점 Q_4

(2) 선분 AB를 $1 : 3$으로 외분하는 점 Q_5

(3) 선분 AB를 $3 : 2$로 외분하는 점 Q_6

04 다음 수직선 위의 두 점 A, B에 대하여 선분 AB를 2 : 3으로 외분하는 점 Q_7과 선분 BA를 2 : 3으로 외분하는 점 Q_8을 각각 표시하고, 두 점의 위치를 설명하시오.

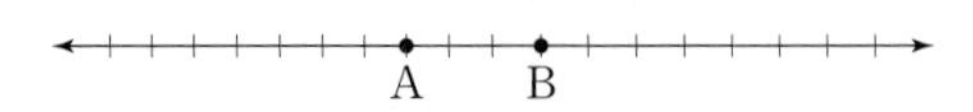

05 외분의 정의에서 $m>n$일 때와 $m<n$일 때를 비교하여 $\overline{AQ}:\overline{BQ}=m:n$인 외분점 Q의 위치를 정리하시오.

| 탐구하기 4 |

01 다음은 수직선 위의 두 점 $A(x_1)$, $B(x_2)$에 대하여 선분 AB를 $m:n$ $(m>0,\ n>0,\ m\neq n)$으로 외분하는 점 $Q(x)$의 좌표가 $x=\dfrac{mx_2-nx_1}{m-n}$임을 찾는 과정의 일부이다. 나머지를 완성하시오.

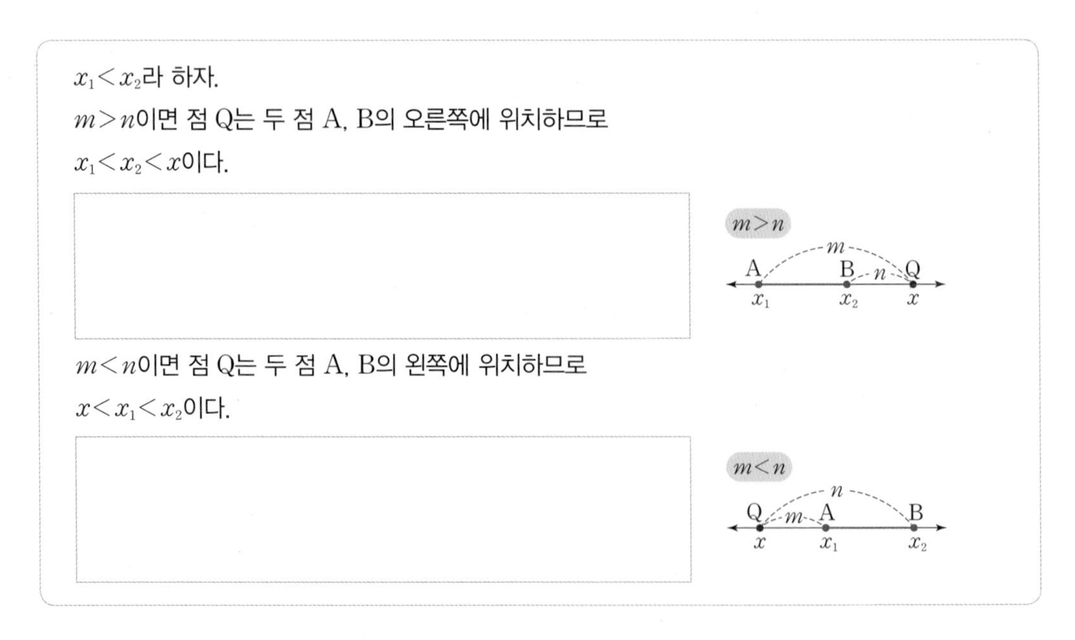

02 $x_1 > x_2$일 때, 점 Q(x)의 좌표가 $x=\frac{mx_2-nx_1}{m-n}$임을 확인하시오.

03 문제 **01**과 **02**의 결과를 이용하여 수직선 위의 두 점 A(-2), B(4)에 대한 다음 점의 좌표를 구하시오.

(1) 선분 AB를 $1:2$로 외분하는 점의 좌표

(2) 선분 AB를 $4:1$로 외분하는 점의 좌표

04 좌표평면 위의 두 점 A(x_1, y_1), B(x_2, y_2)에 대하여 선분 AB를 $m:n$ $(m>0, n>0, m\neq n)$으로 외분하는 점 Q의 좌표는 $\left(\frac{mx_2-nx_1}{m-n}, \frac{my_2-ny_1}{m-n}\right)$이다. 그 이유를 다음 그림을 이용하여 설명하시오.

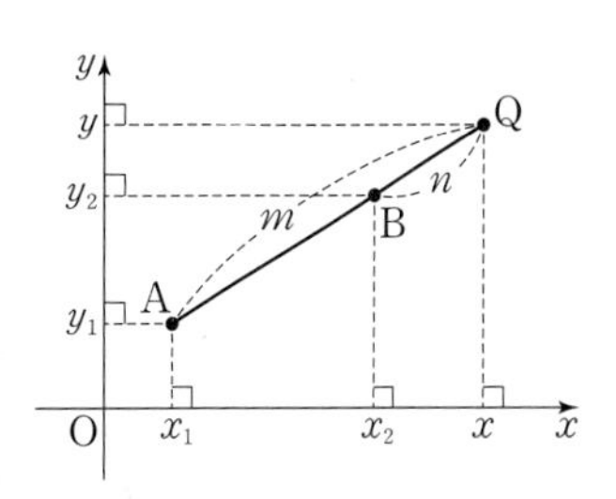

05 문제 **04**의 결과를 이용하여 좌표평면 위의 두 점 A$(4, 1)$, B$(-2, 4)$에 대한 다음 점의 좌표를 구하시오.

(1) 선분 AB를 $1:3$으로 외분하는 점

(2) 선분 AB를 $3:2$로 외분하는 점

03 직선의 방정식

| 탐구하기 1 |

01 다음 직선의 기울기를 구하고, 그 방법을 설명하시오.

(1)

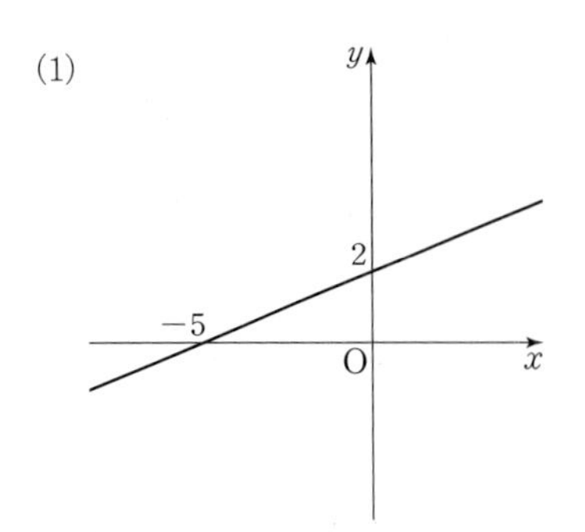

(2)

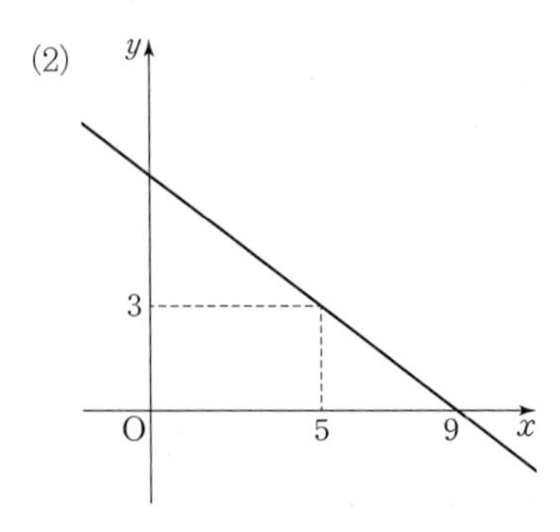

02 좌표평면에 기울기가 2인 직선을 그리고, 모둠에서 서로 비교하여 직선을 모두 똑같이 그렸는지 알아보시오. 다르게 그려진 직선이 있다면 어떤 조건을 추가해야 똑같은 직선이 되는지 쓰시오.

내가 그린 직선	친구가 그린 직선
y, O, x	y, O, x

03 좌표평면에 점 $(-3,\ -2)$를 지나는 직선을 그리고, 친구가 그린 직선과 비교하여 점 $(-3,\ -2)$를 지나는 직선이 몇 개 존재하는지 알아보시오. 만약 점 $(-3,\ -2)$를 지나는 직선이 단 하나만 존재한다고 생각한다면 그 이유를 쓰고, 그렇지 않다고 생각한다면 점 $(-3,\ -2)$를 지나는 직선이 하나로 정해지기 위하여 주어진 점 이외에 어떤 조건을 추가해야 하는지 찾아 쓰시오.

|탐구하기 2|

01 네 점 $A(-2, 7)$, $B(0, 3)$, $C(1, 1)$, $D(3, -3)$에 대하여 다음 직선의 기울기를 구하고 그 결과를 통해 알 수 있는 사실을 정리하시오.

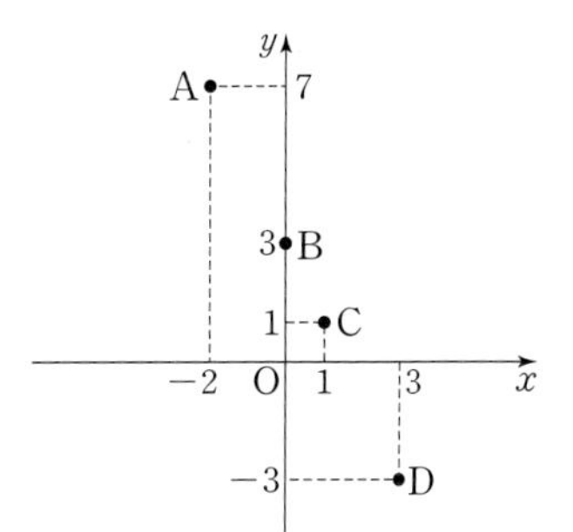

(1) 직선 AB

(2) 직선 BC

(3) 직선 CD

02 네 점 $A(-2, 7)$, $B(-1, 5)$, $C(1, 1)$, $D(2, -2)$가 한 직선 위에 있는지 확인하시오.

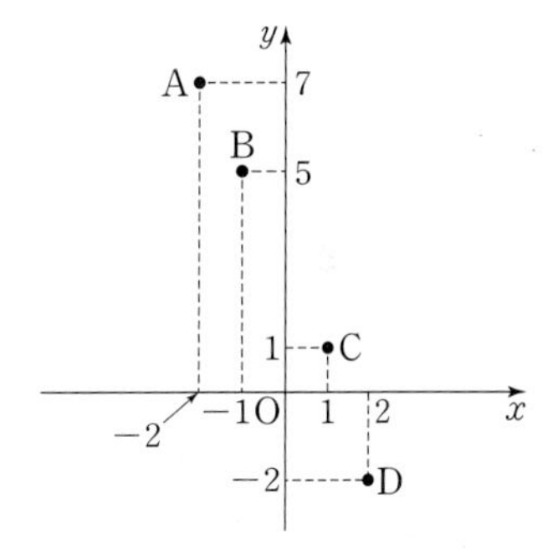

03 두 점 $A(-2, 7)$과 $B(1, 1)$을 지나는 직선을 l이라 할 때, 다음 물음에 답하시오.

(1) 점 $P(x, y)$가 직선 l 위에 있을 때, 두 변수 x, y 사이의 관계식을 구하시오.

(2) (1)에서 구한 x, y 사이의 관계식을 두 점 $A(-2, 7)$과 $B(1, 1)$을 지나는 직선 l의 방정식이라고 할 수 있는지 알아보시오.

|탐구하기 3|

01 점 $(3, 1)$을 지나고 기울기가 -1인 직선의 방정식을 구하시오.

02 점 (x_1, y_1)을 지나고 기울기가 m인 직선의 방정식은 $y=m(x-x_1)+y_1$임을 설명하시오.

03 문제 **02**를 참고하여 다음에 주어진 서로 다른 두 점을 지나는 직선의 방정식을 구하고, 그 과정을 설명하시오.

(1) $(1, 2)$, $(3, 5)$

(2) $(-5, 2)$, $(1, 2)$

(3) $(1, 2)$, $(1, 10)$

|탐구하기 4|

01 미지수가 2개인 일차방정식과 일차함수의 관계를 알아보려고 한다. 다음 물음에 답하시오.

(1) 일차방정식 $6x+2y=8$을 만족하는 실수 x, y의 순서쌍 (x, y)를 좌표평면에 표시하시오.

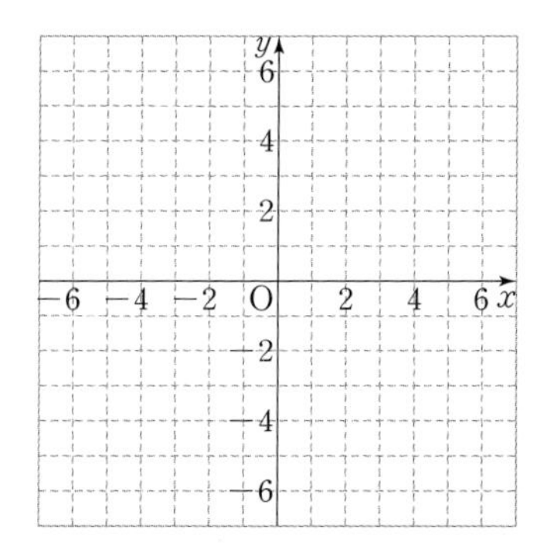

(2) 좌표평면에 일차함수 $y=-3x+4$의 그래프를 그리시오.

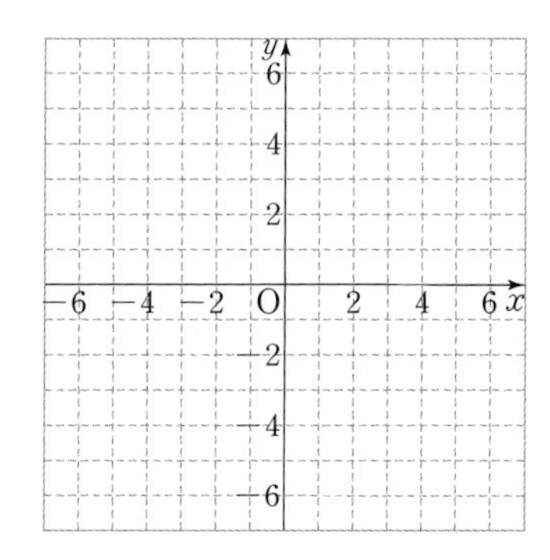

(3) (1)과 (2)에서 알 수 있는 사실을 모두 쓰시오.

02 다음 철수의 의견에 대하여 '$a\neq0$ 또는 $b\neq0$'의 경우를 나누어 조사하고, 의견이 맞는지 쓰시오.

> 철수: x, y에 대한 일차방정식 $ax+by+c=0$($a\neq0$ 또는 $b\neq0$)은 좌표평면 위의 모든 직선을 나타낼 수 있어.

04 두 직선의 위치 관계

| 탐구하기 1 |

01 그래픽 계산기 또는 컴퓨터 프로그램에 다음 4개의 식을 입력했더니 직선이 3개 그려졌다. 다음 물음에 답하시오.

① $y=2x+1$　　② $y=2x+3$

③ $2x-y+1=0$　　④ $y=-\frac{1}{2}x$

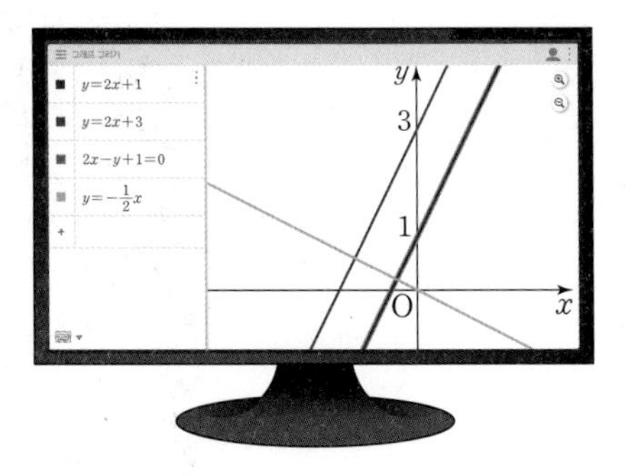

(1) 4개의 방정식을 입력했는데, 직선이 3개만 그려진 이유를 찾아 쓰시오.

(2) 중학교 때 배웠던 두 직선의 위치 관계를 쓰고, 위치 관계가 잘 드러나도록 두 직선을 그리시오. 그리고 두 직선이 문제 **01**의 ①~④ 중 어디에 해당되는지 찾아 쓰시오.

위치 관계	한 점에서 만난다.		
그리기			
두 직선			

(3) 두 직선 $y=mx+n$과 $y=m'x+n'$이 평행하기 위한 조건을 정리하시오.

(4) 좌표평면에서 직선의 방정식은 모두 x, y에 대한 일차방정식 $ax+by+c=0$의 꼴로 나타낼 수 있다. (3)을 참고하여 직선의 방정식 $ax+by+c=0$과 $a'x+b'y+c'=0$이 나타내는 두 직선이 서로 평행하기 위한 조건을 정리하시오.

(5) 점 $(3,\ 4)$를 지나고 직선 $4x+2y-7=0$에 평행한 직선의 방정식을 구하시오.

|탐구하기 2|

01 세 직선 $y=2x$, $y=-\frac{1}{2}x$, $x=2$를 그린 것을 보고 다음 물음에 답하시오.

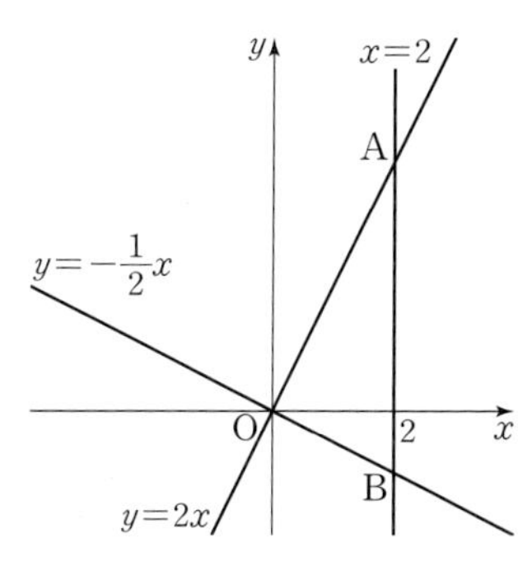

(1) 세 직선의 교점의 좌표를 이용하여 △OAB의 세 변의 길이를 구한 다음 △OAB가 어떤 삼각형인지 판단하고, 두 직선 $y=2x$, $y=-\frac{1}{2}x$가 이루는 각의 크기를 구하시오.

(2) 그림과 같이 서로 수직인 두 직선 l_1: $y=mx$, l_2: $y=m'x$가 직선 $x=1$과 만나는 점을 각각 P, Q라 할 때, 직각삼각형 OPQ의 세 변의 길이와 피타고라스 정리를 이용하여 수직인 두 직선의 기울기의 곱이 -1, 즉 $mm'=-1$임을 설명하시오.

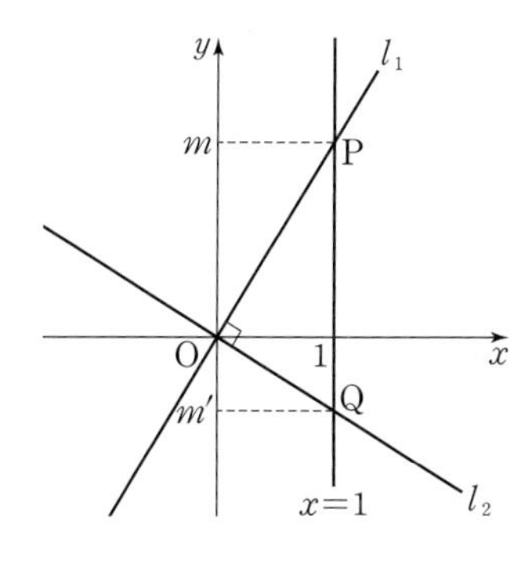

(3) 점 $(1,\ 3)$을 지나고 직선 $x-2y+3=0$에 수직인 직선의 방정식을 구하시오.

05 점과 직선 사이의 거리

|탐구하기 1|

01 다음 점과 직선 사이의 거리에 대한 설명을 보고 물음에 답하시오.

> 점 P에서 P를 지나지 않는 직선 l에 내린 수선의 발을 H라 하면 <u>선분 PH의 길이가 점 P와 직선 l 위의 점을 이은 선분 중에서 길이가 가장 짧다.</u>
> 이 선분 PH의 길이를 점 P와 직선 l 사이의 거리라고 한다.

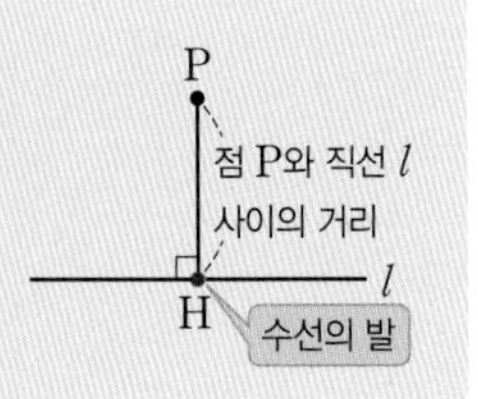

(1) 다음 그림에서 점 P와 세 직선 l, m, n 사이의 거리를 측정할 수 있는 세 직선 l, m, n 위의 세 점 A, B, C를 각각 찾아 표시하시오.

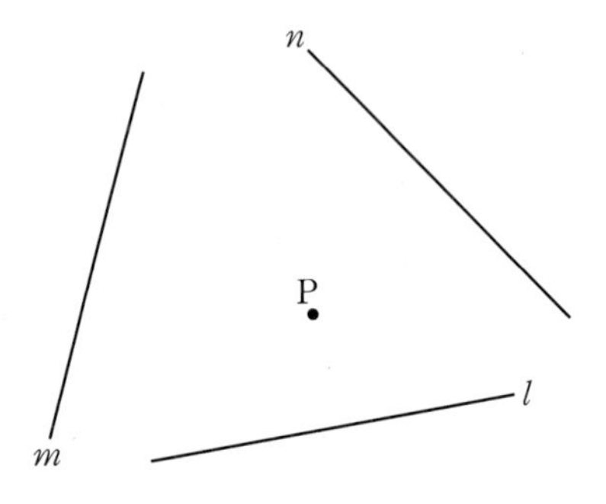

(2) 위 설명에서 밑줄 친 부분의 이유를 그림을 그려 설명하시오.

|탐구하기 2|

01 좌표평면 위의 점 $\mathrm{P}(1, 2)$와 직선 $l: 3x-4y-20=0$에 대하여 다음 물음에 답하시오.

(1) 직선 l에 수직인 직선의 기울기를 구하시오.

(2) 점 P를 지나고 직선 l에 수직인 직선을 m이라 할 때, 직선 m의 방정식을 구하시오.

(3) 두 직선 l, m의 교점을 H라 할 때, 점 H의 좌표를 구하시오.

(4) 두 점 P, H 사이의 거리를 구하고, 이 두 점 사이의 거리가 점 P와 직선 l에 대하여 무엇을 의미하는지 쓰시오.

(5) (1)~(4)를 바탕으로 좌표평면 위의 한 점과 한 직선 사이의 거리를 구하는 방법을 순서대로 정리하시오.

|탐구하기 3|

01 좌표평면 위의 점 $\mathrm{P}(x_1, y_1)$과 점 P를 지나지 않는 직선 l: $ax+by+c=0$ 사이의 거리 d를 구하는 공식을 만들려고 한다. 다음 물음에 답하시오.

(1) 점 P에서 직선 l에 내린 수선의 발을 $\mathrm{H}(x_2, y_2)$라 할 때, $\frac{b}{a}$를 x_1, x_2, y_1, y_2로 나타내시오.

(2) $\frac{x_2-x_1}{a}=\frac{y_2-y_1}{b}=k$라 할 때, x_2, y_2를 각각 x_1, y_1, k, a, b로 나타내시오.

02 점 $\mathrm{H}(x_2, y_2)$가 직선 l 위의 점임을 이용하여 $d=\frac{|ax_1+by_1+c|}{\sqrt{a^2+b^2}}$임을 설명하시오.

|탐구하기 4|

01 점 (x_1, y_1)과 직선 $ax+by+c=0$ 사이의 거리를 d라 하면, $d=\frac{|ax_1+by_1+c|}{\sqrt{a^2+b^2}}$임을 이용하여 다음 문제를 해결하시오.

(1) 점 $(-1, 1)$과 직선 $4x+3y-5=0$ 사이의 거리를 구하시오.

(2) 원점과 직선 $x+3y+2=0$ 사이의 거리를 구하시오.

(3) 직선 $3x-4y+1=0$에 평행하고 점 $(1, -2)$와의 거리가 3인 직선의 방정식을 구하시오.

(4) 두 직선 $y=2x+1$과 $y=2x-3$ 사이의 거리를 구하고, 평행한 두 직선 사이의 거리를 구하는 방법을 설명하시오.

개념정리노트

두 점 사이의 거리

- 수직선 위의 두 점 $A(x_1)$, $B(x_2)$ 사이의 거리는 $\overline{AB}=|x_2-x_1|$
- 좌표평면 위의 두 점 $A(x_1, y_1)$, $B(x_2, y_2)$ 사이의 거리는 $\overline{AB}=\sqrt{(x_2-x_1)^2+(y_2-y_1)^2}$

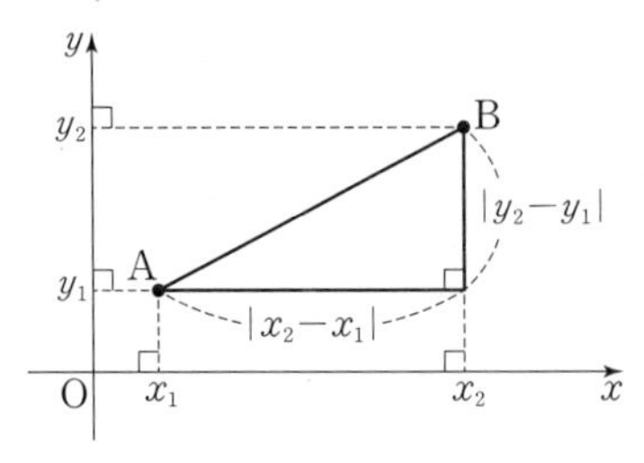

내분점과 외분점

- 수직선 위의 두 점 $A(x_1)$, $B(x_2)$에 대하여 선분 AB를 $m:n\,(m>0,\ n>0)$으로 내분하는 점 P의 좌표는 $\dfrac{mx_2+nx_1}{m+n}$

- 좌표평면 위의 두 점 $A(x_1, y_1)$, $B(x_2, y_2)$에 대하여 선분 AB를 $m:n\,(m>0,\ n>0)$으로 내분하는 점 P의 좌표는 $\left(\dfrac{mx_2+nx_1}{m+n}, \dfrac{my_2+ny_1}{m+n}\right)$

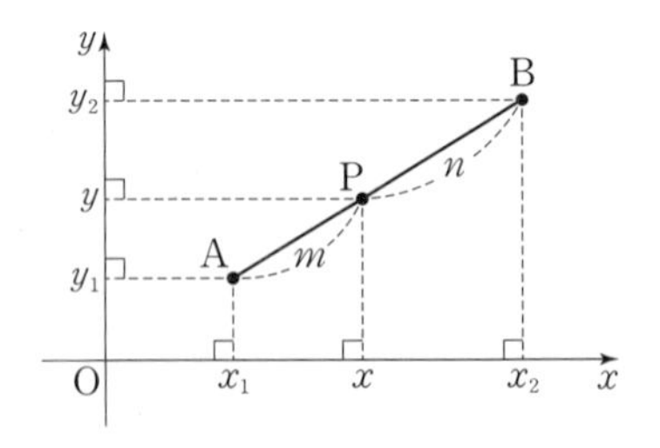

- 수직선 위의 두 점 $A(x_1)$, $B(x_2)$에 대하여 선분 AB를 $m:n\,(m>0,\ n>0,\ m\neq n)$으로 외분하는 점 Q의 좌표는 $\dfrac{mx_2-nx_1}{m-n}$

- 좌표평면 위의 두 점 $A(x_1, y_1)$, $B(x_2, y_2)$에 대하여 선분 AB를 $m:n\,(m>0,\ n>0,\ m\neq n)$으로 외분하는 점 Q의 좌표는 $\left(\dfrac{mx_2-nx_1}{m-n}, \dfrac{my_2-ny_1}{m-n}\right)$

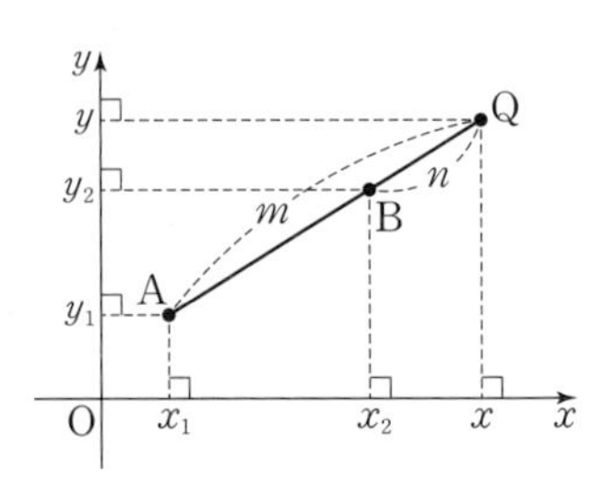

직선의 방정식

• **한 점과 기울기가 주어진 직선의 방정식**

점 $(x_1,\ y_1)$을 지나고 기울기가 m인 직선의 방정식은

$$y-y_1=m(x-x_1)$$

특히, 점 $(x_1,\ y_1)$을 지나고 x축에 평행한 직선의 방정식은

$$y=y_1$$

• **두 점을 지나는 직선의 방정식**

서로 다른 두 점 $\mathrm{A}(x_1,\ y_1)$, $\mathrm{B}(x_2,\ y_2)$를 지나는 직선의 방정식은

① $x_1\neq x_2$일 때, $y-y_1=\dfrac{y_2-y_1}{x_2-x_1}(x-x_1)$

② $x_1=x_2$일 때, $x=x_1$

• x, y에 대한 일차방정식 $ax+by+c=0$이 나타내는 도형은 직선이다.

두 직선의 평행과 수직

• **두 직선의 평행 조건**

두 직선 $y=mx+n$과 $y=m'x+n'$에서

① 두 직선이 서로 평행하면 $m=m'$, $n\neq n'$이다.

② $m=m'$, $n\neq n'$이면 두 직선은 서로 평행하다.

• **두 직선의 수직 조건**

두 직선 $y=mx+n$과 $y=m'x+n'$에서

① 두 직선이 서로 수직이면 $mm'=-1$이다.

② $mm'=-1$이면 두 직선은 서로 수직이다.

점과 직선 사이의 거리

• 점 $\mathrm{P}(x_1,\ y_1)$과 직선 l: $ax+by+c=0$ 사이의 거리를 d라 하면

$$d=\frac{|ax_1+by_1+c|}{\sqrt{a^2+b^2}}$$

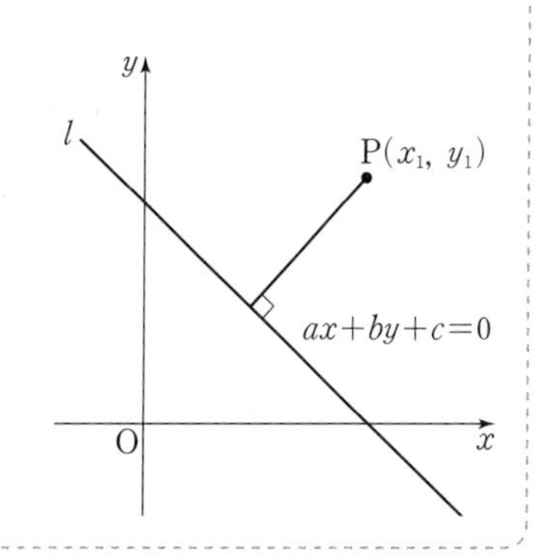

개념과 문제의 연결

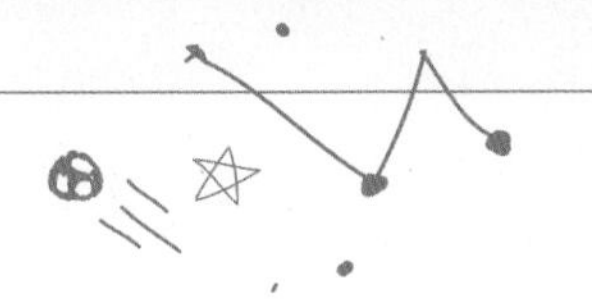

1 주어진 문제를 보고 다음 물음에 답하시오.

대표 문항

삼각형 ABC에서 변 BC의 중점을 M이라 할 때,

$$\overline{AB}^2+\overline{AC}^2=2(\overline{AM}^2+\overline{BM}^2)$$

임을 좌표평면을 이용하여 설명하시오.

(1) 좌표평면을 이용하기 위해서는 삼각형 ABC를 좌표평면의 어디에 두는 것이 편리한지 설명하시오.

(2) 삼각형의 각 점의 좌표를 구하시오.

(3) (2)의 좌표를 이용하여 네 선분 AB, AC, AM, BM의 길이를 구하시오.

2 문제 1을 통하여 알게 된 내용으로 빈칸을 채워 다음 풀이를 완성하시오.

대표 문항

삼각형 ABC에서 변 BC의 중점을 M이라 할 때,

$$\overline{AB}^2+\overline{AC}^2=2(\overline{AM}^2+\overline{BM}^2)$$

임을 좌표평면을 이용하여 설명하시오.

개념 연결

좌표평면에서 삼각형 ABC의 변 BC를 x축 위에 두고 그 중점 M을 원점으로 두면 각 점의 좌표를 A(☐, ☐), B(☐, ☐), C(☐, ☐), M(☐, ☐)으로 둘 수 있다.

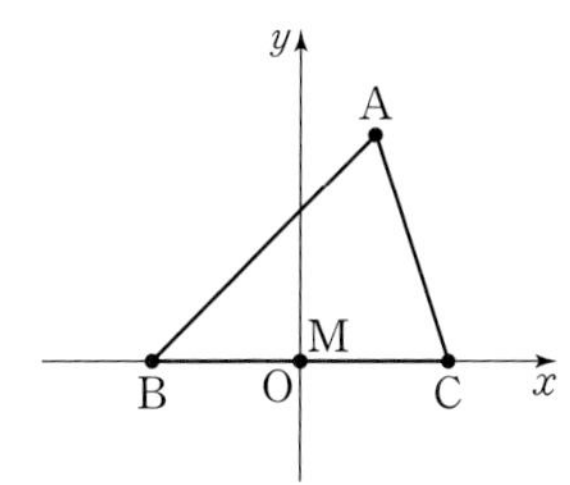

각 선분의 길이를 구하면,

$\overline{AB}=$☐, $\overline{AC}=$☐,

$\overline{AM}=$☐, $\overline{BM}=$☐

이므로

$\overline{AB}^2+\overline{AC}^2=$☐$=$☐

이고, $\overline{AM}^2+\overline{BM}^2=$☐이다.

따라서 $\overline{AB}^2+\overline{AC}^2=2(\overline{AM}^2+\overline{BM}^2)$이 성립한다.

개념과 문제의 연결

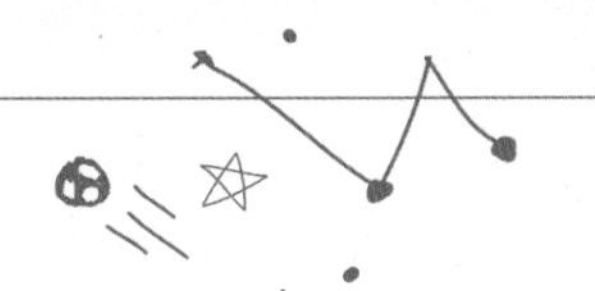

3 주어진 문제를 보고 다음 물음에 답하시오.

대표 문항 세 점 $\mathrm{A}(x_1, y_1)$, $\mathrm{B}(x_2, y_2)$, $\mathrm{C}(x_3, y_3)$을 꼭짓점으로 하는 삼각형 ABC의 무게중심 G의 좌표를 구하시오.

(1) 삼각형의 무게중심의 뜻을 쓰고, 그 뜻에 맞게 그림을 그리시오.

(2) 삼각형의 무게중심의 성질 중 어떤 것이 이 문제를 해결하는 데 필요한지 설명하시오.

(3) 두 점 $\mathrm{A}(x_1, y_1)$, $\mathrm{B}(x_2, y_2)$에 대하여 $\overline{\mathrm{AB}}$의 중점 M의 좌표를 구하시오.

(4) 두 점 $\mathrm{A}(a, b)$, $\mathrm{B}(c, d)$에 대하여 $\overline{\mathrm{AB}}$를 $2:1$로 내분하는 점 P의 좌표를 구하시오.

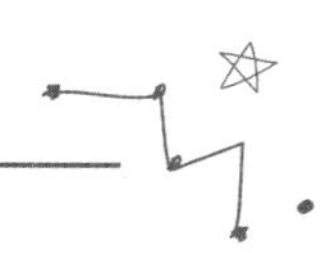

4 문제 **3**을 통하여 알게 된 내용으로 빈칸을 채워 다음 풀이를 완성하시오.

대표 문항 세 점 $A(x_1, y_1)$, $B(x_2, y_2)$, $C(x_3, y_3)$을 꼭짓점으로 하는 삼각형 ABC의 무게중심 G의 좌표를 구하시오.

삼각형의 무게중심은 한 꼭짓점과 그 대변의 중점을 이은 세 중선의 교점이다.
또한 삼각형의 무게중심은 각 중선을 꼭짓점으로부터 각각 □ : □로 내분한다.

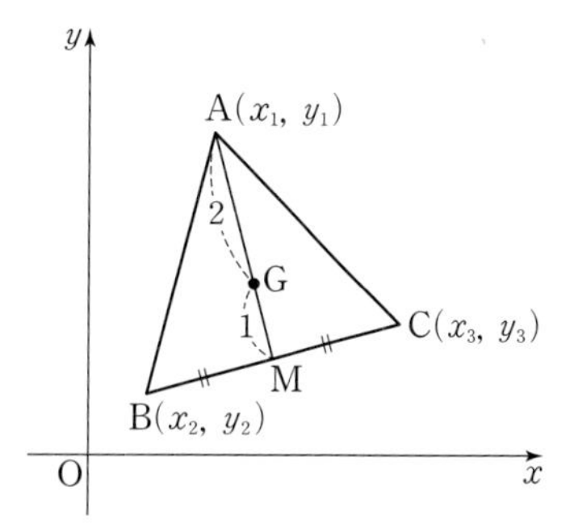

두 점 $B(x_2, y_2)$, $C(x_3, y_3)$의 중점을 $M(x, y)$라 하면 중점 M은 선분 BC를 □ : □로 내분하는 점이므로

$$M(\square, \square)$$

무게중심 $G(x', y')$은 $\overline{AM}$을 2 : 1로 내분하므로

$$x'=\frac{2x+x_1}{3}=\square=\square$$

$$y'=\frac{2y+y_1}{3}=\square=\square$$

따라서 무게중심 G의 좌표는 $(\square, \square)$

개념과 문제의 연결

5 주어진 문제를 보고 다음 물음에 답하시오.

대표 문항 세 점 O(0, 0), A(2, 5), B(6, 2)를 꼭짓점으로 하는 삼각형 OAB의 넓이를 구하시오.

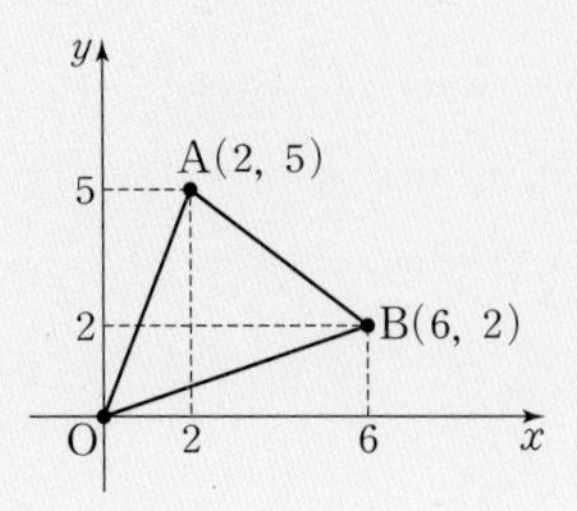

개념 연결

(1) 삼각형의 넓이를 구하기 위하여 꼭 필요한 정보는 무엇인지 쓰시오.

(2) 세 변 중 어떤 변을 밑변으로 잡을 것인지 정하고, 그 이유를 설명하시오.

(3) 밑변의 길이를 구하는 방법을 설명하시오.

(4) 높이를 구하는 방법을 설명하시오.

6 문제 **5**를 통하여 알게 된 내용으로 빈칸을 채워 다음 풀이를 완성하시오.

대표 문항 세 점 O(0, 0), A(2, 5), B(6, 2)를 꼭짓점으로 하는 삼각형 OAB의 넓이를 구하시오.

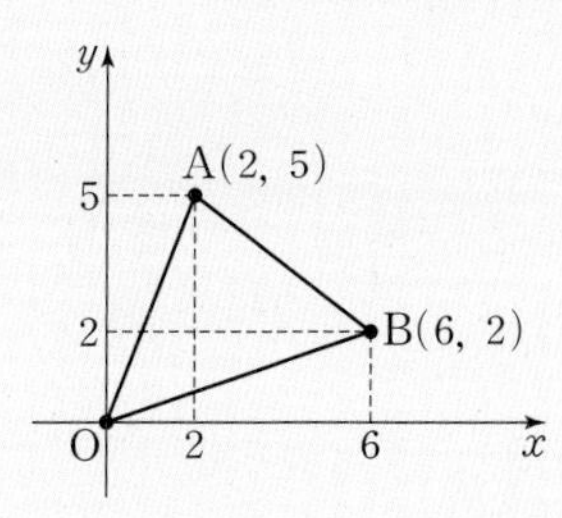

개념 연결

삼각형의 넓이를 구하기 위해서는 ☐와 ☐를 알아야 한다.

변 AB를 ☐으로 잡으면 원점과 직선 AB 사이의 거리가 ☐가 된다.

두 점 A(2, 5), B(6, 2) 사이의 거리는

☐=☐

높이는 원점 O와 직선 AB 사이의 거리이므로 먼저 직선 AB의 방정식을 구한다.

두 점 A(2, 5), B(6, 2)를 지나는 직선의 기울기는

☐

이므로 직선 AB의 방정식은

☐에서 ☐

원점 O와 직선 ☐ 사이의 거리를 d라 하면

$d=$☐

따라서 삼각형 OAB의 넓이는

☐

중단원 연습문제 1. 평면좌표와 직선의 방정식

01

다음 두 점 사이의 거리를 절댓값 기호를 이용하여 나타내시오. (단, x는 실수이다.)

(1) $A(-1)$, $B(5)$

(2) 원점 O, $P(x)$

(3) $A(-1)$, $P(x)$

02

다음 두 점 사이의 거리를 구하시오.

(1) $A(-3)$, $B(2)$

(2) $A(1, 2)$, $B(3, 5)$

03

수직선 위의 두 점 $A(0)$, $B(12)$에 각각 서 있던 가은이와 나은이가 서로를 향하여 수직선 위를 달려가려고 한다. 가은이의 속도가 나은이의 속도의 3배일 때, 두 사람이 만나는 지점의 좌표를 구하시오.

04

두 점 $A(1, 3)$, $B(4, -3)$에 대하여 선분 AB를 $2:1$로 내분하는 점과 $1:2$로 내분하는 점을 각각 P, Q라 할 때, 선분 PQ의 중점의 좌표를 구하시오.

05

세 점 $A(-2, 1)$, $B(a, 2)$, $C(4, b)$가 한 직선 위에 있고 $\overline{AB}=\overline{BC}$일 때, 두 수 a, b의 값을 구하시오.

06

좌표평면 위의 두 점 $A(a, 2)$, $B(1, 4)$에 대하여 선분 AB를 $2:3$으로 외분하는 점의 좌표가 $(-3, b)$일 때, a, b의 값을 구하시오.

07

좌표평면 위의 두 점 $A(-1, 5)$, $B(2, 2)$에 대하여 선분 AB를 $1:2$로 내분하는 점을 P, $4:1$로 외분하는 점을 Q라 할 때, 선분 PQ의 중점의 좌표를 구하시오.

08

다음 조건을 만족하는 직선의 방정식을 구하시오.

(1) 점 $(-2, 3)$을 지나고 기울기가 4인 직선

(2) 두 점 $(4, 3)$, $(8, -5)$를 지나는 직선

(3) 두 점 $(5, 3)$, $(5, -2)$를 지나는 직선

09

두 점 $\mathrm{A}(-1, 1)$, $\mathrm{B}(2, 7)$에 대하여 선분 AB를 $2:1$로 내분하는 점을 지나고 기울기가 3인 직선의 방정식을 구하시오.

10

좌표평면에서 다음 일차방정식이 나타내는 그래프가 지나는 사분면을 모두 쓰시오.

(1) $3x-y+1=0$

(2) $3x-6=0$

11

두 점 $\mathrm{A}(a, b)$, $\mathrm{B}(3, 5)$를 이은 선분 AB의 수직이등분선의 방정식이 $y=-\frac{1}{4}x+\frac{3}{2}$일 때, 두 상수 a, b의 곱 ab의 값을 구하시오.

12

점 $(3, -1)$을 지나고 다음 직선에 평행한 직선의 방정식을 구하시오.

(1) $y=-x-4$　　　(2) $2x-3y+3=0$

13

직선 $x+ay+1=0$이 직선 $3x-y+1=0$과 수직이고, 직선 $2x+(2-b)y-1=0$과 평행할 때, 두 상수 a, b의 값을 구하시오.

14

점 $(3, 2)$와 직선 $x+2y+k=0$ 사이의 거리가 $3\sqrt{5}$가 되도록 하는 실수 k의 값을 모두 구하시오.

15

세 점 $\mathrm{O}(0, 0)$, $\mathrm{A}(3, 0)$, $\mathrm{B}(0, 3)$을 꼭짓점으로 하는 삼각형 OAB의 내심의 좌표를 구하시오.

2 원의 방정식과 도형의 이동

기억 1 두 점 사이의 거리

• 좌표평면 위의 두 점 $\mathrm{A}(x_1, y_1)$, $\mathrm{B}(x_2, y_2)$ 사이의 거리는 $\overline{\mathrm{AB}}=\sqrt{(x_2-x_1)^2+(y_2-y_1)^2}$

특히, 원점 O와 점 $\mathrm{A}(x_1, y_1)$ 사이의 거리는 $\overline{\mathrm{OA}}=\sqrt{x_1^2+y_1^2}$

1 두 점 $\mathrm{A}(-1, 1)$, $\mathrm{B}(3, -2)$ 사이의 거리를 구하시오.

2 세 점 $\mathrm{A}(2, -2)$, $\mathrm{B}(3, 1)$, $\mathrm{C}(6, 2)$를 꼭짓점으로 하는 삼각형 ABC는 어떤 삼각형인지 구하시오.

기억 2 이차함수의 그래프와 직선의 위치 관계

• 이차함수 $y=ax^2+bx+c$의 그래프와 직선 $y=mx+n$의 위치 관계는 이차방정식 $ax^2+(b-m)x+c-n=0$의 판별식 D의 값의 부호에 따라 다음과 같이 구분할 수 있다.

① $D>0$이면 서로 다른 두 점에서 만난다.

② $D=0$이면 한 점에서 만난다(접한다).

③ $D<0$이면 만나지 않는다.

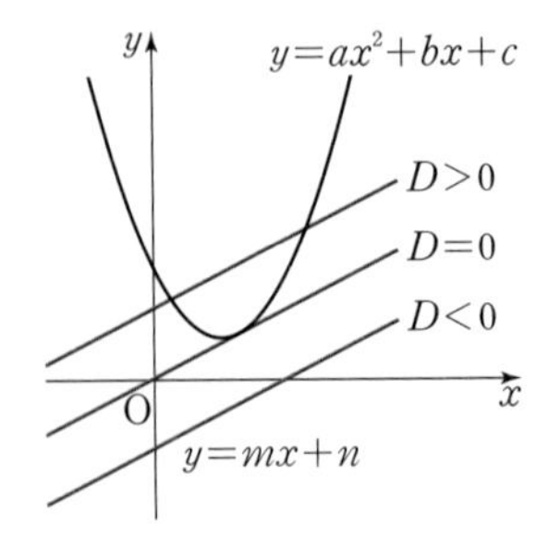

3 이차함수 $y=x^2-6x+k$의 그래프가 x축과 접하도록 실수 k의 값을 구하시오.

4 다음 이차함수의 그래프와 직선의 위치 관계를 말하고, 그 이유를 설명하시오.

(1) $y=x^2-x+5$, $y=2x+3$

(2) $y=2x^2+x-1$, $y=3x-5$

기억 3 평행이동

- **평행이동**: 한 도형을 일정한 방향으로 일정한 거리만큼 이동하는 것
- 일차함수 $y=ax+b$의 그래프는 일차함수 $y=ax$의 그래프를 y축의 방향으로 b만큼 평행이동한 직선이다.
- 이차함수 $y=a(x-p)^2+q$의 그래프는 이차함수 $y=ax^2$의 그래프를 x축의 방향으로 p만큼, y축의 방향으로 q만큼 평행이동한 포물선이다.

5 일차함수 $y=\frac{1}{2}x$의 그래프를 이용하여 다음 일차함수의 그래프를 그리시오.

(1) $y=\frac{1}{2}x+2$

(2) $y=\frac{1}{2}x-3$

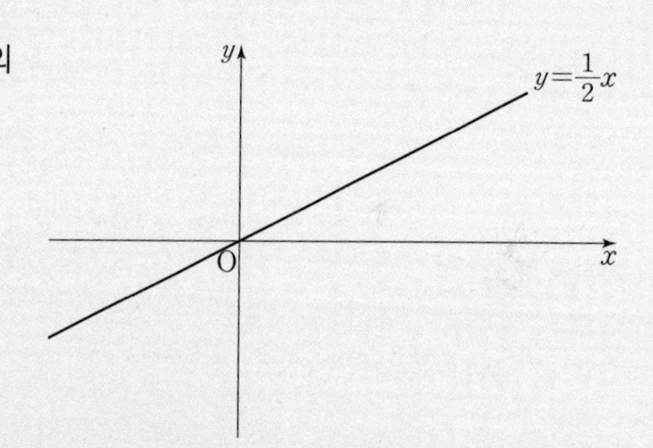

6 다음 이차함수의 그래프는 이차함수 $y=2x^2$의 그래프를 어떻게 평행이동한 것인지 설명하시오.

(1) $y=2(x-3)^2+4$

(2) $y=2(x+1)^2-5$

01 원의 방정식

|탐구하기 1|

01 6명의 학생이 양궁 게임에 참가하여 과녁에 화살을 쏜 다음, 화살이 꽂힌 지점에 × 표시를 하고 각각 A, B, C, D, E, F라고 이름을 붙였다. 다음 물음에 답하시오.

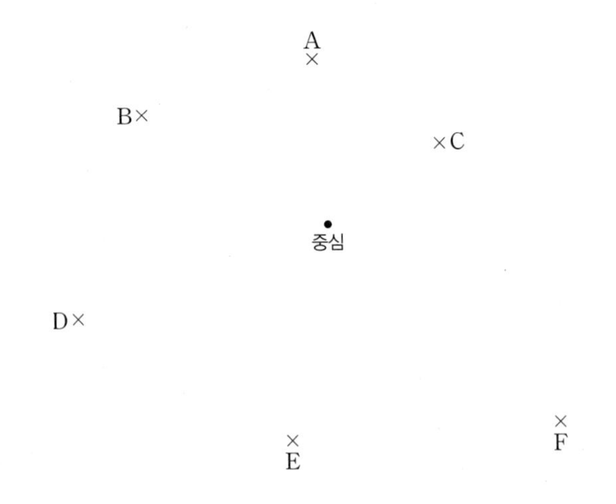

(1) 중심에서 가까운 것부터 순서대로 등수를 매기려 한다. 자를 이용하여 중심으로부터의 거리를 재고, 같은 등수가 있는지 알아보시오.

(2) 자를 사용하는 대신 원과 정사각형 모양의 과녁판을 그려 과녁의 중심에서 떨어진 거리를 측정하려고 한다. 두 과녁판 중 효과적으로 측정할 수 있는 것을 고르고 그 이유를 설명하시오.

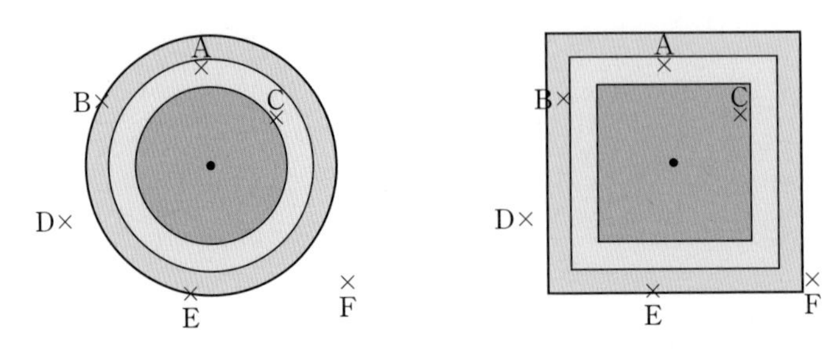

(3) (2)의 결과를 바탕으로 원의 특징을 정리하여 쓰시오.

| 탐구하기 2 |

01 다음 대화를 보고 물음에 답하시오.

> 지수: 원의 방정식을 만들려면 이제까지 배운 것 중 어떤 방법을 사용할 수 있을까?
> 영재: 원이 평면 위에서 한 점으로부터 같은 거리에 있는 점들의 모임이잖아. 그럼 거리를 구하는 공식을 이용해야겠네!
> 태영: 두 점 사이의 거리를 구하는 공식을 이용할까?
> 영재: 두 점 사이의 거리를 구하는 공식이 원의 방정식을 만드는 데 어떤 부분에서 사용되는 것일까?
> 태영: 그런데 같은 거리에 있는 점들의 모임이라는 것은 무슨 의미이지? 우선 중심을 정한 다음 원 위의 임의의 한 점의 좌표를 (x, y)라 놓고 식을 세워 보자.

(1) 대화 내용에 따라 원 위의 한 점 (x, y)와 중심 $(1, 2)$ 사이의 거리가 3인 것을 이용하여 원의 방정식을 구하시오.

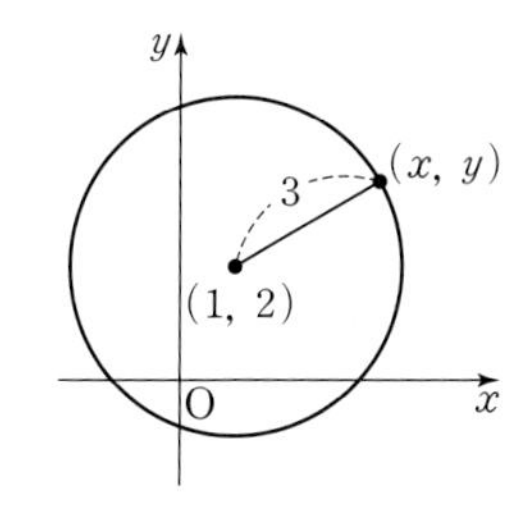

(2) 원의 중심의 좌표가 (a, b)이고 반지름의 길이가 r일 때, 원의 방정식을 구하시오.

|탐구하기 3|

01 민수가 방정식 $(x-2)^2+(y-3)^2=4$를 이용하여 좌표평면에 원을 그리는 과정을 살펴보고, 나라면 어떻게 그렸을지 좌표평면에 그리고 그 과정을 설명하시오.

민수의 생각	나의 생각
$(x-2)^2+(y-3)^2=4$는 원의 방정식이고 중심의 좌표는 $(2, 3)$이야. 우변은 반지름의 길이이므로 반지름의 길이는 4이고, 그래프는 다음과 같아.	

02 다음 조건을 만족시키는 원을 좌표평면에 나타내고, 그 방정식을 구하시오.

(1) 중심이 점 $(1, 2)$이고 반지름의 길이가 1인 원

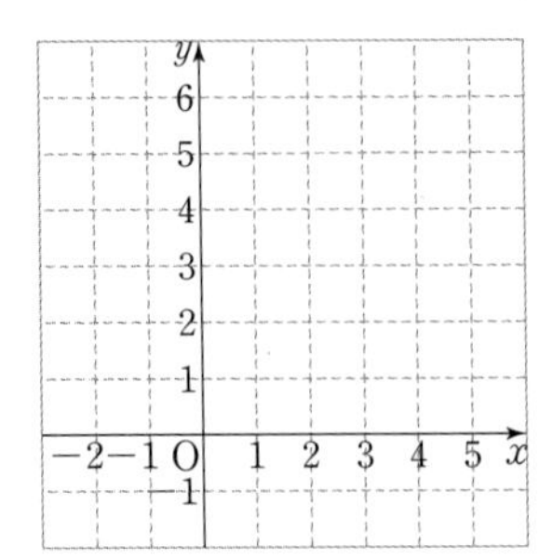

(2) 지름의 양 끝 점의 좌표가 $(0, 1)$과 $(-2, 5)$인 원

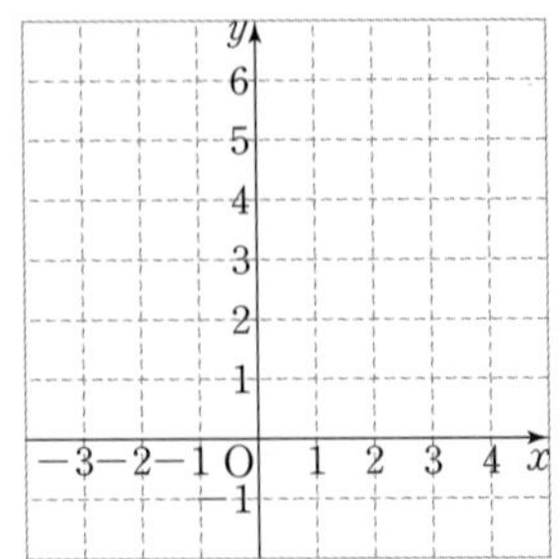

(3) 중심이 점 $(2,\ 3)$이고 x축에 접하는 원

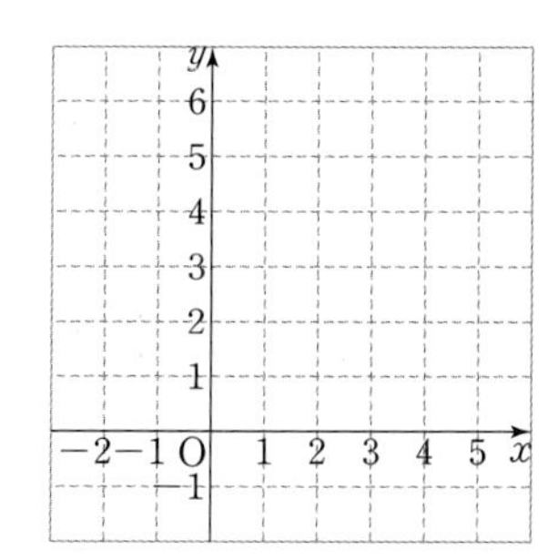

(4) 중심이 점 $(-1,\ 2)$이고 y축에 접하는 원

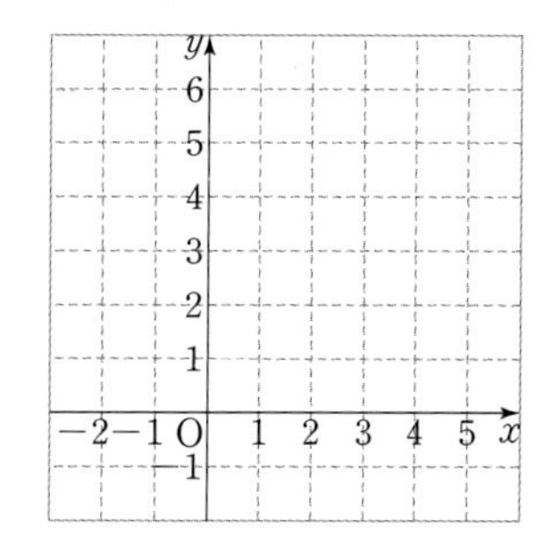

|탐구하기 4|

01 원의 방정식 $(x-1)^2+(y-2)^2=4$를 전개하여 정리하면 $x^2+y^2-2x-4y+1=0$과 같이 x, y에 관한 이차방정식 $x^2+y^2+Ax+By+C=0$의 꼴로 바꿀 수 있다. 다음 식을 $x^2+y^2+Ax+By+C=0$의 꼴로 바꾸시오.

(1) $x^2+y^2=2$

(2) $x^2+(y-1)^2=4$

02 다음 x, y에 관한 이차방정식을 $(x-a)^2+(y-b)^2=r^2$의 꼴로 바꾸고 원의 방정식인 경우 그 원의 반지름의 길이를 구하시오.

(1) $x^2+y^2-2x-4y+2=0$

(2) $x^2+y^2+2y+4=0$

03 x, y에 관한 이차방정식 $x^2+y^2+Ax+By+C=0$이 원의 방정식이 되기 위한 조건을 쓰시오.

04 다음 표는 $x^2+y^2+Ax+By+C=0$, $(x-a)^2+(y-b)^2=r^2$의 꼴의 방정식과 그 그래프를 나타낸 것이다. 빈 곳을 알맞은 것으로 채우시오.

$x^2+y^2+\mathrm{A}x+By+C=0$의 꼴	$(x-a)^2+(y-b)^2=r^2$의 꼴	좌표평면 위에 그리기
$x^2+y^2-6y=0$	$x^2+(y-3)^2=9$	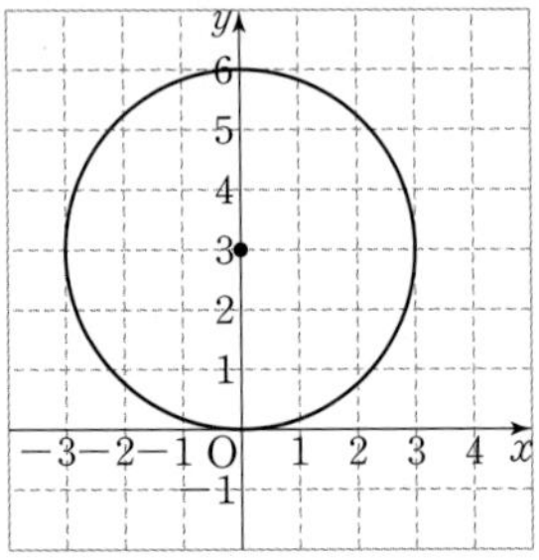
$x^2+y^2+2x+6y+6=0$		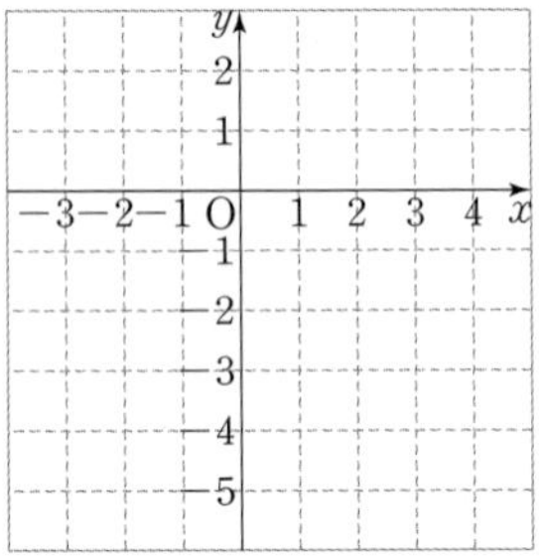
	$x^2+y^2=4$	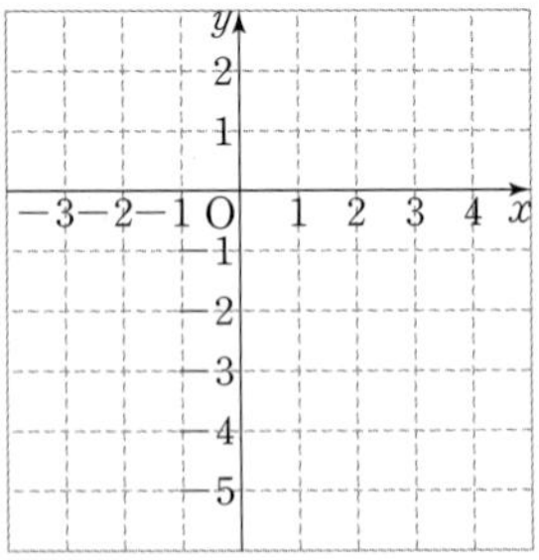
$x^2+y^2-6x-2y+10=0$		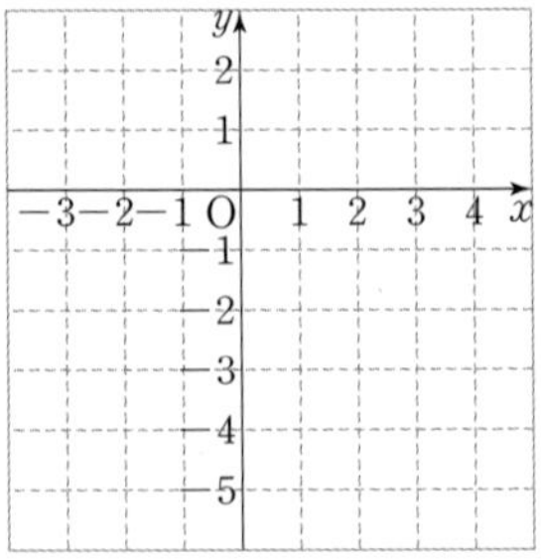

05 방정식 $x^2+y^2-6x+8y-k=0$이 나타내는 도형이 원이 되도록 하는 실수 k의 값의 범위를 구하시오.

02 원과 직선의 위치 관계

|탐구하기 1|

01 원과 직선은 최대 2개의 교점을 가진다. 원과 직선의 위치 관계를 교점의 개수에 따라 분류하고, 각각 원의 중심과 직선 사이의 거리를 반지름의 길이와 비교하시오.

교점의 개수	원과 직선의 위치 관계 그림	원의 중심과 직선 사이의 거리 (d)와 반지름의 길이(r) 비교
	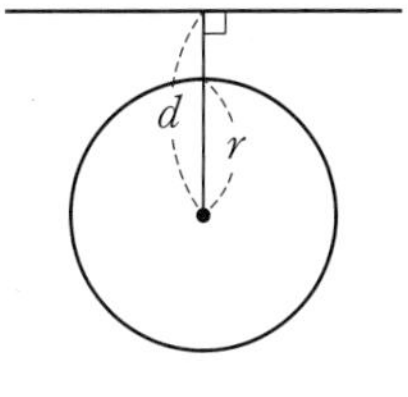 d, r	
	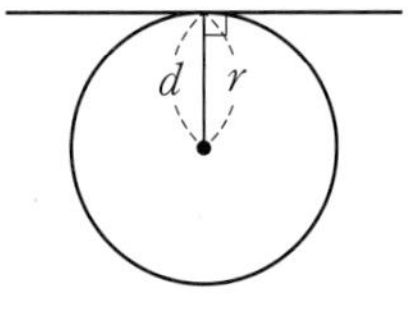 d, r	
	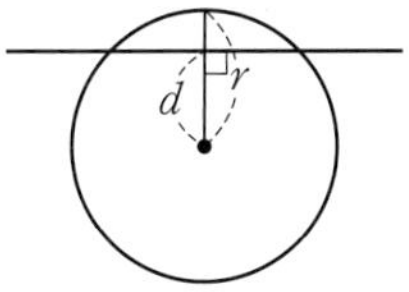 d, r	

02 원 $x^2+y^2=1$과 직선의 교점의 개수를 구하고자 한다. 다음 물음에 답하시오.

(1) 기울기가 2인 다음 세 직선을 대략적으로 그리고, 원과 직선의 교점의 개수를 구하시오.

직선 $y=2x+3$	직선 $y=2x+\sqrt{5}$	직선 $y=2x+\frac{1}{2}$
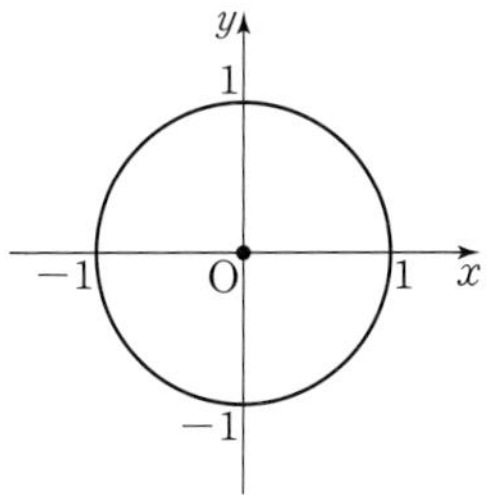 y, x, O, 1, -1, 1, -1	y, x, O, 1, -1, 1, -1	y, x, O, 1, -1, 1, -1
교점의 개수: (　　　)	교점의 개수: (　　　)	교점의 개수: (　　　)

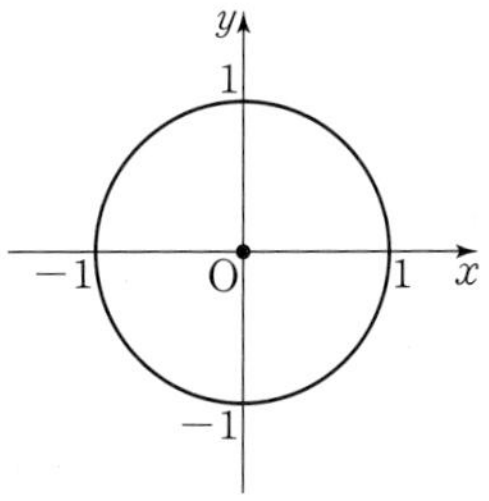

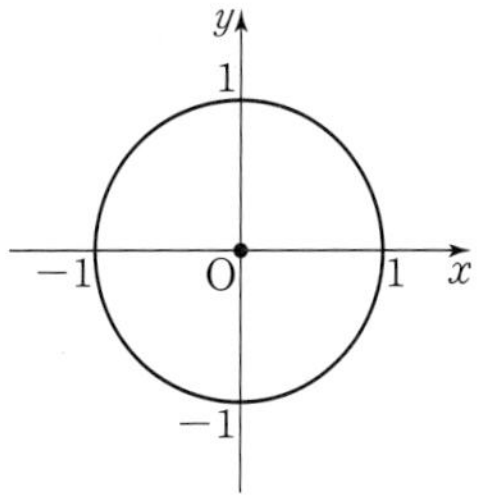

(2) 직선을 대략적으로 그리는 과정에서 교점의 개수가 명확하지 않은 경우가 있는지 찾아 쓰고, 그 해결책을 알아보시오.

|탐구하기 2|

01 친구들의 의견을 참고하여 원 $x^2+y^2=r^2$의 접선 중 기울기가 m인 접선의 방정식이 $y=mx\pm r\sqrt{m^2+1}$임을 확인하시오.

> 지선: 나는 판별식을 이용할 거야.
> 병제: 나는 점과 직선 사이의 거리를 이용할래.

(1) 지선이의 의견을 이용하여 접선의 방정식을 구하는 방법을 설명하시오.

(2) 병제의 의견을 이용하여 접선의 방정식을 구하는 방법을 설명하시오.

02 다음 원의 접선의 방정식을 구하시오.

(1) 원 $x^2+y^2=9$에 접하고 직선 $y=2x+8$과 평행한 직선

(2) 원 $x^2+y^2=4$에 접하고 직선 $y=-\frac{1}{5}x+2$에 수직인 직선

| 탐구하기 3 |

01 다음 물음에 따라 원 $x^2+y^2=r^2$ 위의 한 점 $\mathrm{P}(x_1,\ y_1)$에서의 접선의 방정식이 $x_1x+y_1y=r^2$임을 유도하시오.

(1) 원의 접선과 그 접점을 지나는 원의 반지름이 이루는 각의 크기를 구하시오.

(2) (1)을 이용하여 점 $\mathrm{P}(x_1,\ y_1)$에서의 접선의 기울기를 구하시오.

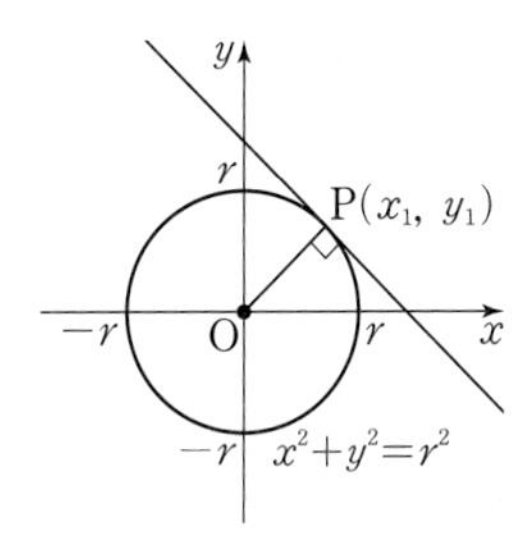

(3) (2)의 결과를 이용하여 접선의 방정식을 구하시오.

02 문제 **01**의 결과를 이용하여 점 $(-4,\ 0)$에서 원 $x^2+y^2=4$에 그은 접선의 방정식을 구하시오.

03 평행이동

| 탐구하기 1 |

01 좌표평면 위의 점을 평행이동하려 한다. 다음 물음에 답하시오.

(1) 좌표평면 위의 세 점 A(1, 3), B(−4, 1), C(−7, −1)을 원점 O에서 점 P(3, −2)의 방향으로 선분 OP의 길이만큼 이동한 후의 점을 각각 A′, B′, C′이라 할 때, 점 A′, B′, C′을 좌표평면에 표시하시오.

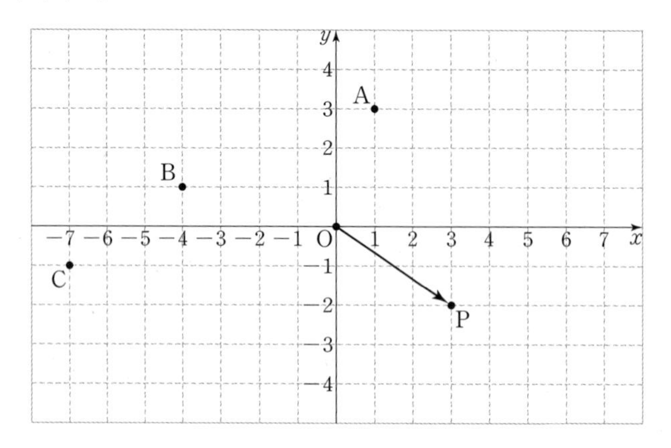

(2) 점 A′, B′, C′의 좌표를 쓰고, 각각 점 A, B, C의 좌표와 비교하여 알게 된 점을 설명하시오.

이동하기 전 점의 좌표	이동한 후 점의 좌표
A(1, 3)	A′(□, □)
B(−4, 1)	B′(□, □)
C(−7, −1)	C′(□, □)

(3) 좌표평면 위의 임의의 점 $(x,\ y)$를 x축의 방향으로 3만큼, y축의 방향으로 −2만큼 평행이동한 점의 좌표를 x, y에 대한 식으로 표현하시오.

02 좌표평면 위의 임의의 점 $(x,\ y)$를 x축의 방향으로 m만큼, y축의 방향으로 n만큼 평행이동한 점의 좌표를 x, y에 대한 식으로 표현하시오.

|탐구하기 2|

01 좌표평면 위에서 삼각형을 평행이동하려고 한다. 다음 물음에 답하시오.

(1) 세 점 $A(0, \sqrt{3})$, $B(-1, 0)$, $C(1, 0)$을 꼭짓점으로 하는 정삼각형 ABC를 x축의 방향으로 3만큼, y축의 방향으로 -2만큼 평행이동한 도형을 좌표평면에 그리시오.

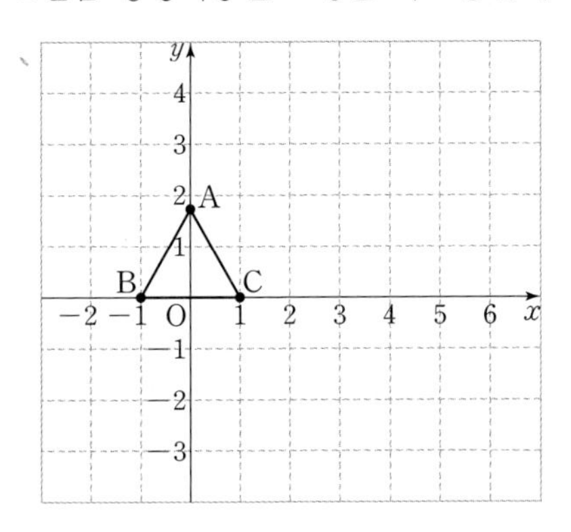

(2) (1)에서 정삼각형 ABC의 구성 요소(꼭짓점, 변) 중 무엇을 선택하여 어떤 방법으로 평행이동했는지 설명하시오.

(3) (2)에서 평행이동 전과 후의 두 정삼각형의 공통점과 차이점을 설명하시오.

02 좌표평면 위에서 원을 평행이동하려고 한다. 다음 물음에 답하시오.

(1) 원 $x^2+y^2=4$를 x축의 방향으로 3만큼, y축의 방향으로 -2만큼 평행이동하여 좌표평면에 그리고, 그 원의 방정식이 다음 둘 중 어느 것인지 찾아보시오.

$$(x+3)^2+(y-2)^2=4, \qquad (x-3)^2+(y+2)^2=4$$

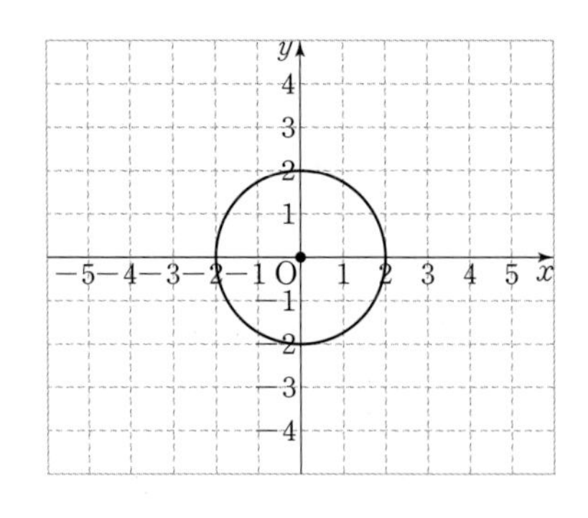

(2) 점을 평행이동할 때와 도형을 평행이동할 때의 차이점을 찾아보시오.

03 원의 방정식 $x^2+y^2=4$를 $x^2+y^2-4=0$으로 나타낼 수 있는 것처럼 방정식 $f(x, y)=0$은 일반적으로 좌표평면 위의 도형을 나타낸다. 좌표평면에서 방정식 $f(x, y)=0$이 나타내는 도형을 x축의 방향으로 a만큼, y축의 방향으로 b만큼 평행이동한 도형의 방정식을 구할 때, 다음 물음에 답하시오.

(1) 방정식 $f(x, y)=0$이 나타내는 도형 위의 점 $\mathrm{P}(x, y)$를 x축의 방향으로 a만큼, y축의 방향으로 b만큼 평행이동한 점을 $\mathrm{P}'(x', y')$이라 할 때, x', y'을 x, y, a, b로 나타내시오.

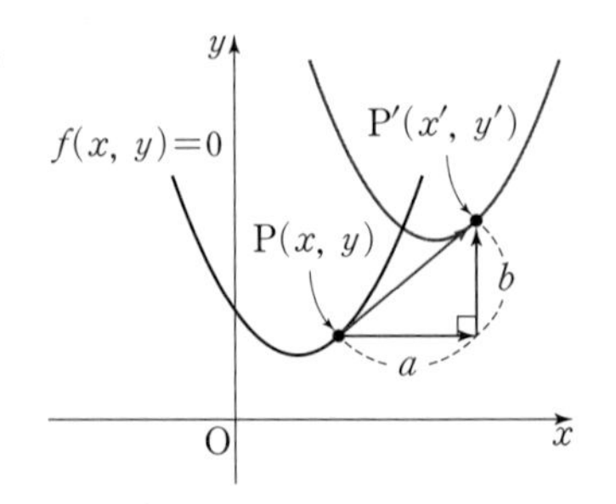

(2) $\mathrm{P}'(x', y')$이 움직이는 도형의 방정식이 $f(x-a, y-b)=0$임을 보이시오

04 대칭이동

|탐구하기 1|

01 좌표평면 위의 점을 대칭이동하려고 한다. 다음 물음에 답하시오.

(1) 점 A(3, 4)를 x축, y축, 원점에 대하여 대칭이동한 점을 각각 B, C, D라 할 때, 점 B, C, D를 좌표평면에 표시하시오.

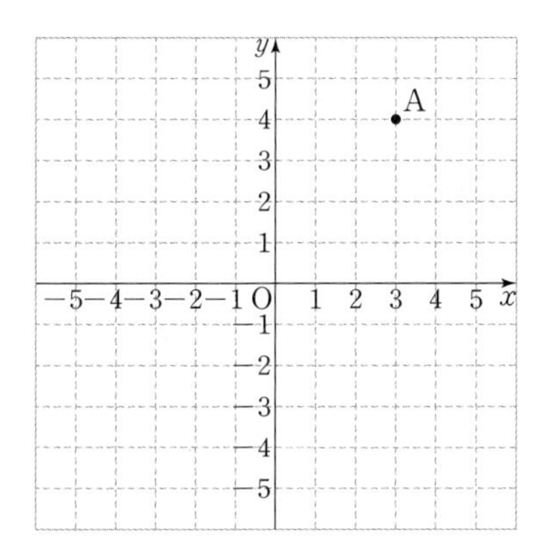

(2) 대칭이동한 점 B, C, D의 좌표를 쓰고, 대칭이동 전의 좌표와 대칭이동 후의 좌표를 비교하여 알게 된 점을 설명하시오.

대칭이동 전 좌표	대칭이동	대칭이동 후 좌표
A(3, 4)	x축 대칭이동	B(☐, ☐)
A(3, 4)	y축 대칭이동	C(☐, ☐)
A(3, 4)	원점 대칭이동	D(☐, ☐)

02 좌표평면 위의 점 $\mathrm{P}(x, y)$의 대칭이동을 알아보려고 한다. 다음 물음에 답하시오.

(1) 좌표평면 위의 점 $\mathrm{P}(x, y)$를 x축에 대하여 대칭이동한 점 Q의 좌표가 $(x, -y)$인 이유를 설명하시오.

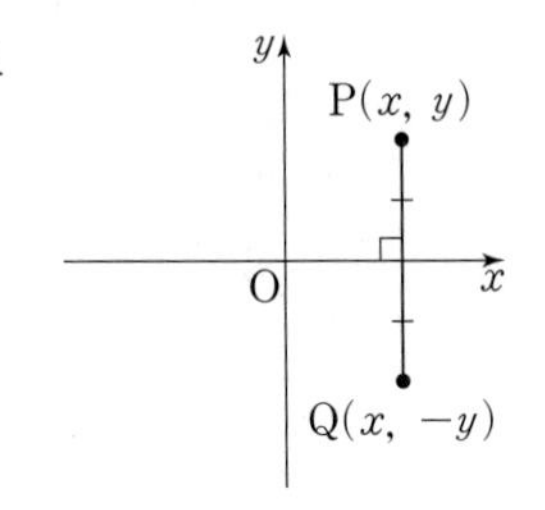

(2) 좌표평면 위의 점 $\mathrm{P}(x, y)$를 y축에 대하여 대칭이동한 점 R의 좌표가 $(-x, y)$인 이유를 설명하시오.

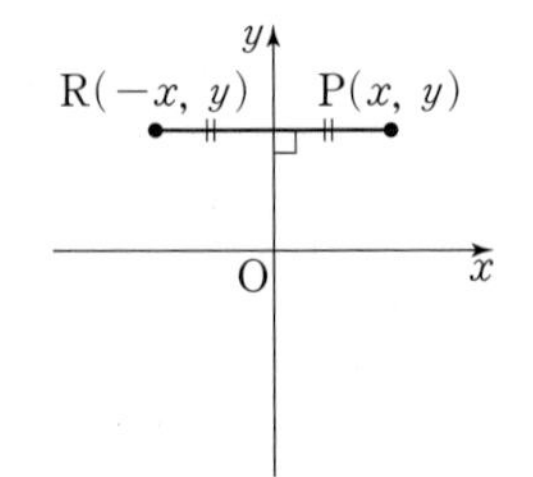

(3) 좌표평면 위의 점 $\mathrm{P}(x, y)$를 원점에 대하여 대칭이동한 점 S의 좌표가 $(-x, -y)$인 이유를 설명하시오.

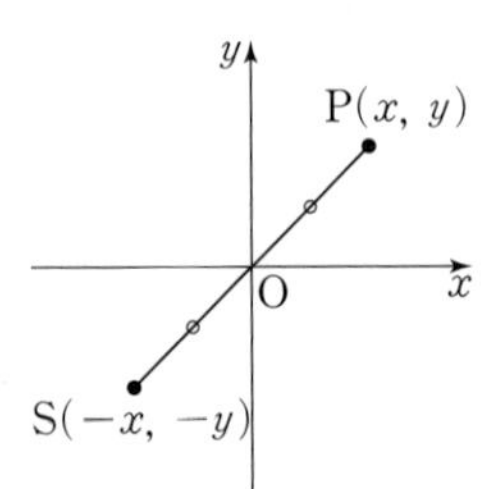

|탐구하기 2|

01 좌표평면 위의 포물선을 대칭이동하려고 한다. 다음 물음에 답하시오.

(1) 이차함수 $y=(x-3)^2+2$의 그래프를 x축, y축, 원점에 대하여 대칭이동한 그래프를 좌표평면에 그리시오.

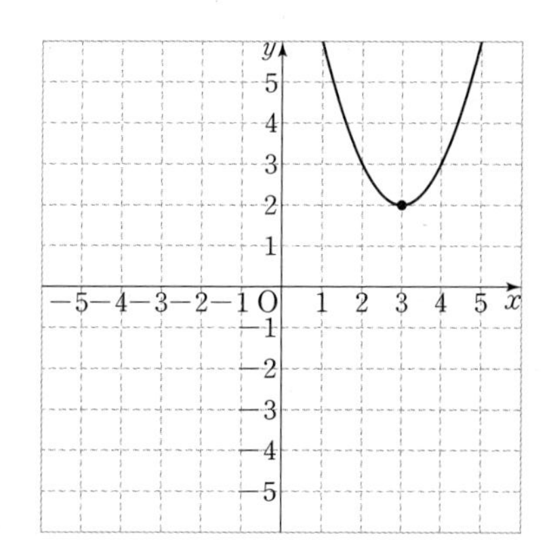

(2) 이차함수 $y=(x-3)^2+2$의 그래프를 x축, y축, 원점에 대하여 대칭이동한 포물선의 방정식을 쓰시오.

포물선의 방정식	$y=(x-3)^2+2$
x축에 대하여 대칭이동한 포물선의 방정식	
y축에 대하여 대칭이동한 포물선의 방정식	
원점에 대하여 대칭이동한 포물선의 방정식	

(3) 대칭이동한 포물선의 방정식에서 달라진 것을 찾아 **|탐구하기 1|**의 문제 **02**에서 찾은 점의 대칭이동과 비교하시오.

02 좌표평면에서 방정식 $f(x, y)=0$이 나타내는 도형을 x축, y축, 원점에 대하여 대칭이동한 도형의 방정식을 구하려고 한다. 다음 물음에 답하시오.

(1) 방정식 $f(x, y)=0$이 나타내는 도형 위의 점 $\mathrm{P}(x, y)$를 x축에 대하여 대칭이동한 점을 $\mathrm{P}'(x', y')$이라 할 때, x', y'을 x, y로 나타내시오.

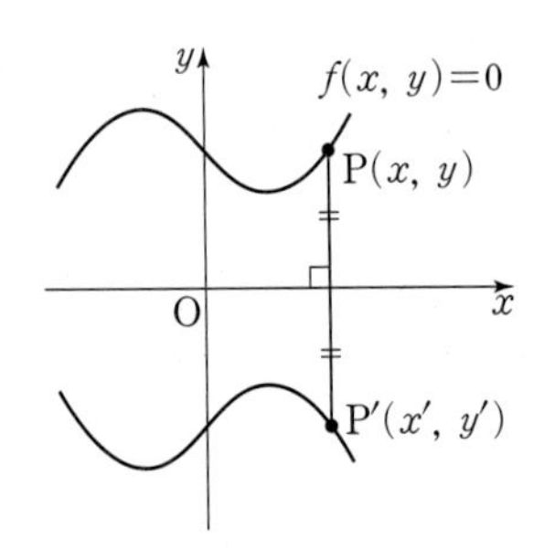

(2) $\mathrm{P}'(x', y')$이 움직이는 도형의 방정식은 $f(x, -y)=0$임을 보이시오.

(3) 방정식 $f(x, y)=0$이 나타내는 도형을 y축에 대하여 대칭이동한 도형의 방정식은 $f(-x, y)=0$임을 보이시오.

(4) 방정식 $f(x, y)=0$이 나타내는 도형을 원점에 대하여 대칭이동한 도형의 방정식은 $f(-x, -y)=0$임을 보이시오.

|탐구하기 3|

01 좌표평면 위의 점을 직선 $y=x$에 대하여 대칭이동하려고 한다. 다음 물음에 답하시오.

(1) 점 $\mathrm{A}(3,\ 4)$, $\mathrm{B}(-5,\ 1)$, $\mathrm{C}(2,\ -3)$을 직선 $y=x$에 대하여 대칭이동한 점을 각각 A', B', C'이라 할 때, 점 A', B', C'을 좌표평면에 표시하시오.

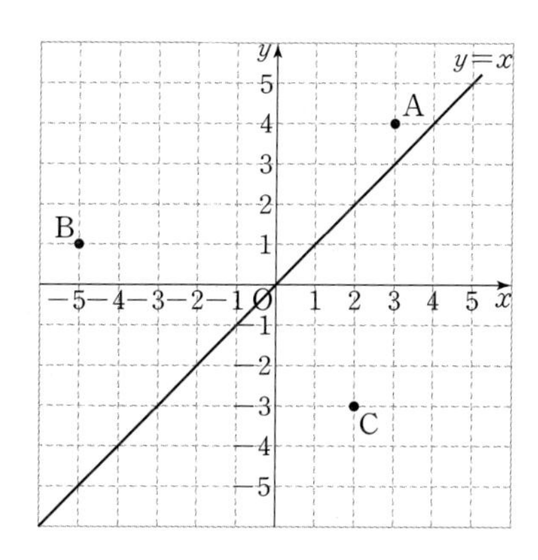

(2) 직선 $y=x$에 대하여 대칭이동한 점의 좌표를 쓰고, 대칭이동 전의 좌표와 비교하여 알게 된 점을 설명하시오.

대칭이동 전 좌표	대칭이동 후 좌표
$\mathrm{A}(3,\ 4)$	$\mathrm{A}'(\square,\ \square)$
$\mathrm{B}(-5,\ 1)$	$\mathrm{B}'(\square,\ \square)$
$\mathrm{C}(2,\ -3)$	$\mathrm{C}'(\square,\ \square)$

02 직선 $y=x$에 대한 점의 대칭이동을 일반화하려고 한다. 다음 물음에 답하시오.

(1) 두 점 A, A′이 직선 l에 대하여 대칭일 때, 그림을 통해 발견할 수 있는 성질을 모두 찾아 쓰시오.

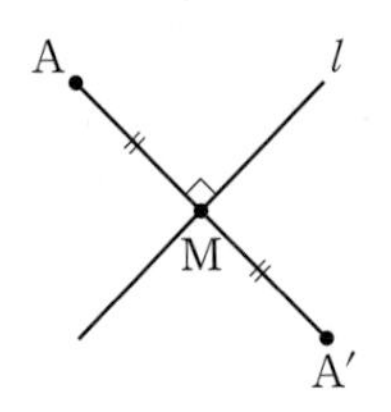

(2) 그림과 같이 점 $\mathrm{P}(x,\ y)$를 직선 $y=x$에 대하여 대칭이동한 점을 $\mathrm{P}'(x',\ y')$이라 할 때, 직선 $y=x$가 선분 PP′의 수직이등분선임을 이용하여 점 P′의 좌표가 $(y,\ x)$임을 보이시오.

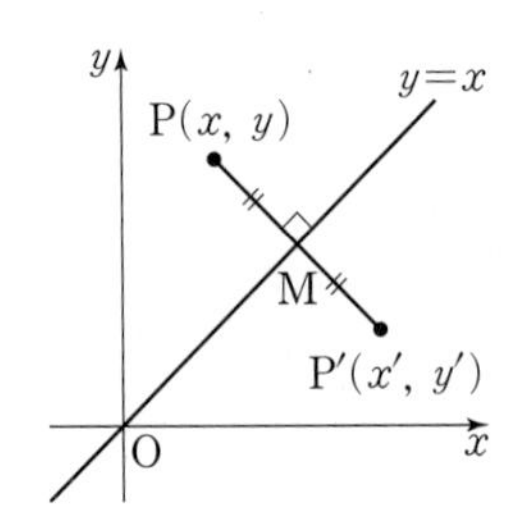

|탐구하기 4|

01 좌표평면 위의 원을 직선 $y=x$에 대하여 대칭이동하려고 한다. 다음 물음에 답하시오.

(1) 두 원 $(x-5)^2+(y-2)^2=1$과 $(x-4)^2+(y+3)^2=4$를 각각 직선 $y=x$에 대하여 대칭이동한 원을 좌표평면에 그리시오.

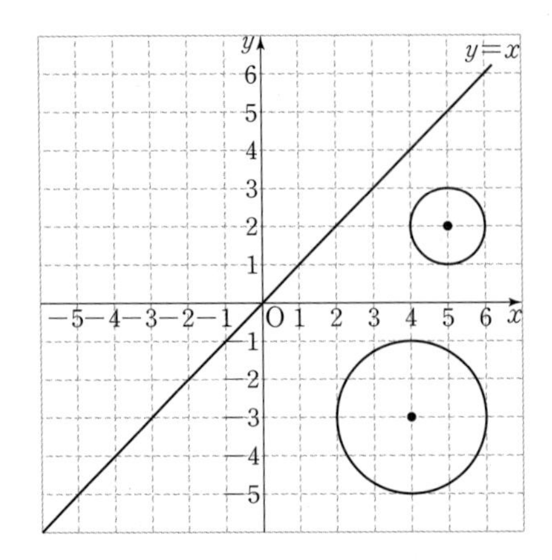

(2) 두 원 $(x-5)^2+(y-2)^2=1$과 $(x-4)^2+(y+3)^2=4$의 그래프를 각각 직선 $y=x$에 대하여 대칭이동한 원의 방정식을 쓰시오.

원의 방정식	직선 $y=x$에 대하여 대칭이동한 원의 방정식
$(x-5)^2+(y-2)^2=1$	
$(x-4)^2+(y+3)^2=4$	

(3) 대칭이동한 원의 방정식에서 달라진 것을 찾아 **|탐구하기 3|**의 문제 **02**에서 찾은 점의 이동과 비교하시오.

02 좌표평면에서 방정식 $f(x, y)=0$이 나타내는 도형을 직선 $y=x$에 대하여 대칭이동한 도형의 방정식을 구하려고 한다. 다음 물음에 답하시오.

(1) 방정식 $f(x, y)=0$이 나타내는 도형 위의 점 $\mathrm{P}(x, y)$를 직선 $y=x$에 대하여 대칭이동한 점을 $\mathrm{P}(x', y')$이라 할 때, x', y'을 x, y로 나타내시오.

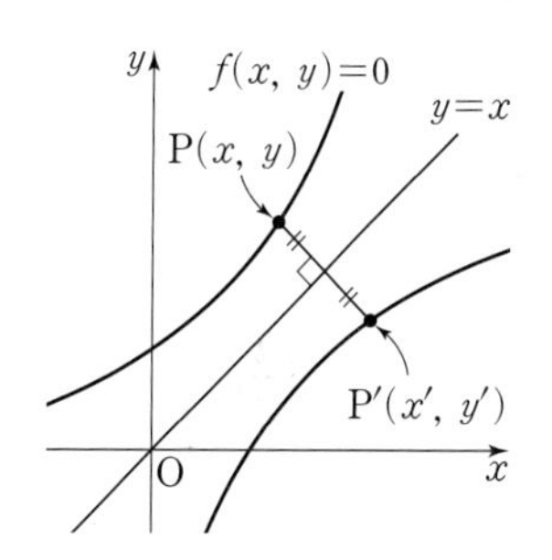

(2) $\mathrm{P}(x', y')$이 움직이는 도형의 방정식은 $f(y, x)=0$임을 보이시오.

개념정리노트

원의 방정식

- 중심의 좌표가 $(a,\ b)$이고 반지름의 길이가 r인 원의 방정식은

  $(x-a)^2+(y-b)^2=r^2$

  특히, 중심이 원점이고 반지름의 길이가 r인 원의 방정식은

  $x^2+y^2=r^2$

- $x,\ y$에 대한 이차방정식

  $x^2+y^2+Ax+By+C=0$ (단, $A^2+B^2-4C>0$)

  이 나타내는 도형은

  중심의 좌표가 $\left(-\dfrac{A}{2},\ -\dfrac{B}{2}\right)$, 반지름의 길이가 $\dfrac{\sqrt{A^2+B^2-4C}}{2}$인 원이다.

원과 직선의 위치 관계

- 원의 방정식 $x^2+y^2=r^2$에 직선의 방정식 $y=mx+n$을 대입하여 얻은 x에 대한 이차방정식 $(1+m^2)x^2+2mnx+n^2-r^2=0$의 판별식을 D라 하면, D의 값의 부호에 따라 원과 직선의 위치 관계는 다음과 같다.

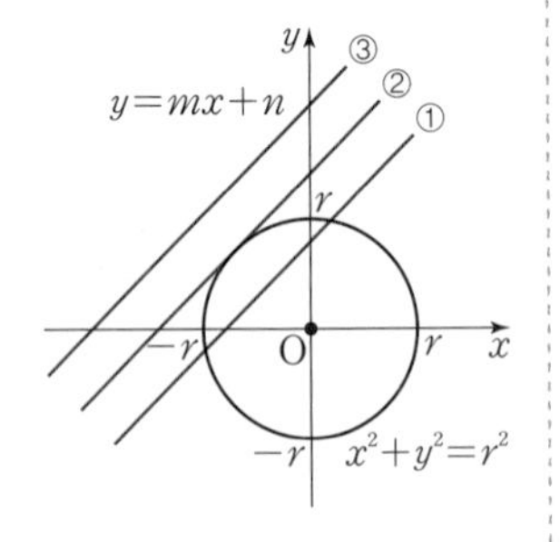

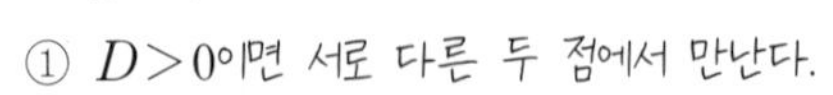

  ① $D>0$이면 서로 다른 두 점에서 만난다.

  ② $D=0$이면 한 점에서 만난다(접한다).

  ③ $D<0$이면 만나지 않는다.

원과 접선의 방정식

- 원 $x^2+y^2=r^2$에 접하고 기울기가 m인 접선의 방정식은

  $y=mx\pm r\sqrt{m^2+1}$

- 원 $x^2+y^2=r^2$ 위의 점 $\mathrm{P}(x_1,\ y_1)$에서의 접선의 방정식은

  $x_1x+y_1y=r^2$

점의 평행이동

- 좌표평면 위의 점 (x, y)를 x축의 방향으로 a만큼, y축의 방향으로 b만큼 평행이동한 점의 좌표는

$$(x+a, y+b)$$

도형의 평행이동

- 방정식 $f(x, y)=0$이 나타내는 도형을 x축의 방향으로 a만큼, y축의 방향으로 b만큼 평행이동한 도형의 방정식은

$$f(x-a, y-b)=0$$

점의 대칭이동

- 좌표평면 위의 점 (x, y)를
  ① x축에 대하여 대칭이동한 점의 좌표는 $(x, -y)$
  ② y축에 대하여 대칭이동한 점의 좌표는 $(-x, y)$
  ③ 원점에 대하여 대칭이동한 점의 좌표는 $(-x, -y)$
  ④ 직선 $y=x$에 대하여 대칭이동한 점의 좌표는 (y, x)

도형의 대칭이동

- 방정식 $f(x, y)=0$이 나타내는 도형을
  ① x축에 대하여 대칭이동한 도형의 방정식은 $f(x, -y)=0$
  ② y축에 대하여 대칭이동한 도형의 방정식은 $f(-x, y)=0$
  ③ 원점에 대하여 대칭이동한 도형의 방정식은 $f(-x, -y)=0$
  ④ 직선 $y=x$에 대하여 대칭이동한 도형의 방정식은 $f(y, x)=0$

개념과 문제의 연결

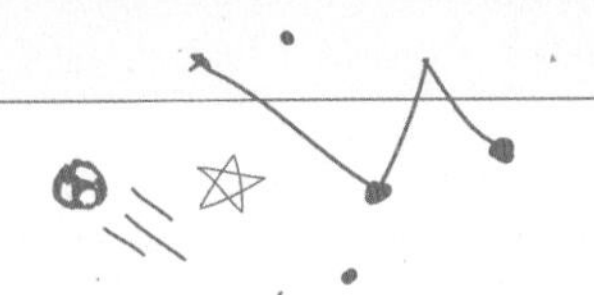

1 주어진 문제를 보고 다음 물음에 답하시오.

대표 문항

그림과 같이 좌표평면에서 세 점 O(0, 0), A(4, 0), B(0, 3)을 꼭짓점으로 하는 삼각형 OAB를 평행이동한 도형을 삼각형 O′A′B′이라 하고 A′(9, 3)일 때, 삼각형 O′A′B′의 무게중심의 좌표를 구하시오.

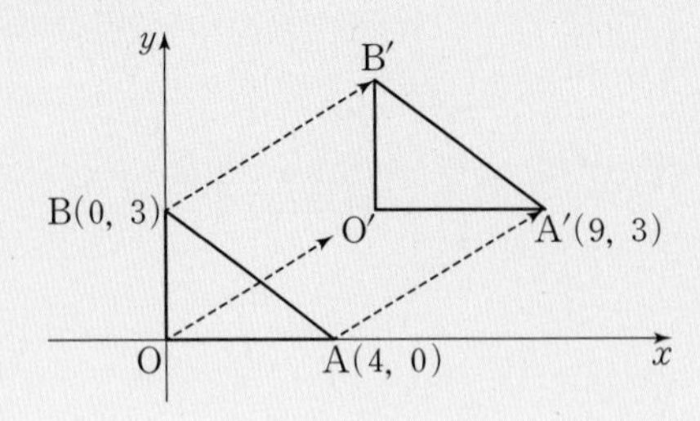

(1) △O′A′B′은 △OAB를 어떻게 평행이동한 것인지 쓰시오.

(2) 삼각형 O′A′B′의 무게중심을 구할 수 있는 전략을 설명하시오.

(3) 세 점 A(x_1, y_1), B(x_2, y_2), C(x_3, y_3)을 꼭짓점으로 하는 삼각형 ABC의 무게중심의 좌표를 구하는 공식을 쓰시오.

2 문제 1을 통하여 알게 된 내용으로 빈칸을 채워 다음 풀이를 완성하시오.

대표 문항

그림과 같이 좌표평면에서 세 점 O(0, 0), A(4, 0), B(0, 3)을 꼭짓점으로 하는 삼각형 OAB를 평행이동한 도형을 삼각형 O′A′B′이라 하고 A′(9, 3)일 때, 삼각형 O′A′B′의 무게중심의 좌표를 구하시오.

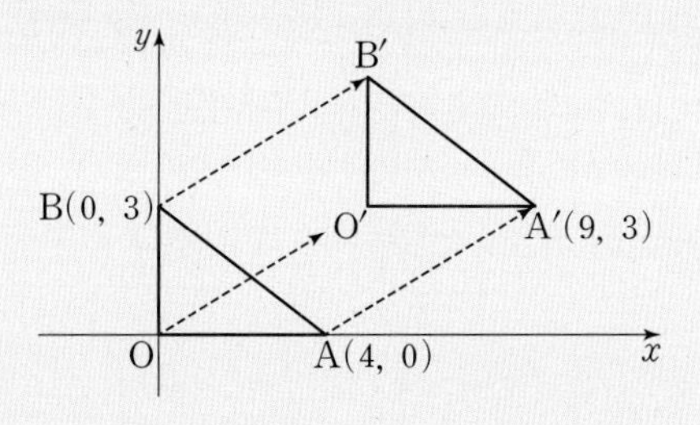

점 A(4, 0)이 A′(9, 3)으로 평행이동했으므로 삼각형 OAB를 x축의 방향으로 □만큼, y축의 방향으로 □만큼 평행이동한 도형이 삼각형 O′A′B′이다.

삼각형 O′A′B′의 무게중심을 구하기 위해 평행이동을 이용하여 세 점 O′, A′, B′의 좌표를 구한다.

세 점 O(0, 0), A(4, 0), B(0, 3)을 각각 x축의 방향으로 □만큼, y축의 방향으로 □만큼 평행이동하면 O′(□, □), A′(□, □), B′(□, □)이고, 삼각형 O′A′B′의 무게중심을 G라 하면

□, □

이므로 G(□, □)이다.

개념과 문제의 연결

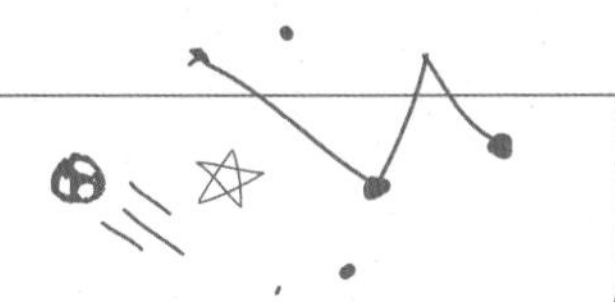

3 주어진 문제를 보고 다음 물음에 답하시오.

대표 문항

그림과 같이 중심이 제1사분면 위에 있고 x축과 점 P에서 접하며 y축과 두 점 Q, R에서 만나는 원이 있다. 점 P를 지나고 기울기가 2인 직선이 원과 만나는 점 중 P가 아닌 점 S에 대하여 $\overline{QR}=\overline{PS}=4$일 때, 이 원의 중심의 좌표를 구하시오.

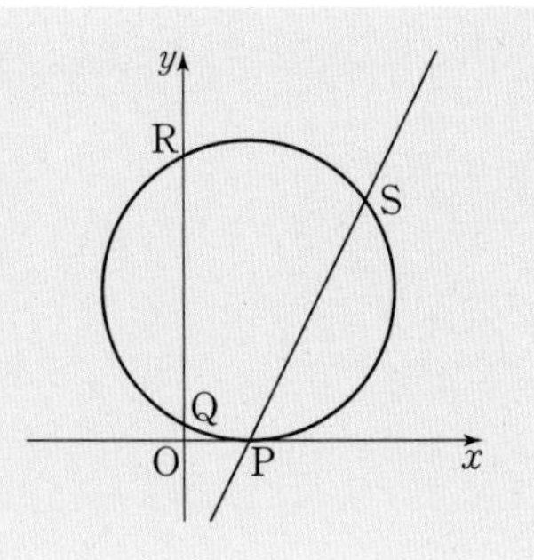

(1) 원이 x축에 접한다는 조건에서 알 수 있는 사실을 이용하여 중심의 좌표가 (a, b)인 원의 방정식을 구하시오.

(2) 원의 현에 대한 성질을 쓰시오.

(3) 점 (x_1, y_1)과 직선 $ax+by+c=0$ 사이의 거리를 구하는 공식을 쓰시오.

4 문제 **3**을 통하여 알게 된 내용으로 빈칸을 채워 다음 풀이를 완성하시오.

대표 문항

그림과 같이 중심이 제1사분면 위에 있고 x축과 점 P에서 접하며 y축과 두 점 Q, R에서 만나는 원이 있다. 점 P를 지나고 기울기가 2인 직선이 원과 만나는 점 중 P가 아닌 점 S에 대하여 $\overline{\mathrm{QR}}=\overline{\mathrm{PS}}=4$일 때, 이 원의 중심의 좌표를 구하시오.

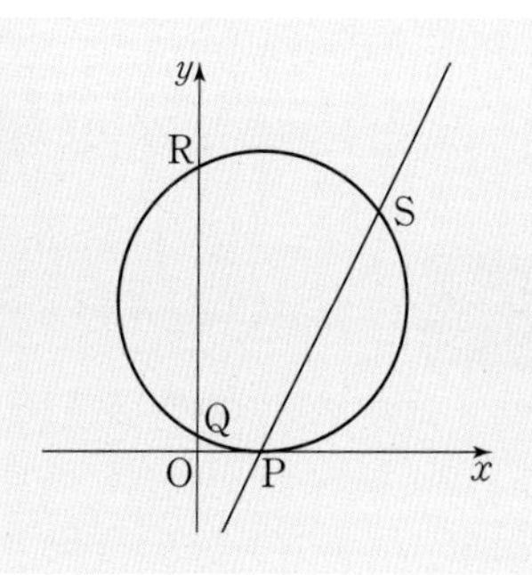

개념 연결

원의 중심을 $\mathrm{C}(a,\ b)$라 하면 $a>0,\ b>0$이다.

원이 x축에 접할 때 원의 반지름의 길이는 원의 중심의 □의 절댓값과 같다.

그런데 $b>0$이므로 이 원의 반지름의 길이는 □이다.

따라서 원의 방정식은 □이다.

이때, 접점 P의 좌표는 $(a,\ 0)$이다.

따라서 점 $\mathrm{P}(a,\ 0)$을 지나고 기울기가 2인 직선 PS의 방정식은

□

$\overline{\mathrm{QR}}=\overline{\mathrm{PS}}=4$, 즉 두 현 PS, QR의 길이가 같으므로 원의 중심 C에서 두 현까지의 거리는 같다.

원의 중심 C에서 두 현 PS, QR에 내린 수선의 발을 각각 $\mathrm{H_1}$, $\mathrm{H_2}$라 하면

$\overline{\mathrm{CH_1}}=\overline{\mathrm{CH_2}}=$□

점 $\mathrm{C}(a,\ b)$와 직선 PS 사이의 거리는

$\dfrac{|2a-b-2a|}{\sqrt{4+1}}=a$에서 $b=$□

$\overline{\mathrm{QR}}=4$이므로 $\overline{\mathrm{RH_2}}=$□이고, $\overline{\mathrm{CH_2}}=$□, $\overline{\mathrm{CR}}=b=$□이므로 피타고라스 정리를 이용하면

□

에서 $a=$□이고 $b=$□이다.

따라서 원의 중심의 좌표는 □이다.

개념과 문제의 연결

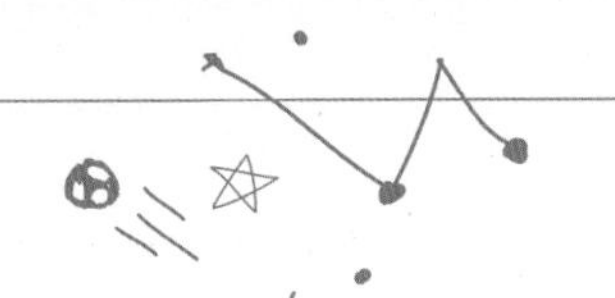

5 주어진 문제를 보고 다음 물음에 답하시오.

대표 문항

직선 $y=x+k\,(k>0)$ 위의 한 점 A를 원점에 대하여 대칭이동한 점을 B라 하고, 점 B를 직선 $y=x$에 대하여 대칭이동한 점을 C라 하자. 삼각형 ABC의 넓이가 7일 때, 상수 k의 값을 구하시오. (단, 점 A의 x좌표와 y좌표는 자연수이다.)

(1) 점 $(a,\ b)$를 원점에 대하여 대칭이동한 점의 좌표를 구하고 그 이유를 설명하시오.

(2) 점 $(a,\ b)$를 직선 $y=x$에 대하여 대칭이동한 점의 좌표를 구하고 그 이유를 설명하시오.

(3) 삼각형 ABC의 모양을 추측하시오.

6 문제 **5**를 통하여 알게 된 내용으로 빈칸을 채워 다음 풀이를 완성하시오.

대표 문항

직선 $y=x+k\,(k>0)$ 위의 한 점 A를 원점에 대하여 대칭이동한 점을 B라 하고, 점 B를 직선 $y=x$에 대하여 대칭이동한 점을 C라 하자. 삼각형 ABC의 넓이가 7일 때, 상수 k의 값을 구하시오. (단, 점 A의 x좌표와 y좌표는 자연수이다.)

개념 연결

점 A의 좌표를 $(a,\ b)$라 하면 a는 자연수이고, $b=$ ☐ 를 만족한다.

점 A를 원점에 대하여 대칭이동한 점 B의 좌표는 (☐, ☐)이고, 점 B를 직선 $y=x$에 대하여 대칭이동한 점 C의 좌표는 (☐, ☐)이다.

이때 직선 AC의 기울기는

☐

이고, 직선 BC의 기울기는

☐

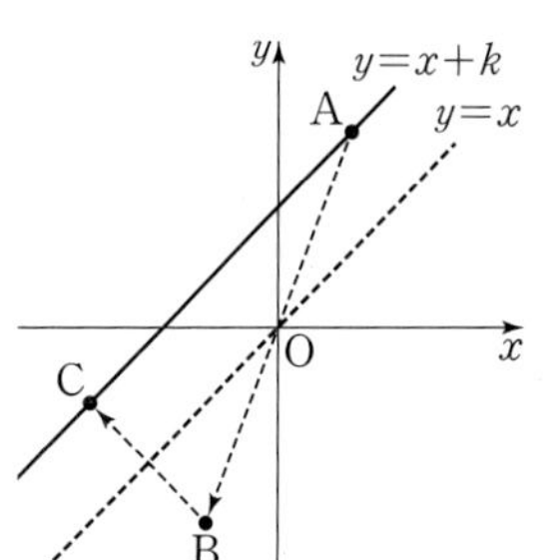

이므로 두 직선 AC와 BC는 서로 ☐ 이다.

따라서 삼각형 ABC는 ☐ 삼각형이다.

$\overline{\text{AC}}=$ ☐

$\overline{\text{BC}}=$ ☐

그런데 $b=$ ☐ 이고 $k>0$이므로 ☐

$\therefore\ \overline{\text{BC}}=$ ☐

$\triangle$ABC의 넓이는

$\triangle\text{ABC}=\frac{1}{2}\times\overline{\text{AC}}\times\overline{\text{BC}}=\frac{1}{2}\times$ ☐ $\times$ ☐

$=$ ☐ $=7$

$a,\ b$는 자연수이고 $a+b>b-a$이므로

$a+b=$ ☐, $b-a=$ ☐

따라서 $k=$ ☐ $=$ ☐

중단원 연습문제 2. 원의 방정식과 도형의 이동

01

다음 원의 중심의 좌표와 반지름의 길이를 구하시오.

(1) $(x-2)^2+(y-1)^2=4$

(2) $(x+3)^2+(y-4)^2=9$

(3) $x^2+y^2+10x+8y+25=0$

(4) $x^2+y^2-6x+4y+10=0$

02

다음 원의 접선의 방정식을 구하시오.

(1) 원 $x^2+y^2=9$ 위의 점 $(-2, \sqrt{5})$에서의 접선의 방정식

(2) 원 $x^2+y^2=4$ 위의 점 $(-1, \sqrt{3})$에서의 접선의 방정식

03

좌표평면 위의 점 $(-2, 1)$에서 원 $x^2+y^2=4$에 그은 접선의 방정식을 구하시오.

04

두 점 $\mathrm{A}(-1, 2)$, $\mathrm{B}(4, 7)$을 지나고 중심이 직선 $y=x$ 위에 있는 원의 방정식을 구하시오.

05

세 점 $O(0, 0)$, $A(2, 0)$, $B(0, 4)$를 지나는 원의 방정식을 다음 방법을 이용하여 구하시오.

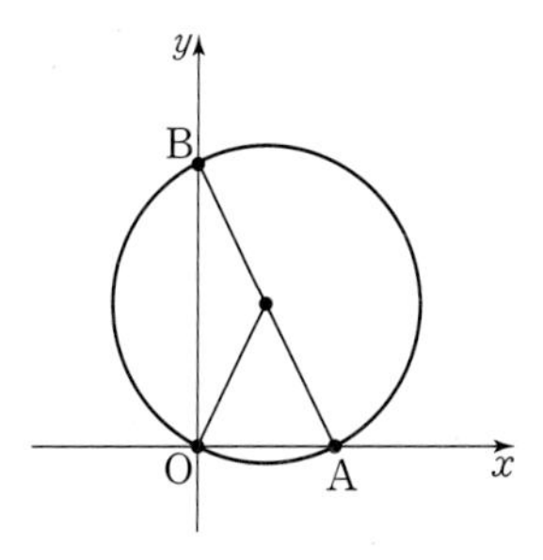

(1) 반지름의 길이가 같음을 이용하는 방법

(2) 직각삼각형의 외심은 빗변의 중점에 있음을 이용하는 방법

(3) 원의 방정식 $x^2+y^2+ax+by+c=0$에 대입하는 방법

06

직선 $3x+4y+2=0$이 원 $(x-1)^2+y^2=r^2$에 접할 때, 양수 r의 값을 구하시오.

07

직선 $y=3x+2$와 평행하고 원 $x^2+y^2=1$에 접하는 직선의 y절편을 k라 할 때, k^2의 값을 구하시오.

08

원점에서 원 $(x+2)^2+(y-3)^2=2$에 그은 두 접선의 기울기의 곱을 구하시오.

10

좌표평면 위의 점 $\mathrm{A}(-4, 3)$을 x축의 방향으로 a만큼, y축의 방향으로 b만큼 평행이동한 점의 좌표가 $(1, 5)$일 때, 두 실수 a, b의 값을 구하시오.

09

좌표평면에서 원 $x^2+y^2-4x-2y-4=0$과 직선 $y=2x+2$가 두 점 A, B에서 만난다. 선분 AB의 길이를 구하시오.

11

좌표평면 위의 점 $(1, a)$를 직선 $y=x$에 대하여 대칭이동한 점을 A라 하자. 점 A를 x축에 대하여 대칭이동한 점의 좌표가 $(2, b)$일 때, 두 실수 a, b의 합 $a+b$의 값을 구하시오.

12

다음 방정식이 나타내는 도형을 x축의 방향으로 2만큼, y축의 방향으로 3만큼 평행이동한 도형의 방정식을 구하시오.

(1) $y=2x-3$

(2) $y=x^2+2x-3$

(3) $(x+1)^2+(y-2)^2=9$

13

다음 방정식이 나타내는 도형을 x축에 대하여 대칭이동한 도형의 방정식을 구하시오.

(1) $3x-2y+5=0$

(2) $y=(x-3)^2+2$

(3) $x^2+y^2+2x-4y+1=0$

14

직선 $y=kx+1$을 x축의 방향으로 2만큼, y축의 방향으로 -3만큼 평행이동시킨 직선이 원 $(x-3)^2+(y-2)^2=1$의 중심을 지날 때, 상수 k의 값을 구하시오.

15

두 양수 m, n에 대하여 좌표평면 위의 점 $\mathrm{A}(-2, 1)$을 x축의 방향으로 m만큼 평행이동한 점을 B라 하고, 점 B를 y축의 방향으로 n만큼 평행이동한 점을 C라 하자. 세 점 A, B, C를 지나는 원의 중심의 좌표가 $(3, 2)$일 때, mn의 값을 구하시오.

대단원 연습문제

01

세 점 $A(4, -1)$, $B(0, 3)$, $C(2, 0)$에서 같은 거리에 있는 점 P의 좌표를 구하시오.

02

좌표평면 위의 두 점 $A(1, 4)$, $B(x, x+1)$에 대하여 $\overline{AB} \leq \sqrt{34}$를 만족시키는 정수 x의 개수를 구하시오.

03

좌표평면 위에 세 점 $O(0, 0)$, $A(2, 2)$, $B(3, 0)$이 있다. 선분 OB 위의 점 C와 선분 AC 위의 점 D에 대하여 4개의 삼각형 ODA, OCD, ADB, BDC의 넓이가 모두 같을 때, 점 D의 x좌표와 y좌표의 합을 구하시오.

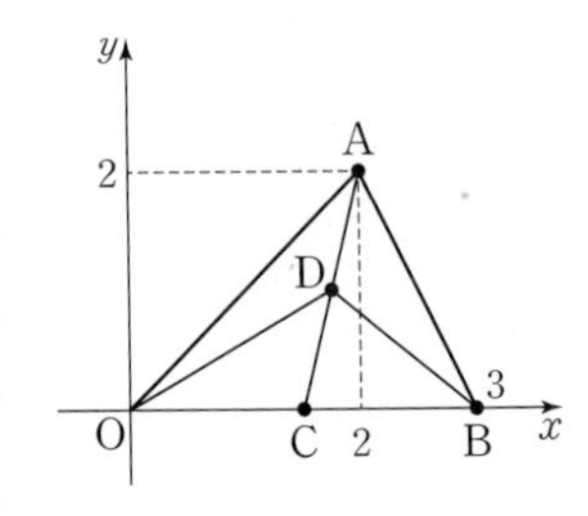

04

수직선 위의 두 점 A, B에 대하여 선분 AB를 $2:1$로 내분하는 점이 $P(3)$, 선분 AB를 $2:1$로 외분하는 점이 $Q(7)$이다. 선분 PQ의 중점을 M이라 할 때, 선분 AM의 길이를 구하시오.

05

좌표평면 위의 두 점 $\mathrm{A}(-2,\ 5)$, $\mathrm{B}(6,\ -3)$에 대하여 선분 AB를 $t:(1-t)$로 내분하는 점이 제1사분면 위에 있을 때, 실수 t의 값의 범위를 구하시오.

06

수직선 위의 두 점 $\mathrm{A}(3)$, $\mathrm{B}(x)$에 대하여 선분 AB를 $1:4$로 외분하는 점 P의 좌표가 $\mathrm{P}(1)$일 때, 실수 x의 값을 구하시오.

07

좌표평면 위의 두 점 $\mathrm{A}(1,\ 5)$, $\mathrm{B}(6,\ 0)$에 대하여 선분 AB를 $3:2$로 내분하는 점을 P, $3:2$로 외분하는 점을 Q라 한다. 원점 O에 대하여 삼각형 OPQ의 무게중심의 좌표를 구하시오.

08

수직선 위의 두 점 $\mathrm{A}(x)$, $\mathrm{B}(5)$에 대하여 선분 AB를 $2:1$로 내분하는 점을 P, 선분 AB를 $1:2$로 외분하는 점을 Q라 한다. 선분 PQ의 중점의 좌표가 -2일 때, 실수 x의 값을 구하시오.

09

두 점 $(-1,\ 2)$, $(3,\ -8)$을 지나는 직선의 x절편을 구하시오.

10

직선 $ax+by+c=0$에 대한 다음 설명 중 옳은 것을 모두 고르시오.

보기

ㄱ. $ab<0$, $bc=0$이면 제1, 3사분면을 지난다.
ㄴ. $ab<0$, $bc>0$이면 제1, 3, 4사분면을 지난다.
ㄷ. $ac>0$, $bc>0$이면 제1, 2, 3사분면을 지난다.

11

세 점 $A(-1, 3)$, $B(0, 6)$, $C(8, 0)$을 꼭짓점으로 하는 삼각형 ABC에서 점 A를 지나고, 삼각형 ABC의 넓이를 이등분하는 직선의 방정식을 구하시오.

12

직선 $3x+4y-1=0$에 수직이고 점 $(0, 1)$에서의 거리가 2인 직선의 방정식을 구하시오.

13

세 점 $O(0, 0)$, $A(5, 7)$, $B(a, 3)$을 꼭짓점으로 하는 삼각형 OAB의 넓이가 $\frac{41}{2}$일 때, 양수 a의 값을 구하시오.

14

원 $(x-2)^2+(y+3)^2=4$와 직선 $y=3x-k$가 만나지 않도록 하는 실수 k의 값의 범위를 구하시오.

15

좌표평면 위의 세 점 $O(0, 0)$, $A(6, 0)$, $B(0, -2)$를 지나는 원의 중심의 좌표를 (p, q)라 할 때, 두 실수 p, q의 합 $p+q$의 값을 구하시오.

16

좌표평면 위의 점 $(-1, -2)$에서 원 $x^2+y^2=1$에 그은 두 접선의 x절편을 a, b라 할 때, $a+b$의 값을 구하시오.

17

좌표평면에서 점 $A(4, 3)$과 원 $x^2+y^2=16$ 위의 점 P에 대하여 $\overline{AP}$의 길이의 최솟값과 최댓값의 합을 구하시오.

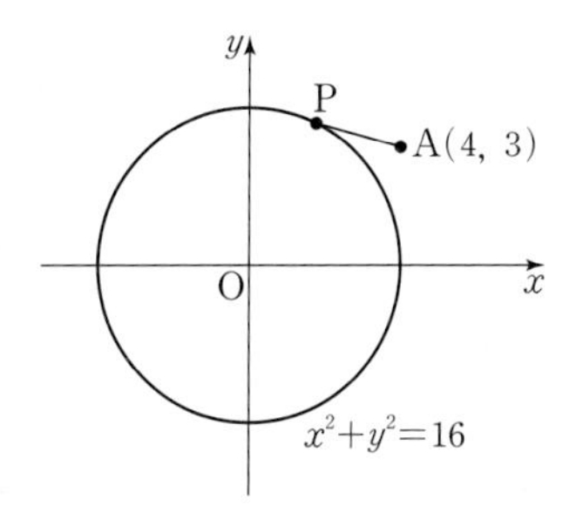

18

직선 $y=2x+1$ 위의 점을 중심으로 하고, x축과 y축에 동시에 접하는 원의 개수는 2이다. 두 원의 중심을 각각 A, B라 할 때, $\overline{\mathrm{AB}}^2$의 값을 구하시오.

19

그림과 같이 좌표평면에 원 $C: x^2+y^2=4$와 점 $\mathrm{A}(-2, 0)$이 있다. 원 C 위의 제1사분면 위의 점 P에서의 접선이 x축과 만나는 점을 B, 점 P에서 x축에 내린 수선의 발을 H라 한다. $3\overline{\mathrm{AH}}=\overline{\mathrm{HB}}$일 때, $\triangle\mathrm{PAB}$의 넓이를 구하시오.

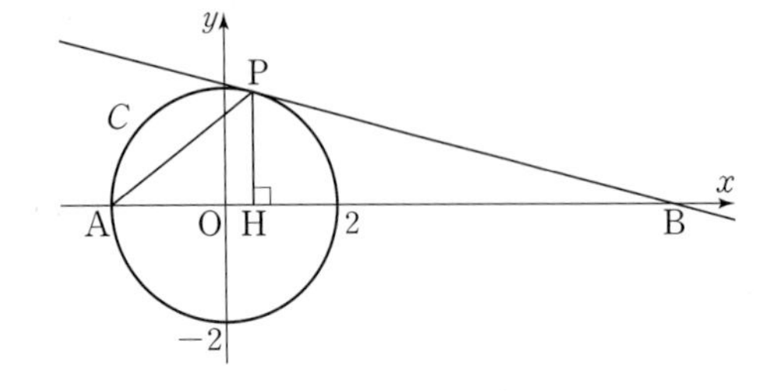

20

좌표평면에서 직선 $3x+4y+17=0$을 x축의 방향으로 n만큼 평행이동한 직선이 $x^2+y^2=1$에 접할 때, 자연수 n의 값을 구하시오.

21

좌표평면 위의 점 $(3, 2)$를 직선 $y=x$에 대하여 대칭이동한 점을 A, 점 A를 원점에 대하여 대칭이동한 점을 B라 할 때, 선분 AB의 길이를 구하시오.

22

점 $\mathrm{A}(4, -3)$을 지나는 직선 l을 직선 $y=x$에 대하여 대칭이동한 다음 원점에 대하여 대칭이동했더니 점 A를 지나는 직선이 되었다. 이때 직선 l의 기울기를 구하시오.

23

점 $A(3,\ 1)$을 x축에 대하여 대칭이동한 점을 B, 직선 $y=x$에 대하여 대칭이동한 점을 C라 할 때, 세 점 A, B, C를 꼭짓점으로 하는 삼각형 ABC의 넓이를 구하시오.

24

좌표평면 위에 두 점 $A(2,\ 4)$, $B(6,\ 6)$이 있다. 점 A를 직선 $y=x$에 대하여 대칭이동한 점을 A′이라 하고 점 $C(0,\ k)$가 다음 조건을 만족시킬 때, 실수 k의 값을 구하시오.

(가) $0<k<3$
(나) 삼각형 A′BC의 넓이는 삼각형 ACB의 넓이의 2배이다.

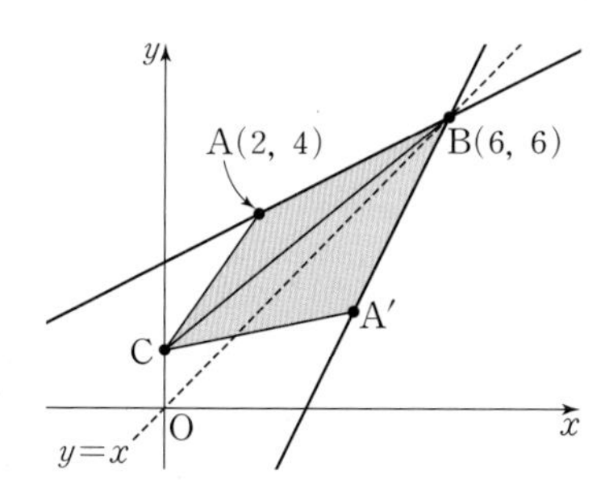

25

그림과 같이 좌표평면에서 원 C_1: $x^2+y^2=4$를 x축의 방향으로 4만큼, y축의 방향으로 -3만큼 평행이동한 원을 C_2라 하고, 원 C_1과 직선 $4x-3y-6=0$이 만나는 두 점 A, B를 x축의 방향으로 4만큼, y축의 방향으로 -3만큼 평행이동한 점을 각각 C, D라 할 때, 선분 AC, 선분 BD, 호 AB 및 호 CD로 둘러싸인 색칠된 부분의 넓이를 구하시오.

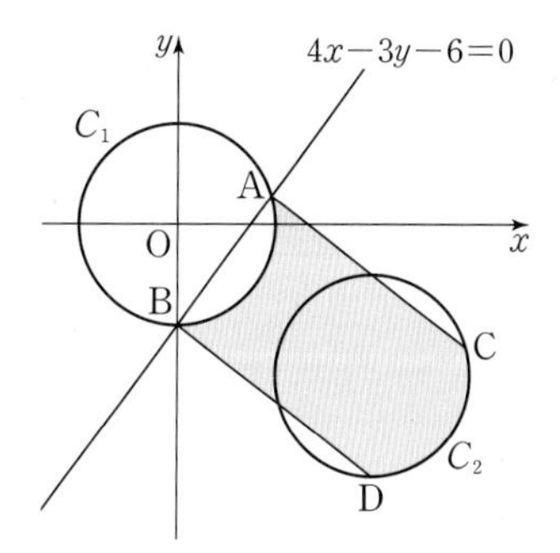

중·고 수학 개념연결 지도

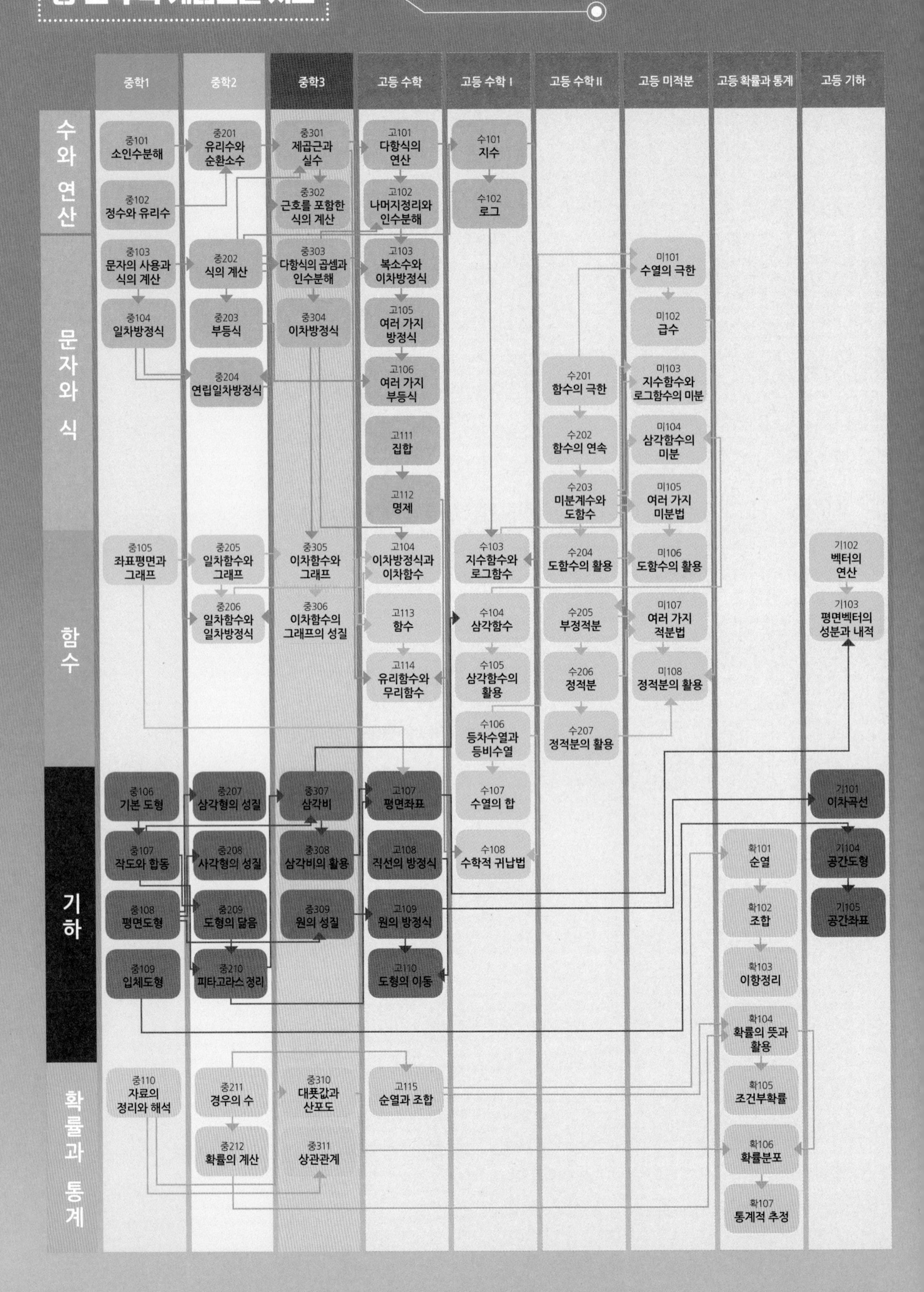

중학1
중학2
중학3
고등 수학
고등 수학 I
고등 수학 II
고등 미적분
고등 확률과 통계
고등 기하
수와 연산
문자와 식
함수
기하
확률과 통계
중101 소인수분해
중102 정수와 유리수
중103 문자의 사용과 식의 계산
중104 일차방정식
중105 좌표평면과 그래프
중106 기본 도형
중107 작도와 합동
중108 평면도형
중109 입체도형
중110 자료의 정리와 해석
중201 유리수와 순환소수
중202 식의 계산
중203 부등식
중204 연립일차방정식
중205 일차함수와 그래프
중206 일차함수와 일차방정식
중207 삼각형의 성질
중208 사각형의 성질
중209 도형의 닮음
중210 피타고라스 정리
중211 경우의 수
중212 확률의 계산
중301 제곱근과 실수
중302 근호를 포함한 식의 계산
중303 다항식의 곱셈과 인수분해
중304 이차방정식
중305 이차함수와 그래프
중306 이차함수의 그래프의 성질
중307 삼각비
중308 삼각비의 활용
중309 원의 성질
중310 대푯값과 산포도
중311 상관관계
고101 다항식의 연산
고102 나머지정리와 인수분해
고103 복소수와 이차방정식
고105 여러 가지 방정식
고106 여러 가지 부등식
고111 집합
고112 명제
고104 이차방정식과 이차함수
고113 함수
고114 유리함수와 무리함수
고107 평면좌표
고108 직선의 방정식
고109 원의 방정식
고110 도형의 이동
고115 순열과 조합
수101 지수
수102 로그
수103 지수함수와 로그함수
수104 삼각함수
수105 삼각함수의 활용
수106 등차수열과 등비수열
수107 수열의 합
수108 수학적 귀납법
수201 함수의 극한
수202 함수의 연속
수203 미분계수와 도함수
수204 도함수의 활용
수205 부정적분
수206 정적분
수207 정적분의 활용
미101 수열의 극한
미102 급수
미103 지수함수와 로그함수의 미분
미104 삼각함수의 미분
미105 여러 가지 미분법
미106 도함수의 활용
미107 여러 가지 적분법
미108 정적분의 활용
확101 순열
확102 조합
확103 이항정리
확104 확률의 뜻과 활용
확105 조건부확률
확106 확률분포
확107 통계적 추정
기102 벡터의 연산
기103 평면벡터의 성분과 내적
기101 이차곡선
기104 공간도형
기105 공간좌표

정답
및
풀이

Ⅰ 다항식

기억하기

012쪽 ~ 013쪽

1 (1) $-2a+4b$ (2) $\frac{x}{3}+\frac{5}{y}$

(3) $6x-10y$ (4) $2x-5y$

풀이 (1) $a\times(-2)+4\times b=-2a+4b$

(2) $x\div3+5\div y=x\times\frac{1}{3}+5\times\frac{1}{y}$

$=\frac{x}{3}+\frac{5}{y}$

(3) $(3x-5y)\times2=3x\times2-5y\times2$

$=3\times2\times x-5\times2\times y$

$=6x-10y$

(4) $(6x-15y)\div3=(6x-15y)\times\frac{1}{3}$

$=6x\times\frac{1}{3}-15y\times\frac{1}{3}$

$=2x-5y$

2 (1) $5a+7b$ (2) $-3x+5y+7$

풀이 (1) $(3a-2b)+(2a+9b)$

$=(3+2)a+(-2+9)b$

$=5a+7b$

(2) $(-2x+4y+3)-(x-y-4)$

$=(-2x+4y+3)+(-x+y+4)$

$=(-2-1)x+(4+1)y+(3+4)$

$=-3x+5y+7$

3 (1) $6x^3y^3$ (2) $-3xy^2$

(3) x^3y^6 (4) $\frac{4x^2}{y^6}$

풀이 (1) $-2x^2\times(-3xy^3)$

$=(-2)\times(-3)\times(x^2\times x)\times y^3$

$=6x^3y^3$

(2) $12x^4y^3\div(-4x^3y)=\frac{12x^4y^3}{-4x^3y}=-3xy^2$

(3) $(xy^2)^3=x^3\times(y^2)^3=x^3\times y^{2\times3}=x^3y^6$

(4) $\left(\frac{-2x}{y^3}\right)^2=\frac{(-2x)^2}{(y^3)^2}=\frac{(-2)^2\times x^2}{y^{3\times2}}=\frac{4x^2}{y^6}$

4 (1) $4a^2-4ab+b^2$ (2) a^2-b^2

(3) a^2-a-6 (4) $6a^2+a-12$

01 다항식의 연산

탐구하기 1

014쪽

01

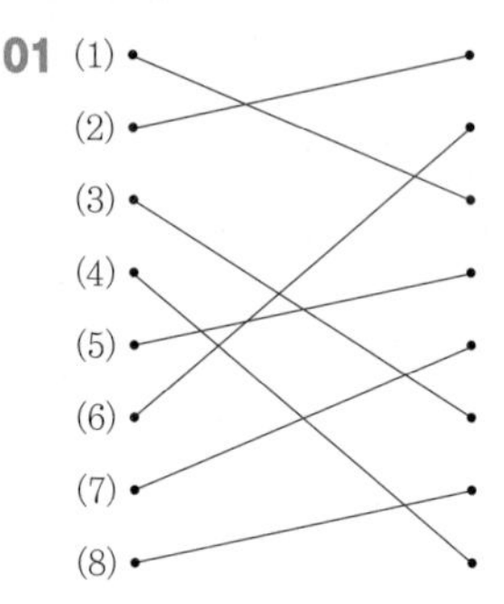

02 • 홍임: 덧셈에 대한 곱셈의 분배법칙을 이용하면 모든 항에 일차항 x를 곱해야 한다.
따라서 전개 결과는 $-5x^2+3x$이다.

• 선영: 다항식의 뺄셈은 빼는 식의 각 항의 부호를 모두 바꾸어 더하므로
$(2x+y)-(x-3y)=(2x+y)+(-x+3y)$
동류항을 정리하면 $x+4y$이다.

• 대범: $\frac{3}{2}x=\frac{3x}{2}$이므로 역수는 $\frac{2}{3x}$이다.
전개하여 정리하면 $6x-10y$이다.

• 진아: 분자의 모든 항을 분모 $3x$로 나누면
$\frac{6x^2-5x}{3x}=\frac{6x^2}{3x}-\frac{5x}{3x}$이고, 간단히 정리하면
$2x-\frac{5}{3}$이다.

탐구하기 2

015쪽

01 (1) $5x+5y-xy+x^2y^3+2x^2$,
$x^2y^3+2x^2-xy+5x+5y$ 등으로 나타낼 수 있다.

(2) $3x^2-3x^2y+3x+2xy^2+4y^2+y+1$,
$3x+2xy^2+3x^2+1+4y^2-3x^2y+y$ 등으로 나타낼 수 있다.

방법 여러 가지 연산이 혼합된 계산은 다음 순서로 계산한다.
① 괄호를 가장 먼저 계산한다.
② 곱셈, 나눗셈을 덧셈, 뺄셈보다 먼저 계산한다.
③ 나눗셈은 역수를 곱한다.
④ 동류항끼리 모아서 덧셈과 뺄셈을 한다.

02 (1)

나의 계산 결과
예 $5x+5y-xy+x^2y^3+2x^2$ 예 다항식에서 항이 쓰여 있는 순서대로 정리했다.
친구들의 계산 결과
$x^2y^3+2x^2-xy+5x+5y$, $(y^3+2)x^2+(5-y)x+5y$ 등

(2)

나의 계산 결과
예 $3x^2-3x^2y+3x+2xy^2+4y^2+y+1$ 예 문자 x를 기준으로 차수가 높은 항부터 차례로 정리했다.
친구들의 계산 결과
$3x+2xy^2+3x^2+1+4y^2-3x^2y+y$, $(3-3y)x^2+(3+2y^2)x+(4y^2+y+1)$ 등

03 출석부를 정리할 때 학생의 이름은 ㄱ, ㄴ, ㄷ, … 순으로 쓴다. 다항식의 문자를 쓸 때도 x, y의 순서로 쓰고, 차수는 높은 것에서 낮은 것(또는 낮은 것에서 높은 것)의 순서로 정리한다.

탐구하기 3 016쪽

01 (1) x^3-3x^2-x+9 (2) $6x^2+9x-15$
(3) $x^3-x^2+15x-13$ (4) $-x^3+4x^2+9x-20$
(5) $2x^3-4x^2+x+13$

풀이 (1) 동류항끼리 모아서 정리하면

$(x^3-x^2+2x+4)+(-2x^2-3x+5)$
$=x^3-3x^2-x+9$

다른 풀이 세로로 계산하면

$$\begin{array}{r} x^3-\ x^2+2x+4 \\ +\ \ \ -2x^2-3x+5 \\ \hline x^3-3x^2-\ x+9 \end{array}$$

(2) 덧셈에 대한 곱셈의 분배법칙을 적용하면

$(-3)\times(-2x^2-3x+5)=6x^2+9x-15$

(3) $B+2C=-13x+17$이므로

$A-(B+2C)$
$=(x^3-x^2+2x+4)-(-13x+17)$
$=x^3-x^2+15x-13$

다른 풀이 $-(B+2C)=-B-2C$로 바꾼 다음 세로로 계산하면

$$\begin{array}{r} x^3-\ x^2+\ 2x+\ 4 \\ 2x^2+\ 3x-\ 5 \\ +\ \ \ -2x^2+10x-12 \\ \hline x^3-\ x^2+15x-13 \end{array}$$

(4) $A-2B$
$=(x^3-x^2+2x+4)-2(-2x^2-3x+5)$
$=x^3+3x^2+8x-6$
$C+2A$
$=(x^2-5x+6)+2(x^3-x^2+2x+4)$
$=2x^3-x^2-x+14$
이므로
$(A-2B)-(C+2A)=-x^3+4x^2+9x-20$이다.

다른 풀이 $(A-2B)-(C+2A)=-A-2B-C$로 정리한 다음 세로로 계산하면

$$\begin{array}{r} -x^3+\ x^2-2x-\ 4 \\ 4x^2+6x-10 \\ +\ \ \ -\ x^2+5x-\ 6 \\ \hline -x^3+4x^2+9x-20 \end{array}$$

(5) $3X-4A=2B+X$에서
$X=2A+B$이므로 A, B를 대입하면
$X=2(x^3-x^2+2x+4)+(-2x^2-3x+5)$
$=2x^3-4x^2+x+13$

1. 다항식의 연산

02 다항식의 곱셈

탐구하기 1 017쪽 ~ 018쪽

01 (1) 276
(2) $2x^2+4x$
(3) $=10\times(20+3)+2\times(20+3)$
$=10\times20+10\times3+2\times20+2\times3$
$=230+46$
$=276$
(4) $=2x^2+3x+4x+6$
$=2x^2+7x+6$

02

(1) $(a+b)^2=a^2+2ab+b^2$

	a	b
$\times$	a	b
	ab	b^2
a^2	ab	
a^2	$2ab$	b^2

(2) $(a+b+c)^2$
$=a^2+b^2+c^2+2ab$
$+2bc+2ca$

			a	b	c
		$\times$	a	b	c
			ac	bc	c^2
	ab	b^2		bc	
a^2	ab		ac		
a^2	$2ab$	b^2	$2ac$	$2bc$	c^2

(3) $(a+b)^3$
$=(a+b)^2(a+b)$
$=(a^2+2ab+b^2)(a+b)$
$=a^3+3a^2b+3ab^2+b^3$

	a^2	$2ab$	b^2
$\times$		a	b
	a^2b	$2ab^2$	b^3
a^3	$2a^2b$	ab^2	
a^3	$3a^2b$	$3ab^2$	b^3

(4) $(a-b)^3$
$=(a-b)^2(a-b)$
$=(a^2-2ab+b^2)(a-b)$
$=a^3-3a^2b+3ab^2-b^3$

	a^2	$-2ab$	b^2
$\times$		a	$-b$
	$-a^2b$	$2ab^2$	$-b^3$
a^3	$-2a^2b$	ab^2	
a^3	$-3a^2b$	$3ab^2$	$-b^3$

(5) $(a+b)(a^2-ab+b^2)$
$=(a^2-ab+b^2)(a+b)$
$=a^3+b^3$

	a^2	$-ab$	b^2
$\times$		a	b
	a^2b	$-ab^2$	b^3
a^3	$-a^2b$	ab^2	
a^3			b^3

(6) $(a-b)(a^2+ab+b^2)$
$=(a^2+ab+b^2)(a-b)$
$=a^3-b^3$

	a^2	ab	b^2
$\times$		a	$-b$
	$-a^2b$	$-ab^2$	$-b^3$
a^3	a^2b	ab^2	
a^3			$-b^3$

03

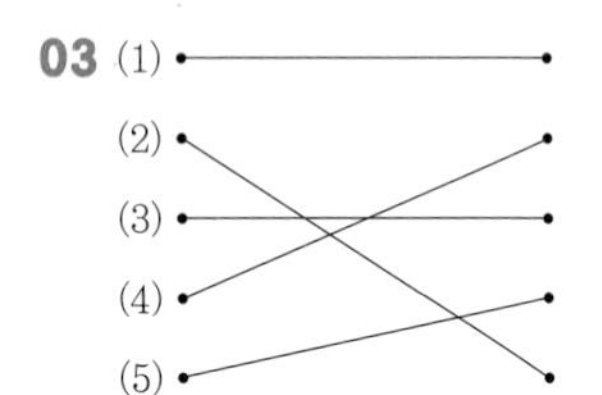

탐구하기 2

018쪽 ~ 019쪽

01

AB

AB
$=(2x+3)(x^2+2x-2)$
$=2x(x^2+2x-2)+3(x^2+2x-2)$
$=(2x^3+4x^2-4x)+(3x^2+6x-6)$
$=2x^3+(4+3)x^2+(-4+6)x-6$
$=2x^3+7x^2+2x-6$

BA

BA
$=(x^2+2x-2)(2x+3)$
$=x^2(2x+3)+2x(2x+3)-2(2x+3)$
$=(2x^3+3x^2)+(4x^2+6x)+(-4x-6)$
$=2x^3+(4+3)x^2+(6-4)x-6$
$=2x^3+7x^2+2x-6$

02 AB와 BA는 그 결과가 같다. 수의 곱셈에서 교환법칙이 성립했듯이 다항식에서도 곱셈에 대한 교환법칙이 성립한다.

03 (1) (방법1) 곱셈 공식과 분배법칙을 이용한다.

$(x-1)^3(x+1)^3$
$=(x^3-3x^2+3x-1)(x^3+3x^2+3x+1)$
$=\cdots\cdots$

이후 덧셈에 대한 곱셈의 분배법칙을 이용하면 되는데, 계산이 복잡하다.

(방법2) 지수법칙과 곱셈 공식을 이용한다.

$(x-1)^3(x+1)^3$
$=\{(x-1)(x+1)\}^3$
$=(x^2-1)^3$
$=x^6-3x^4+3x^2-1$

지수법칙을 먼저 이용하는 방법이 곱셈 공식을 먼저 이용하는 방법보다 간단하다.

(2) (방법1) 순서대로 계산한다.

$(x+1)(x-1)(x^2-x+1)(x^2+x+1)$
$=(x^2-1)(x^2-x+1)(x^2+x+1)$
$=\cdots\cdots$

이후 덧셈에 대한 곱셈의 분배법칙을 계속 이용하면 되는데, 계산이 복잡하다.

(방법2) 곱셈에 대한 교환법칙을 이용한 다음 결합법칙을 이용하여 전개한다.

$$\begin{aligned}&(x+1)(x-1)(x^2-x+1)(x^2+x+1)\\&=(x+1)(x^2-x+1)(x-1)(x^2+x+1)\\&=(x^3+1)(x^3-1)\\&=x^6-1\end{aligned}$$

곱셈의 교환법칙과 곱셈의 결합법칙을 이용하는 방법이 순서대로 계산하는 방법보다 간단하다.

탐구하기 3

019쪽 ~ 020쪽

01 • 광호: 더해서 10이 되는 두 자연수는 1과 9, 2와 8, 3과 7, 4와 6, 5와 5이다. 이 중 곱해서 16이 되는 수는 2와 8이므로

$x=2,\ y=8$ 또는 $x=8,\ y=2$

따라서 $x^3+y^3=520$

• 유경: $x+y=10$을 x에 관해 나타내면 $x=10-y$이므로 이를 $xy=16$에 대입한다.

$(10-y)y=16,\quad y^2-10y+16=0,$

$(y-2)(y-8)=0$

$y=2$ 또는 $y=8$이므로

$x=2,\ y=8$ 또는 $x=8,\ y=2$

따라서 $x^3+y^3=520$

• 영애: $(x+y)^3=x^3+3x^2y+3xy^2+y^3$

$\qquad\qquad=x^3+3xy(x+y)+y^3$

$x+y=10$과 $xy=16$을 대입하면

$10^3=x^3+y^3+3\times16\times10$

따라서 $x^3+y^3=520$

02 (1) 더해서 10이 되는 두 자연수는 1과 9, 2와 8, 3과 7, 4와 6, 5와 5이다.

이 중 곱해서 23이 되는 경우는 존재하지 않기 때문에 자연수 범위 내에서 x^3+y^3의 값을 구할 수 없다.

(2) $x+y=10,\ xy=23$이므로 y를 소거하면

$x^2-10x+23=0$이다.

이 이차방정식의 해를 구하면 $x=5\pm\sqrt{2}$이므로 연립방정식의 해는

$$\begin{cases}x=5+\sqrt{2}\\y=5-\sqrt{2}\end{cases} \text{ 또는 } \begin{cases}x=5-\sqrt{2}\\y=5+\sqrt{2}\end{cases}$$

따라서 $x^3+y^3=(5+\sqrt{2})^3+(5-\sqrt{2})^3=310$

(3) $(x+y)^3=x^3+3x^2y+3xy^2+y^3$

$\qquad=x^3+3xy(x+y)+y^3$

$x+y=10$과 $xy=23$을 대입하면

$10^3=x^3+y^3+3\times23\times10$이다.

따라서 $x^3+y^3=310$

03 • 광호: 더해서 4가 되는 세 자연수는 1, 1, 2이고, 이를 둘씩 곱해서 더하면 5이므로

$x^2+y^2+z^2=1+1+4=6$이다.

• 유경: (방법1) $x+y+z=4$에서 $z=4-(x+y)$이므로 이를 대입하면

$$\begin{aligned}&xy+yz+zx\\&=xy+z(y+x)\\&=xy+\{4-(x+y)\}(x+y)\\&=xy+4x+4y-(x^2+2xy+y^2)=5\\&\iff -x^2-xy-y^2+4x+4y-5=0\\&\iff x^2+(y-4)x+y^2-4y+5=0\end{aligned}$$

내림차순으로 정리해도 인수분해가 되지 않는다.

(방법2) $x+y+z=4$에서 $z=4-(x+y)$이므로 이를 대입하면

$$\begin{aligned}&xy+yz+zx\\&=xy+z(x+y)\\&=xy+\{4-(x+y)\}(x+y)=5\\&\iff (x+y)^2-4(x+y)=xy-5\end{aligned}$$

$$\begin{aligned}&x^2+y^2+z^2\\&=x^2+y^2+\{4-(x+y)\}^2\\&=2(x+y)^2-8(x+y)-2xy+16\\&=2\{(x+y)^2-4(x+y)\}-2xy+16\\&=2(xy-5)-2xy+16\\&=-10+16=6\end{aligned}$$

• 영애: $(x+y+z)^2=x^2+y^2+z^2+2(xy+yz+zx)$이므로 두 식을 대입하면 $4^2=x^2+y^2+z^2+2\times5$에서 $x^2+y^2+z^2=6$

1. 다항식의 연산

03 다항식의 나눗셈

탐구하기 1

021쪽 ~ 023쪽

01 (1) 19, 63

(2)

다항식의 나눗셈 검산식
$5x^2+2x-2=(x-2)(5x+12)+22$

02 • 수현: 나누는 다항식 x^2-x+1은 이차식이므로 나머지의 차수가 2보다 낮아야 한다. 나머지 $2x+3$이 일차식이므로 맞는 의견이다.

• 지아: 자연수의 나눗셈을 참고하면 나머지 $2x+3$이 나누는 다항식 $x-1$보다 작아야 하는데 그렇지 않다. 즉, 나머지는 나누는 식보다 작아야 하므로 맞는 의견이 아니다.

03

나의 생각
예 자연수의 나눗셈에서 나머지를 0 또는 나누는 수보다 작은 자연수로 정한 것을 생각하면, 나누는 다항식 x^2+1은 이차식이므로 나머지는 이보다 낮은 일차 이하의 다항식이어야 할 것이다. 만일 몫이 분수로 계속된다면 나머지도 분수가 나오게 되고, 이는 자연수의 나눗셈으로 말하면 소수점 아래로 계속해서 몫과 나머지를 구하는 것과 마찬가지이므로 나눗셈의 뜻에서 벗어나는 것이 된다. 다항식의 나눗셈에서 몫과 나머지도 다항식이어야 할 것 같다.

04

÷	x^2+1		$x-2$	
다항식	몫	나머지	몫	나머지
x^2+3x+5	예 $(x^2+3x+5)\div(x^2+1)$ $\begin{array}{r} 1 \\ x^2+1\overline{)\,x^2+3x+5} \\ x^2\qquad+1 \\ \hline 3x+4 \end{array}$		$\begin{array}{r} x+5 \\ x-2\overline{)\,x^2+3x+5} \\ x^2-2x\quad \\ \hline 5x+5 \\ 5x-10 \\ \hline 15 \end{array}$	
	1	$3x+4$	$x+5$	15
검산식	x^2+3x+5 $=(x^2+1)\times1$ $+3x+4$		x^2+3x+5 $=(x-2)(x+5)$ $+15$	
x^3-x^2-2x+3	$\begin{array}{r} x-1 \\ x^2+1\overline{)\,x^3-x^2-2x+3} \\ x^3\qquad+x\qquad \\ \hline -x^2-3x+3 \\ -x^2\qquad-1 \\ \hline -3x+4 \end{array}$		$\begin{array}{r} x^2+x \\ x-2\overline{)\,x^3-x^2-2x+3} \\ x^3-2x^2\qquad\quad \\ \hline x^2-2x+3 \\ x^2-2x\quad \\ \hline 3 \end{array}$	
	$x-1$	$-3x+4$	x^2+x	3
검산식	x^3-x^2-2x+3 $=(x^2+1)(x-1)$ $-3x+4$		x^3-x^2-2x+3 $=(x-2)(x^2+x)$ $+3$	

개념과 문제의 연결

026쪽 ~ 031쪽

1 (1) 덧셈에 대한 곱셈의 분배법칙을 이용한다면 첫 번째 다항식의 5개 항에 두 번째 다항식의 5개 항을 각각 곱해야 하므로 모두 전개하면 $5\times5=25$(개)의 항이 나온다.
이를 동류항끼리 모아 정리하면 8차항부터 상수항까지 9개가 된다.

(2) 주어진 다항식을 모두 전개하면 25개의 항이 나오고 이를 다시 동류항끼리 모아 정리한다고 해도 9개의 항이 된다. 이 방법은 계산이 복잡하고 시간이 많이 걸린다. x^7의 계수만을 생각한다면 2가지 경우의 곱을 조사하면 된다.
① 첫 번째 다항식의 x^4과 두 번째 다항식의 x^3
② 첫 번째 다항식의 x^3과 두 번째 다항식의 x^4
이 외에 나머지 경우에서는 x^7이 나올 수 없다.

(3) 곱해서 x^2이 나오는 경우는 다음 3가지이다.

① 첫 번째 다항식의 x^2과 두 번째 다항식의 상수항

② 첫 번째 다항식의 x와 두 번째 다항식의 x

③ 첫 번째 다항식의 상수항과 두 번째 다항식의 x^2

2 덧셈에 대한 곱셈의 분배법칙을 이용하여 다항식을 전개하면 총 $\boxed{25}$개의 항이 나오고, 이를 동류항끼리 모아 덧셈과 뺄셈을 하여 정리하더라도 $\boxed{9}$개의 항이 된다. 이 방법은 계산이 복잡하다.

x^7의 계수만을 생각한다면 2가지 경우를 조사하면 된다.

$A=x^4-5x^3+3x^2-2x+a$,

$B=bx^4+2x^3+x^2-3x+5$라 하면

① (A의 $\boxed{x^4}$) $\times$ (B의 $\boxed{x^3}$)

② (A의 $\boxed{x^3}$) $\times$ (B의 $\boxed{x^4}$)

이 외에 나머지 곱셈에서는 x^7이 나올 수 없다.

①에서 x^7의 계수는 $\boxed{2}$, ②에서 x^7의 계수는 $\boxed{-5b}$이므로

$\boxed{2-5b=7}$에서 $b=\boxed{-1}$

x^2의 계수만을 생각한다면 3가지 경우를 조사하면 된다.

③ (A의 $\boxed{x^2}$) $\times$ (B의 $\boxed{\text{상수항}}$)

④ (A의 $\boxed{x}$) $\times$ (B의 $\boxed{x}$)

⑤ (A의 $\boxed{\text{상수항}}$) $\times$ (B의 $\boxed{x^2}$)

이 외에 나머지 곱셈에서는 x^2이 나올 수 없다.

③에서 x^2의 계수는 $\boxed{15}$, ④에서 x^2의 계수는 $\boxed{6}$, ⑤에서 x^2의 계수는 $\boxed{a}$이므로

$\boxed{21+a=7}$에서 $a=\boxed{-14}$

따라서 $a=\boxed{-14}$, $b=\boxed{-1}$

3 (1) 주어진 식에 $x=2-\sqrt{3}$, $y=2+\sqrt{3}$을 직접 대입하면 $(2-\sqrt{3})^3$, $(2-\sqrt{3})^4$과 같은 식을 전개해야 하는데 이 과정이 복잡하다는 어려움이 있다.

(2) 주어진 식 x^3+y^3과 관련된 곱셈 공식은 $(x+y)^3=x^3+3x^2y+3xy^2+y^3$ 또는 $(x+y)(x^2-xy+y^2)=x^3+y^3$이다.

(3) x^4+y^4은 $(x+y)(x^3+y^3)$이나 $(x^2+y^2)^2$을 전개하는 과정에서 얻을 수 있다.

이때, 곱셈 공식 $(x+y)^2=x^2+2xy+y^2$을 이용하여 $(x^2+y^2)^2$을 계산할 수 있고, x^3+y^3의 값은 앞에서 구할 수 있으므로 결국 x^4+y^4의 값도 두 수의 합과 곱인 $x+y$, xy의 값을 알면 구할 수 있다.

4 x, y의 값을 주어진 식에 직접 대입하여 계산하려면 $(2-\sqrt{3})^3$, $(2+\sqrt{3})^3$, $(2-\sqrt{3})^4$, $(2+\sqrt{3})^4$과 같은 복잡한 식을 전개해야 하는 어려움이 생긴다.

그런데 두 수의 합과 곱을 구하면

$x+y=\boxed{4}$, $xy=\boxed{1}$ …… ㉠

이므로 곱셈 공식을 이용하여 보다 간편하게 값을 구할 수 있다.

i) x^3+y^3과 관련된 곱셈 공식

$(x+y)^3$

$=\boxed{x^3+3x^2y+3xy^2+y^3=x^3+y^3+3xy(x+y)}$

에 ㉠을 대입하면

$4^3=\boxed{x^3+y^3+3\times1\times4}$

에서 $x^3+y^3=\boxed{52}$ …… ㉡

ii) x^4+y^4과 관련된 곱셈 공식은 없지만 $(x+y)(x^3+y^3)$이나 $(x^2+y^2)^2$을 전개하는 과정에서 x^4+y^4을 얻을 수 있다.

$(x+y)(x^3+y^3)$

$=\boxed{x^4+xy^3+yx^3+y^4}$

$=\boxed{x^4+y^4+xy(x^2+y^2)}$ …… ㉢

그런데 $x^2+y^2=\boxed{(x+y)^2-2xy=4^2-2\times1=14}$

이므로 이 값과 ㉠, ㉡을 ㉢에 대입하면

$4\times52=\boxed{x^4+y^4+1\times14}$

에서 $x^4+y^4=\boxed{194}$

5 (1) 오른쪽 식을 보면 나머지는 나누는 다항식과 몫의 곱을 나누어지는 다항식에서 뺀 것이므로 $A(x)-B(x)Q(x)$와 같다.

$$\begin{array}{r} Q(x) \\ B(x)\overline{)\,A(x)\qquad\quad} \\ \underline{B(x)Q(x)\qquad} \\ A(x)-B(x)Q(x) \end{array}$$

(2) $R(x)=A(x)-B(x)Q(x)$이므로 나눗셈식은

$A(x)=B(x)Q(x)+R(x)$

자연수의 나눗셈에서 나머지가 나누는 수보다 작아야 하는 것과 같이 다항식의 나눗셈에서도 나머지 $R(x)$의 차수는 나누는 식 $B(x)$의 차수보다 낮아야 한다.

(3) 나누는 식 $x-\frac{1}{3}$이 일차이므로 나머지는 이보다 낮은 영차식, 즉 상수항이다.

(4) (2)와 같은 나눗셈식을 쓰면

$$P(x)=\left(x-\frac{1}{3}\right)Q(x)+R$$

6 다항식 $A(x)$를 다항식 $B(x)$로 나눈 몫을 $Q(x)$라고 할 때, 나머지 $R(x)$는 오른쪽 식과 같이 나누는 다항식과 몫의 곱을 나누어지는 다항식에서 뺀 것이므로 $A(x)-B(x)Q(x)$이다.

$$\begin{array}{r} Q(x) \\ B(x)\overline{)A(x)} \\ \underline{B(x)Q(x)} \\ A(x)-B(x)Q(x) \end{array}$$

즉, $R(x)=A(x)-B(x)Q(x)$이므로

$$A(x)=B(x)Q(x)+R(x)$$

로 나타낼 수 있다. 이때, 나머지 $R(x)$의 차수는 나누는 식 $B(x)$의 차수보다 낮아야 한다.

다항식 $P(x)$를 $x-\frac{1}{3}$로 나눈 몫과 나머지는 각각 $Q(x)$, R이므로

$$P(x)=\boxed{\left(x-\frac{1}{3}\right)Q(x)+R} \quad \cdots\cdots ㉠$$

이고, 나머지 R의 차수는 일차보다 작아야 하므로 R는 $\boxed{\text{상수}}$이다.

다항식 $P(x)$를 $3x-1$로 나눈 몫과 나머지를 구하기 위하여 ㉠의 우변을 변형하면

$$\begin{aligned} P(x)&=\boxed{\left(x-\frac{1}{3}\right)Q(x)+R} \\ &=\boxed{3\times\left(x-\frac{1}{3}\right)\times\frac{1}{3}Q(x)+R} \\ &=\boxed{(3x-1)\times\frac{1}{3}Q(x)+R} \end{aligned}$$

에서 다항식 $P(x)$를 $3x-1$로 나눈 몫은 $\boxed{\frac{1}{3}Q(x)}$, 나머지는 $\boxed{R}$이다.

중단원 연습문제

032쪽 ~ 035쪽

01 (1) $x^2+(-3y+2)x+2y^2-y+5$
(2) $x^2+2x+5+(-3x-1)y+2y^2$

02 ④ **03** $7x^2+9y^2$ **04** $a=3$, $b=-8$

05 $-8xy+5yz-3zx$

06 (1) $-8x^3+60x^2y-150xy^2+125y^3$
(2) $a^2+4b^2+c^2-4ab+4bc-2ca$
(3) x^3+27 (4) $4ab$ (5) x^4-2x^2+1

07 -2 **08** (1) a^2-2b (2) a^2+b

09 (1) $\sqrt{5}$ (2) 18
(3) $8\sqrt{5}$ (4) 123

10 (1) 3 (2) 4 **11** 1

12 ③ **13** 7 **14** 풀이 참조

15 x^2+x+3

01 (1) $x^2-3xy+2y^2+2x-y+5$
$=x^2-3xy+2x+2y^2-y+5$
$=x^2+(-3y+2)x+2y^2-y+5$

(2) $x^2-3xy+2y^2+2x-y+5$
$=x^2+2x+5-3xy-y+2y^2$
$=x^2+2x+5+(-3x-1)y+2y^2$

02 x에 대하여 내림차순으로 정리하면 $3x^3y+2x^2-4xy^2+y^3$이고, y에 대하여 내림차순으로 정리하면 $y^3-4xy^2+3x^3y+2x^2$이다.

③ x, y에 대한 다항식으로 생각하면 각 항의 차수 중 가장 큰 것이 이 다항식의 차수이다. 즉, $3x^3y$의 차수는 4이므로 이 다항식은 x, y에 대한 사차식이다.

④ x에 대한 다항식일 때, 상수항은 y^3이다.

03 $-2A+3B$
$=-2(-2x^2-3xy)+3(x^2-2xy+3y^2)$
$=4x^2+6xy+3x^2-6xy+9y^2$
$=7x^2+9y^2$

04 $2B-\{A-(B-2C)\}$
$=2B-(A-B+2C)$
$=2B-A+B-2C$
$=-A+3B-2C$

$=-(2x^3-ax^2+bx+3)+3(x^3-2x^2-5x)$
$-2(2x^3-4x^2-2x-1)$
$=-2x^3+ax^2-bx-3+3x^3-6x^2-15x$
$-4x^3+8x^2+4x+2$
$=-3x^3+(a+2)x^2+(-b-11)x-1$
에서 $a+2=5$, $-b-11=-3$
$\therefore a=3, b=-8$

05 처음의 다항식을 A라고 하면,
$A+(3xy-2yz+3zx)=yz+3zx-2xy$이므로
$A=-(3xy-2yz+3zx)+yz+3zx-2xy$
$=-5xy+3yz$
따라서 바르게 계산하면
$A-(3xy-2yz+3zx)$
$=(-5xy+3yz)-(3xy-2yz+3zx)$
$=-8xy+5yz-3zx$

06 (1) $(-2x+5y)^3$
$=(-2x)^3+3\times(-2x)^2\times5y$
$+3\times(-2x)\times(5y)^2+(5y)^3$
$=-8x^3+60x^2y-150xy^2+125y^3$
(2) $(a-2b-c)^2$
$=a^2+(-2b)^2+(-c)^2+2a\times(-2b)$
$+2\times(-2b)\times(-c)+2\times(-c)\times a$
$=a^2+4b^2+c^2-4ab+4bc-2ca$
(3) $(x+3)(x^2-3x+9)=x^3+3^3=x^3+27$
(4) $(a+b+c)(a+b-c)+(a-b+c)(-a+b+c)$
$=\{(a+b)+c\}\{(a+b)-c\}$
$+\{c+(a-b)\}\{c-(a-b)\}$
$=(a+b)^2-c^2+c^2-(a-b)^2$
$=(a^2+2ab+b^2)-(a^2-2ab+b^2)=4ab$
(5) $(x-1)^2(x+1)^2=\{(x+1)(x-1)\}^2$
$=(x^2-1)^2$
$=x^4-2x^2+1$

07 두 다항식의 곱에서 x가 나오는 경우는
$(-2)\times x+(-5x)\times a=(-2-5a)x$
$-2-5a=8$이므로 $a=-2$

08 (1) $(x+y+z)^2=x^2+y^2+z^2+2(xy+yz+zx)$이므로
$x^2+y^2+z^2=(x+y+z)^2-2(xy+yz+zx)$
$=a^2-2b$
(2) $x+y+z=a$에서 $x+y=a-z$, $y+z=a-x$, $z+x=a-y$이므로
$(x+y)(y+z)+(y+z)(z+x)+(z+x)(x+y)$
$=(a-z)(a-x)+(a-x)(a-y)+(a-y)(a-z)$
$=\{a^2-(z+x)a+zx\}+\{a^2-(x+y)a+xy\}$
$+\{a^2-(y+z)a+yz\}$
$=3a^2-2(x+y+z)a+(xy+yz+zx)$
$=3a^2-2a^2+b$
$=a^2+b$

09 $x^2+y^2=(x+y)^2-2xy$에서
$x+y=3$, $x^2+y^2=7$이므로
$7=3^2-2xy$에서 $xy=1$
(1) $(x-y)^2=(x+y)^2-4xy$
$=9-4$
$=5$
$\therefore x-y=\sqrt{5}$ ($\because x>y$)
(2) $x^3+y^3=(x+y)^3-3xy(x+y)$
$=27-9$
$=18$
(3) $x^3-y^3=(x-y)^3+3xy(x-y)$
$=5\sqrt{5}+3\sqrt{5}$
$=8\sqrt{5}$
(4) $(x^2+y^2)(x^3+y^3)=x^5+x^3y^2+x^2y^3+y^5$
$=x^5+y^5+x^2y^2(x+y)$
$x^5+y^5=(x^2+y^2)(x^3+y^3)-x^2y^2(x+y)$
$=7\times18-1^2\times3=123$

10 (1) $x^2-x-1=0$에서 양변을 x로 나누면
$x-1-\frac{1}{x}=0$에서 $x-\frac{1}{x}=1$
$x^2+\frac{1}{x^2}=\left(x-\frac{1}{x}\right)^2+2$
$=1^2+2=3$
(2) $x^3-\frac{1}{x^3}=\left(x-\frac{1}{x}\right)^3+3\left(x-\frac{1}{x}\right)$
$=1^3+3\times1=4$

11 $x+y=1$이므로
$x^3+y^3+3xy(x+y)=(x+y)^3=1$

12 $8\times12\times104\times10016$
$=(10-2)(10+2)(10^2+2^2)(10^4+2^4)$
$=(10^2-2^2)(10^2+2^2)(10^4+2^4)$

$=(10^4-2^4)(10^4+2^4)$

$=10^8-2^8$

13 대각선의 길이가 $\sqrt{23}$이므로

$\sqrt{a^2+b^2+c^2}=\sqrt{23}$ $\quad\therefore a^2+b^2+c^2=23$

겉넓이가 26이므로

$2(ab+bc+ca)=26$

$ab+bc+ca=13$

따라서

$(a+b+c)^2=a^2+b^2+c^2+2(ab+bc+ca)$

$=23+2\times13$

$=49$

$\therefore a+b+c=7$ ($\because a, b, c$는 양수)

14 다항식의 나눗셈을 하면

(1)
$$\begin{array}{r|l} & x-3 \\ \hline x+1 & x^2-2x+3 \\ & x^2+x \\ \hline & -3x+3 \\ & -3x-3 \\ \hline & 6 \end{array}$$

$Q=x-3,\ R=6$

$x^2-2x+3=(x+1)(x-3)+6$

(2)
$$\begin{array}{r|l} & x-3 \\ \hline x^2+1 & x^3-3x^2\quad -1 \\ & x^3\quad +x \\ \hline & -3x^2-x-1 \\ & -3x^2\quad -3 \\ \hline & -x+2 \end{array}$$

$Q=x-3,\ R=-x+2$

$x^3-3x^2-1=(x^2+1)(x-3)+(-x+2)$

15 나눗셈식으로 나타내면 $x^3+2x=A(x-1)+3$이므로

$A(x-1)=x^3+2x-3$

$A=(x^3+2x-3)\div(x-1)$

따라서 $A=x^2+x+3$

$$\begin{array}{r|l} & x^2+x+3 \\ \hline x-1 & x^3\quad +2x-3 \\ & x^3-x^2 \\ \hline & x^2+2x-3 \\ & x^2-x \\ \hline & 3x-3 \\ & 3x-3 \\ \hline & 0 \end{array}$$

기억하기

036쪽 ~ 037쪽

1 ②, ④

풀이 ① $x=-2$일 때만 성립하므로 방정식이다.

② 좌변과 우변이 일치하므로 항등식이다.

③ x에 어떤 값을 대입해도 성립하지 않으므로 항등식이 아니다.

④ 좌변과 우변이 일치하므로 항등식이다.

2 (1) $x=4$ (2) $x=-\frac{8}{5}$

(3) $x=-1$ (4) $x=-\frac{1}{3}$

풀이 (1) $3x-1=11$에서 $3x=11+1=12$이다.

양변을 3으로 나누면 $x=4$

(2) $5x+3=-5$에서 $5x=-5-3=-8$이다.

양변을 5로 나누면 $x=-\frac{8}{5}$

(3) $2-4x=6$에서 $-4x=6-2=4$이다.

양변을 -4로 나누면 $x=-1$

(4) $-6x-3=-1$에서 $-6x=-1+3=2$이다.

양변을 -6으로 나누면 $x=-\frac{1}{3}$

3 (1) $2ac-6ad+bc-3bd$

(2) $12x^2-10xy+2y^2$

풀이 (1) $(2a+b)(c-3d)$

$=2a\times c+2a\times(-3d)+b\times c+b\times(-3d)$

$=2ac-6ad+bc-3bd$

(2) $(3x-y)(4x-2y)$

$=3x\times4x+3x\times(-2y)+(-y)\times4x+(-y)\times(-2y)$

$=12x^2-6xy-4xy+2y^2$

$=12x^2-10xy+2y^2$

4 (1) $x^2-4xy+4y^2$ (2) $4x^2-y^2$

(3) x^2-5x+4 (4) $15x^2-11x+2$

풀이 (1) $(-x+2y)^2$

$=(-x)^2+2\times(-x)\times2y+(2y)^2$

$=x^2-4xy+4y^2$

(2) $(2x+y)(2x-y)=(2x)^2-y^2$

$=4x^2-y^2$

(3) $(x-1)(x-4)$

$=x^2+\{(-1)+(-4)\}x+(-1)\times(-4)$

$=x^2-5x+4$

(4) $(5x-2)(3x-1)$

$=(5\times3)x^2+\{5\times(-1)+(-2)\times3\}x+(-2)\times(-1)$

$=15x^2-11x+2$

01 항등식과 다항식의 나눗셈

탐구하기 1 038쪽 ~ 039쪽

01 (1) $x=6$ 또는 $x=-2$ (2) 모든 실수

(풀이) (1) $x^2-4x-5=7 \Rightarrow x^2-4x-12=0$

$\Rightarrow (x-6)(x+2)=0$이므로

$x=6$ 또는 $x=-2$

(2) 좌변을 전개하면 $x^2-4x-5=x^2-4x-5$이므로 이 등식은 모든 실수 x의 값에 대하여 성립한다.

02 (1) $(x+1)(x-5)=7$은 등식을 만족하는 값이 $x=6$ 또는 $x=-2$로 2개뿐이고 그 외의 x의 값에 대해서는 등식이 성립하지 않는다.

(2) $(x+1)(x-5)=x^2-4x-5$는 양변의 식이 같으므로 x의 값에 관계없이 등식이 항상 성립한다.

따라서 (1)은 방정식이고 (2)는 항등식이다.

03 (1) a, b, c의 값에 따라 방정식이 되기도 항등식이 되기도 한다.

(풀이) 등식 $ax^2+bx+c=0$이 항등식이 되려면 x에 어떤 값을 대입해도 항상 성립해야 하므로 x에 몇 개의 값을 대입해서 항상 성립하는 조건을 찾는다.

$x=0$을 대입하면 $c=0$

$x=1$을 대입하면 $a+b=0$

$x=-1$을 대입하면 $a-b=0$이므로

두 식을 연립하여 풀면

$a=b=0$

따라서 항등식이 되려면 $a=b=c=0$이어야 한다.

한편, $a\neq0$이면 이차방정식이 되고, $a=0$, $b\neq0$이면 일차방정식이 된다.

(2) 모든 항을 좌변으로 이항하여 정리하면

$(a-a')x^2+(b-b')x+(c-c')=0$

이 식이 x에 대한 항등식이므로 문제 **03**의 (1)에 의하여

$a-a'=0$, $b-b'=0$, $c-c'=0$

$\therefore a=a'$, $b=b'$, $c=c'$

04 $a=-2$, $b=6$, $c=-1$

(풀이) 항등식은 x에 어떤 값을 대입해도 항상 성립하므로 x에 0, 1, -1을 대입해 본다.

$x=0$을 대입하면 $-6=-b$이므로

$b=6$

$x=1$을 대입하면 $3-1-6=2a$이므로

$a=-2$

$x=-1$을 대입하면 $3+1-6=2c$이므로

$c=-1$

(다른 풀이) 우변을 정리하면

$3x^2-x-6=(a+b+c)x^2+(a-c)x-b$

문제 **03**의 (2)에서 항등식은 양변의 동류항의 계수가 같으므로

$a+b+c=3$, $a-c=-1$, $-b=-6$

$b=6$이므로 $a+c=-3$, $a-c=-1$을 연립하여 풀면

$a=-2$, $c=-1$

탐구하기 2 039쪽 ~ 041쪽

01 (1)

$$\begin{array}{r|l} & 3x^2+x+2 \\ \hline x-2 & 3x^3-5x^2\quad\quad+1 \\ & 3x^3-6x^2 \\ \hline & \quad\quad x^2\quad\quad+1 \\ & \quad\quad x^2-2x \\ \hline & \quad\quad\quad 2x+1 \\ & \quad\quad\quad 2x-4 \\ \hline & \quad\quad\quad\quad 5 \end{array}$$

(2) (가)의 계산 과정에 나타나는 순서는

④ → ① → ⑤ → ② → ⑥ → ③ → ⑦과 같다.

2	3	−5	0	1
		①6	②2	③4
	④3	⑤1	⑥2	⑦5

④~⑦은 각 열에서 위의 두 수를 더하여 나온 값이다.

①은 ④와 나누는 식에서 나온 숫자 2를 곱한 것이고,

②는 ⑤와 나누는 식에서 나온 숫자 2를 곱한 것,

③은 ⑥과 나누는 식에서 나온 숫자 2를 곱한 것이다.

(3) (나)의 계산에서 두 번째 줄에 있는 ①~③의 부호와 (가)의 계산에 나타난 수의 부호가 서로 반대이다.

또 (가)의 나누는 식의 상수항과 (나)의 제일 왼쪽 수의

부호가 서로 반대이다.

(가)의 계산에서는 위의 식에서 아래 식을 빼고, (나)에서는 위의 수와 아래의 수를 더하기 때문이다.

(4) (나)의 결과로 나오는 네 수 3, 1, 2, 5 중 오른쪽 수 5는 나머지이고, 왼쪽 세 수 3, 1, 2는 몫의 계수이다. 계수가 3개이므로(또는 삼차식을 일차식으로 나누었으므로) 몫은 이차식이고, 앞에서부터 내림차순으로 몫을 쓰면 몫이 $3x^2+x+2$임을 알 수 있다.

02 (1)

2	2	-3	5	2
		4	2	14
	2	1	7	16

다항식 $P(x)=2x^3-3x^2+5x+2$를 $x-2$로 나눈 몫이 $2x^2+x+7$, 나머지가 16이므로 이를 나눗셈식

$2x^3-3x^2+5x+2=(x-2)(2x^2+x+7)+16$

으로 나타낼 수 있다.

(2) 이 식은 항등식이다. 우변을 전개하여 정리하면 좌변과 같은 식이 되기 때문이다.

(3) 다항식 $P(x)=2x^3-3x^2+5x+2$를 $x-2$로 나눈 몫을 $Q(x)$, 나머지를 $R(x)$라고 할 때, 이것을 항등식으로 나타내면

$$P(x)=2x^3-3x^2+5x+2$$
$$=(x-2)Q(x)+R(x)$$

일차식으로 나눈 나머지는 상수이므로 위 식이 항등식이 되기 위해서는 $Q(x)$가 이차식이어야 한다. 마찬가지로 $P(x)$가 사차식인 경우 $x-a$와 몫 $Q(x)$의 곱이 사차식이어야 하므로 $Q(x)$는 삼차식이다.

03 (풀이) (1) 조립제법에서 삼차식 $4x^3-3x+1$을 일차식 $x+\frac{1}{2}$로 나눈 몫과 나머지는 각각 $4x^2-2x-2$, 2이다.

따라서 나눗셈식은

$$4x^3-3x+1=\left(x+\frac{1}{2}\right)(4x^2-2x-2)+2$$

(2) $2x+1$로 나눌 때도 조립제법은 (1)과 똑같다. 그런데 몫을 $4x^2-2x-2$라고 하면 나눗셈식이 항등식이 되지 않는다.

$$4x^3-3x+1\neq(2x+1)(4x^2-2x-2)+2$$

몫을 2로 나누면 항등식인 나눗셈식을 얻을 수 있다.

$$4x^3-3x+1=(2x+1)(2x^2-x-1)+2$$

따라서 $4x^3-3x+1$을 $2x+1$로 나눈 몫은 $2x^2-x-1$, 나머지는 2이다.

(3) 나누는 일차식의 일차항의 계수가 1이 아닌 경우, 다항식의 나눗셈의 몫은 조립제법을 이용하여 나오는 몫의 계수를 각각 일차항의 계수로 나누어 주어야 한다.

나머지는 두 경우가 일치한다.

02 나머지정리와 인수정리

탐구하기 1 042쪽 ~ 043쪽

01 (풀이1) 다항식의 나눗셈

$$\begin{array}{r|l} & x^2+3x+5 \\ \hline x-2 & x^3+x^2-x+2 \\ & x^3-2x^2 \\ \hline & 3x^2-x+2 \\ & 3x^2-6x \\ \hline & 5x+2 \\ & 5x-10 \\ \hline & 12 \end{array}$$

따라서 나머지는 12

(풀이2) 조립제법

2	1	1	-1	2
		2	6	10
	1	3	5	12

따라서 나머지는 12

(풀이3) 나머지정리

다항식 $P(x)=x^3+x^2-x+2$를 $x-2$로 나눈 몫을 $Q(x)$, 나머지를 R라고 하면 다음과 같은 항등식이 성립한다.

$$x^3+x^2-x+2=(x-2)Q(x)+R$$

등식의 양변에 $x=2$를 대입하면 $R=12$

02 도윤이의 주장은 옳다.

다항식 $P(x)$를 $x-2$로 나눈 나눗셈식은 $P(x)=x^3+x^2-x+2=(x-2)Q(x)+12$이다.

이 등식은 항등식이므로 양변에 $x=2$를 대입해도 성립한다. 그러면 $P(2)$는 몫 $Q(x)$에 관계없이 나머지 12와 같다.

03 다항식 $P(x)$를 $x-a$로 나눈 몫을 $Q(x)$,

나머지를 R라고 하면 나눗셈식을 다음과 같이 나타낼 수 있다.

$$P(x)=(x-a)Q(x)+R$$

이 등식은 항등식이므로 양변에 $x=a$를 대입하면 $P(a)=R$, 나머지는 항상 $P(a)$이다.

04 $(x+2)P(x)$를 x^2-1로 나눈 몫을 $Q(x)$, 나머지를 $ax+b$라고 하면 다음 등식이 성립한다.

$$(x+2)P(x)$$
$$=(x^2-1)Q(x)+ax+b \quad \cdots\cdots \text{㉠}$$

$P(x)$를 $x-1$로 나눈 나머지가 2이므로 $P(1)=2$, $P(x)$를 $x+1$로 나눈 나머지는 4이므로 $P(-1)=4$

㉠에 $x=1$을 대입하면

$$3P(1)=a+b \quad \cdots\cdots \text{㉡}$$

㉠에 $x=-1$을 대입하면

$$P(-1)=-a+b \quad \cdots\cdots \text{㉢}$$

㉡, ㉢에서 $a=1$, $b=5$

따라서 다항식 $(x+2)P(x)$를 x^2-1로 나눈 나머지는 $x+5$이다.

참고 다항식 $P(x)$를 구체적으로 알 수 없으므로 직접 나누거나 조립제법을 사용할 수는 없다.

05 태윤이의 주장은 옳다.

$P(2)=0$이면 다항식 $P(x)$를 $x-2$로 나눈 나머지가 0이므로 몫을 $Q(x)$라 하여 등식으로 나타내면 $P(x)=Q(x)(x-2)$가 된다. 다항식 $P(x)$는 $Q(x)$와 $x-2$의 곱으로 표현되므로 $x-2$는 다항식 $P(x)$의 인수이다.

06 $x-a$는 항상 다항식 $P(x)$의 인수가 된다.

$P(a)=0$이면 다항식 $P(x)$를 $x-a$로 나눈 나머지가 0이므로 몫을 $Q(x)$라 하여 등식으로 나타내면

$$P(x)=(x-a)Q(x)$$

즉, $P(x)$는 $x-a$와 $Q(x)$의 곱으로 표현되므로 $x-a$는 $P(x)$의 인수이다.

03 인수분해

탐구하기 1

044쪽 ~ 045쪽

01 (1) 12를 소인수분해하면 $12=2^2\times3$이다. 소인수분해는 자연수를 소수들만의 곱으로 나타내는 것이기 때문이다.

(2) 예주, 진우의 결과는 공통인수가 더 존재하므로 인수분해를 또 할 수 있다.

예진이는 공통인수가 없을 때까지 인수분해를 했다.

화정이는 다항식의 곱으로 인수분해하지 않았다.

(3) 예진이의 인수분해 결과를 이용하면

$$ax^2-2ax=0$$
$$ax(x-2)=0$$

따라서 방정식의 해는 $x=0$ 또는 $x=2$이다.

(4) 소인수분해는 소수들만의 곱으로 나타내는 것이고 인수분해는 다항식의 곱으로 나타내는 것이다. 인수분해도 소인수분해와 마찬가지로 공통인수가 존재하지 않을 때까지 다항식들의 곱으로 인수분해하면 방정식의 해를 보다 쉽게 구할 수 있다.

02

(1)

다항식의 곱	전개
$m(a+b)$	$m(a+b)=ma+mb$
$(a+b)^2$	$(a+b)^2$ $=(a+b)(a+b)$ $=a(a+b)+b(a+b)$ $=a^2+ab+ba+b^2$ $=a^2+2ab+b^2$
$(a-b)^2$	$(a-b)^2$ $=(a-b)(a-b)$ $=a(a-b)-b(a-b)$ $=a^2-ab-ba+b^2$ $=a^2-2ab+b^2$
$(a+b)$ $(a-b)$	$(a+b)(a-b)$ $=a(a-b)+b(a-b)$ $=a^2-ab+ba-b^2$ $=a^2-b^2$

다항식의 곱	전개
$(x+a)(x+b)$	$(x+a)(x+b)$ $=x(x+b)+a(x+b)$ $=x^2+bx+ax+ab$ $=x^2+(a+b)x+ab$
$(ax+b)(cx+d)$	$(ax+b)(cx+d)$ $=ax(cx+d)+b(cx+d)$ $=acx^2+adx+bcx+bd$ $=acx^2+(ad+bc)x+bd$

(2)

다항식	인수분해 공식
$ma+mb$	$m(a+b)$
$a^2+2ab+b^2$	$(a+b)^2$
$a^2-2ab+b^2$	$(a-b)^2$
a^2-b^2	$(a+b)(a-b)$
$x^2+(a+b)x+ab$	$(x+a)(x+b)$
$acx^2+(ad+bc)x+bd$	$(ax+b)(cx+d)$

(3) 다항식의 전개 과정을 거꾸로 하면 인수분해이다.
다항식의 곱셈의 역과정이 인수분해이다.

탐구하기 2

046쪽 ~ 047쪽

01

(1)

다항식의 곱	전개
$(a+b+c)^2$	$(a+b+c)^2$ $=(a+b+c)(a+b+c)$ $=a(a+b+c)+b(a+b+c)$ $+c(a+b+c)$ $=a^2+ab+ac+ba+b^2+bc$ $+ca+cb+c^2$ $=a^2+b^2+c^2+2ab+2bc+2ca$
$(a+b)^3$	$(a+b)^3$ $=(a+b)(a+b)^2$ $=(a+b)(a^2+2ab+b^2)$ $=a(a^2+2ab+b^2)$ $+b(a^2+2ab+b^2)$ $=a^3+2a^2b+ab^2+ba^2+2ab^2+b^3$ $=a^3+3a^2b+3ab^2+b^3$
$(a-b)^3$	$(a-b)^3$ $=(a-b)(a-b)^2$ $=(a-b)(a^2-2ab+b^2)$ $=a(a^2-2ab+b^2)-b(a^2-2ab+b^2)$ $=a^3-2a^2b+ab^2-a^2b+2ab^2-b^3$ $=a^3-3a^2b+3ab^2-b^3$
$(a+b)$ (a^2-ab+b^2)	$(a+b)(a^2-ab+b^2)$ $=a(a^2-ab+b^2)+b(a^2-ab+b^2)$ $=a^3-a^2b+ab^2+a^2b-ab^2+b^3$ $=a^3+b^3$
$(a-b)$ (a^2+ab+b^2)	$(a-b)(a^2+ab+b^2)$ $=a(a^2+ab+b^2)-b(a^2+ab+b^2)$ $=a^3+a^2b+ab^2-a^2b-ab^2-b^3$ $=a^3-b^3$

(2)

다항식	인수분해 공식
$a^2+b^2+c^2$ $+2ab+2bc+2ca$	$(a+b+c)^2$
$a^3+3a^2b+3ab^2+b^3$	$(a+b)^3$
$a^3-3a^2b+3ab^2-b^3$	$(a-b)^3$
a^3+b^3	$(a+b)(a^2-ab+b^2)$
a^3-b^3	$(a-b)(a^2+ab+b^2)$

02 (1) $(a+2b+3c)^2$ (2) $(3x+2)^3$
(3) $(2x-5)(4x^2+10x+25)$

풀이 (1) $a^2+b^2+c^2+2ab+2bc+2ca$
$=(a+b+c)^2$이므로
$a^2+4b^2+9c^2+4ab+12bc+6ca$
$=a^2+(2b)^2+(3c)^2+2a(2b)+2(2b)(3c)+2(3c)(a)$
$=(a+2b+3c)^2$

(2) $a^3+3a^2b+3ab^2+b^3=(a+b)^3$이므로
$27x^3+54x^2+36x+8$
$=(3x)^3+3\times(3x)^2\times2+3\times(3x)\times2^2+2^3$
$=(3x+2)^3$

(3) $a^3-b^3=(a-b)(a^2+ab+b^2)$이므로
$8x^3-125=(2x)^3-5^3$
$=(2x-5)\{(2x)^2+2x\times5+5^2\}$
$=(2x-5)(4x^2+10x+25)$

03 • 예주: $\frac{999992}{10204}=98$

• 진우: $100=x$라 하면 $102=x+2$이므로 주어진 식은 $\frac{x^3-8}{x(x+2)+4}$

분자를 인수분해하면

$x^3-8=(x-2)(x^2+2x+4)$이고, 분모

$x(x+2)+4=x^2+2x+4$이므로

$\frac{x^3-8}{x(x+2)+4}=\frac{(x-2)(x^2+2x+4)}{x^2+2x+4}$
$=x-2$

$x=100$이므로 $\frac{100^3-8}{100\times102+4}=98$

계산기가 있다면 예주처럼 계산할 수 있지만 진우와 같이 $100=x$로 두고 인수분해 공식을 이용하면 계산기가 없어도 복잡한 계산을 보다 쉽게 계산할 수 있다.

탐구하기 3

047쪽 ~ 048쪽

01

(1)

예주: 주어진 식을 전개하여 인수분해하자.	진우: $7a+5$를 A로 바꾸어 인수분해하자.
$(7a+5)^2+4(7a+5)+3$ $=49a^2+70a+25$ $+28a+20+3$ $=49a^2+98a+48$ $=(7a+6)(7a+8)$	$7a+5=A$라 하면 A^2+4A+3 $=(A+1)(A+3)$이고 A에 $7a+5$를 다시 대입하면 $(A+1)(A+3)$ $=(7a+6)(7a+8)$ 따라서 $(7a+5)^2+4(7a+5)+3$ $=(7a+6)(7a+8)$

(2) 예주는 주어진 식을 전개한 다음 다시 인수분해했고, 진우는 공통부분을 하나의 문자로 치환하여 식을 간단하게 고친 다음 인수분해했다. 진우의 계산 과정이 더 간단하기는 하지만 공통부분을 발견하여 다른 문자로 치환하는 생각을 해내야 한다.

02

다항식	여러 가지 방법으로 인수분해하기
x^4-2x^2-8	(방법1) $x^4=(x^2)^2$이므로 x^4-2x^2-8 $=(x^2-4)(x^2+2)$ $=(x-2)(x+2)(x^2+2)$ (방법2) $x^2=X$라 하면 X^2-2X-8 $=(X-4)(X+2)$ $=(x^2-4)(x^2+2)$ $=(x-2)(x+2)(x^2+2)$ (방법3) x^4-2x^2-8 $=x^4-2x^2+1-3^2$ $=(x^2-1)^2-3^2$ $=(x^2-1-3)(x^2-1+3)$ $=(x^2-4)(x^2+2)$ $=(x-2)(x+2)(x^2+2)$
(x^2+5x+4) $(x^2+5x+6)-8$	(방법1) $x^2+5x=X$라 하면 $(x^2+5x+4)(x^2+5x+6)-8$ $=(X+4)(X+6)-8$ $=X^2+10X+24-8$ $=X^2+10X+16$ $=(X+2)(X+8)$ $=(x^2+5x+2)(x^2+5x+8)$ (방법2) $x^2+5x+4=X$라 하면 $X(X+2)-8$ $=X^2+2X-8$ $=(X-2)(X+4)$ $=(x^2+5x+2)(x^2+5x+8)$ (방법3) $x^2+5x+6=X$라 하면 $(X-2)X-8$ $=X^2-2X-8$ $=(X-4)(X+2)$ $=(x^2+5x+2)(x^2+5x+8)$ (방법4) $x^2+5x+5=X$라 하면 $(x^2+5x+4)(x^2+5x+6)-8$ $=(X-1)(X+1)-8$ $=X^2-9$ $=(X-3)(X+3)$ $=(x^2+5x+2)(x^2+5x+8)$

탐구하기 4 048쪽

01 인수분해한 결과를 다음과 같이 전개하면 사차식을 변형할 아이디어를 발견할 수 있다.

$$\begin{aligned}&(x^2-x+1)(x^2+x+1)\\&=(x^2+1-x)(x^2+1+x)\\&=(x^2+1)^2-x^2\\&=(x^4+2x^2+1)-x^2\\&=x^4+x^2+1\end{aligned}$$

이 과정을 역으로 진행하면 다음과 같이 인수분해 방법을 추측할 수 있다.

$$\begin{aligned}x^4+x^2+1&=x^4+2x^2+1-x^2\\&=(x^2+1)^2-x^2\\&=(x^2+1-x)(x^2+1+x)\\&=(x^2-x+1)(x^2+x+1)\end{aligned}$$

02 (1) $(x^2+x+6)(x^2-x+6)$
(2) $(x^2+2x+2)(x^2-2x+2)$

풀이 (1) x^4+11x^2+36

$$\begin{aligned}&=x^4+12x^2+36-x^2\\&=(x^2+6)^2-x^2\\&=(x^2+x+6)(x^2-x+6)\end{aligned}$$

(2) $x^4+4=x^4+4x^2+4-4x^2$

$$\begin{aligned}&=(x^2+2)^2-(2x)^2\\&=(x^2+2x+2)(x^2-2x+2)\end{aligned}$$

탐구하기 5 049쪽

01 x에 0, -1, 2, 5를 대입하면 $P(x)$의 값은 0이 아니지만 x에 -2를 대입하면 $P(-2)=0$이므로 인수정리에 의하여 $P(x)$는 $x+2$를 인수로 갖는다.

02 (1) $P(x)=x^3+4x^2+x-6=(x-a)(x^2+bx+c)$는 항등식이므로 양변의 상수항을 비교하면 $ac=6$이다.
따라서 정수 a로 가능한 수는 ±1, ±2, ±3, ±6이다.
각 a의 값에 대하여 $P(a)$의 값을 계산하면

a	-1	1	-2	2	-3	3	-6	6
$P(a)$	-4	0	0	20	0	60	-84	360

표에서 $P(a)=0$인 a의 값은 1 또는 -2 또는 -3이다.

(2) $P(1)=0$이므로 $P(x)$를 $x-1$로 나눈 몫을 조립제법을 이용하여 구하면

$$\begin{array}{r|rrrr}1 & 1 & 4 & 1 & -6\\ & & 1 & 5 & 6\\\hline & 1 & 5 & 6 & 0\end{array}$$

$$\begin{aligned}x^3+4x^2+x-6&=(x-1)(x^2+5x+6)\\&=(x-1)(x+2)(x+3)\end{aligned}$$

다른 풀이 $P(x)=x^3+4x^2+x-6$
$=(x-1)(x^2+bx+c)$

에서 우변을 전개하면
$x^3+(b-1)x^2+(c-b)x-c$이므로 항등식의 성질에 의하여 $b=5$, $c=6$이다.

$$\begin{aligned}P(x)&=x^3+4x^2+x-6\\&=(x-1)(x^2+bx+c)\\&=(x-1)(x^2+5x+6)\\&=(x-1)(x+2)(x+3)\end{aligned}$$

(3) ① 상수항의 약수 중 $P(\alpha)=0$을 만족하는 것이 있으면 다항식 $P(x)$는 일차식 $x-\alpha$를 인수로 갖는다.
② 인수정리와 조립제법 또는 항등식의 성질을 이용하여 다항식을 인수분해할 수 있다.

03 (1) $(x-5)(x^2+x+1)$
(2) $(x+1)(x+2)^2(x-3)$

풀이 (1) $P(x)=x^3-4x^2-4x-5$라고 하자.
$P(a)=0$인 정수 a는 ±1, ±5 중 하나이다.
$P(5)=0$이므로 $x-5$는 $P(x)$의 인수이다.
따라서 오른쪽과 같이 조립제법이나 분배법칙을 이용하여 주어진 다항식을 인수분해하면

$$\begin{array}{r|rrrr}5 & 1 & -4 & -4 & -5\\ & & 5 & 5 & 5\\\hline & 1 & 1 & 1 & 0\end{array}$$

$$x^3-4x^2-4x-5=(x-5)(x^2+x+1)$$

(2) $P(x)=x^4+2x^3-7x^2-20x-12$라고 하자.
$P(a)=0$인 정수 a는 ±1, ±2, ±3, ±4, ±6, ±12 중 어느 하나이다.
$P(-1)=1-2-7+20-12=0$이므로 $x+1$은 $P(x)$의 인수이다.
따라서 다음과 같이 조립제법이나 분배법칙을 이용하여 주어진 다항식을 인수분해하면

-1	1	2	-7	-20	-12
		-1	-1	8	12
-2	1	1	-8	-12	0
		-2	2	12	
	1	-1	-6	0	

$x^4+2x^3-7x^2-20x-12$
$=(x+1)(x^3+x^2-8x-12)$

$Q(x)=x^3+x^2-8x-12$라고 하면 $Q(-2)=0$이므로 $x+2$는 $Q(x)$의 인수이다.
주어진 다항식을 인수분해하면

$$\begin{aligned}&x^4+2x^3-7x^2-20x-12\\&=(x+1)(x^3+x^2-8x-12)\\&=(x+1)(x+2)(x^2-x-6)\\&=(x+1)(x+2)(x+2)(x-3)\\&=(x+1)(x+2)^2(x-3)\end{aligned}$$

개념과 문제의 연결 052쪽 ~ 057쪽

1 (1) 항등식의 뜻을 이용하여 적당한 수치를 넣으면 해결할 수 있다.
좌변의 $P(x)$ 앞에 있는 x^2-1의 값이 0이 되는 값을 대입하면 $(x^2-1)P(x)=0$이므로 $P(x)$를 구체적으로 알지 못해도 문제를 해결할 수 있다.
(2) 항등식의 성질을 이용하려면 양변의 계수를 비교해야 하는데 좌변의 $P(x)$가 구체적으로 주어져 있지 않으므로 양변의 동류항의 계수를 비교할 수 없다. 하지만 $P(x)$가 일차식임을 추측할 수 있고, 우변의 삼차항의 계수가 1임을 감안하여 $P(x)=x+c$로 놓는 것을 생각하면 양변의 계수를 비교하는 방법으로 문제를 해결할 수 있다.
(3) 등식은 삼차식 x^3-2x^2+5x-3을 이차식 x^2-1로 나눈 몫이 $P(x)$, 나머지가 $ax+b$인 다항식의 나눗셈으로도 볼 수 있으므로 직접 나눗셈을 하여 상수 a, b의 값을 구할 수 있다.

2 (1) 항등식의 뜻을 이용하여 수치를 대입하는 방법
항등식은 문자 x에 어떤 값을 대입하더라도 항상 성립하므로 좌변의 $P(x)$ 앞에 곱해진 x^2-1의 값이 $\boxed{0}$이 되는 값을 찾아 대입한다.
$x^2-1=\boxed{0}$에서 $x=\boxed{\pm1}$이므로
(i) $x=\boxed{1}$을 대입하면
$\boxed{a+b=1}$
(ii) $x=\boxed{-1}$을 대입하면
$\boxed{-a+b=-11}$
두 식을 연립하여 풀면 $a=\boxed{6}$, $b=\boxed{-5}$
(2) 항등식의 성질을 이용하여 양변의 계수를 비교하는 방법
주어진 등식은 x에 대한 항등식이므로 좌변도 우변과 같이 최고차항의 계수가 1인 삼차식이다.
항등식의 성질을 이용하여 양변의 동류항의 계수를 비교하려면 $P(x)=\boxed{x+c}$로 둔다.
좌변을 전개하면
$(x^2-1)\boxed{(x+c)}+ax+b$
$=\boxed{x^3+cx^2+(a-1)x+(b-c)}$
이다. 양변의 계수를 비교하면
$\boxed{c}=\boxed{-2}$, $\boxed{a-1}=\boxed{5}$,
$\boxed{b-c}=\boxed{-3}$
세 식을 연립하여 풀면
$a=\boxed{6}$, $b=\boxed{-5}$, $c=\boxed{-2}$
따라서 구하는 상수 a, b의 값은
$a=\boxed{6}$, $b=\boxed{-5}$

3 (1) 삼차식을 이차식으로 나눈 나머지를 구하는 문제이다.
이때 몫과 나머지를 각각 $Q(x)$, $R(x)$로 놓고 나눗셈식을 만들면, 이 나눗셈식이 항등식임을 이용하여 문제를 해결할 수 있다.
(2) $P(\alpha)=0$이라는 조건은 인수정리와 관련 있다.
다항식 $P(x)$에 대하여 $P(\alpha)=0$이면 인수정리에 의하여 다항식 $P(x)$는 $x-\alpha$를 인수로 갖는다.
그러므로 $P(1)=0$, $P(2)=0$, $P(3)=0$이라는 조건에서 다항식 $P(x)$는 $x-1$, $x-2$, $x-3$을 인수로 갖는다는 것을 알 수 있고, 다항식 $P(x)$는 x^3의 계수가 1인 삼차식이므로
$P(x)=(x-1)(x-2)(x-3)$이라는 것도 알 수 있다.

(3) 나누는 식의 차수가 이차이므로 나머지 $R(x)$는 일차 이하의 식, 즉 일차식 또는 상수항이다.
따라서 $R(x)=ax+b$로 나타낼 수 있는데 $a\neq0$이면 일차식, $a=0$이면 상수항이다.
다항식의 나눗셈에서 나머지 $R(x)$는 나누는 식보다 차수가 낮아야 한다.

(4) $P(x)=(x^2-3x-4)Q(x)+ax+b$

4 다항식 $P(x)$에 대하여 $P(a)=0$이면 인수정리에 의하여 다항식 $P(x)$는 $\boxed{x-a}$를 인수로 갖는다.
그러므로 $P(1)=0$, $P(2)=0$, $P(3)=0$이라는 조건에서 다항식 $P(x)$는 $\boxed{x-1}$, $\boxed{x-2}$, $\boxed{x-3}$을 인수로 갖는다는 것을 알 수 있고, 다항식 $P(x)$는 x^3의 계수가 1인 삼차식이므로

$P(x)=\boxed{(x-1)(x-2)(x-3)}$ …… ㉠

$P(x)$를 이차식 x^2-3x-4로 나눈 몫과 나머지를 각각 $Q(x)$, $R(x)$라 하면, 나머지 $R(x)$는 나누는 식보다 차수가 낮아야 하므로 $\boxed{\text{일차 이하의}}$ 식이어야 한다.
따라서 $R(x)=\boxed{ax+b}$로 놓을 수 있다.
이때 나눗셈식은

$P(x)=\boxed{(x^2-3x-4)Q(x)+ax+b}$ …… ㉡

$x^2-3x-4=\boxed{(x+1)(x-4)}$이므로 ㉠, ㉡에서

$\boxed{(x-1)(x-2)(x-3)}$
$=\boxed{(x+1)(x-4)\,Q(x)+ax+b}$

이 식은 항등식이므로 양변에

(i) $x=\boxed{-1}$을 대입하면
$\boxed{(-2)\times(-3)\times(-4)}=\boxed{-a+b}$

(ii) $x=\boxed{4}$를 대입하면
$\boxed{3\times2\times1}=\boxed{4a+b}$

두 식을 연립하여 풀면
$a=\boxed{6}$, $b=\boxed{-18}$

따라서 구하는 나머지는 $\boxed{6x-18}$

5 (1) 나머지의 차수는 나누는 식의 차수보다 낮아야 한다.
나누는 식 $(x-1)^2$이 이차식이므로 나머지 $R(x)$는 일차 이하의 식이어야 한다.

(2) 다항식 x^3-1을 $(x-1)^2$으로 나눈 몫을 $Q(x)$, 나머지는 $R(x)$라 하면 $R(x)$는 일차 이하의 식이므로 $R(x)=ax+b$이고 나눗셈식은 다음과 같다.

$x^3-1=(x-1)^2\,Q(x)+ax+b$

(3) $R(5)$의 값을 구하려면 $R(x)=ax+b$에서 a, b의 값이 필요하므로 미지수는 2개이다.
이때 (2)에서 구한 나눗셈식의 양변에 대입할 수 있는 수는 나누는 식 $(x-1)^2$의 값이 0이 되는 x의 값인데 $(x-1)^2=0$의 해는 $x=1$(중근)뿐이므로 미지수에 비해 식이 하나 모자라다.

6 다항식 x^3-1을 이차식 $(x-1)^2$으로 나눈 몫을 $Q(x)$라 놓고 나눗셈식을 세우면

$\boxed{x^3-1=(x-1)^2Q(x)+R(x)}$ …… ㉠

나눗셈식에서 나머지의 차수는 나누는 식의 차수보다 $\boxed{\text{낮아야}}$ 하는데, 나누는 식 $(x-1)^2$이 이차식이므로 나머지 $R(x)$는 $\boxed{\text{일차 이하의}}$ 식이어야 한다.
따라서 $R(x)=\boxed{ax+b}$로 놓을 수 있고 ㉠은 다음과 같이 쓸 수 있다.

$\boxed{x^3-1=(x-1)^2Q(x)+ax+b}$ …… ㉡

㉡은 $\boxed{\text{항등식}}$이므로 양변에 $x=\boxed{1}$을 대입하면

$\boxed{a+b=0}$ …… ㉢

x^3-1을 인수분해하면

$x^3-1=\boxed{(x-1)(x^2+x+1)}$ …… ㉣

한편, ㉢에서 $b=\boxed{-a}$이고, 이것과 ㉣을 ㉡에 대입하여 정리하면

$$\begin{aligned}(x-1)(x^2+x+1)&=(x-1)^2Q(x)+a(x-1)\\&=(x-1)\{(x-1)Q(x)+a\}\end{aligned}$$

이 식은 항등식이므로

$\boxed{x^2+x+1=(x-1)Q(x)+a}$

이 식의 양변에 $x=\boxed{1}$을 다시 대입하면

$a=\boxed{3}$

ⓒ에서 $b=\boxed{-3}$이므로 $R(x)=\boxed{3x-3}$

$\therefore R(5)=\boxed{15-3=12}$

중단원 연습문제

058쪽 ~ 061쪽

01 $a=1$, $b=2$ **02** 몫: x^2-x+2, 나머지: 2
03 18 **04** $2x-6$ **05** $a=4$, $b=2$
06 $a=-1$, $b=-13$
07 (1) $(x-2y)(x-2y+3)$
(2) $(x+3)(x-y)(x+y)$
08 $(x-1)(x+1)(x^2+x+2)$
09 (1) $(a-2b)^3$
(2) $(2a-3b)(4a^2+6ab+9b^2)$
(3) $(x-y-z)^2$
10 $2^3\times3^3\times5\times11\times13$
11 $(x^2+3x-3)(x+1)(x+2)$
12 $a=1$, $b=5$ **13** $(x-2)(x-4)(x+3)$
14 $a=-4$, $b=-4$ / $(x+1)(x-2)(x^2+x+2)$
15 $(2x-1)(x^2+x+3)$

01 항등식은 x에 어떤 값을 대입해도 항상 성립하므로 x에 0, -1을 대입해 보자.

$x=0$일 때 $-1=-a$

$x=-1$일 때 $4=2b$

따라서 $a=1$, $b=2$

(다른 풀이) 주어진 등식의 우변을 전개하여 정리하면
$a(x-1)(x+1)+bx(x-1)=(a+b)x^2-bx-a$
이므로 항등식의 성질에 의하여 $a=1$, $b=2$이다.

02 삼차식을 일차식으로 나눈 몫과 나머지를 구하기 위해 조립제법을 사용하면

$$\begin{array}{c|cccc} \frac{3}{2} & 2 & -5 & 7 & -4 \\ & & 3 & -3 & 6 \\ \hline & 2 & -2 & 4 & \boxed{2} \end{array}$$

다항식 $2x^3-5x^2+7x-4$를 $x-\frac{3}{2}$로 나눈 몫이 $2x^2-2x+4$이고 나머지가 2이므로 이것을 등식으로 나타내면

$2x^3-5x^2+7x-4$
$=\left(x-\frac{3}{2}\right)(2x^2-2x+4)+2$

나누는 식을 변형하면

$2x^3-5x^2+7x-4=(2x-3)(x^2-x+2)+2$

이므로 $2x^3-5x^2+7x-4$를 $2x-3$으로 나눈 몫과 나머지는 각각 x^2-x+2와 2이다.

03 $P(x)$, $Q(x)$를 $x+5$로 나눈 나머지가 각각 2, 6이므로

$P(-5)=2$, $Q(-5)=6$

다항식 $3P(x)+2Q(x)$를 $x+5$로 나눈 나머지는

$3P(-5)+2Q(-5)=6+12=18$

04 다항식 $P(x)$를 $2x^3+x^2+1$로 나눈 몫은 x^2+2이고 나머지가 $3x^2+2x$이므로

$P(x)=(2x^3+x^2+1)(x^2+2)+3x^2+2x$

이다. 이 식을 x^2+2로 나누는 식으로 보면

$P(x)=(x^2+2)(2x^3+x^2+1)+3x^2+2x$

로 변형할 수 있고, 이때 $3x^2+2x$의 차수가 나누는 식 x^2+2의 차수와 같으므로 나머지라고 볼 수 없다.

$3x^2+2x=3(x^2+2)+2x-6$이므로

$P(x)$
$=(x^2+2)(2x^3+x^2+1)+3(x^2+2)+2x-6$
$=(x^2+2)(2x^3+x^2+4)+2x-6$

에서 다항식 $P(x)$를 x^2+2로 나눈 나머지는 $2x-6$이다.

05 다항식 x^4+ax+b를 $(x+1)^2$으로 나눈 몫을 $Q(x)$라고 하면 나머지가 -1이므로 다음과 같이 항등식으로 나타낼 수 있다.

$x^4+ax+b=(x+1)^2Q(x)-1$ …… ㉠

㉠의 양변에 $x=-1$을 대입하면 $1-a+b=-1$이므로

$b=a-2$ …… ㉡

㉡을 ㉠에 대입해서 정리하면

$x^4+ax+a-2=(x+1)^2Q(x)-1$
$x^4-1+a(x+1)=(x+1)^2Q(x)$
$(x+1)\{(x^2+1)(x-1)+a\}=(x+1)^2Q(x)$
$(x^2+1)(x-1)+a=(x+1)Q(x)$ …… ㉢

㉢의 양변에 $x=-1$을 대입하면 $-4+a=0$이므로

$a=4$, $b=2$

06 다항식 $P(x)=2x^3+ax^2+bx-6$이 x^2-x-6으로 나누어떨어지므로 몫을 $Q(x)$라고 하면

$$P(x)=2x^3+ax^2+bx-6$$
$$=(x^2-x-6)Q(x)$$
$$=(x-3)(x+2)Q(x)$$

이 등식은 항등식이므로 양변에 $x=3$, $x=-2$를 대입하면 각각

$$54+9a+3b-6=0,\ -16+4a-2b-6=0$$

두 식을 연립해서 계산하면

$$a=-1,\ b=-13$$

(다른 풀이) 다항식 $P(x)=2x^3+ax^2+bx-6$이 x^2-x-6으로 나누어떨어지므로 몫을 $Q(x)$라고 하면

$$2x^3+ax^2+bx-6=(x^2-x-6)Q(x)$$

$Q(x)$는 일차식이고 좌변에서 x^3의 계수가 2이고 상수항이 -6이므로

$2x^3+ax^2+bx-6=(x^2-x-6)(2x+1)$이 된다.

우변을 전개하여 정리하면 $2x^3-x^2-13x-6$이므로 양변의 계수를 비교하면

$$a=-1,\ b=-13$$

07 (1) $3(x-2y)+(x-2y)^2=(x-2y)(x-2y+3)$

(2) $x(x^2-y^2)+3(x^2-y^2)$
$=(x+3)(x^2-y^2)$
$=(x+3)(x-y)(x+y)$

08 $(x^2-1)+(x^3-1)+(x^4-1)-(x-1)$
$=(x-1)(x+1)+(x-1)(x^2+x+1)$
$\quad+(x-1)(x+1)(x^2+1)-(x-1)$
$=(x-1)\{x+1+x^2+x+1+(x+1)(x^2+1)-1\}$
$=(x-1)\{x^2+2x+1+(x+1)(x^2+1)\}$
$=(x-1)\{(x+1)^2+(x+1)(x^2+1)\}$
$=(x-1)(x+1)(x+1+x^2+1)$
$=(x-1)(x+1)(x^2+x+2)$

(다른 풀이) (풀이)의 셋째 줄에서
$(x-1)\{x+1+x^2+x+1+(x+1)(x^2+1)-1\}$
$=(x-1)(x^3+2x^2+3x+2)$

x^3+2x^2+3x+2를 인수정리와 조립제법을 이용하여 $(x+1)(x^2+x+2)$로 인수분해할 수 있다.

09 (1) $a^3-6a^2b+12ab^2-8b^3$
$=a^3-3\times a^2\times 2b+3\times a\times(2b)^2-(2b)^3$
$=(a-2b)^3$

(2) $8a^3-27b^3$
$=(2a)^3-(3b)^3$
$=(2a-3b)(4a^2+6ab+9b^2)$

(3) $x^2+y^2+z^2-2xy+2yz-2zx$
$=x^2+(-y)^2+(-z)^2+2\times x\times(-y)$
$\quad+2\times(-y)\times(-z)+2\times(-z)\times x$
$=(x-y-z)^2$

10 [진우의 방법] $57=x$라 하면,
$51\times53\times57+7\times53-2$
$=(x-6)(x-4)x+7(x-4)-2$
$=x^3-10x^2+31x-30$
$=(x-5)(x-3)(x-2)$
$=52\times54\times55$
$=2^3\times3^3\times5\times11\times13$

[예주의 방법] $53=x$라 하면,
$51\times53\times57+7\times53-2$
$=(x-2)x(x+4)+7x-2$
$=x^3+2x^2-8x+7x-2$
$=x^3+2x^2-x-2$
$=(x-1)(x+1)(x+2)$
$=52\times54\times55$
$=2^3\times3^3\times5\times11\times13$

11 $X=x^2+3x$라 하면
$X(X-1)-6=X^2-X-6=(X-3)(X+2)$이므로
$(x^2+3x)(x^2+3x-1)-6$
$=(x^2+3x-3)(x^2+3x+2)$
$=(x^2+3x-3)(x+1)(x+2)$

12 $x^4+9x^2+25=x^4+10x^2+5^2-x^2$
$=(x^2+5)^2-x^2$
$=(x^2+x+5)(x^2-x+5)$

$a=1,\ b=5$

13 $f(x)=x^3-3x^2-10x+24$라 하면 $f(2)=0$이므로 조립제법에 의하여

2	1	-3	-10	24
		2	-2	-24
	1	-1	-12	0

$x^3-3x^2-10x+24$
$=(x-2)(x^2-x-12)$
$=(x-2)(x-4)(x+3)$

14 $f(x)=x^4-x^2+ax+b$라 하면 $f(x)$가 $x+1$로 나누어떨어지므로

$f(-1)=0$에서 $\quad -a+b=0 \quad \cdots\cdots$ ㉠

$f(x)$를 $x-1$로 나눈 나머지는 -8이므로

$f(1)=-8$에서 $\quad a+b=-8 \quad \cdots\cdots$ ㉡

㉠, ㉡을 연립하여 풀면 $\quad a=-4,\ b=-4$

$f(x)=x^4-x^2-4x-4$이고 $f(-1)=0,\ f(2)=0$이므로 조립제법에 의하여

-1	1	0	-1	-4	-4
		-1	1	0	4
2	1	-1	0	-4	0
		2	2	4	
	1	1	2	0	

$f(x)=x^4-x^2-4x-4$
$=(x+1)(x^3-x^2-4)$
$=(x+1)(x-2)(x^2+x+2)$

따라서 주어진 다항식은
$(x+1)(x-2)(x^2+x+2)$로 인수분해할 수 있다.

15 $2x^3+x^2+5x-3=(ax+b)(px^2+qx+r)$의 우변을 전개하면 x^3의 계수는 ap, 상수항은 br이므로

$ap=2,\ br=-3$

따라서 a는 2의 약수이므로 1, 2와 -1, -2 중 하나이고 b는 3의 약수이므로 1, 3과 -1, -3 중 하나이다.

$f(x)=2x^3+x^2+5x-3$이라 하고 인수정리를 이용하기 위해 상수항의 약수 ±1, ±3을 차례로 대입해도 그 값이 0이 되는 경우가 없다.

그러므로 $a=2$인 경우를 차례로 조사하면 $f\left(\frac{1}{2}\right)=0$이므로 조립제법에 의하여

$\frac{1}{2}$	2	1	5	-3
		1	1	3
	2	2	6	0

$(2x^3+x^2+5x-3)=\left(x-\frac{1}{2}\right)(2x^2+2x+6)$
$=(2x-1)(x^2+x+3)$

으로 인수분해된다.

대단원 연습문제

062쪽~067쪽

01 ④ **02** x^2-2x+3
03 x^3+3x^2-2x+2
04 $-7x^2-3xy+4y^2$ **05** ③
06 ④ **07** ⑤ **08** $4x+12$
09 (1) 6 (2) 63 **10** $a=-2,\ b=3$
11 216 **12** $42\ \text{cm}^2$ **13** $a+4$
14 ⑤ **15** 풀이 참조
16 $a=1,\ b=-1,\ c=4$ **17** 12
18 몫: $3Q(x)$, 나머지: R **19** $a=-4,\ b=4$
20 36 **21** 2
22 $(x+1)(x-1)(x+3)(x-3)$
23 6 **24** $(x-1)(x-2)(x-3)$
25 176

02 세 번째 세로줄에서

$3x^3+4x^2+x+6+$ⓓ$+x^3+2x^2-x+4$
$=3x^2-6x+9$

를 만족하므로 ⓓ는 $-4x^3-3x^2-6x-1$이다.

두 번째 가로줄에서

$4x^3+5x^2+2x+7+$ⓒ$+$ⓓ$=3x^2-6x+9$를 만족하므로 이를 간단히 정리하면 ⓒ는 x^2-2x+3이다.

03 $(4x^3+x^2-2x+3)-(3x^3-2x^2+1)$
$=4x^3+x^2-2x+3-3x^3+2x^2-1$
$=x^3+3x^2-2x+2$

04 $A-B=-5x^2-2xy+2y^2 \quad \cdots\cdots$ ㉠

$A+B=x^2+2y^2 \quad \cdots\cdots$ ㉡

㉠+㉡을 하면

$2A=-4x^2-2xy+4y^2$
$A=-2x^2-xy+2y^2$

이것을 ㉡에 대입하면

$-2x^2-xy+2y^2+B=x^2+2y^2$

$B=2x^2+xy-2y^2+x^2+2y^2=3x^2+xy$

$\therefore\ 2A-B$

$=2(-2x^2-xy+2y^2)-(3x^2+xy)$

$=-4x^2-2xy+4y^2-3x^2-xy$

$=-7x^2-3xy+4y^2$

05 $xy+y-x-y^2=x(y-1)-(y^2-y)$

$=x(y-1)-y(y-1)$

$=(y-1)(x-y)$

에서 $xy+y-x-y^2$의 인수는 $y-1$, $x-y$이다.

06 $8x^3-y^3=(2x-y)(4x^2+2xy+y^2)$

07 $\overline{OC}=P$, $\overline{CD}=Q$라 하면

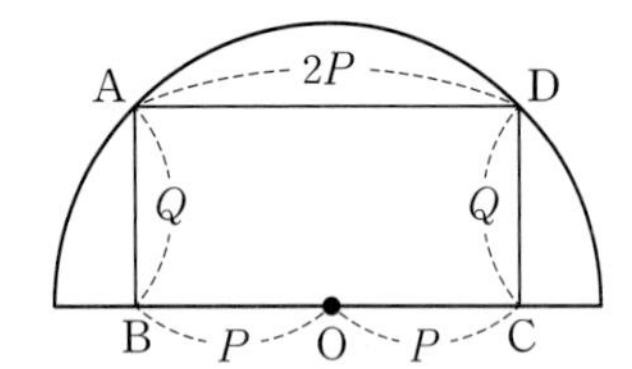

$\overline{DA}=2P$, $\overline{AB}=Q$, $\overline{BO}=P$이고

$\overline{OC}+\overline{CD}=x+y+2$에서

$P+Q=x+y+2$ …… ㉠

$\overline{DA}+\overline{AB}+\overline{BO}=x+3y+4$에서

$3P+Q=x+3y+4$ …… ㉡

㉡－㉠에서 $2P=2y+2$

$P=y+1$ …… ㉢

㉢을 ㉠에 대입하면

$y+1+Q=x+y+2$

$Q=x+1$

직사각형 ABCD의 넓이 S를 구하면

$S=\overline{DA}\times\overline{AB}=2P\times Q=2(y+1)(x+1)$

08 $(x+2y+3)^2$을 전개하면

$(x+2y+3)^2=x^2+4y^2+9+4xy+12y+6x$이고

y에 대한 내림차순으로 정리하면

$4y^2+(4x+12)y+x^2+6x+9$이므로

y의 계수는 $4x+12$이다.

09 (1) $(x+y+z)^2=x^2+y^2+z^2+2(xy+yz+zx)$

$4^2=x^2+y^2+z^2+2\times 5$

이므로 $x^2+y^2+z^2$의 값은 6

(2) $(x-y)^3=x^3-3xy(x-y)-y^3$

$3^3=x^3-y^3-3\times 4\times 3$

이므로 x^3-y^3의 값은 63

10 항등식은 x가 어떤 값을 갖더라도 성립하는 식이므로 $x=0$, $x=-2$를 각각 대입하여 정리하면

$x=0$일 때 $3=4+2a+b$

$x=-2$일 때 $4-4+3=b$

따라서 $b=3$, $a=-2$

(다른 풀이) 우변을 전개하여 정리하면

$x^2+(4+a)x+4+2a+b$가 되므로 $4+a=2$,

$4+2a+b=3$이다.

따라서 $a=-2$, $b=3$

11 다항식 $f(x)$의 모든 항의 계수의 합은 $f(1)$과 같으므로

$f(1)=(a-1)^3=27$

따라서 $a=4$이다.

다항식 $g(x)=(3ax^2-ax-2)^3$의 전개식에서 모든 항의 계수의 합은

$g(1)=(3a-a-2)^3$

$=(2a-2)^3$

$=(8-2)^3=216$

12 직사각형의 가로의 길이와 세로의 길이를 각각 x cm, y cm라고 하면 직사각형의 대각선의 길이가 부채꼴의 반지름의 길이와 같으므로

$\sqrt{x^2+y^2}=20 \qquad \therefore\ x^2+y^2=400$

또한, 직사각형의 둘레의 길이가 44 cm이므로

$2(x+y)=44 \qquad \therefore\ x+y=22$

직사각형의 넓이는 xy이므로

$x^2+y^2=(x+y)^2-2xy$

$400=484-2xy$

$2xy=84$

$xy=42$

따라서 직사각형의 넓이는 42 cm^{2}이다.

13 직육면체의 높이를 A라 하면

$a^3+8a^2+19a+12=(a+1)(a+3)A$

$A=(a^3+8a^2+19a+12)\div(a^2+4a+3)$

$$\begin{array}{r|l} & a+4 \\ a^2+4a+3 & a^3+8a^2+19a+12 \\ & a^3+4a^2+3a \\ \hline & 4a^2+16a+12 \\ & 4a^2+16a+12 \\ \hline & 0 \end{array}$$

$\therefore A=a+4$

따라서 직육면체의 높이는 $a+4$이다.

14 사차식 $f(x)$를 이차식 $g(x)$로 나누었으므로 몫 $Q(x)$는 이차식, 나머지 $R(x)$는 일차 이하의 식이고,

$$f(x)=g(x)Q(x)+R(x)$$

ㄱ. $f(x)-Q(x)=g(x)Q(x)+R(x)-Q(x)$
$=\{g(x)-1\}Q(x)+R(x)$

$\therefore f(x)-Q(x)$를 $Q(x)$로 나눈 나머지는 $R(x)$이다.

ㄴ. $f(x)+Q(x)=g(x)Q(x)+R(x)+Q(x)$
$=\{g(x)+1\}Q(x)+R(x)$

$\therefore f(x)+Q(x)$를 $Q(x)$로 나눈 나머지는 $R(x)$이다.

ㄷ. $f(x)=g(x)Q(x)+R(x)$

$\therefore f(x)$를 $Q(x)$로 나눈 나머지는 $R(x)$이다.

15 다항식 $P(x)=x^3-2x^2+5x-4$를 일차식 $x-1$로 나눈 몫을 $Q(x)$, 나머지를 R라고 하면 다음과 같은 항등식이 성립한다.

$$P(x)=x^3-2x^2+5x-4$$
$$=(x-1)Q(x)+R$$

여기서 나누어떨어진다고 했으므로 $R=0$이고, 좌변이 삼차식이므로 $Q(x)$는 이차식이 되어야 한다.
따라서 $x^3-2x^2+5x-4=(x-1)(ax^2+bx+c)$와 같이 나타낼 수 있다.

16 (방법1) 등식
$x^3-2x^2+5x-4=(x-1)(ax^2+bx+c)$는 항등식이므로 모든 x의 값에 대해 성립한다.
따라서 $x=0$, -1, 2의 값을 대입하여 상수 a, b, c의 값을 구할 수 있다.

$x=0$일 때 $\quad -4=-c$에서 $c=4$

$x=-1$일 때

$-1-2-5-4=-2(a-b+4)$

$x=2$일 때 $\quad 8-8+10-4=4a+2b+4$

연립하여 계산하면 $a=1$, $b=-1$, $c=4$이다.

(방법2) 항등식은 좌변과 우변의 식이 같아야 한다.
우변 $(x-1)(ax^2+bx+c)$에서 x^3항은 일차식의 x와 이차식의 ax^2의 곱에서 나오므로 $x^3=ax^3$이 성립해야 한다. 따라서 $a=1$

우변 $(x-1)(ax^2+bx+c)$에서 상수항은 일차식의 -1과 이차식의 c가 곱해질 때이므로 $-4=-c$가 성립해야 한다. 따라서 $c=4$

우변 $(x-1)(ax^2+bx+c)$에서 일차항은 일차식의 x와 이차식의 c가 곱해지거나, 일차식의 -1과 이차식의 bx가 곱해져야 하므로
$5x=cx-bx$가 성립해야 한다. $c=4$이므로 $b=-1$이다.

(방법3) 조립제법을 이용할 수도 있다.

1	1	−2	5	−4
		1	−1	4
	1	−1	4	0

일차식 $x-1$로 나눈 몫이 x^2-x+4이므로
$a=1$, $b=-1$, $c=4$

17 $P(x)+8$을 $(x+2)^2$으로 나눈 몫을 $ax+b$ (a, b는 상수, $a\neq0$)라 하면

$$P(x)+8=(x+2)^2(ax+b) \quad \cdots\cdots ㉠$$

한편 $P(x)-1$이 x^2-1, 즉 $(x+1)(x-1)$로 나누어떨어지므로

$P(-1)-1=0$, $P(1)-1=0$

$\therefore P(-1)=1$, $P(1)=1$

㉠의 양변에 $x=-1$을 대입하면

$P(-1)+8=-a+b$

$9=-a+b \quad \therefore a-b=-9 \quad \cdots\cdots ㉡$

㉠의 양변에 $x=1$을 대입하면

$P(1)+8=9a+9b$

$9=9a+9b \quad \therefore a+b=1 \quad \cdots\cdots ㉢$

㉡, ㉢을 연립하여 풀면 $a=-4$, $b=5$
따라서 $P(x)+8=(x+2)^2(-4x+5)$이므로 이 등식의 양변에 $x=0$을 대입하면

$P(0)+8=2^2\times5 \quad \therefore P(0)=12$

18 다항식 $P(x)$를 일차식 $3x-1$로 나누었을 때의 몫과 나머지가 각각 $Q(x)$, R이므로 항등식으로 나타내면

$$P(x)=(3x-1)Q(x)+R$$

식을 변형하면

$$P(x)=\left(x-\frac{1}{3}\right)\times3Q(x)+R$$

따라서 $P(x)$를 일차식 $x-\frac{1}{3}$로 나눈 몫은 $3Q(x)$, 나머지는 R이다.

19 다항식 $P(x)=x^3-x^2+ax+b$가 $x-2$와 $x-1$로 모두 나누어떨어지므로 다음과 같은 항등식이 성립한다.

$P(x)=x^3-x^2+ax+b=(x-2)(x-1)Q(x)$

항등식이므로 양변에 $x=1$, $x=2$를 대입해도 성립한다.

$x=1$일 때 $1-1+a+b=0$ …… ㉠

$x=2$일 때 $8-4+2a+b=0$ …… ㉡

㉠, ㉡을 연립하여 계산하면 $a=-4$, $b=4$

20 나머지 $R(x)$는 일차식이나 상수항이므로 $R(x)=ax+b$로 둘 수 있다.

다항식 x^4-1을 $(x-1)^2$으로 나눈 몫을 $Q(x)$라고 하면 다음 등식이 성립한다.

$x^4-1=(x-1)^2Q(x)+ax+b$ …… ㉠

㉠의 양변에 $x=1$을 대입하면

$0=a+b$이다. $b=-a$를 ㉠에 대입하여 정리하면

$x^4-1=(x-1)^2Q(x)+a(x-1)$

$=(x-1)\{(x-1)Q(x)+a\}$

이때, $x^4-1=(x-1)(x+1)(x^2+1)$이므로

$(x+1)(x^2+1)=(x-1)Q(x)+a$ …… ㉡

㉡의 양변에 $x=1$을 대입하면

$a=4$

따라서 $R(x)=4x-4$이고 $R(10)=36$

21 다항식 $P(x)$를 $(x+1)^2$으로 나눈 몫을 $Q(x)$라고 하면 나머지는 $-3x+1$이므로

$P(x)=(x+1)^2Q(x)-3x+1$ … ㉠

다항식 $P(x)$를 $x-2$로 나눈 몫을 $Q'(x)$라고 하면 나머지는 4이므로

$P(x)=(x-2)Q'(x)+4$ … ㉡

다항식 $P(x)$를 $(x+1)^2(x-2)$로 나눈 몫을 $Q''(x)$라고 하면 나머지는 이차 이하의 식이므로 $R(x)=ax^2+bx+c$로 둘 수 있다.

$P(x)=(x+1)^2(x-2)Q''(x)+ax^2+bx+c$ … ㉢

㉠에 의해

$R(x)=ax^2+bx+c=a(x+1)^2-3x+1$이므로 ㉢을

$P(x)=(x+1)^2(x-2)Q''(x)+a(x+1)^2-3x+1$ … ㉣

로 쓸 수 있다.

㉡에서 $P(2)=4$이므로 ㉣에 $x=2$를 대입하면

$P(2)=9a-6+1=4$

$a=1$이므로

$R(x)=ax^2+bx+c$

$=(x+1)^2-3x+1$

$=x^2-x+2$

$\therefore R(0)=2$

22 $x^2=X$로 놓으면

$x^4-10x^2+9=X^2-10X+9$

$=(X-1)(X-9)$

$=(x^2-1)(x^2-9)$

$=(x+1)(x-1)(x+3)(x-3)$

23 $P(x)=x^4-2x^3+3x^2-2x-8$로 놓으면, $P(2)=0$이므로 조립제법에서

2	1	−2	3	−2	−8
		2	0	6	8
	1	0	3	4	0

$P(x)=(x-2)(x^3+3x+4)$

$Q(x)=x^3+3x+4$로 놓으면 $Q(-1)=0$이므로 조립제법에서

−1	1	0	3	4
		−1	1	−4
	1	−1	4	0

$Q(x)=(x+1)(x^2-x+4)$

$\therefore P(x)=(x-2)(x+1)(x^2-x+4)$

따라서 $a=1$, $b=-1$, $c=4$이므로

$a-b+c=6$

24 $P(1)=1-a+11-6=0$이므로 $a=6$이다.

조립제법에서

1	1	−6	11	−6
		1	−5	6
	1	−5	6	0

$P(x)=x^3-6x^2+11x-6$
$=(x-1)(x^2-5x+6)$
$=(x-1)(x-2)(x-3)$

25 $x=10$으로 놓으면
$10\times13\times14\times17+36$
$=x(x+3)(x+4)(x+7)+36$
$=\{x(x+7)\}\{(x+3)(x+4)\}+36$
$=(x^2+7x)(x^2+7x+12)+36$
$x^2+7x=t$로 놓으면
$(x^2+7x)(x^2+7x+12)+36=t(t+12)+36$
$=t^2+12t+36$
$=(t+6)^2$
$=(x^2+7x+6)^2$
$=(10^2+7\times10+6)^2$
$=176^2$
$\sqrt{10\times13\times14\times17+36}=176$
(다른 풀이) $x=13$으로 놓고 위 (풀이)와 같은 방법으로 풀 수도 있다.

Ⅱ 방정식과 부등식

기억하기

070쪽 ~ 071쪽

1 (1) $x=-2$ 또는 $x=-3$ (2) $x=3$(중근)
(3) $x=-1$ 또는 $x=\frac{3}{2}$ (4) $-1\pm\sqrt{2}$

(풀이) (1) $(x+2)(x+3)=0$에서
$x=-2$ 또는 $x=-3$
(2) $(x-3)^2=0$에서 $x=3$(중근)
(3) $(x+1)(2x-3)=0$에서 $x=-1$ 또는 $x=\frac{3}{2}$
(4) 근의 공식을 이용하면
$$x=\frac{-2\pm\sqrt{2^2-4\times1\times(-1)}}{2\times1}=-1\pm\sqrt{2}$$

2 -6
(풀이) 다항식 $P(x)=2x^3-3x^2+ax-1$이 $x+1$로 나누어떨어지므로 인수정리에 의하여 $P(-1)=0$이다.
$P(-1)=-2-3-a-1=0$에서 $a=-6$

3 $(x-1)(x-3)(x+2)$
(풀이) 다항식 $P(x)=x^3-2x^2-5x+6$이라고 하면, $P(1)=0$이므로 다항식 $P(x)$는 $x-1$을 인수로 갖는다.
조립제법에서
$x^3-2x^2-5x+6=(x-1)(x^2-x-6)$
$=(x-1)(x-3)(x+2)$

1	1	−2	−5	6
		1	−1	−6
	1	−1	−6	0

4 13
(풀이) $P(x)=x^3-ax+9$라 하면 $P(x)$를 $x-2$로 나눈 나머지가 5이므로 나머지정리에 의해
$P(2)=2^3-2a+9=5$에서 $a=6$
조립제법을 이용하여 $P(x)=x^3-6x+9$를 $x-2$로 나눈 몫 $Q(x)$를 구하면
$Q(x)=x^2+2x-2$
따라서 $Q(3)=3^2+2\times3-2=13$

2	1	0	-6	9
		2	4	-4
	1	2	-2	5

5 (1) 풀이 참조 (2) 풀이 참조

풀이 (1) 꼭짓점의 좌표는 $(1,\ -2)$

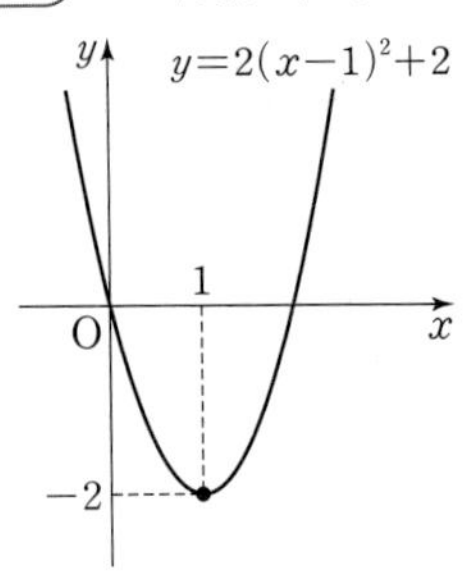

(2) $y=-2x^2-4x-3=-2(x+1)^2-1$이므로

꼭짓점의 좌표는 $(-1,\ -1)$

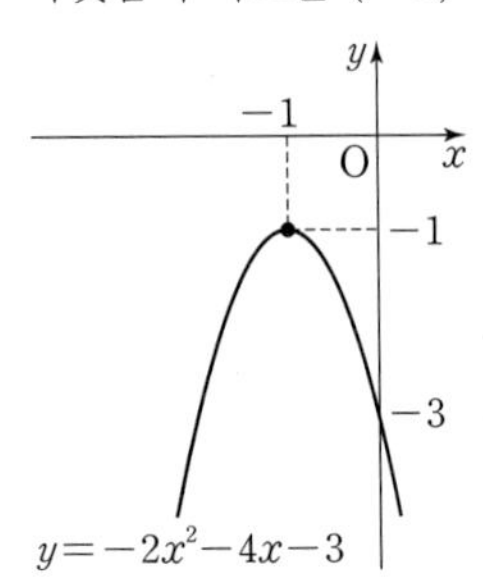

01 복소수와 그 연산

탐구하기 1 072쪽 ~ 073쪽

01 (1) $P(x)=ax^2+bx+c$라 하면 -2가 이차방정식 $ax^2+bx+c=0$의 근이므로 $P(-2)=0$이다.

인수정리에 의하여 다항식 ax^2+bx+c는 $x+2$를 인수로 갖는다.

(2) $P(x)=ax^2+bx+c$라 하자. $ax^2+bx+c=0$의 두 근이 -2와 3이므로 $P(-2)=0$, $P(3)=0$이다.

$P(x)$가 $x+2$와 $x-3$을 인수로 가지므로, 이차방정식은 $a(x+2)(x-3)=0$과 같다.

02 (1) 예 두 실수를 3과 -4라 하고, 3과 -4를 근으로 갖는 이차방정식을 $P(x)=0$이라 한다.

다항식 $P(x)$는 $x-3$과 $x+4$를 인수로 가지므로 $a(x-3)(x+4)=0$이다.

이때, $a=1$이라 하면 이차방정식은 $x^2+x-12=0$이다.

(2)

친구가 만든 이차방정식	풀이 및 이차방정식의 근
예 $x^2-5x+6=0$	예 $x^2-5x+6=0$ $(x-2)(x-3)=0$이므로 $x=2$ 또는 $x=3$

03 항상 존재한다.

두 실수 α, β에 대하여 $a(x-\alpha)(x-\beta)=0$은 α, β를 근으로 갖는 이차방정식이기 때문이다.

04 예 이차방정식 $ax^2+bx+c=0$의 근은 근의 공식에 의하여 $x=\dfrac{-b\pm\sqrt{b^2-4ac}}{2a}$인데, 이때 근호 안의 b^2-4ac의 값이 음수인 수는 존재하지 않기 때문에 모든 이차방정식은 항상 근을 갖는다고 말할 수 없다. 그래서 근의 공식에는 $b^2-4ac\geq0$이라는 단서가 붙어 있다. 예를 들어 이차방정식 $x^2+x+1=0$인 경우, $b^2-4ac=-3$으로 음수인데 이런 수는 근이라고 할 수 없을 것이다.

탐구하기 2 073쪽 ~ 075쪽

01 (1)

수의 종류	특징	예시
㉠	예 수를 세거나 순서를 매길 때 사용한다.	예 1, 2, 3, 4, 5
㉡	예 양의 정수(자연수)에 음의 부호(−)를 붙인 수이다.	예 -2, -5, -7, -10, -20
㉢	예 정수인 분자와 분모의 비로 나타낼 수 있는 수로서 소수로 나타내기도 한다.	예 0.1, $\dfrac{1}{2}$, $-\dfrac{2}{3}$, 0.25, $-0.\dot{3}$
㉣	예 정수인 분자와 분모의 비로 나타낼 수 없는 수이다.	예 $\sqrt{2}$, $-\sqrt{11}$, $1-\sqrt{3}$, π, $\dfrac{\sqrt{2}}{3}$

(2) 없다.

풀이 4가지 수는 모두 제곱하면 0 이상이다.

02

이차방정식	풀이 및 이차방정식의 근	수의 종류
$x^2-1=0$	$x^2=1$에서 $x=1$ 또는 $x=-1$	㉠과 ㉡
$x^2+x-2=0$	x^2+x-2 $=(x-1)(x+2)=0$ $\therefore x=1$ 또는 $x=-2$	㉠과 ㉡
$4x^2-4x+1=0$	$4x^2-4x+1=(2x-1)^2=0$ $\therefore x=\frac{1}{2}$ (중근)	㉢
$x^2-5=0$	$x^2=5$에서 $x=\sqrt{5}$ 또는 $x=-\sqrt{5}$	㉣
$x^2-2x-1=0$	풀이1 $x^2-2x-1=0$ $x^2-2x=1$ $x^2-2x+1=1+1$ $(x-1)^2=2$ $x-1=\pm\sqrt{2}$ $\therefore x=1\pm\sqrt{2}$ 풀이2 $x^2-2x-1=0$ 근의 공식에 의하여 $x=\frac{2\pm\sqrt{8}}{2}=\frac{2\pm2\sqrt{2}}{2}$ $\therefore x=1\pm\sqrt{2}$	㉣

03 ① 인수분해에 의한 풀이

② 제곱근에 의한 풀이($x^2=k$의 형태)

③ 완전제곱식에 의한 풀이

④ 근의 공식에 의한 풀이

$ax^2+bx+c=0$의 근은 $x=\frac{-b\pm\sqrt{b^2-4ac}}{2a}$

(단, $b^2-4ac\geq0$)

04 (1) 예 인수분해가 되는지 알아보려면 곱이 5인 두 수를 찾아 합이 -4인 경우를 조사하면 되는데, 곱이 5인 두 수(1과 5 또는 -1과 -5) 중 합이 -4인 경우는 없기 때문에 좌변을 인수분해할 수 없다.

(2) 예 $x^2-4x+5=0$에 근의 공식을 적용하면

$x=\frac{4\pm\sqrt{-4}}{2}$인데 근호 안이 음수인 경우는 다루어 본 적이 없어서 이것을 근이라고 할 수 있는지 모르겠다.

05 예 실수가 아닌 근을 갖는 이차방정식도 존재한다. 근의 공식에서 $\sqrt{\quad}$ 안의 값이 음수가 되는 경우가 있는데, 실수에는 그런 수가 없기 때문에 그 근은 실수라고 할 수 없다.

예 $ax^2+bx+c=0$에서

$$\left(x+\frac{b}{2a}\right)^2=\frac{b^2-4ac}{4a^2}$$

x가 실수이면 $x+\frac{b}{2a}$도 실수이다.

따라서 $\left(x+\frac{b}{2a}\right)^2\geq0$이다.

그런데 $4a^2>0$이므로 $b^2-4ac\geq0$이면 실수 x의 값이 존재하지만 $b^2-4ac<0$이면 실수 x의 값은 존재하지 않는다.

따라서 이차방정식 $ax^2+bx+c=0$은 실수가 아닌 근을 가질 수도 있다.

06

이차방정식	근	이차방정식	근
$x^2=1$	$x=\pm1$	$x^2=-1$	$x=\pm\sqrt{-1}$ $(x=\pm i)$
$x^2=2$	$x=\pm\sqrt{2}$	$x^2=-2$	$x=\pm\sqrt{-2}$ $(x=\pm\sqrt{2}i)$
$x^2=3$	$x=\pm\sqrt{3}$	$x^2=-3$	$x=\pm\sqrt{-3}$ $(x=\pm\sqrt{3}i)$
$x^2=4$	$x=\pm2$	$x^2=-4$	$x=\pm\sqrt{-4}$ $(x=\pm2i)$

탐구하기 3

076쪽 ~ 078쪽

01 (1) $x=2\pm i$ (2) $x=3\pm\sqrt{3}i$

풀이 (1) $x^2-4x+5=0$에 근의 공식을 적용하면

$x=2\pm\sqrt{-1}=2\pm i$

따라서 $x=2+i$ 또는 $x=2-i$

(2) $x^2-6x+12=0$에 근의 공식을 적용하면

$x=3\pm\sqrt{-3}=3\pm\sqrt{3}i$

따라서 $x=3+\sqrt{3}i$ 또는 $x=3-\sqrt{3}i$

02 (1) 동의하지 않는다.

실수 a에 대하여 $a=a+0i$로 나타낼 수 있으므로 실수 a도 복소수이다.

(2)

이차방정식	이차방정식의 해
$x^2=9$	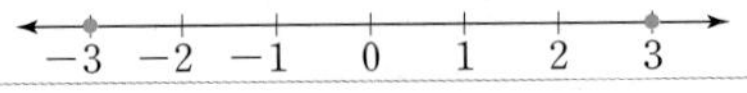 수직선 위 −3, 3에 표시
$x^2=2$	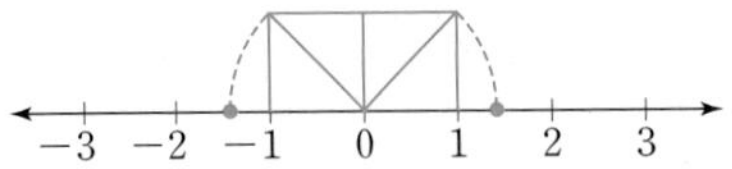 수직선 위 $-\sqrt{2}$, $\sqrt{2}$에 표시
$x^2=-1$	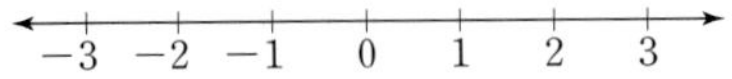 (표시할 수 없다.)
$x^2=\frac{9}{16}$	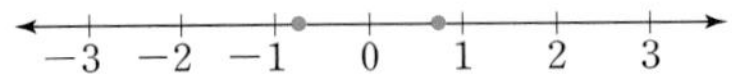 수직선 위 $-\frac{3}{4}$, $\frac{3}{4}$에 표시

(3)

나의 생각	모둠의 생각
예 • i는 실수와 다르다. • 허수는 수직선에 그릴 수 없다.	예 • 허수는 수직선에 나타낼 수 없으므로 크기를 비교할 수 없다. • 수직선이 실수로 꽉 차 있어서 허수는 들어갈 수가 없다.

03

수	정수	유리수	실수	복소수
$-2+3i$				○
$-\sqrt{7}$			○	○
5	○	○	○	○
2.7		○	○	○
$-\frac{2}{3}$		○	○	○
$3i$				○
$2-\sqrt{9}$	○	○	○	○
$1-\sqrt{-5}$				○

04 (1) 실수 (2) 허수
(3) 유리수 (4) 무리수
(5) 정수 (6) 정수가 아닌 유리수
(7) 자연수 (8) 음의 정수

05 (1) $x=\frac{-1\pm\sqrt{3}i}{2}$ (2) $x=\frac{6\pm2i}{2}=3\pm i$
(3) $x=\pm2i$

• 모두 복소수로 되어 있다.
• 실수부분이 서로 같다.
• 허수부분의 부호가 다르다.
• i가 있는 부분에 ± 부호가 있다.

탐구하기 4

079쪽 ~ 081쪽

01 (1) $a=2,\ b=0,\ c=3$ (2) $a=-7,\ b=5$
(3) 풀이 참조

풀이 (1) $2x^2+3=ax^2+bx+c$가 x에 대한 항등식이므로 항등식의 성질에 의하여 양변의 계수를 비교하면

$a=2,\ b=0,\ c=3$

(2) $a+5\sqrt{2}=-7+b\sqrt{2}$에서

$(b-5)\sqrt{2}=a+7$

만약 $b\neq5$이면 양변을 $b-5$로 나눌 수 있고

$\sqrt{2}=\frac{a+7}{b-5}$

이때 좌변은 무리수인데 우변은 유리수이므로 모순이다.

따라서 $b=5$이고, 이때 $a=-7$

(3) $a+5i=-7+bi$에서

$(b-5)i=a+7$

만약 $b\neq5$이면 양변은 $b-5$로 나눌 수 있으므로

$i=\frac{a+7}{b-5}$

이때 좌변은 허수인데 우변은 실수이므로 모순이다.
따라서 $b=5$이고, $a=-7$일 것으로 추측할 수 있다.

02 (1) $(1+2x)-(2-x)=1+2x-2+x$
$=3x-1$

(2) $(1+5\sqrt{2})+(-2\sqrt{2}-7)=1+5\sqrt{2}-2\sqrt{2}-7$
$=(5\sqrt{2}-2\sqrt{2})+(1-7)$
$=3\sqrt{2}-6$

(3) $3\sqrt{3}-(5\sqrt{3}-5)=3\sqrt{3}-5\sqrt{3}+5$
$=-2\sqrt{3}+5$

(4) $(1+5i)+(-7-2i)=1+5i-7-2i$
$=(1-7)+(5i-2i)$
$=-6+3i$

(5) $3i-(5i-5)=3i-5i+5$
$=5-2i$

복소수의 덧셈과 뺄셈 방법 정리
다항식의 동류항 정리나 제곱근의 덧셈과 뺄셈을 생각하면 복소수도 허수단위 i를 문자나 제곱근과 같이 생각하여 실수부분과 허수부분을 구분해서 덧셈과 뺄셈을 한다.

03 (1) $(2x-1)(3x+2)=6x^2+4x-3x-2$

$=6x^2+x-2$

(2) $(1+5\sqrt{2})(2\sqrt{2}+2)=2\sqrt{2}+2+20+10\sqrt{2}$

$=22+12\sqrt{2}$

(3) $(1+5i)(-2i-7)=-2i-7-10i^2-35i$

$=-2i-7-10\times(-1)-35i$

$=3-37i$

(4) $(4-3i)(4+3i)=16+12i-12i-9i^2$

$=16-9\times(-1)$

$=25$

복소수의 곱셈 방법 정리
복소수의 곱셈도 다항식이나 제곱근의 곱셈과 동일하게 분배법칙을 사용하여 계산한다. 이때 i^2은 그 값이 -1이므로 실수로 고쳐서 계산한다.

04

i의 거듭제곱	계산하기
i^2	$i^2=(\sqrt{-1})^2=-1$
i^3	$i^3=i^2\times i=(-1)\times i=-i$
i^4	$i^4=i^3\times i=(-i)\times i=-i^2=1$
i^5	$i^5=i^4\times i=1\times i=i$
i^6	$i^6=i^5\times i=i\times i=i^2=-1$
i^7	$i^7=i^6\times i=(-1)\times i=-i$
i^8	$i^8=i^7\times i=(-i)\times i=-i^2=1$
i^9	$i^9=i^8\times i=i$
i^{10}	$i^{10}=i^9\times i=i\times i=i^2=-1$
i^{11}	$i^{11}=i^{10}\times i=(-1)\times i=-i$
i^{12}	$i^{12}=i^{11}\times i=(-i)\times i=-i^2=1$

(1) 풀이 참조 (2) $i^{20}=1$, $i^{30}=-1$

풀이 (1) 결과가 같은 것끼리 모으면

$i^5=i^9=i$

$i^2=i^6=i^{10}=-1$

$i^3=i^7=i^{11}=-i$

$i^4=i^8-i^{12}=1$

지수가 4씩 커지면서 같은 수가 반복된다. $i^4=1$이기 때문이다.

i는 허수이지만 i의 거듭제곱은 실수와 허수가 반복된다.

(2) $i^4=1$이므로, $i^{20}=(i^4)^5=1^5=1$

$i^{30}=(i^4)^7\times i^2=1\times i^2=-1$

탐구하기 5

082쪽

01 (1) $12\sqrt{3}\div 3=\dfrac{12\sqrt{3}}{3}=4\sqrt{3}$

(2) $3\div(\sqrt{5}-\sqrt{2})=\dfrac{3}{\sqrt{5}-\sqrt{2}}$

$=\dfrac{3(\sqrt{5}+\sqrt{2})}{(\sqrt{5}-\sqrt{2})(\sqrt{5}+\sqrt{2})}$

$=\sqrt{5}+\sqrt{2}$

(3) $1\div i=\dfrac{1}{i}=\dfrac{i}{i^2}=-i$

(4) $1\div(2-i)=\dfrac{1}{2-i}$

$=\dfrac{1\times(2+i)}{(2-i)(2+i)}$

$=\dfrac{2+i}{5}=\dfrac{2}{5}+\dfrac{1}{5}i$

(5) $(3+4i)\div(2+3i)=\dfrac{3+4i}{2+3i}$

$=\dfrac{(3+4i)(2-3i)}{(2+3i)(2-3i)}$

$=\dfrac{6-9i+8i-12i^2}{2^2-(3i)^2}$

$=\dfrac{18-i}{13}=\dfrac{18}{13}-\dfrac{1}{13}i$

복소수의 나눗셈 방법 정리
제곱근의 나눗셈에서 역수를 곱하는 것과 같이 복소수의 나눗셈도 역수를 곱하여 계산한다. 분모의 실수화할 때는 분모를 유리화할 때와 같은 방법으로 계산한다. 분모의 켤레복소수를 분자와 분모에 곱하면 허수인 분모를 실수로 바꿀 수 있다.

02 (1) $\frac{3-i}{3+i}=\frac{(3-i)(3-i)}{(3+i)(3-i)}=\frac{9-6i+i^2}{10}$

$=\frac{4}{5}-\frac{3}{5}i$

(2) $\frac{1}{x+yi}=\frac{1\times(x-yi)}{(x+yi)(x-yi)}=\frac{x-yi}{x^2+y^2}$

$=\frac{x}{x^2+y^2}-\frac{y}{x^2+y^2}i$

탐구하기 6 083쪽

01 (1) $(\sqrt{2})\times(\sqrt{3}i)=\sqrt{2}\sqrt{3}i=\sqrt{6}i=\sqrt{-6}$

(2) $(\sqrt{2}i)\times(\sqrt{3}i)=\sqrt{2}\sqrt{3}i^2=-\sqrt{6}$

(3) $\frac{\sqrt{2}i}{\sqrt{3}}=\frac{\sqrt{2}}{\sqrt{3}}i=\sqrt{\frac{2}{3}}i=\sqrt{-\frac{2}{3}}$

(4) $\frac{\sqrt{2}}{\sqrt{3}i}=\frac{\sqrt{2}}{\sqrt{3}}\times\frac{1}{i}=\sqrt{\frac{2}{3}}\times\frac{i}{i^2}=-\sqrt{\frac{2}{3}}i=-\sqrt{-\frac{2}{3}}$

(5) $\frac{\sqrt{2}i}{\sqrt{3}i}=\frac{\sqrt{2}}{\sqrt{3}}=\sqrt{\frac{2}{3}}$

02 (1) $(\sqrt{a}i)\times(\sqrt{b})=\sqrt{a}\sqrt{b}i=\sqrt{ab}i=\sqrt{-ab}$

(2) $(\sqrt{a}i)\times(\sqrt{b}i)=\sqrt{a}\sqrt{b}i^2=-\sqrt{ab}$

(3) $\frac{\sqrt{a}}{\sqrt{b}}\times\frac{1}{i}=\sqrt{\frac{a}{b}}\times\frac{i}{i^2}=-\sqrt{\frac{a}{b}}i=-\sqrt{-\frac{a}{b}}$

(4) $\frac{\sqrt{a}i}{\sqrt{b}i}=\frac{\sqrt{a}}{\sqrt{b}}=\sqrt{\frac{a}{b}}$

02 이차방정식의 판별식

탐구하기 1 084쪽 ~ 085쪽

01 (1) a, b가 실수이므로 $-\frac{b}{2a}$는 실수이다.

(2) $2a$와 b^2-4ac는 실수이지만, $\sqrt{b^2-4ac}$는 실수일 수도 허수일 수도 있다.

즉, b^2-4ac의 값이 음수가 아니면 $\sqrt{b^2-4ac}$는 실수이지만, b^2-4ac의 값이 음수이면 $\sqrt{b^2-4ac}$는 실수가 아니고 허수이다.

(3) 이차방정식 $ax^2+bx+c=0$의 근은

$x=\frac{-b\pm\sqrt{b^2-4ac}}{2a}$인데, 이 근이 실수인지 허수인지 판단하려면 $\sqrt{}$ 안의 b^2-4ac의 값이 0보다 크거나 같은지 또는 0보다 작은지 판단해야 한다.

02 (1) 서로 다른 두 실근

(2) 서로 같은 두 실근(중근)

(3) 서로 다른 두 허근

03 (1) $b^2-4ac=16-12=4>0$이므로 서로 다른 두 실근을 갖는다.

(2) $b^2-4ac=16-16=0$이므로 서로 같은 두 실근(중근)을 갖는다.

(3) $b^2-4ac=16-20=-4<0$이므로 서로 다른 두 허근을 갖는다.

탐구하기 2 085쪽

01 $x=-\frac{b}{2a}\pm\frac{\sqrt{b^2-4ac}}{2a}$로 나누어서 생각해 본다.

$b^2-4ac<0$이면 $\sqrt{b^2-4ac}$가 허수이므로

$x=-\frac{b}{2a}\pm\frac{\sqrt{b^2-4ac}}{2a}$는 서로 켤레복소수가 된다.

따라서 한 허근이 $m+ni$이면, 그 켤레복소수인 $m-ni$도 반드시 이차방정식의 근이 된다.

03 이차방정식의 근과 계수의 관계

탐구하기 1 086쪽

01 (1) $x^2-3x-4=0$　(2) $x^2+x-\frac{3}{4}=0$

(3) $x^2-2x+2=0$　(4) $x^2-2x-2=0$

(5) $x^2-5x=0$

풀이 (1) 두 근이 4와 -1이므로 인수정리에 의하여 이차방정식의 좌변은 $(x-4)(x+1)$로 인수분해된다. 따라서 구하는 방정식은 $(x-4)(x+1)=0$이고 이를 전개하면 $x^2-3x-4=0$이다.

(2) 두 근이 $\frac{1}{2}$, $-\frac{3}{2}$이므로 인수정리에 의하여 이차방정식의 좌변은 $\left(x-\frac{1}{2}\right)\left(x+\frac{3}{2}\right)$으로 인수분해된다.

따라서 구하는 방정식은 $\left(x-\frac{1}{2}\right)\left(x+\frac{3}{2}\right)=0$이고

이를 전개하면 $x^2+x-\frac{3}{4}=0$이다.

(3) 두 근이 $1+i$와 $1-i$이므로 인수정리에 의하여 이차방정식의 좌변은 $(x-1-i)(x-1+i)$로 인수분해된다.

따라서 구하는 방정식은

$(x-1-i)(x-1+i)=0$이고 이를 전개하면

$x^2-2x+2=0$이다.

(4) 두 근이 $1+\sqrt{3}$과 $1-\sqrt{3}$이므로 인수정리에 의하여 이차방정식의 좌변은 $(x-1-\sqrt{3})(x-1+\sqrt{3})$으로 인수분해된다.

따라서 구하는 방정식은

$(x-1-\sqrt{3})(x-1+\sqrt{3})=0$이고 이를 전개하면

$x^2-2x-2=0$이다.

(5) 두 근이 0과 5이므로 인수정리에 의하여 이차방정식의 좌변은 $x(x-5)$로 인수분해된다.

따라서 구하는 방정식은 $x(x-5)=0$이고 이를 전개하면 $x^2-5x=0$이다.

02 (1) $x^2-(\alpha+\beta)x+\alpha\beta=0$

(2) $ax^2-a(\alpha+\beta)x+a\alpha\beta=0$

(3) $\alpha+\beta=-\frac{b}{a}$, $\alpha\beta=\frac{c}{a}$

풀이 (1) 두 근이 α와 β이므로 인수정리에 의하여 이차방정식은 $(x-\alpha)(x-\beta)=0$이고 이를 전개하면 $x^2-(\alpha+\beta)x+\alpha\beta=0$이 된다.

(2) 두 근이 α와 β이므로 인수정리에 의하여 이차방정식은 $a(x-\alpha)(x-\beta)=0$이고 이를 전개하면 $ax^2-a(\alpha+\beta)x+a\alpha\beta=0$이 된다.

(3) (2)에서 전개된 이차방정식이

$ax^2-a(\alpha+\beta)x+a\alpha\beta=0$이므로

$ax^2+bx+c=ax^2-a(\alpha+\beta)x+a\alpha\beta$이다.

양변의 계수들이 각각 같으므로 이를 정리하면

$b=-a(\alpha+\beta)$이고 $c=a\alpha\beta$이다.

이를 정리하면,

$$\alpha+\beta=-\frac{b}{a},\ \alpha\beta=\frac{c}{a}$$

다른 풀이 $ax^2+bx+c=0$의 근을 근의 공식으로 구하면

두 근이 $\alpha=\frac{-b+\sqrt{b^2-4ac}}{2a}$, $\beta=\frac{-b-\sqrt{b^2-4ac}}{2a}$

이므로 $\alpha+\beta=-\frac{b}{a}$, $\alpha\beta=\frac{c}{a}$임을 알 수 있다.

03 (1) $-\frac{1}{3}$ (2) $\frac{100}{27}$

풀이 $\alpha+\beta=-\frac{2}{3}$, $\alpha\beta=\frac{6}{3}=2$이므로

(1) $\frac{1}{\alpha}+\frac{1}{\beta}=\frac{\alpha+\beta}{\alpha\beta}=-\frac{1}{3}$

(2) $\alpha^3+\beta^3=(\alpha+\beta)^3-3\alpha\beta(\alpha+\beta)$

$$=-\frac{8}{27}+4=\frac{100}{27}$$

04 이차방정식과 이차함수의 관계

탐구하기 1

087쪽 ~ 088쪽

01 (1) x절편: 4

$y=0$일 때 x의 값을 구한다.

$y=-\frac{1}{2}x+2$에서 $y=0$을 대입하면

$0=-\frac{1}{2}x+2$, $\frac{1}{2}x=2$, $x=4$이므로 x절편은 4이다.

y절편: 2

$x=0$일 때 y의 값을 구한다.

$y=-\frac{1}{2}x+2$에서 $x=0$을 대입하면

$y=-\frac{1}{2}\times0+2=2$이므로 y절편은 2이다.

(2) x절편이 4이고, y절편이 2이므로 일차함수의 그래프는 그림과 같다.

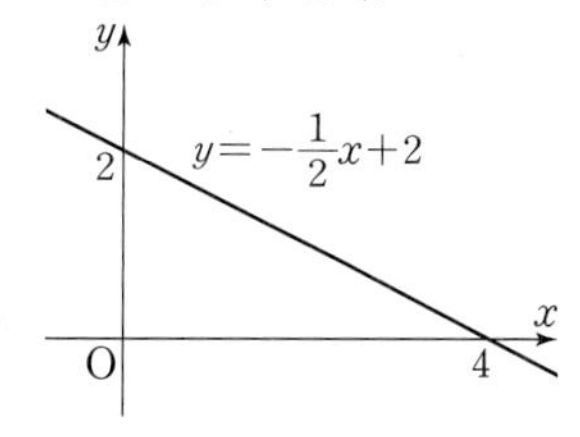

(3) 일차함수 $y=-\frac{1}{2}x+2$의 그래프의 x절편은 일차방정식 $-\frac{1}{2}x+2=0$의 해와 같다.

02 (1) x절편: -1, 3

$y=0$일 때 x의 값을 구한다.

$y=x^2-2x-3$에서 $y=0$을 대입하면

$0=x^2-2x-3=(x+1)(x-3)$에서

$x=-1$ 또는 $x=3$이므로 x절편은 -1과 3이다.

y절편: -3

$x=0$일 때 y의 값을 구한다.

$y=x^2-2x-3$에서 $x=0$을 대입하면

$y=0^2-2\times0-3=-3$이므로 y절편은 -3이다.

(2) x절편은 -1과 3이고, y절편은 -3이므로 이차함수의 그래프는 그림과 같다.

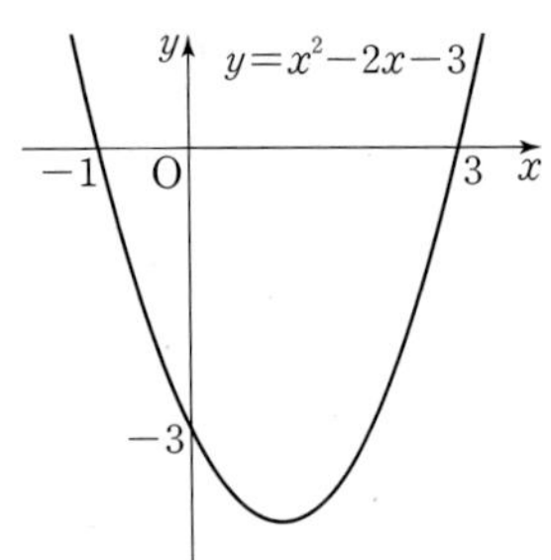

(3) 이차함수 $y=ax^2+bx+c$의 그래프의 x절편은 이차방정식 $ax^2+bx+c=0$의 실근과 같다.

03 (1) 이차방정식 $x^2-2x+2=0$의 판별식을 D라 하면

$$D=(-2)^2-4\times1\times2=-4<0$$

이므로 이차방정식 $x^2-2x+2=0$은 서로 다른 두 허근을 가진다.

(2) 이차함수 $y=x^2-2x+2$의 그래프의 x절편은 이차방정식 $x^2-2x+2=0$의 실근과 같다.

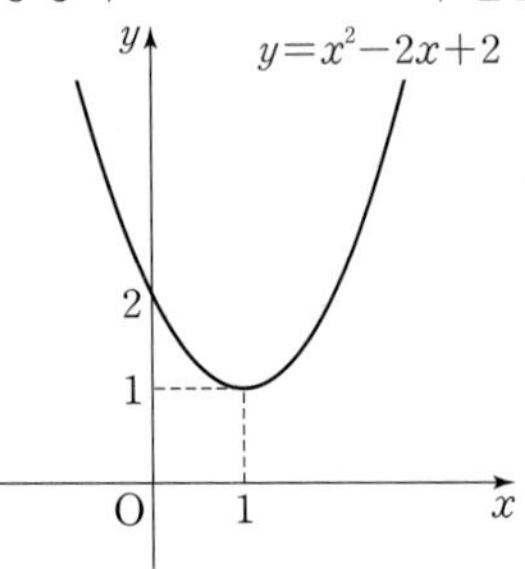

그런데 (1)에서 이차방정식 $x^2-2x+2=0$은 서로 다른 두 허근을 가진다.

즉, 이차방정식 $x^2-2x+2=0$의 실근이 하나도 없으므로 이차함수 $y=x^2-2x+2$의 그래프는 x축과 만나지 않는다.

탐구하기 2

088쪽 ~ 090쪽

01 (1)

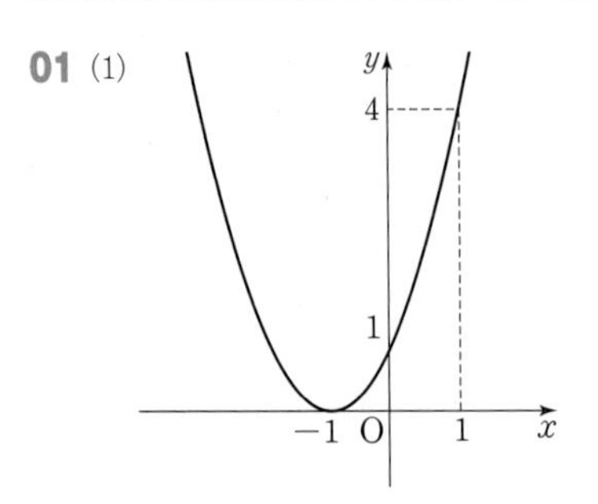

(2)

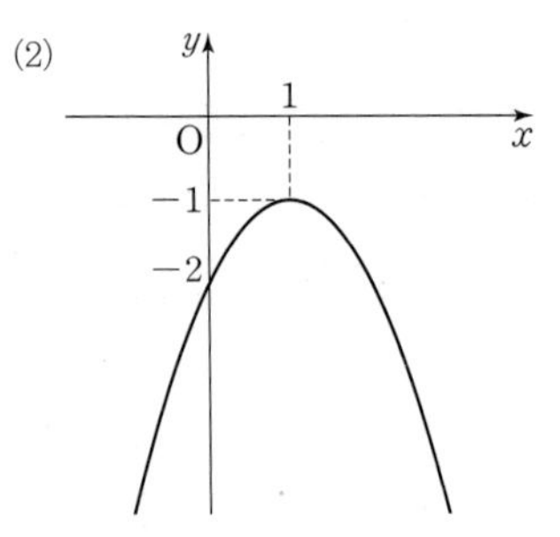

(3)

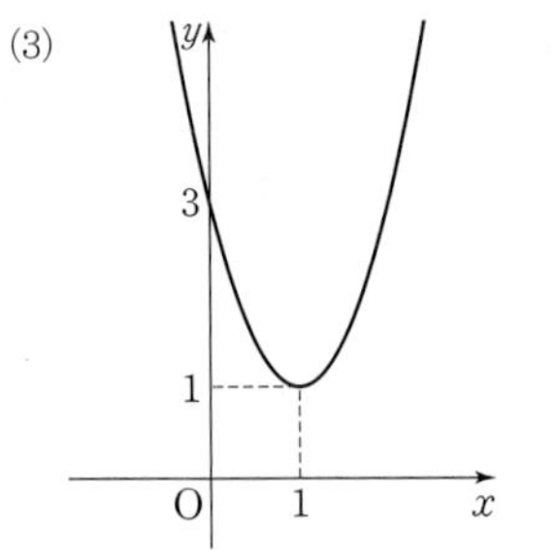

(4)

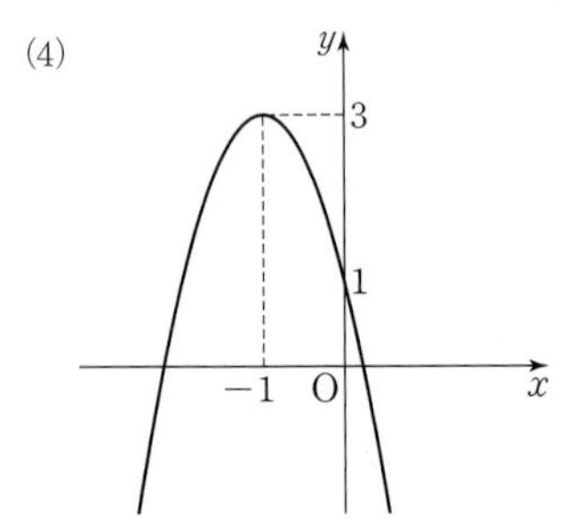

02 (1)

나의 생각	모둠의 생각
예 그래프가 위로 볼록한 포물선인 경우: (2), (4) 그래프가 아래로 볼록한 포물선인 경우: (1), (3) 예 서로 폭이 같은 것: (1), (2)와 (3), (4)	예 x축과 만나는 경우: (1), (4) x축과 만나지 않는 경우: (2), (3) 예 축의 위치가 y축의 왼쪽인 경우: (1), (4) 축의 위치가 y축의 오른쪽인 경우: (2), (3)

(2)

$y=ax^2+bx+c$	나의 생각	모둠의 생각
$y=x^2+2x+1$	$x^2+2x+1=0$ 의 $D=0$: x축에 접하는 경우	예 $x^2+2x+1=0$ 의 $D=0$: x축과 교점의 개수가 1개인 경우
$y=-x^2+2x-2$	$-x^2+2x-2=0$ 의 $D<0$: x축과 만나지 않는 경우	예 $-x^2+2x-2=0$ 의 $D<0$: x축과 교점의 개수가 0개인 경우
$y=2x^2-4x+3$	$2x^2-4x+3=0$ 의 $D<0$: x축과 만나지 않는 경우	예 $2x^2-4x+3=0$ 의 $D<0$: x축과 교점의 개수가 0개인 경우

(3)

$ax^2+bx+c=0$ 의 판별식 D	$D>0$	$D=0$	$D<0$
$ax^2+bx+c=0$ 의 근의 판별	서로 다른 두 실근	서로 같은 두 실근 (중근)	서로 다른 두 허근
$y=ax^2+bx+c$ 의 그래프와 x축의 위치 관계	서로 다른 두 점에서 만난다.	한 점에서 만난다. (접한다.)	만나지 않는다.
$a>0$일 때 $y=ax^2+bx+c$ 의 그래프	x	x	x
$a<0$일 때 $y=ax^2+bx+c$ 의 그래프	x	x	x

03 이차방정식 $ax^2+bx+c=0$의 판별식 $D=b^2-4ac$의 부호를 조사하면 이차함수 $y=ax^2+bx+c$의 그래프를 그리지 않고 이 그래프와 x축의 위치 관계를 알 수 있다.

(i) $D>0$이면, 이차함수의 그래프는 x축과 서로 다른 두 점에서 만난다.

(ii) $D=0$이면, 이차함수의 그래프는 x축과 한 점에서 만난다(접한다).

(iii) $D<0$이면, 이차함수의 그래프는 x축과 만나지 않는다.

04 민지의 의견은 옳다. 은혁이와 지우의 의견은 옳지 않다.

[이유] $x^2-2(k-1)x+k^2=0$의 판별식

$D/4=(k-1)^2-k^2=-2k+1$이므로

$k=\frac{1}{2}$일 때 x축과 교점의 개수 1개

$k>\frac{1}{2}$일 때 x축과 교점의 개수 0개

$k<\frac{1}{2}$일 때 x축과 교점의 개수 2개

05 (1) 이차함수 $y=x^2+2ax-8$의 그래프가 점$(-2, 0)$을 지나므로

$4-4a-8=0$에서 $a=-1$

$a=-1$을 주어진 이차함수의 식에 대입하면

$y=x^2-2x-8$

이 이차함수의 그래프의 x절편은 $x^2-2x-8=0$에서 $(x+2)(x-4)=0$이므로 -2, 4

따라서 $b=4$

(2) 이차함수 $y=x^2+2ax-8$의 그래프의 x절편이 -2, b이므로 $x^2+2ax-8=0$의 두 근이 -2, b이다.

이차방정식의 근과 계수의 관계에서

두 근의 합은 $-2+b=-2a$, 두 근의 곱은 $-2b=-8$

따라서 $b=4$

$-2+b=-2a$에 $b=4$를 대입하면 $a=-1$

06 $x=2$, $x=4$

풀이 조건 (가)로부터 $y=(x-3)^2+k$ (k는 실수)이다.

조건 (나)로부터 $(x-3)^2+k=-1$에서

$x^2-6x+k+10=0$의 판별식 D가 $D=0$이어야 하므로

$D=36-4(k+10)=0$에서 $k=-1$

$y=(x-3)^2-1=x^2-6x+8$의 그래프의 x절편은 $x^2-6x+8=0$의 실근이므로 $x=2$, $x=4$이다.

다른 풀이 조건 (가), (나)로부터 이차함수 $y=f(x)$의 그래프는 꼭짓점의 x좌표가 $x=3$이면서 직선 $y=-1$에 접하므로 꼭짓점의 좌표가 $(3, -1)$이다.

따라서 이차함수는 $y=(x-3)^2-1$이다.

$y=(x-3)^2-1=x^2-6x+8$의 그래프의 x절편은 $x^2-6x+8=0$의 실근이므로 $x=2$, $x=4$이다.

05 이차함수의 그래프와 직선의 위치 관계

탐구하기 1

091쪽 ~ 092쪽

01

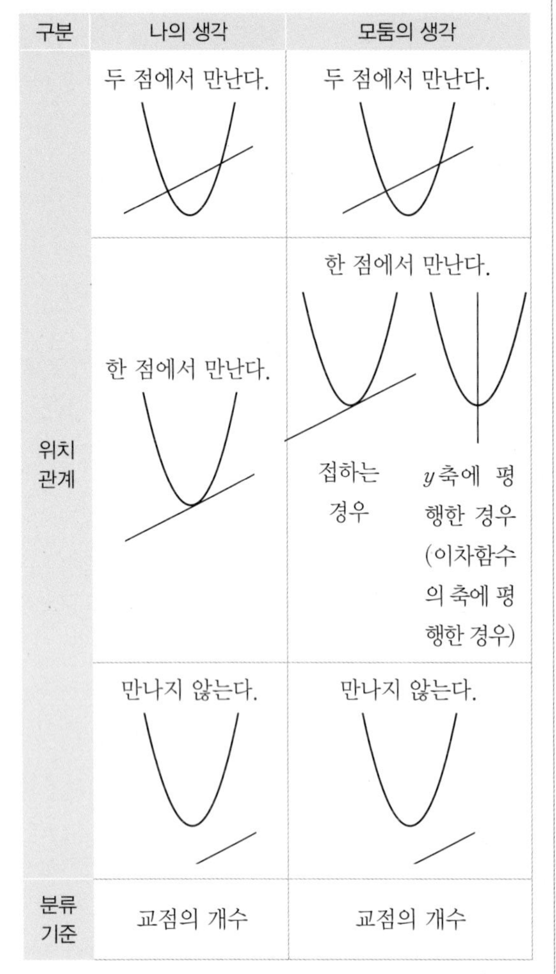

구분	나의 생각	모둠의 생각
위치 관계	두 점에서 만난다.	두 점에서 만난다.
	한 점에서 만난다.	한 점에서 만난다. 접하는 경우 / y축에 평행한 경우 (이차함수의 축에 평행한 경우)
	만나지 않는다.	만나지 않는다.
분류 기준	교점의 개수	교점의 개수

02 (풀이1) (1) 두 직선의 기울기가 다르므로 한 점에서 만난다.

(2) 기울기가 모두 2로 같지만 y절편이 다르므로 두 직선은 평행하다.

(3) 기울기가 모두 $-\frac{1}{2}$이고 y절편도 1로 같으므로 두 직선은 일치한다.

(풀이2) 세 경우 모두 두 직선의 그래프를 그려서 위치 관계를 설명할 수 있다.

(풀이3) 연립방정식으로 풀 수 있다.

(1) $2x+1=x-1$

$x=-2$, $y=-3$이므로 두 직선은 한 점 $(-2,\ -3)$에서 만난다.

(2) $\begin{cases} 4x-2y+2=0 \\ 4x-2y-1=0 \end{cases}$에서 두 식을 변끼리 빼면

$3=0$이 되어서 성립하지 않는다.

따라서 해가 없으므로 두 직선은 만나지 않는다.

(3) y를 소거하면 $x+2\left(-\frac{1}{2}x+1\right)-2=0$, $0=0$이 되어 항상 성립한다. 따라서 해가 무수히 많고 두 직선은 일치한다.

03

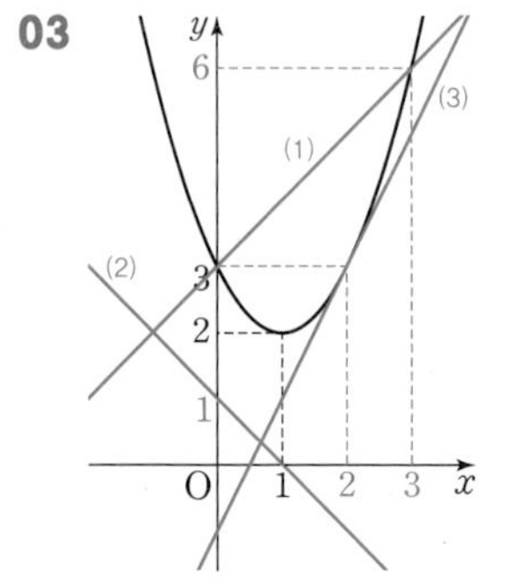

(풀이) 그래프 개형을 그려서 생각해 볼 수 있다. (1)과 (2)는 그래프 개형을 관찰하는 것만으로 위치 관계를 쉽게 판단할 수 있다.

(1) 두 점에서 만난다.

(2) 만나지 않는다.

(3) 한 점에서 만난다(접한다). 이차함수와 직선 모두 $(2,\ 3)$을 지난다.

(다른 풀이) y를 소거하여 구한 연립방정식의 교점의 수로 위치 관계를 판단할 수 있다.

(1) $x^2-2x+3=x+3$

$x^2-3x=0$

$x=0$ 또는 $x=3$이다. 따라서 두 점 $(0,\ 3)$, $(3,\ 6)$에서 만난다.

(2) $x^2-2x+3=-x+1$

$x^2-x+2=0$

판별식 $D=b^2-4ac=1-8<0$이므로 x는 허근이다. 따라서 서로 만나지 않는다.

(3) $x^2-2x+3=2x-1$

$x^2-4x+4=0$

$x=2$(중근)이고 한 점 $(2,\ 3)$에서 만난다(접한다).

04 이차함수와 직선의 그래프를 그린 그림만으로는 두 도형의 위치 관계를 정확하게 판단하기 어렵다.
정확하게 판단할 수 있으려면 두 도형의 방정식을 연립하여 y를 소거한 다음, x에 관한 이차방정식을 만들어 판별식을 구해 봐야 한다.

$2x^2+3x+2=2x+1.9$

$2x^2+x+0.1=0$

이고 이차방정식의 판별식

$D=1^2-4\times2\times(0.1)=1-0.8>0$

이므로 이차함수의 그래프와 직선은 두 점에서 만난다.

탐구하기 2

093쪽 ~ 094쪽

01 (1) 유빈이의 의견은 옳다.

연립방정식 $\begin{cases} y=ax^2+bx+c \\ y=mx+n \end{cases}$ 에서 y를 소거하면 x에 관한 이차방정식 $ax^2+(b-m)x+(c-n)=0$을 얻을 수 있다.

이 방정식의 실근의 개수에 따라 교점의 개수가 정해진다. 따라서 이 이차방정식의 판별식 $D=(b-m)^2-4a(c-n)$의 값의 부호에 따라 교점의 개수가 결정된다.

(2)

그래프로 나타낸 위치 관계	교점의 개수와 위치 관계	판단 기준
	2개 / 서로 다른 두 점에서 만난다.	$D=(b-m)^2-4a(c-n)>0$
	1개 / 한 점에서 만난다(접한다).	$D=(b-m)^2-4a(c-n)=0$
	0개 / 만나지 않는다.	$D=(b-m)^2-4a(c-n)<0$

02 (1) $k>-\frac{1}{4}$　(2) $k=-\frac{1}{4}$　(3) $k<-\frac{1}{4}$

(풀이) y를 소거한 이차방정식은 $x^2-x-k=0$이다. 판별식 $D=1+4k$이고, 판별식의 부호에 따라 위치 관계가 정해진다.

(1) $D=1+4k>0$, 따라서 $k>-\frac{1}{4}$이다.

(2) $D=1+4k=0$, 따라서 $k=-\frac{1}{4}$이다.

(3) $D=1+4k<0$, 따라서 $k<-\frac{1}{4}$이다.

(다른 풀이) 기하적인 접근

접하는 경우의 y절편 $k=-\frac{1}{4}$을 기준으로 더 커지면 두 점에서 만나고, 더 작아지면 만나지 않는다.
따라서 위와 같이 답할 수 있다.

03 (1)

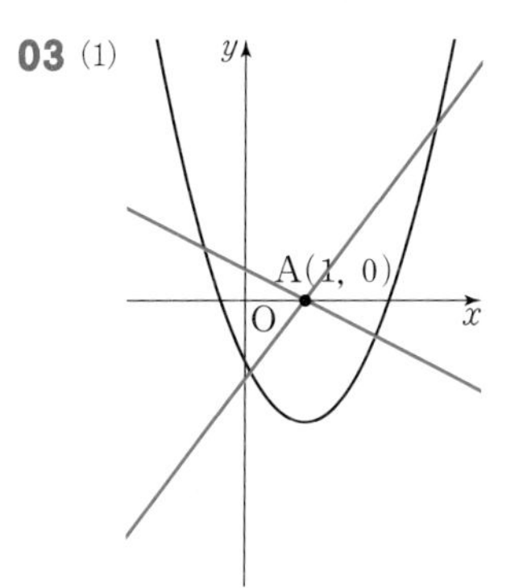

(항상) 서로 다른 두 점에서 만난다.

(2)

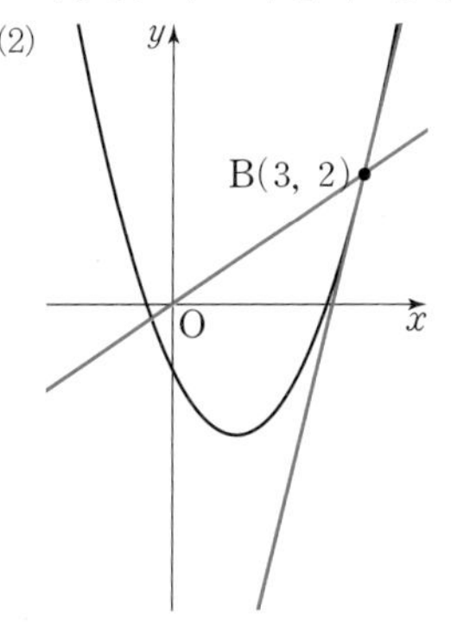

서로 다른 두 점에서 만난다.
한 점에서 만난다(접한다).

(3)

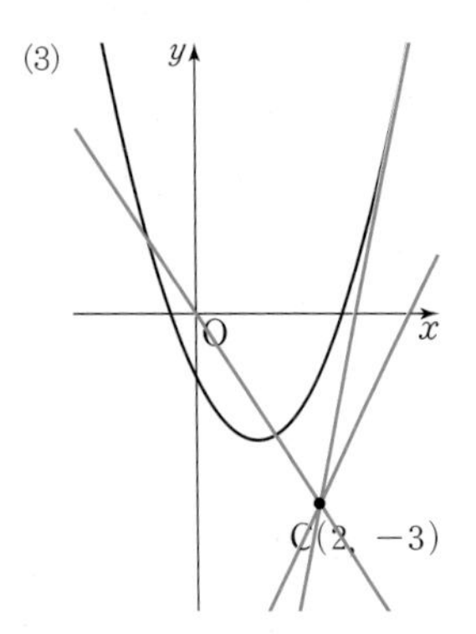

서로 다른 두 점에서 만난다.
한 점에서 만난다(접한다).
만나지 않는다.

04 (1)

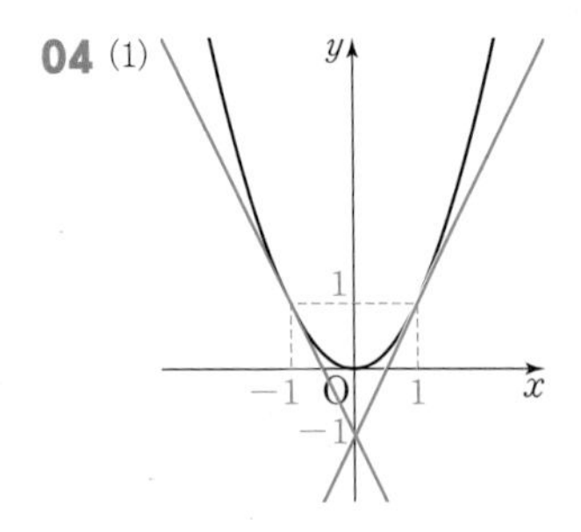

(2) $a=-2$, $a=2$　　(3) 풀이 참조

(풀이) (1) 직선 $y=ax-1$의 y절편은 -1이고 접선은 그림과 같이 2개가 그려진다.

(2) 접하는 경우를 구하기 위하여 두 식을 연립하여 정리하면 이차방정식 $x^2-ax+1=0$이 나온다.
접할 때는 이 이차방정식의 판별식 $D=a^2-4=0$, $a=\pm2$일 때이다.
그래프에서 접선의 기울기는 $a=-2$와 $a=2$이다.

(3)

서로 다른 두 점에서 만난다.	만나지 않는다.
$a>2$ 또는 $a<-2$	$-2<a<2$

(풀이) 점 $(1, 1)$에서 접할 때의 기울기가 2이므로 서로 다른 두 점에서 만나려면 기울기가 2보다 커야 한다.
또한 점 $(-1, 1)$에서 접할 때의 기울기가 -2이므로 서로 다른 두 점에서 만나려면 기울기가 -2보다 작아야 한다.
두 점 $(-1, 1)$과 $(1, 1)$에서 접할 때의 기울기가 각각 -2, 2이므로 만나지 않으려면 기울기가 -2와 2 사이여야 한다.

(다른 풀이) 이차부등식으로 해결할 수 있다.
서로 다른 두 점에서 만나는 경우는 이차방정식의 판별식 $D=a^2-4>0$, $a>2$ 또는 $a<-2$
만나지 않는 경우는 이차방정식의 판별식 $D=a^2-4<0$, $-2<a<2$

06 이차함수의 최대, 최소

탐구하기 1 　095쪽

01 (1) 일차함수의 그래프는 직선이고, 직선은 양쪽으로 한없이 뻗어 나가므로 가장 큰 함숫값과 가장 작은 함숫값을 구할 수 없다.
(2) 가장 작은 함숫값은 $x=2$일 때 2이고, 가장 큰 함숫값은 구할 수 없다.
(3) 가장 큰 함숫값은 $x=2$일 때 2이고, 가장 작은 함숫값은 구할 수 없다.
(4) 가장 작은 함숫값은 $x=-2$일 때 0이고, 가장 큰 함숫값은 $x=2$일 때 2이다.

02 철수의 설명은 옳지 않다.
만약 기울기 $a>0$이라면 철수의 생각은 옳다고 볼 수 있지만 지금은 기울기의 부호가 정해진 것이 아니므로, 일차함수의 그래프가 꼭 증가한다고 말할 수 없다. 만약 $a<0$이라면 일차함수 $y=ax+b$는 $x=-1$일 때 가장 큰 함숫값을, $x=1$일 때 가장 작은 함숫값을 갖는다.

탐구하기 2 　095쪽 ~ 097쪽

01 (1) 가장 큰 값은 구할 수 없고, 가장 작은 값은 $x=0$일 때 $y=1$이다.
가장 작은 값을 갖는 지점은 이차함수의 그래프에서 꼭짓점인데, 아래로 볼록한 이차함수의 그래프는 꼭짓점 부근에서 감소하다가 증가하는 형태로 바뀌기 때문에 꼭짓점에서 가장 작은 값을 가진다.
(2) 가장 작은 값은 구할 수 없고, 가장 큰 값은 $x=0$일 때 $y=2$이다.
가장 큰 값을 갖는 지점은 이차함수의 그래프에서 꼭짓점인데, 위로 볼록한 이차함수의 그래프는 꼭짓점 부근에서 증가하다가 감소하는 형태로 바뀌기 때문에 꼭짓점에서 가장 큰 값을 가진다.

02 (1) 함숫값은 $x=2$인 꼭짓점을 기준으로 양쪽으로 갈수록 모두 커진다. 직선 $x=2$를 기준으로 대칭이다.
가장 큰 함숫값: 구할 수 없다, 가장 작은 함숫값: -3

(2) $x=0$일 때 함숫값은 1이고 x의 값이 커질수록 함숫값은 점점 작아지다가 $x=2$일 때 함숫값은 -3이다. x가 2보다 크면 x의 값이 커질수록 함숫값은 점점 커지다가 $x=5$일 때 함숫값은 6이다.
가장 큰 함숫값 : 6, 가장 작은 함숫값: -3

(3) $x=-1$일 때 함숫값은 6이고 x의 값이 커질수록 함숫값은 점점 작아지다가 $x=1$일 때, 함숫값은 -2이다.
가장 큰 함숫값: 6, 가장 작은 함숫값: -2

03 (1)

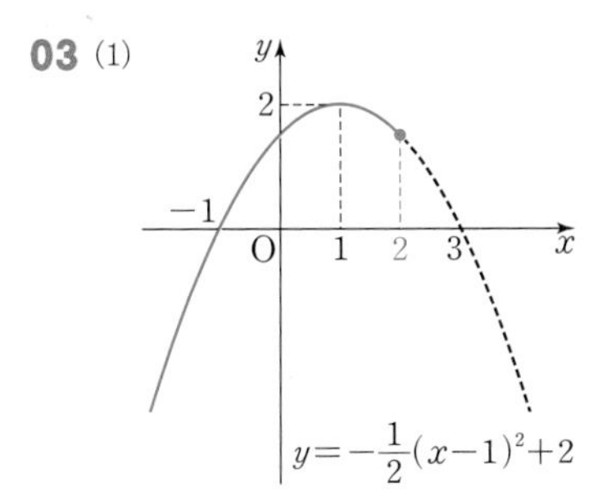

$x=2$일 때, 함숫값은 $\frac{3}{2}$이고, $x=1$일 때, 함숫값은 2이다.
직선 $x=1$을 축으로 왼쪽과 오른쪽 모두 함숫값이 작아진다.
가장 큰 함숫값: 2, 가장 작은 함숫값: 구할 수 없다.

(2)

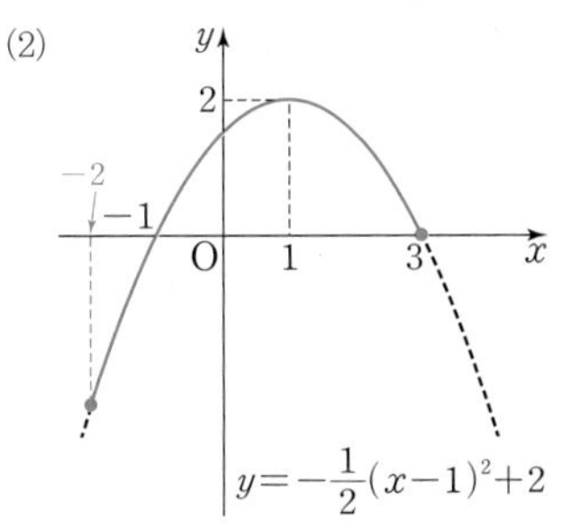

직선 $x=1$을 축으로 왼쪽과 오른쪽 모두 함숫값이 작아진다.
$x=3$일 때, 함숫값은 0이고, $x=-2$일 때, 함숫값은 $-\frac{5}{2}$이다.
가장 큰 함숫값: 2, 가장 작은 함숫값: $-\frac{5}{2}$

(3)

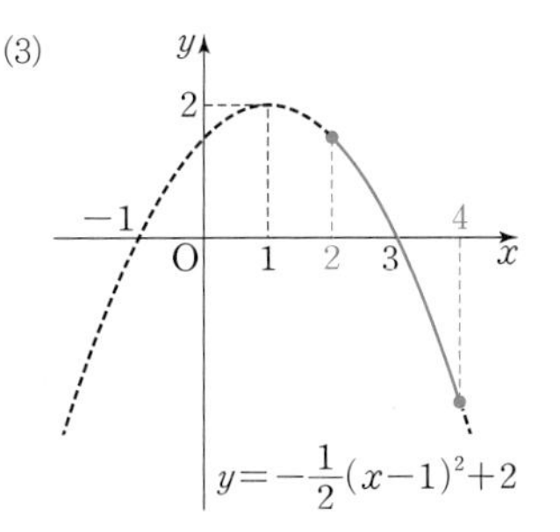

$x=2$일 때, 함숫값은 $\frac{3}{2}$이고, x의 값이 2에서 4까지 커지는 동안 함숫값이 작아진다.
$x=4$일 때, 함숫값은 $-\frac{5}{2}$이다.
가장 큰 함숫값: $\frac{3}{2}$, 가장 작은 함숫값: $-\frac{5}{2}$

04 (1)

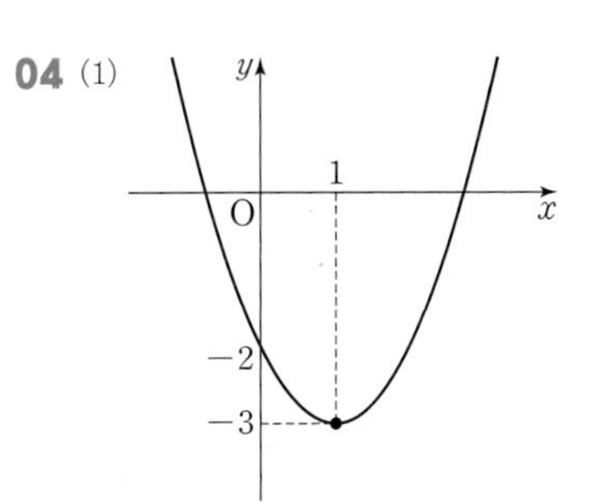

$y=x^2-2x-2=(x-1)^2-3$이므로 최솟값은 -3이고, 최댓값은 구할 수 없다.

(2)

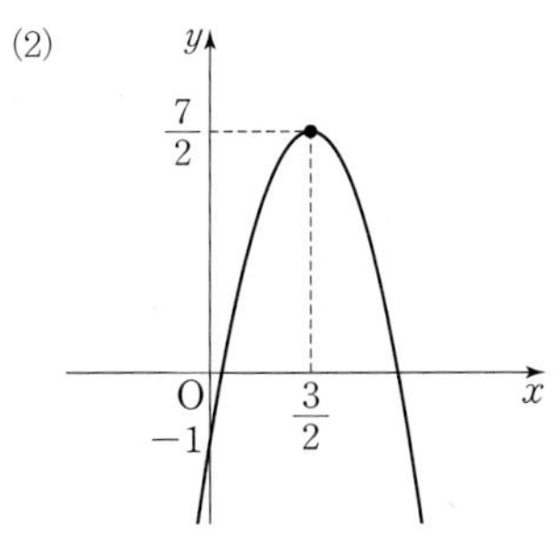

$y=-2x^2+6x-1=-2\left(x-\frac{3}{2}\right)^2+\frac{7}{2}$이므로
최댓값은 $\frac{7}{2}$이고, 최솟값은 구할 수 없다.

(3)

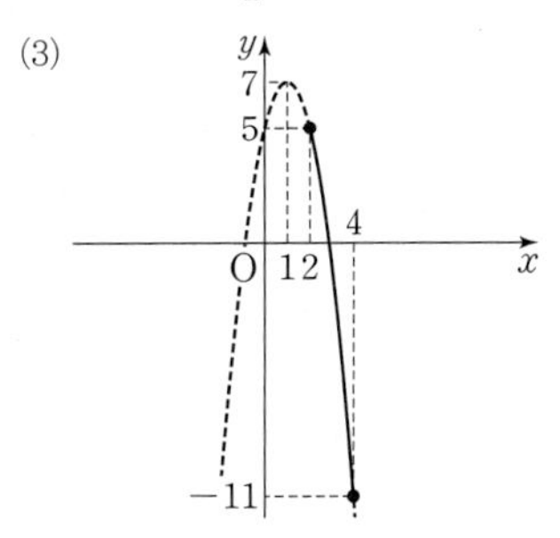

$y=-2x^2+4x+5=-2(x^2-2x+1-1)+5$
$=-2(x-1)^2+7$
이고 축의 방정식은 $x=1$이다.
최댓값은 $x=2$일 때 5이고 최솟값은 $x=4$일 때 -11이다.

(4)
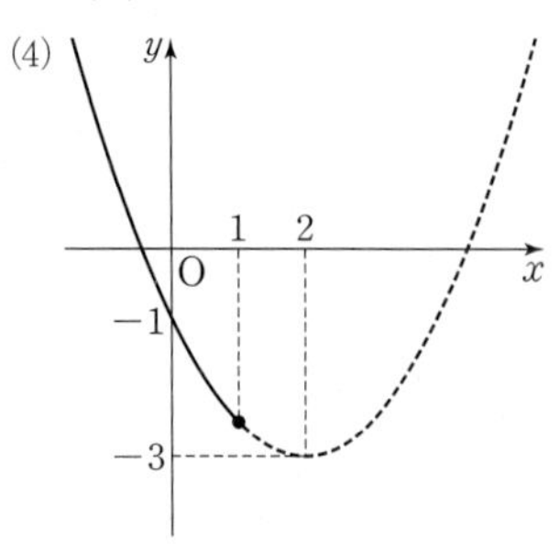

축의 방정식은 $x=2$이다. 최솟값은 $x=1$일 때 $-\frac{5}{2}$이고, 최댓값은 구할 수 없다.

05 x의 값에 제한이 없다면 이차항의 계수의 부호가 중요하고, 꼭짓점에서 최댓값 또는 최솟값을 갖는다.
x가 제한된 범위의 값을 갖는다면 이차함수의 그래프에서 축에 대한 대칭성을 이용하여 그 값을 구할 수 있다.
그래프의 개형을 그리고 제한된 범위에서 함수의 그래프를 그려 최댓값, 최솟값을 구할 수 있다.
중요한 개념으로는 이차함수의 최고차항의 계수, 이차함수의 표준형, 축의 방정식, 꼭짓점 등이 있다.

탐구하기 3

097쪽

01 (1) 9 m^2 (2) 18 m^2 (3) 36 m^2

(풀이) (1) 닭장의 가로의 길이를 x m라고 하면 세로의 길이는 $(6-x)$ m이다.
닭장의 넓이를 y m^2라고 하면
$y=x(6-x)=-x^2+6x=-(x-3)^2+9$
이때 $0<x<6$이므로 닭장의 최대 넓이는 $x=3$일 때, 9 m^2이다.

(2) 닭장의 세로의 길이를 x m라고 하면 가로의 길이는 $(12-2x)$ m이다.
닭장의 넓이를 y m^2라고 하면
$y=x(12-2x)=-2x^2+12x=-2(x-3)^2+18$
이때 $0<x<6$이므로 닭장의 최대 넓이는 $x=3$일 때, 18 m^2이다.

(3) 닭장의 가로의 길이를 x m라고 하면 세로의 길이는 $(12-x)$ m이다.
닭장의 넓이를 y m^2라고 하면
$y=x(12-x)=-x^2+12x=-(x-6)^2+36$
이때 $0<x<12$이므로 닭장의 최대 넓이는 $x=6$일 때, 36 m^2이다.

02 19200 cm^2

(풀이) 화단의 가로에 놓인 벽돌의 개수를 x라 하면 세로에 놓인 벽돌의 개수는 $7-x$이다.
화단의 넓이를 y라 하면
$y=x(7-x)=-x^2+7x=-\left(x-\frac{7}{2}\right)^2+\frac{49}{4}$이므로 최댓값은 $x=\frac{7}{2}$일 때 $y=\frac{49}{4}$이다.
그런데 벽돌을 자르지 않아야 하므로 최대인 경우는 $x=\frac{7}{2}=3.5$(개)에 가장 가까운 자연수인 $x=3$ 또는 $x=4$일 때이다.
그림을 그리면 다음과 같다. (가로와 세로가 바뀌어도 넓이는 같다.)

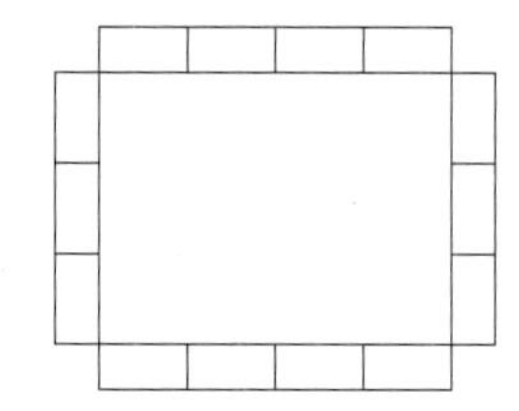

따라서 화단의 최대 넓이는
(가로의 길이)×(세로의 길이)
$=(40\times3)\times(40\times4)=19200(cm^2)$

(다른 풀이) 가로의 벽돌의 개수를 x라 하면, 화단의 가로의 길이는 $40x$ cm, 세로의 길이는 $(7\times40-40x)$ cm이다.
화단의 넓이를 y라 하면
$$y=40x(40\times7-40x)$$
$$=40^2x(7-x)$$
$$=40^2(-x^2+7x)$$
$$=40^2\left\{-\left(x-\frac{7}{2}\right)^2+\frac{49}{4}\right\}$$
이다. 이때, 벽돌은 자르지 않고 사용하므로 x는 자연수여야 한다.
따라서 $x=3$ 또는 $x=4$일 때, 최댓값을 갖고, 화단의 최대 넓이는 $y=19200(cm^2)$이다.

개념과 문제의 연결 100쪽 ~ 105쪽

1 (1) 각 복소수를 제곱한 결과는 다음과 같다.

$3^2=9$, $(-5)^2=25$, $(2i)^2=4i^2=-4$,

$(-3i)^2=9i^2=-9$, $(1+i)^2=1+2i+i^2=2i$,

$(3+4i)^2=9+24i+16i^2=-7+24i$,

$(3-2i)^2=9-12i+4i^2=5-12i$

제곱해서 음의 실수가 되는 것은 $2i$와 $-3i$이다.

제곱하여 음의 실수가 되는 복소수는 실수부분이 0이고 허수부분은 0이 아닌 순허수이다.

(2) $z^2=(a+bi)^2=a^2-b^2+2abi$에서 z^2이 음의 실수가 되려면 z^2의 실수부분은 $a^2-b^2<0$이어야 하고, 허수부분은 $2ab=0$이어야 한다.

이때 $ab=0$은 $a=0$ 또는 $b=0$이므로

(i) $a=0$이면 $z=bi$가 되고 $z^2=-b^2(b\neq0)$이 되어 음의 실수가 된다.

(ii) $b=0$이면 $z=a$가 되고 $z^2=a^2$이 되어 음의 실수가 될 수 없다.

따라서 z^2이 음의 실수가 되려면 복소수는 $z=bi\,(b\neq0)$ 꼴의 순허수여야 한다.

(3) 복소수 $(1+i)x^2+(1-i)x-6-12i$를 정리하면

$(1+i)x^2+(1-i)x-6-12i$

$=(x^2+x-6)+(x^2-x-12)i$

이므로 실수부분은 x^2+x-6이고, 허수부분은 x^2-x-12이다.

2 복소수 $z=a+bi$(a, b는 실수)에 대하여 z^2이 음의 실수가 되려면

$z^2=(a+bi)^2=a^2-b^2+2abi$

에서 실수부분은 $\boxed{a^2-b^2<0}$이어야 하고, 허수부분은 $\boxed{2ab=0}$이어야 한다.

이때 $ab=0$은 $\boxed{a=0}$ 또는 $\boxed{b=0}$이므로

(i) $\boxed{a=0}$이면 $z=\boxed{bi}$가 되고

$z^2=\boxed{-b^2(b\neq0)}$이 되어 음의 실수가 된다.

(ii) $\boxed{b=0}$이면 $z=\boxed{a}$가 되고 $z^2=\boxed{a^2}$이 되어 음의 실수가 될 수 없다.

따라서 z^2이 음의 실수가 되려면 복소수는 $z=\boxed{bi\,(b\neq0)}$ 꼴의 $\boxed{\text{순허수}}$여야 한다.

복소수 $(1+i)x^2+(1-i)x-6-12i$를 정리하면

$(1+i)x^2+(1-i)x-6-12i$

$=\boxed{(x^2+x-6)}+\boxed{(x^2-x-12)}i$

이므로 실수부분은 $\boxed{x^2+x-6}$이고,

허수부분은 $\boxed{x^2-x-12}$이다.

주어진 복소수를 제곱하여 음의 실수가 되려면

$\boxed{x^2+x-6}=0$이고 $\boxed{x^2-x-12}\neq0$

이어야 한다.

$\boxed{x^2+x-6}=\boxed{(x+3)(x-2)}=0$에서

$x=\boxed{-3}$ 또는 $x=\boxed{2}$

그런데 $x=\boxed{-3}$이면 $\boxed{x^2-x-12}=0$이므로 주어진 복소수는 0이 되어 그 제곱이 음의 실수가 될 수 없다.

따라서 $x=\boxed{2}$이고, 이때 $z=\boxed{-10i}$이므로

$z^2=\boxed{-100}<0$임을 확인할 수 있다.

3 (1) 두 근의 비가 $1:3$이므로 한 근을 a라 하면 다른 한 근은 $3a$로 둘 수 있다.

그러면 $a:3a=1:3$이 된다. 그리고 $a\neq0$이어야 한다.

(2) 두 근이 a, $3a$이므로 이차방정식의 근과 계수의 관계를 이용할 수 있다.

이차방정식의 근과 계수의 관계에 의해

$a+3a=8$, $a\times3a=k$

이다. $a+3a=4a=8$에서 $a=2$이므로

$k=3a^2=3\times2^2=12$

(3) 두 근 α, β를 알면 두 근의 합과 곱 $\alpha+\beta$, $\alpha\beta$를 구해서 $\alpha^3+\beta^3$에 관한 다음 식을 이용할 수 있다.

(i) $\alpha^3+\beta^3=(\alpha+\beta)(\alpha^2-\alpha\beta+\beta^2)$

여기서 $\alpha^2+\beta^2=(\alpha+\beta)^2-2\alpha\beta$를 이용하여 구한다.

(ii) $(\alpha+\beta)^3=\alpha^3+3\alpha^2\beta+3\alpha\beta^2+\beta^3$에서

$\alpha^3+\beta^3=(\alpha+\beta)^3-3\alpha\beta(\alpha+\beta)$를 이용하여 구한다.

4 이차방정식 $x^2-8x+k=0$의 두 근의 비가 $1:3$이므로 두 근을 a와 $3a\,(a\neq0)$로 둘 수 있다.

두 근이 a, $3a$이므로 이차방정식의 근과 계수의 관계에 의해

$\boxed{a+3a}=8$, $\boxed{a\times 3a}=k$

$\boxed{a+3a=4a}=8$에서 $a=\boxed{2}$이므로

$k=\boxed{3a^2=3\times 2^2=12}$

이차방정식 $2x^2+kx+k=0$에 $k=\boxed{12}$를 대입하면 이차방정식은 $\boxed{2x^2+12x+12}=0$이 된다.

이차방정식 $\boxed{2x^2+12x+12}=0$의 두 근이 α, β이므로 이차방정식의 근과 계수의 관계에 의해

$\alpha+\beta=\boxed{-6}$, $\alpha\beta=\boxed{6}$ ⋯⋯ ㉠

$\alpha^3+\beta^3$의 값은 다음 전개식에서 구할 수 있다.

$(\alpha+\beta)^3=\boxed{\alpha^3+3\alpha^2\beta+3\alpha\beta^2+\beta^3}$

$=\boxed{\alpha^3+\beta^3+3\alpha\beta(\alpha+\beta)}$

이므로 여기에 ㉠을 대입하면

$\boxed{(-6)^3}=\boxed{\alpha^3+\beta^3+3\times 6\times(-6)}$

$\boxed{-216}=\boxed{\alpha^3+\beta^3-108}$

에서 $\alpha^3+\beta^3=\boxed{-108}$이다.

5 (1) 이차방정식 $ax^2+bx+c=0$의 두 근은 근의 공식에 의해

$$x=\frac{-b\pm\sqrt{b^2-4ac}}{2a}$$

(2) 이차방정식 $ax^2+bx+c=0$의 한 실근을

$$x=\frac{-b+\sqrt{b^2-4ac}}{2a}$$

라 하면 $b^2-4ac\geq 0$이므로 다른 한 근

$x=\dfrac{-b-\sqrt{b^2-4ac}}{2a}$도 실근이다.

(3) 이차방정식 $ax^2+bx+c=0$의 한 허근을

$$x=\frac{-b+\sqrt{b^2-4ac}}{2a}$$

라 하면 $b^2-4ac<0$이므로 다른 한 근

$x=\dfrac{-b-\sqrt{b^2-4ac}}{2a}$도 허근이다.

6 이차방정식 $ax^2+bx+c=0$의 두 근은 근의 공식에 의해

$$x=\boxed{\frac{-b\pm\sqrt{b^2-4ac}}{2a}}$$

(i) 이차방정식 $ax^2+bx+c=0$의 한 근

$x=\boxed{\dfrac{-b+\sqrt{b^2-4ac}}{2a}}$가 실근이면

$\boxed{b^2-4ac}\geq\boxed{0}$이므로 다른 한 근

$x=\boxed{\dfrac{-b-\sqrt{b^2-4ac}}{2a}}$도 실근이다.

(ii) 이차방정식 $ax^2+bx+c=0$의 한 근

$x=\boxed{\dfrac{-b+\sqrt{b^2-4ac}}{2a}}$가 허근이면

$\boxed{b^2-4ac}<\boxed{0}$이므로 다른 한 근

$x=\boxed{\dfrac{-b-\sqrt{b^2-4ac}}{2a}}$도 허근이다.

(i), (ii)에서 계수가 실수인 이차방정식 $ax^2+bx+c=0$은 실근을 2개(중근 포함) 갖든지, 허근을 2개 갖는 경우만 있고, 실근 하나와 허근 하나를 갖는 경우는 있을 수 없다.

중단원 연습문제

106쪽~109쪽

01 $a=-10$, $b=-4$		**02** -2
03 $x=50$, $y=-50$		**04** -4
05 7	**06** $-\frac{2}{3}$	**07** 3
08 $x=-4$ 또는 $x=-2$		**09** $a=4$, $b=-6$
10 2	**11** 2	**12** 1
13 17	**14** -20	**15** 34

01 $-10-5i+\dfrac{(4+3i)(3+4i)}{(3-4i)(3+4i)}=-10-5i+\dfrac{25i}{25}$

$=-10-5i+i$

$=-10-4i$

따라서 $a=-10$, $b=-4$

02 $(1+i)x^2+(3-i)x+2(1-i)$

$=x^2+3x+2+(x^2-x-2)i$

복소수가 순허수가 되려면 $x^2+3x+2=0$이고, $x^2-x-2\neq 0$이어야 한다.

즉, $x=-1$ 또는 $x=-2$이고, $x\neq -1$, $x\neq 2$이다.

따라서 $x=-2$

03 $i+2i^2+3i^3+4i^4+\cdots+100i^{100}$

$=(i-2-3i+4)+(5i-6-7i+8)+\cdots+(97i-98-99i+100)$

$=(2-2i)+(2-2i)+\cdots+(2-2i)$

$=25(2-2i)$

$=50-50i$

따라서 $x=50$, $y=-50$이다.

04 $(2-\sqrt{3}i)^2+k(2-\sqrt{3}i)+7=0$

$(8+2k)+(-4-k)\sqrt{3}i=0$

따라서 $k=-4$

(다른 풀이) 한 근이 $2-\sqrt{3}i$이면 다른 한 근은 $2+\sqrt{3}i$이다.

이차방정식의 근과 계수의 관계에 의해

$(2-\sqrt{3}i)+(2+\sqrt{3}i)=-k$

따라서 $k=-4$

05 이차방정식의 판별식을 D라고 하면,

$\frac{D}{4}=(k-2)^2-(k^2-24)\geq 0$

$k^2-4k+4-k^2+24\geq 0$

$k\leq 7$

이므로 이를 만족하는 자연수의 개수는 7이다.

06 이차방정식의 서로 다른 두 근이 α, β이므로

$\alpha^2+2\alpha+3=0$, $\beta^2+2\beta+3=0$

또한 이차방정식의 근과 계수의 관계에서

$\alpha+\beta=-2$, $\alpha\beta=3$

$\frac{1}{\alpha^2+3\alpha+3}+\frac{1}{\beta^2+3\beta+3}$

$=\frac{1}{(\alpha^2+2\alpha+3)+\alpha}+\frac{1}{(\beta^2+2\beta+3)+\beta}$

$=\frac{1}{\alpha}+\frac{1}{\beta}$

$=\frac{\alpha+\beta}{\alpha\beta}$

$=-\frac{2}{3}$

07 두 근을 n, $n+2$(n은 짝수)라고 하면 이차방정식의 근과 계수의 관계에 의하여

두 근의 합은 $n+n+2=k+3$에서

$k=2n-1$ …… ㉠

두 근의 곱은 $n(n+2)=3k-1$ …… ㉡

㉠을 ㉡에 대입하면 $n^2-4n+4=0$에서

$n=2$

$\therefore k=2\times 2-1=3$

(다른 풀이) 두 근을 n, $n+2$(n은 짝수)라고 하면 이차방정식의 근과 계수의 관계에 의하여

두 근의 합은 $n+n+2=k+3$에서

$n=\frac{k+1}{2}$ …… ㉠

두 근의 곱은 $n(n+2)=3k-1$ …… ㉡

㉠을 ㉡에 대입하면

$\frac{k+1}{2}\times\frac{k+5}{2}=3k-1$

$k^2+6k+5=12k-4$

$k^2-6k+9=0$

$\therefore k=3$

이때 $n=2$(짝수)이므로 주어진 조건을 만족한다.

08 유비는 이차방정식에서 b를 잘못 보고 풀어 두 근 2, 4를 얻었으므로 a, c는 바르게 본 것이다.

두 근의 곱 $\frac{c}{a}=2\times 4=8$에서 $c=8a$

윤선이는 이차방정식에서 c를 잘못 보고 풀어 두 근 $-3\pm\sqrt{6}$을 얻었으므로 a, b는 바르게 본 것이다.

두 근의 합 $-\frac{b}{a}=(-3+\sqrt{6})+(-3-\sqrt{6})=-6$

에서 $b=6a$

b, c를 이차방정식에 대입하면

$ax^2+bx+c=ax^2+6ax+8a=0$이고, $a\neq 0$이므로 양변을 a로 나누면

$x^2+6x+8=0$

$(x+4)(x+2)=0$

$\therefore x=-4$ 또는 $x=-2$

09 x절편이 -1, 3이므로

$y=2(x+1)(x-3)$

$=2(x^2-2x-3)$

$=2x^2-4x-6$

따라서 $a=4$, $b=-6$

(다른 풀이) 이차방정식 $2x^2-ax+b=0$의 두 근이 -1, 3이므로 근과 계수의 관계를 이용하면

$(-1)+3=\frac{a}{2}$, $(-1)\times 3=\frac{b}{2}$

따라서 $a=4$, $b=-6$

10 이차함수 $y=x^2-2ax+(a+2)$의 그래프가 x축에 접하므로 이차방정식 $x^2-2ax+(a+2)=0$의

판별식을 D라 하면

$D=0$이다.

$$\frac{D}{4}=a^2-(a+2)$$
$$=a^2-a-2$$
$$=(a+1)(a-2)=0$$

따라서 $a=-1$ 또는 $a=2$

이때 a는 양수이므로 $a=2$이다.

11 이차방정식 $x^2+2(a-3)x+a^2+2a-1=0$의 판별식을 D라 하면

$$\frac{D}{4}=(a-3)^2-(a^2+2a-1)<0$$
$$-8a+10<0$$
$$a>\frac{5}{4}$$

따라서 정수 a의 최솟값은 2이다.

12 이차함수 $y=x^2-3x+a$의 그래프와 직선 $y=-2x+1$이 서로 다른 두 점에서 만나기 위해서는 방정식 $x^2-3x+a=-2x+1$이 서로 다른 두 실근을 가져야 한다.

$x^2-x+(a-1)=0$의 판별식을 D라 하면

$D=(-1)^2-4\times1\times(a-1)>0$이므로

$$1-4a+4>0$$
$$-4a>-5$$
$$a<\frac{5}{4}$$

따라서 정수 a의 최댓값은 1이다.

13 함수 $f(x)=2(x-1)^2-1$의 그래프의 대칭축이 $x=1$이므로 $x=-2$에서 최댓값을 가진다.

따라서 최댓값은

$$f(-2)$$
$$=2\times(-2-1)^2-1$$
$$=17$$

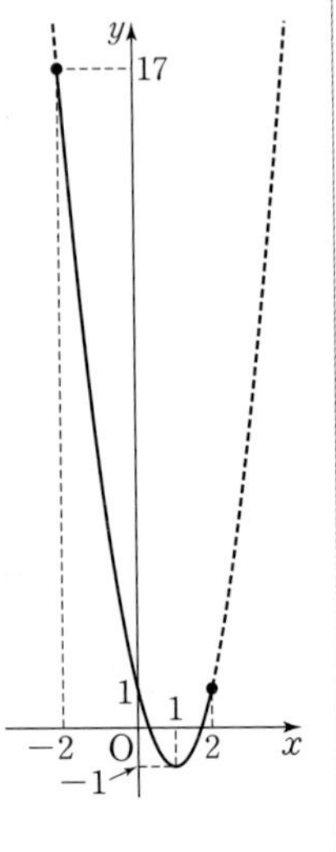

14 $f(x)=-2(x+2)^2+8+a$에서 함수 $f(x)$의 그래프의 꼭짓점의 x좌표가 -2이므로 이차함수 $f(x)$는 $x=-2$에서 최댓값을 갖는다.

$$f(-2)=8+a=12\text{에서}\quad a=4$$

꼭짓점의 x좌표가 -2이므로 이차함수 $f(x)$는 $x=2$에서 최솟값을 갖는다.

따라서 최솟값은 $f(2)=-24+a=-20$

15 $y=-x^2+8x=-(x-4)^2+16$이므로 이차함수 $y=-x^2+8x$의 그래프의 대칭축은 직선 $x=4$이다.

따라서 점 A의 x좌표를 $a(0<a<4)$라 하면 점 B의 x좌표는 $8-a$이다.

이때 $\overline{\text{AB}}=8-2a$, $\overline{\text{AD}}=-a^2+8a$이므로 직사각형 ABCD의 둘레의 길이는

$$2(\overline{\text{AB}}+\overline{\text{AD}})=-2a^2+12a+16$$
$$=-2(a-3)^2+34$$

그런데 $0<a<4$이므로 둘레의 길이의 최댓값은 $a=3$일 때 34이다.

기억하기

110쪽 ~ 111쪽

1 (1) $(x+1)(x^2-x+1)$

(2) $(2a+3b)^3$

(3) $(x-2)(x+2)(x^2+9)$

(4) $(x+1)(x+2)(x-2)$

(5) $(x-2)(x+3)(x^2+x+1)$

풀이 (1) $x^3+1=x^3+1^3=(x+1)(x^2-x+1)$

(2) $8a^3+36a^2b+54ab^2+27b^3$

$=(2a)^3+3\times(2a)^2\times3b+3\times2a\times(3b)^2+(3b)^3$

$=(2a+3b)^3$

(3) $x^4+5x^2-36=(x^2-4)(x^2+9)$

$=(x-2)(x+2)(x^2+9)$

(4) $x^3+x^2-4x-4=x^2(x+1)-4(x+1)$

$=(x+1)(x^2-4)$

$=(x+1)(x+2)(x-2)$

(5) $P(x)=x^4+2x^3-4x^2-5x-6$이라 하면,

$P(2)=0$, $P(-3)=0$이다.

조립제법을 이용하여 주어진 다항식을 인수분해하면

2	1	2	−4	−5	−6
		2	8	8	6
−3	1	4	4	3	0
		−3	−3	−3	
	1	1	1	0	

$x^4+2x^3-4x^2-5x-6$

$=(x-2)(x+3)(x^2+x+1)$

2 (1) $x=4$, $y=2$ (2) $x=1$, $y=2$

풀이 (1) ㉡을 ㉠에 대입하면,

$2\times2y+y=10$

$5y=10$

$y=2$

$y=2$를 ㉡에 대입하면 $x=4$이다.

따라서 연립방정식의 해는 $x=4$, $y=2$이다.

(2) ㉠+㉡×2를 하면

$5x=5$

$x=1$

$x=1$을 ㉡에 대입하면 $y=2$이다.

따라서 연립방정식의 해는 $x=1$, $y=2$이다.

3 (1) $x>4$ (2) $x<3$

풀이 (1) $x-1<2x-5$에서 x항은 좌변으로, 상수항은 우변으로 이항하여 부등식을 정리하면

$-x<-4$이다.

양변에 -1을 곱하면 $x>4$이다.

(2) $3(2x-1)<4x+3$에서 괄호를 풀고 x항은 좌변으로, 상수항은 우변으로 이항하여 부등식을 정리하면 $2x<6$이다.

양변을 2로 나누면 $x<3$이다.

4 (1) 1 또는 3 (2) -2 또는 $\frac{1}{2}$

(3) 1 (4) 없다.

풀이 이차함수의 그래프의 x절편은 $y=0$일 때 x의 값이다.

(1) $x^2-4x+3=(x-1)(x-3)=0$에서 x절편은 1 또는 3

(2) $-2x^2-3x+2=-(x+2)(2x-1)=0$에서 x절편은 -2 또는 $\frac{1}{2}$

(3) $-x^2+2x-1=-(x-1)^2=0$에서 x절편은 1(접한다.)

(4) 이차방정식 $2x^2+2x+3=0$의 판별식을 D라 하면 $D=2^2-4\times2\times3=-20<0$이므로 x절편은 없다.

01 삼차방정식과 사차방정식

탐구하기 1

112쪽

01 (1) $x^3-1=(x-1)(x^2+x+1)$

(2) $27x^3-54x^2+36x-8$

$=(3x)^3-3\times(3x)^2\times2+3\times3x\times2^2-2^3$

$=(3x-2)^3$

(3) $P(x)=x^3-5x^2+7x-3$이라고 하면

$P(1)=0$이므로 인수정리에 의하여 $x-1$은 $P(x)$의 인수이다.

조립제법을 이용하면

$P(x)=(x-1)(x^2-4x+3)$

$=(x-1)^2(x-3)$

1	1	−5	7	−3
		1	−4	3
	1	−4	3	0

(4) $x^2=X$라고 하면

$X^2+3X+2=(X+1)(X+2)$
$=(x^2+1)(x^2+2)$

(5) $P(x)=x^4+x^3-3x^2-x+2$라고 하면
$P(1)=1+1-3-1+2=0$이므로 $x-1$은 $P(x)$의 인수이다.

1	1	1	−3	−1	2
		1	2	−1	−2
	1	2	−1	−2	0

위와 같이 조립제법을 이용하여 주어진 다항식을 인수분해하면

$x^4+x^3-3x^2-x+2$
$=(x-1)(x^3+2x^2-x-2)$

같은 방법으로
$Q(x)=x^3+2x^2-x-2$라고 하면
$Q(1)=1+2-1-2=0$이므로 $x-1$은 $Q(x)$의 인수이다. 주어진 다항식을 인수분해하면

$x^4+x^3-3x^2-x+2$
$=(x-1)(x^3+2x^2-x-2)$
$=(x-1)(x-1)(x^2+3x+2)$
$=(x-1)^2(x+1)(x+2)$

(6) $P(x)=x^4-2x^3-2x^2-2x-3$이라고 하면
$P(-1)=1+2-2+2-3=0$이고,
$P(3)=81-54-18-6-3=0$이므로
조립제법을 이용하여 인수분해하면

−1	1	−2	−2	−2	−3
		−1	3	−1	3
3	1	−3	1	−3	0
		3	0	3	
	1	0	1	0	

따라서

$x^4-2x^3-2x^2-2x-3$
$=(x+1)(x-3)(x^2+1)$

02 (1) $x^3-1=(x-1)(x^2+x+1)=0$
따라서 $x=1$ 또는 $x=\dfrac{-1\pm\sqrt{3}i}{2}$

(2) $27x^3-54x^2+36x-8=(3x-2)^3=0$에서
$x=\dfrac{2}{3}$ (삼중근)

(3) $x^3-5x^2+7x-3=(x-1)^2(x-3)=0$에서
$x=1$(중근) 또는 $x=3$

(4) $x^4=-3x^2-2$, $x^4+3x^2+2=0$이고
$x^4+3x^2+2=(x^2+1)(x^2+2)=0$에서
$x=i$ 또는 $x=-i$ 또는 $x=\sqrt{2}i$ 또는 $x=-\sqrt{2}i$

(5) 주어진 방정식을 정리하면
$x^4+x^3-3x^2-x+2=0$이고
$x^4+x^3-3x^2-x+2=(x-1)^2(x+1)(x+2)=0$
에서 $x=1$(중근) 또는 $x=-1$ 또는 $x=-2$

(6) 주어진 방정식을 정리하면
$x^4-2x^3-2x^2-2x-3=0$이고
$x^4-2x^3-2x^2-2x-3$
$=(x+1)(x-3)(x^2+1)=0$
에서
$x=-1$ 또는 $x=3$ 또는 $x=i$ 또는 $x=-i$

03 예 삼차방정식이나 사차방정식의 해는
① 인수분해 공식, 조립제법, 인수정리 등을 이용하여 일차식 또는 이차식의 곱으로 인수분해한다.
② $AB=0$이면 $A=0$ 또는 $B=0$임을 이용하여 해를 구한다.

탐구하기 2

113쪽

01 (1) $x^3=1$의 근은 $x^3-1=(x-1)(x^2+x+1)=0$
에서 $x=1$ 또는 $x=\dfrac{-1\pm\sqrt{3}i}{2}$이다.
이때 ω는 한 허근이므로 $\omega=\dfrac{-1+\sqrt{3}i}{2}$ 또는 $\omega=\dfrac{-1-\sqrt{3}i}{2}$이다. 참고로 ω는 방정식 $x^2+x+1=0$의 근이다.

(2) ω는 삼차방정식의 근이므로 $\omega^3=1$이다.

(3) ω는 방정식 $x^2+x+1=0$의 근이므로
$\omega^2+\omega+1=0$이다.

(4) $\omega=\dfrac{-1+\sqrt{3}i}{2}$이면 $\omega^2=\dfrac{-1-\sqrt{3}i}{2}=\overline{\omega}$
$\omega=\dfrac{-1-\sqrt{3}i}{2}$이면 $\omega^2=\dfrac{-1+\sqrt{3}i}{2}=\overline{\omega}$

02 (1) -1 (2) -1

풀이 (1) $\omega^3=1$과 $\omega^2+\omega+1=0$을 이용하면
$\omega^{10}+\omega^8+\omega^4+\omega^2+1$
$=(\omega^3)^3\times\omega+(\omega^3)^2\times\omega^2+\omega^3\times\omega+\omega^2+1$
$=\omega+\omega^2+\omega+\omega^2+1$

$=\omega+\omega^2$
$=-1$

(2) $\omega^{20}+\dfrac{1}{\omega^{20}}=(\omega^3)^6\times\omega^2+\dfrac{1}{(\omega^3)^6\times\omega^2}$

$=\omega^2+\dfrac{1}{\omega^2}$

$=\dfrac{\omega^4+1}{\omega^2}$

$=\dfrac{\omega+1}{\omega^2}$

$=\dfrac{-\omega^2}{\omega^2}=-1$

(다른 풀이) $\omega^{20}+\dfrac{1}{\omega^{20}}=(\omega^3)^6\times\omega^2+\dfrac{1}{(\omega^3)^6\times\omega^2}$

$=\omega^2+\dfrac{1}{\omega^2}$

$=\omega^2+\dfrac{\omega}{\omega^3}$

$=\omega^2+\omega=-1$

03 5 cm

(풀이) 변형하여 만든 직육면체의 부피
$(x+1)(x+2)(x-3)=84$에서
$x^3-7x-90=0$이므로 방정식의 좌변을 조립제법을 이용하여 인수분해하면

5	1	0	−7	−90
		5	25	90
	1	5	18	0

$(x-5)(x^2+5x+18)=0$

따라서 $x=5$ 또는 $x=\dfrac{-5\pm\sqrt{47}i}{2}$

그런데 x는 $x>3$인 실수이므로 처음 정육면체의 한 모서리의 길이는 5 cm이다.

04 어떤 수를 x라 하여 식으로 나타내면
$x^3+12x=6x^2+35$이다.
$x^3-6x^2+12x-35=0$이므로 방정식의 좌변을 조립제법을 이용하여 인수분해하면

5	1	−6	12	−35
		5	−5	35
	1	−1	7	0

02 연립이차방정식

탐구하기 1

114쪽 ~ 115쪽

01

(1) $\begin{cases}4x+y=2 & \cdots ㉠\\ 2x+3y=16 & \cdots ㉡\end{cases}$	(2) $\begin{cases}4x+y=2 & \cdots ㉠\\ 2x+3y=16 & \cdots ㉡\end{cases}$
(풀이) 미지수 y를 없애기 위하여 ㉠에서 y를 x에 대한 식으로 나타내면 $y=-4x+2$ …… ㉢ ㉢을 ㉡에 대입하면 $2x+3(-4x+2)=16$ $2x-12x+6=16$, $-10x=10$, $x=-1$ $x=-1$을 ㉢에 대입하면 $y=-4\times(-1)+2=6$ 따라서 구하는 해는 $x=-1$, $y=6$이다. [확인] $x=-1$, $y=6$을 ㉠, ㉡에 대입하면 각각 (좌변)=(우변)이므로 $x=-1$, $y=6$은 주어진 연립방정식의 해이다.	(풀이) 미지수 y를 없애기 위하여 ㉠×3을 하면 $\begin{cases}12x+3y=6 & \cdots ㉢\\ 2x+3y=1 & \cdots ㉡\end{cases}$ ㉢에서 ㉡을 변끼리 빼면 $10x=-10$에서 $x=-1$ 이 값을 ㉠에 대입하면 $-4+y=2$에서 $y=6$ 따라서 구하는 해는 $x=-1$, $y=6$이다. [확인] $x=-1$, $y=6$을 ㉠, ㉡에 대입하면 각각 (좌변)=(우변)이므로 $x=-1$, $y=6$은 주어진 연립방정식의 해이다.

공통점과 차이점

공통점: 모두 한 미지수를 소거하고 다른 미지수의 값을 먼저 구한 다음, 이 값을 식에 대입하여 나머지 미지수의 값을 구했다.
차이점: (1)은 대입법으로 문제를 해결했고, (2)는 가감법으로 문제를 해결했다.

02 ㉠을 ㉡에 대입하면 $4y^2+y^2=45$
$5y^2=45$에서 $y^2=9$이므로
$y=\pm3$
이 값을 ㉠에 대입하면 $x=\pm6$
구하는 해는 $x=6$, $y=3$ 또는 $x=-6$, $y=-3$이다.

(방법) 연립일차방정식에는 가감법과 대입법 어느 것이나 사용할 수 있는데, 주어진 연립방정식에는 가감법을 사용할 수 없다. 따라서 대입법을 사용하여 x를 소

거하고 y의 값을 구한 다음, 다시 x의 값을 구했다.

03 연립방정식 $\begin{cases} 4x+y=2 \\ 2x+3y=16 \end{cases}$은 두 식이 모두 일차방정식이지만, 다른 연립방정식에는 이차방정식이 포함되어 있다.
연립일차방정식은 가감법이나 대입법 등으로 해를 구할 수 있지만 이차방정식이 포함된 경우는 대입법으로만 해를 구할 수 있다.

04 (1) $\begin{cases} x=\sqrt{7} \\ y=-\sqrt{7} \end{cases}$ 또는 $\begin{cases} x=-\sqrt{7} \\ y=\sqrt{7} \end{cases}$

(2) $\begin{cases} x=2 \\ y=3 \end{cases}$

풀이 (1) $\begin{cases} x+y=0 & \cdots\cdots ㉠ \\ x^2+xy+y^2=7 & \cdots\cdots ㉡ \end{cases}$

㉠에서 y를 x에 대한 식으로 나타내면

$y=-x \quad \cdots\cdots ㉢$

㉢을 ㉡에 대입하면

$x^2+x(-x)+(-x)^2=7, \quad x^2=7$

$x=\sqrt{7}$ 또는 $-\sqrt{7}$

이것을 ㉢에 대입하면 $y=-\sqrt{7}$ 또는 $\sqrt{7}$

따라서 주어진 연립이차방정식의 해는

$\begin{cases} x=\sqrt{7} \\ y=-\sqrt{7} \end{cases}$ 또는 $\begin{cases} x=-\sqrt{7} \\ y=\sqrt{7} \end{cases}$

(2) $\begin{cases} x-y=-1 & \cdots\cdots ㉠ \\ y^2+xy-11x+7=0 & \cdots\cdots ㉡ \end{cases}$

㉠에서 y를 x에 대한 식으로 나타내면

$y=x+1 \quad \cdots\cdots ㉢$

㉢을 ㉡에 대입하면

$(x+1)^2+x(x+1)-11x+7=0,$

$2x^2-8x+8=0, \quad (x-2)^2=0$

$x=2$(중근)

이것을 ㉢에 대입하면 $y=3$

따라서 주어진 연립이차방정식의 해는 $\begin{cases} x=2 \\ y=3 \end{cases}$

탐구하기 2

116쪽

01 (1) 두 식이 모두 이차방정식이라서 한 문자에 대하여 식을 정리하기는 어렵다. 따라서 대입법으로 한 문자를 소거할 수 없을 것이다.

(2) ㉠의 좌변을 인수분해하면

$2x^2+3xy-2y^2=(2x-y)(x+2y)=0$과 같이 두 일차식의 곱으로 표현할 수 있다.

㉡의 좌변은 두 일차식의 곱으로 인수분해되지 않는다. 45를 좌변으로 이항해도 인수분해되지 않는다.

(3) $\begin{cases} 2x^2+3xy-2y^2=0 & \cdots\cdots ㉠ \\ x^2+y^2=45 & \cdots\cdots ㉡ \end{cases}$에서

㉠을 인수분해하면

$2x^2+3xy-2y^2=(2x-y)(x+2y)=0$이고, 이는 $2x-y=0$ 또는 $x+2y=0$으로 고칠 수 있으므로

$\begin{cases} 2x^2+3xy-2y^2=0 \\ x^2+y^2=45 \end{cases}$는

$\begin{cases} 2x-y=0 \\ x^2+y^2=45 \end{cases}$ 또는 $\begin{cases} x+2y=0 \\ x^2+y^2=45 \end{cases}$로 바꿀 수 있다.

(4) (i) $\begin{cases} 2x-y=0 & \cdots\cdots ㉠ \\ x^2+y^2=45 & \cdots\cdots ㉡ \end{cases}$

㉠에서 $y=2x$를 ㉡에 대입하면

$x^2+(2x)^2=45, \quad 5x^2=45$

$x^2=9$이므로 $x=-3$ 또는 3

이 값을 ㉠에 대입하면

$x=-3$일 때 $y=-6$, $x=3$일 때 $y=6$

$\begin{cases} x=-3 \\ y=-6 \end{cases}$ 또는 $\begin{cases} x=3 \\ y=6 \end{cases}$을 $2x^2+3xy-2y^2=0$과 $x^2+y^2=45$에 대입하면 두 등식을 모두 만족하므로 해가 된다.

(ii) $\begin{cases} x+2y=0 & \cdots\cdots ㉢ \\ x^2+y^2=45 & \cdots\cdots ㉣ \end{cases}$

㉢에서 $x=-2y$를 ㉣에 대입하면

$(-2y)^2+y^2=45, \quad 5y^2=45$

$y^2=9$이므로 $y=-3$ 또는 3

이 값을 ㉢에 대입하면

$y=-3$일 때 $x=6$, $y=3$일 때 $x=-6$

$\begin{cases} x=6 \\ y=-3 \end{cases}$ 또는 $\begin{cases} x=-6 \\ y=3 \end{cases}$을 $2x^2+3xy-2y^2=0$과 $x^2+y^2=45$에 대입하면 두 등식을 모두 만족하므로 해가 된다.

(5) (3)에서 보았듯이 $\begin{cases} 2x^2+3xy-2y^2=0 \\ x^2+y^2=45 \end{cases}$는

$\begin{cases} 2x-y=0 \\ x^2+y^2=45 \end{cases}$ 또는 $\begin{cases} x+2y=0 \\ x^2+y^2=45 \end{cases}$로 변형할 수 있으므로 연립방정식 2개의 해를 구하면 된다.

(i) $\begin{cases} 2x-y=0 & \cdots\cdots ㉠ \\ x^2+y^2=45 & \cdots\cdots ㉡ \end{cases}$

㉠에서 $y=2x$를 ㉡에 대입하면

$x^2+(2x)^2=45$, $5x^2=45$

$x^2=9$이므로 $x=-3$ 또는 3

이 값을 ㉠에 대입하면

$x=-3$일 때 $y=-6$, $x=3$일 때 $y=6$

(ii) $\begin{cases} x+2y=0 & \cdots\cdots ㉢ \\ x^2+y^2=45 & \cdots\cdots ㉣ \end{cases}$

㉢에서 $x=-2y$를 ㉣에 대입하면

$(-2y)^2+y^2=45$, $5y^2=45$

$y^2=9$이므로 $y=-3$ 또는 3

이 값을 ㉢에 대입하면

$y=-3$일 때 $x=6$, $y=3$일 때 $x=-6$

(i), (ii)에서 연립방정식의 해는

$\begin{cases} x=-3 \\ y=-6 \end{cases}$ 또는 $\begin{cases} x=3 \\ y=6 \end{cases}$

또는 $\begin{cases} x=6 \\ y=-3 \end{cases}$ 또는 $\begin{cases} x=-6 \\ y=3 \end{cases}$

2. 여러 가지 방정식과 부등식

03 연립일차부등식과 절댓값을 포함한 일차부등식

탐구하기 1

117쪽 ~ 119쪽

01 ① $>$

② $>$, $>$

③ $>$, $>$

④ $<$, $<$

02

$x-3<3x+5$

$-2x-3<5$ (②, 양변에서 똑같이 $3x$를 빼도 부등호의 방향은 그대로 유지된다.)

$-2x<8$ (②, 양변에 똑같이 3을 더해도 부등호의 방향은 그대로 유지된다.)

$x>-4$ (④, 양변을 똑같이 -2로 나누면 부등호의 방향이 바뀐다.)

03

(1)

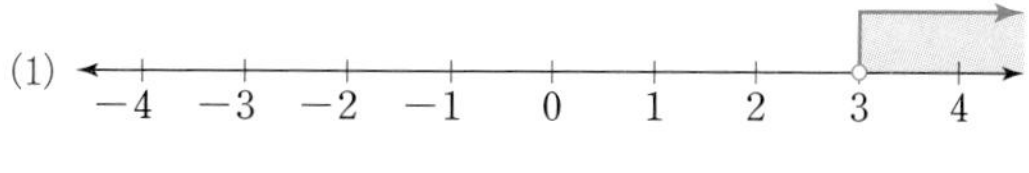

(2)

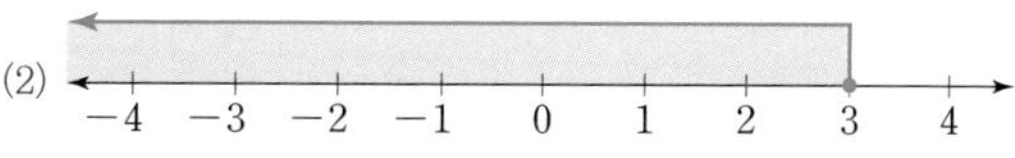

(3)

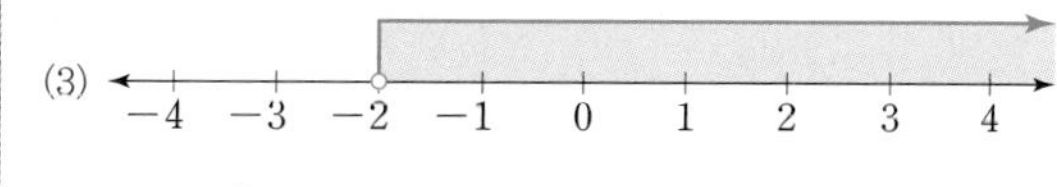

(4)

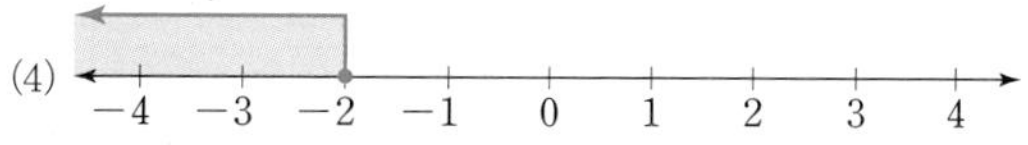

04

(1)

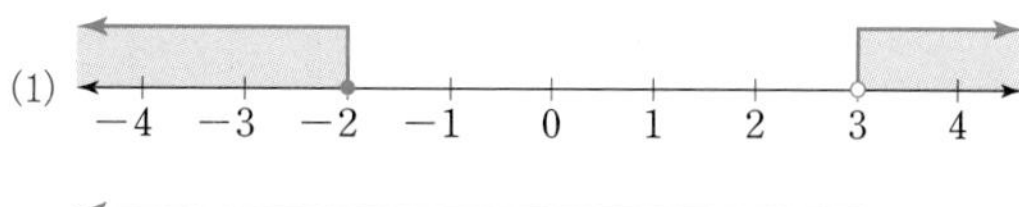

(2)

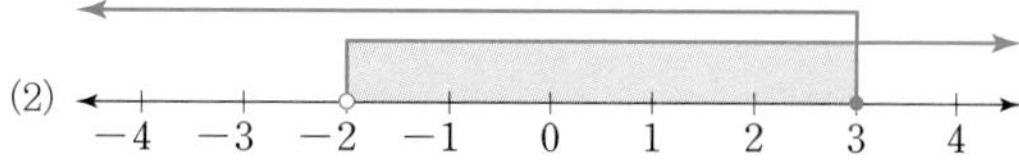

[차이점] (1)은 $x>3$이거나 $x\leq-2$인 x의 값이 모두 해당되지만 (2)는 $x\leq3$과 $x>-2$가 공통으로 겹치는 부분, 즉 $x\leq3$과 $x>-2$를 동시에 나타내는 부분 $-2<x\leq3$의 x의 값만 해당된다.

05 (1) $\begin{cases} x-3<-x+3 & \cdots\cdots ㉠ \\ 3x+2\leq4x+3 & \cdots\cdots ㉡ \end{cases}$

부등식 ㉠을 풀면

$x+x<3+3$, $2x<6$, $x<3$ $\cdots\cdots$ ㉢

부등식 ㉡을 풀면

$3x-4x\leq3-2$, $-x\leq1$, $x\geq-1$ $\cdots\cdots$ ㉣

㉢, ㉣을 수직선 위에 나타내고 공통으로 겹치는 부분을 표시하면 다음과 같다.

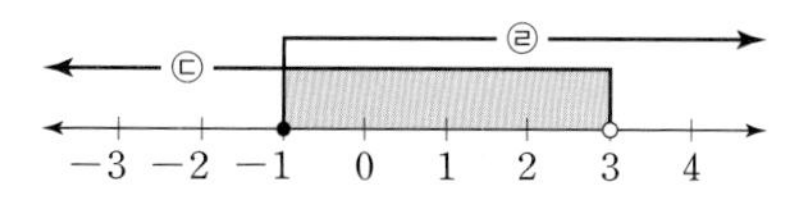

따라서 구하는 해는 $-1\leq x<3$이다.

(2) $\begin{cases} x-3>-x+3 & \cdots\cdots ㉠ \\ 3x+2\leq4x+3 & \cdots\cdots ㉡ \end{cases}$

부등식 ㉠을 풀면

$x+x>3+3$, $2x>6$, $x>3$ $\cdots\cdots$ ㉢

부등식 ㉡을 풀면

$3x-4x\leq3-2$, $-x\leq1$, $x\geq-1$ $\cdots\cdots$ ㉣

㉢, ㉣을 수직선 위에 나타내고 공통으로 겹치는 부분을 표시하면 다음과 같다.

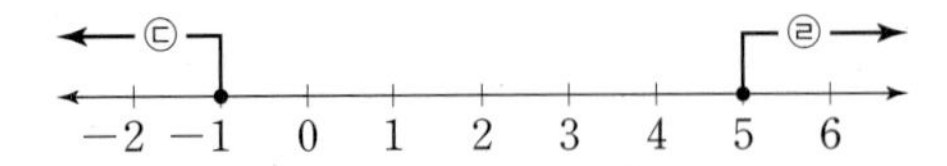

따라서 구하는 해는 $x>3$이다.

(3) $\begin{cases} -x+2\geq 2x+5 & \cdots\cdots ㉠ \\ x+5\leq 2x & \cdots\cdots ㉡ \end{cases}$

부등식 ㉠을 풀면

$-x-2x\geq 5-2,\quad -3x\geq 3,\quad x\leq -1$ ⋯⋯ ㉢

부등식 ㉡을 풀면

$x-2x\leq -5,\quad -x\leq -5,\quad x\geq 5$ ⋯⋯ ㉣

㉢, ㉣을 수직선 위에 나타내면 다음과 같다.

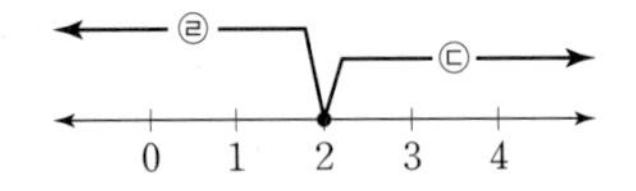

따라서 구하는 해는 없다.

(4) $\begin{cases} -x+3\leq 4x-7 & \cdots\cdots ㉠ \\ 2x-3\leq 3-x & \cdots\cdots ㉡ \end{cases}$

부등식 ㉠을 풀면

$-x-4x\leq -7-3,\quad -5x\leq -10,\quad x\geq 2$

⋯⋯ ㉢

부등식 ㉡을 풀면

$2x+x\leq 3+3,\quad 3x\leq 6,\quad x\leq 2$ ⋯⋯ ㉣

㉢, ㉣을 수직선 위에 나타내면 다음과 같다.

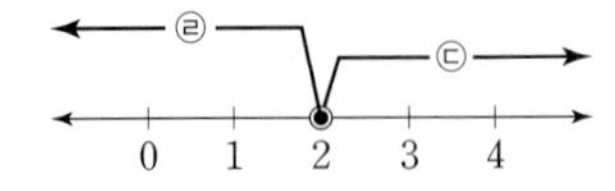

따라서 구하는 해는 $x=2$

(5) $\begin{cases} -x+3< 4x-7 & \cdots\cdots ㉠ \\ 2x-3\leq 3-x & \cdots\cdots ㉡ \end{cases}$

부등식 ㉠을 풀면

$-x-4x< -7-3,\quad -5x< -10,\quad x>2$

⋯⋯ ㉢

부등식 ㉡을 풀면

$2x+x\leq 3+3,\quad 3x\leq 6,\quad x\leq 2$ ⋯⋯ ㉣

㉢, ㉣을 수직선 위에 나타내면 다음과 같다.

㉣ ㉢ 0 1 2 3 4

따라서 구하는 해는 없다.

06 ① 두 일차부등식을 각각 푼다.

② ①에서 나온 해를 동시에 만족하는 해를 구한다.

탐구하기 2

119쪽 ~ 120쪽

01 (1) (가) $\begin{cases} -x+3<2x-3 & \cdots\cdots ㉠ \\ -x+3<7 & \cdots\cdots ㉡ \end{cases}$

부등식 ㉠을 풀면 $-3x<-6$에서

$x>2$ ⋯⋯ ㉢

부등식 ㉡을 풀면 $-x<4$에서

$x>-4$ ⋯⋯ ㉣

㉢, ㉣로부터 해는 $x>2$

(나) $\begin{cases} -x+3<2x-3 & \cdots\cdots ㉠ \\ 2x-3<7 & \cdots\cdots ㉡ \end{cases}$

부등식 ㉠을 풀면 $-3x<-6$에서

$x>2$ ⋯⋯ ㉢

부등식 ㉡을 풀면 $2x<10$에서

$x<5$ ⋯⋯ ㉣

㉢, ㉣로부터 해는 $2<x<5$

(다) $\begin{cases} -x+3<7 & \cdots\cdots ㉠ \\ 2x-3<7 & \cdots\cdots ㉡ \end{cases}$

부등식 ㉠을 풀면 $-x<4$에서

$x>-4$ ⋯⋯ ㉢

부등식 ㉡을 풀면 $2x<10$에서

$x<5$ ⋯⋯ ㉣

㉢, ㉣로부터 해는 $-4<x<5$

발견할 수 있는 사실

세 연립부등식 (가), (나), (다)의 해가 모두 다르다.
(나)의 x의 값의 범위가 가장 좁다.
같은 꼴의 연립방정식은 어떤 경우에도 해가 모두 같았는데 연립부등식의 경우는 해가 모두 다르므로 어느 한 가지로 정해야 할 것이다.

(2) (가)와 (다)

풀이 (가)의 해는 $B<C$를 만족하지 않는 경우도 포함하고 있기 때문에 연립방정식 $A<B<C$의 해와 같다고 할 수 없다.

(나)의 해는 연립방정식 $A<B<C$의 해와 같다.

(다)의 해는 $A<B$를 만족하지 않는 경우도 포함하고 있기 때문에 연립방정식 $A<B<C$의 해와 같다고 할 수 없다.

02 $8\leq a<9$

풀이 $\begin{cases} 3x-1<5x+3 & \cdots\cdots ㉠ \\ 5x+3\leq 4x+a & \cdots\cdots ㉡ \end{cases}$

㉠을 풀면

$3x-5x<3+1$, $-2x<4$, $x>-2$

㉡을 풀면

$5x-4x\le a-3$, $x\le a-3$

두 부등식 ㉠, ㉡을 동시에 만족시키는 정수 x의 개수가 7이 되도록 두 부등식 ㉠, ㉡의 해를 수직선 위에 나타내면 다음과 같다.

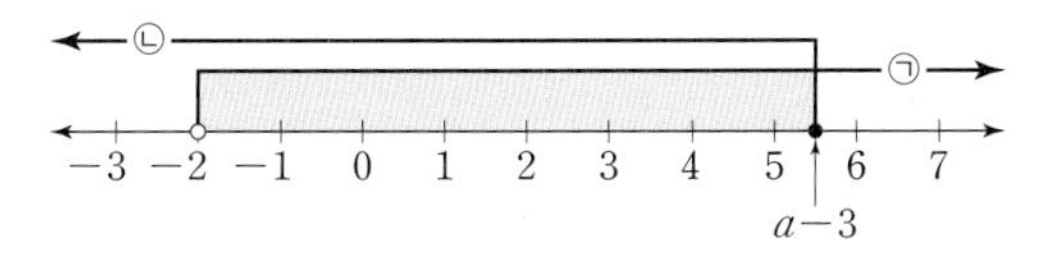

$x\le a-3$에 등호가 포함되므로 $a-3=5$가 되어도 부등식을 만족시키는 정수 x의 개수가 7이 되지만 $a-3=6$이면 부등식을 만족시키는 정수 x의 개수가 8이 되므로 문제의 조건을 만족시키지 못한다.

따라서 $5\le a-3<6$에서 $8\le a<9$

탐구하기 3

120쪽 ~ 121쪽

01 (1) • 원점으로부터의 거리가 3인 점

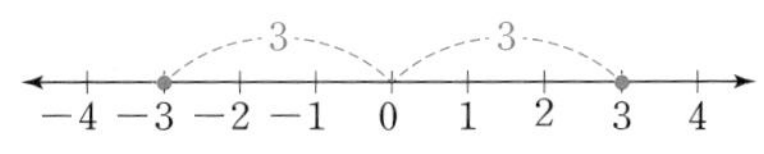

$|x|=3$, $x=-3$ 또는 $x=3$

• 원점으로부터의 거리가 3보다 작은 점

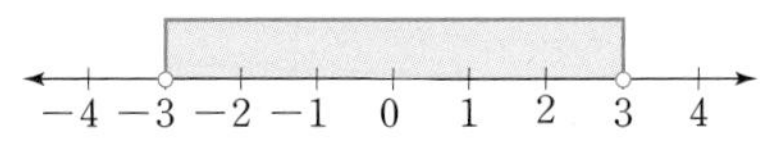

$|x|<3$, $-3<x<3$

• 원점으로부터의 거리가 3보다 큰 점

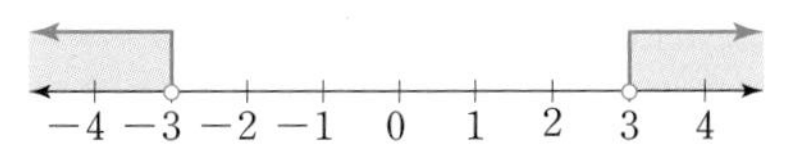

$|x|>3$, $x<-3$ 또는 $x>3$

(2)

조건	'거리'를 사용하여 설명하기	절댓값 기호가 없는 식으로 표현하기
$\lvert x\rvert=a$	원점으로부터의 거리가 a인 점	$x=-a$ 또는 $x=a\,(x=\pm a)$
$\lvert x\rvert\le a$	원점으로부터의 거리가 a보다 작거나 같은 점	$-a\le x\le a$
$\lvert x\rvert>a$	원점으로부터의 거리가 a보다 큰 점	$x<-a$ 또는 $x>a$

(3) 항상 옳은 것은 아니다.

$a\ge 0$일 때는 $|a|=a$이지만, $|-2|=2$와 같이 $a<0$일 때는 $|a|=-a$이기 때문이다.

따라서 $|a|=\begin{cases} a\,(a\ge 0) \\ -a\,(a<0) \end{cases}$과 같이 나타낼 수 있다.

02 (1) $-10<x<4$ (2) $x\le -\dfrac{1}{3}$ 또는 $x\ge 3$

풀이 (1) $a>0$일 때 $|x|<a$이면 $-a<x<a$이므로 $|x+3|<7$에서 $-7<x+3<7$

각 변에서 똑같이 3을 빼면

$-10<x<4$

(2) $a>0$일 때 $|x|\ge a$이면 $x\le -a$ 또는 $x\ge a$이므로 $|3x-4|\ge 5$에서

$3x-4\le -5$ 또는 $3x-4\ge 5$

따라서 $x\le -\dfrac{1}{3}$ 또는 $x\ge 3$

탐구하기 4

121쪽 ~ 122쪽

01 (1) $x=0$을 기준으로 $|x|=\begin{cases} x\,(x\ge 0) \\ -x\,(x<0) \end{cases}$

$x=3$을 기준으로 $|x-3|=\begin{cases} x-3\ \ (x\ge 3) \\ -(x-3)\,(x<3) \end{cases}$

$x-3<0$ ← → $x-3\ge 0$
$x<0$ ← → $x\ge 0$
−4 −3 −2 −1 0 1 2 3 4

(2) $x=0$ 미만에서 x와 $x-3$이 둘 다 음수이고, $x=0$과 3 사이에서 x는 양수, $x-3$은 음수이다. 또 $x=3$ 이상에서 x와 $x-3$이 둘 다 양수이다. $x=0$, 3을 기준으로 x의 값의 범위를 나누어 절댓값 기호가 없는 식으로 나타낼 수 있다.

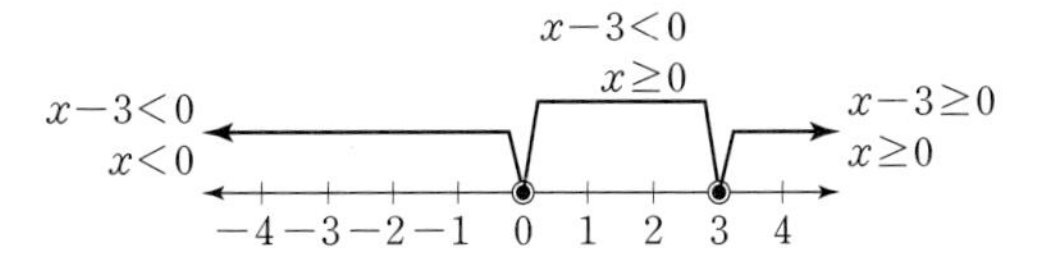

(i) $x<0$일 때

$|x|+|x-3|=-x-(x-3)=-2x+3\le 7$에서 $x\ge -2$이므로 $-2\le x<0$

(ii) $0\le x<3$일 때

$|x|+|x-3|=x-(x-3)=3\le 7$은 항상 성립하므로 $0\le x<3$

(iii) $x\geq3$일 때
$|x|+|x-3|=x+x-3=2x-3\leq7$에서 $x\leq5$이므로 $3\leq x\leq5$

(i), (ii), (iii)에서 해는 $-2\leq x\leq5$

02 (1) $-1\leq x\leq3$ (2) $x<-3$ 또는 $x>\frac{11}{3}$

풀이 (1) $x=0$과 $x=2$에서 절댓값 안의 식이 각각 0이다.

(i) $x<0$일 때 $x<0$, $x-2<0$이므로
$|x|+|x-2|=-x-(x-2)=-2x+2\leq4$에서 $x\geq-1$이므로 $-1\leq x<0$

(ii) $0\leq x<2$일 때 $x\geq0$, $x-2<0$이므로
$|x|+|x-2|=x-(x-2)=2\leq4$는 항상 성립한다. 따라서 $0\leq x<2$

(iii) $x\geq2$일 때 $x\geq0$, $x-2\geq0$이므로
$|x|+|x-2|=x+x-2=2x-2\leq4$에서
$x\leq3$이므로 $2\leq x\leq3$

(i), (ii), (iii)에서 해는 $-1\leq x\leq3$

(2) $x=-2$와 $x=\frac{3}{2}$에서 절댓값 안의 식이 각각 0이다.

(i) $x<-2$일 때 $x+2<0$, $2x-3<0$이므로

$$|x+2|+|2x-3|=-(x+2)-(2x-3)=-3x+1>10$$

에서 $x<-3$

$x<-2$이므로 $x<-3$

(ii) $-2\leq x<\frac{3}{2}$일 때 $x+2\geq0$, $2x-3<0$이므로

$$|x+2|+|2x-3|=x+2-(2x-3)=-x+5>10$$

에서 $x<-5$

$-2\leq x<\frac{3}{2}$이므로 해가 없다.

(iii) $x\geq\frac{3}{2}$일 때 $x+2\geq0$, $2x-3\geq0$이므로

$$|x+2|+|2x-3|=x+2+2x-3=3x-1>10$$

에서 $x>\frac{11}{3}$

$x\geq\frac{3}{2}$이므로 $x>\frac{11}{3}$

(i), (ii), (iii)에서 해는 $x<-3$ 또는 $x>\frac{11}{3}$

03 절댓값이 1개 포함된 일차부등식은 절댓값 안의 식이 0이 되는 x의 값이 하나뿐이므로 x의 값의 범위를 2개로 나누어 해결할 수 있다. 그러나 절댓값이 여러 개 포함된 일차부등식은 절댓값 안의 식이 0이 되는 x의 값이 여러 개이므로 x의 값의 범위를 3개 이상으로 나누어 해결해야 한다.

04 이차부등식과 연립이차부등식

탐구하기 1

123쪽

01 (1) 부등식에 -2와 2 사이의 수 $x=-1, 0, 1$ 등을 대입하면 부등식이 성립한다.
따라서 $-2<x<2$인 수는 모두 이차부등식의 해가 된다.

−4 −3 −2 −1 0 1 2 3 4 (2, 2)

(2) $x^2-4<0$, $(x+2)(x-2)<0$
두 수의 곱이 음수가 되려면 두 수의 부호가 달라야 한다.
$x+2>x-2$이므로 $x-2<0$ 그리고 $x+2>0$, 즉 $x<2$ 그리고 $x>-2$이다.
따라서 $-2<x<2$

02 (1)

나의 풀이 방법	친구의 풀이 방법
예) 좌변을 인수분해하면 $(x+1)(x-3)<0$ $x+1>x-3$이고 둘의 곱이 음수이므로 $x+1>0$이고 $x-3<0$ 따라서 $-1<x<3$	예) $x^2-2x+1<3+1$ $(x-1)^2<4$ $-2<x-1<2$이므로 $-1<x<3$ 예) 이차함수의 그래프를 이용했다.

(2)

나의 풀이 방법	친구의 풀이 방법
예 좌변을 인수분해하면 $(x-1)(x-3)\geq 0$ 둘의 곱이 0 이상이므로 부호가 같아야 한다. (i) $x-3\geq 0$이고 $x-1\geq 0$일 때, $x\geq 3$ (ii) $x-3\leq 0$이고 $x-1\leq 0$일 때, $x\leq 1$ (i), (ii)에서 $x\leq 1$ 또는 $x\geq 3$	예 $x^2-4x+4\geq -3+4$ $(x-2)^2\geq 1$ (i) $x-2<0$, 즉 $x<2$일 때, $x-2\leq -1$ $x\leq 1$(이것은 $x<2$를 만족함) (ii) $x-2\geq 0$, 즉 $x\geq 2$일 때 $x-2\geq 1$ $x\geq 3$(이것은 $x\geq 2$를 만족함) 따라서 $x\leq 1$ 또는 $x\geq 3$ 예 이차함수의 그래프를 이용했다.

탐구하기 2
124쪽

01 부등식 $x-2<0$의 해 $x<2$는 함수 $y=x-2$의 그래프에서 $y<0$인 부분의 x의 값의 범위이다.
즉, 함수 $y=x-2$의 그래프에서 y의 값이 음수인 부분 또는 그래프가 x축의 아래쪽에 있는 부분의 x의 값의 범위가 부등식 $x-2<0$의 해이다.

02 (1)

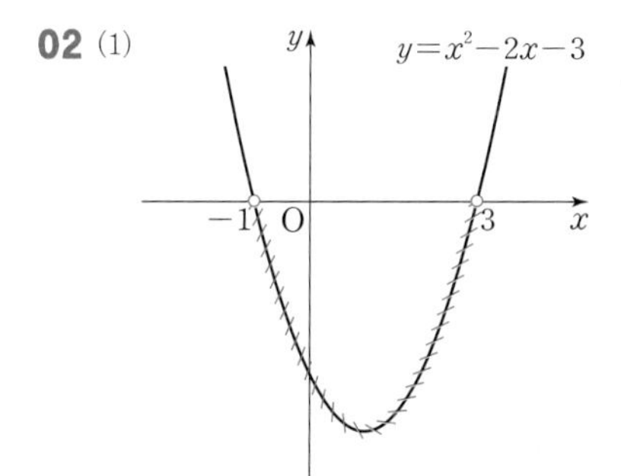

- y의 값이 0보다 작은 부분이다. 즉, $y<0$이다.
- 그래프가 x축의 아래쪽에 있는 부분이다.
- x의 값의 범위는 $-1<x<3$이다.
- y의 값의 범위는 $-4\leq y<0$이다.

(2) 이차함수 $y=x^2-2x-3$의 그래프의 x절편 -1과 3은 $y=0$인 점으로, 이차방정식 $x^2-2x-3=0$의 해이다.
또 그래프가 x축의 아래쪽에 있는 부분은 $y<0$인 점으로, x의 값의 범위가 두 x절편 사이의 값인 $-1<x<3$이며 이것은 이차부등식 $x^2-2x-3<0$의 해이다.

(3) $x^2-2x-3\geq 0$의 해는 이차함수 $y=x^2-2x-3$의 그래프에서 $y\geq 0$인 부분, 즉 그래프가 x축과 만나거나 x축의 위쪽에 있는 부분의 x의 값의 범위이다. 따라서 $x\leq -1$ 또는 $x\geq 3$

탐구하기 3
125쪽

01 민욱이의 방법: $y=-x^2+7x-10$
$=-(x^2-7x+10)$
$=-(x-2)(x-5)$
에서 이차함수 $y=-x^2+7x-10$의 그래프는 다음 그림과 같다.

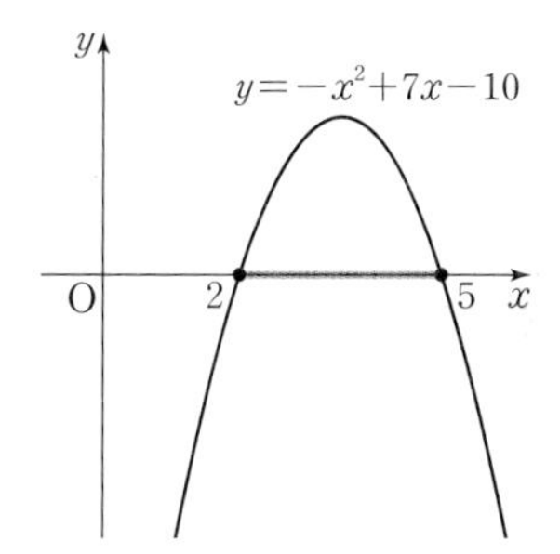

이차부등식 $-x^2+7x-10\geq 0$의 해는 이차함수 $y=-x^2+7x-10$의 그래프에서 $y\geq 0$인 부분, 즉 그래프가 x축의 위쪽에 있거나 x축과 만나는 부분의 x의 값의 범위와 같다. 따라서 $2\leq x\leq 5$이다.

신영이의 방법: $y=x^2-7x+10$
$=(x-2)(x-5)$
에서 이차함수 $y=x^2-7x+10$의 그래프는 다음 그림과 같다.

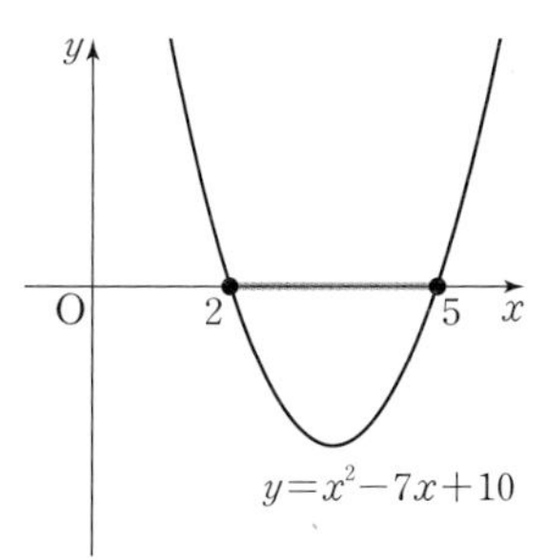

이차부등식 $-x^2+7x-10\geq 0$은 $x^2-7x+10\leq 0$과 같고, $x^2-7x+10\leq 0$의 해는 이차함수 $y=x^2-7x+10$의 그래프에서 $y\leq 0$인 부분, 즉 그래프가 x축의 아래쪽

에 있거나 x축과 만나는 부분의 x의 값의 범위와 같다.
따라서 $2\le x\le 5$이다.

(비교) 두 방법 모두 해가 같다. 민욱이의 방법은 이차부등식의 좌변을 그대로 이차함수로 나타내어 그래프가 위로 볼록한 이차함수가 되었다. 신영이의 방법은 이차부등식의 최고차항의 계수를 양수로 바꾸어 이차함수로 나타냈고 그래프가 아래로 볼록한 이차함수가 되었다.

02 (1) 이차함수 $y=x^2-6x+10=(x-3)^2+1$의 그래프는 다음 그림과 같다.

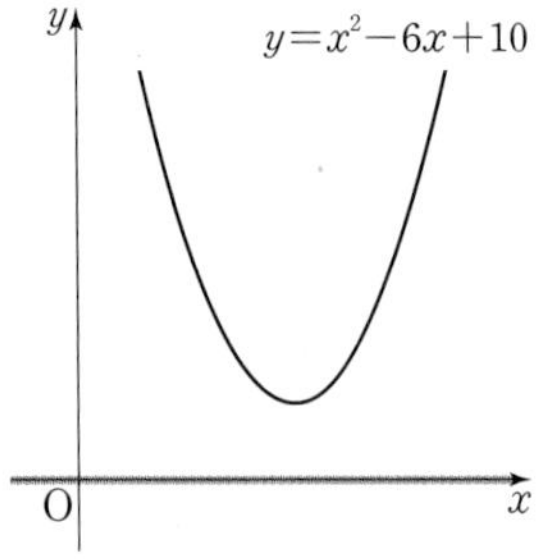

이차함수 $y=x^2-6x+10$의 그래프가 x축의 위쪽에 있으므로 $y\ge 0$인 부분은 전체이다.
따라서 주어진 부등식의 해는 모든 실수이다.

(2) $-x^2+10<3x$를 변형하면 $x^2+3x-10>0$
이차함수 $y=x^2+3x-10=(x-2)(x+5)$의 그래프는 다음 그림과 같다.

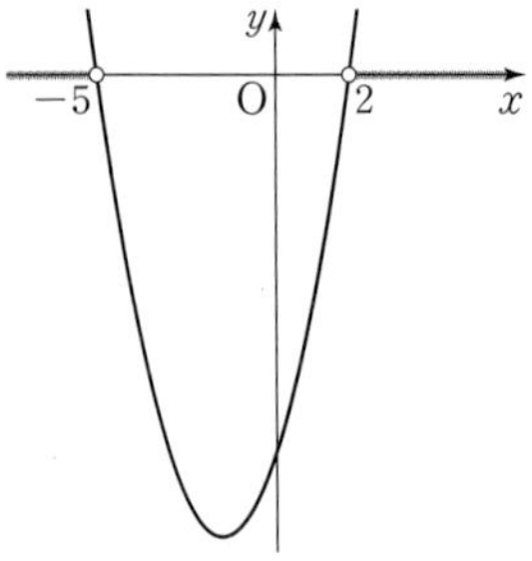

이차함수 $y=x^2+3x-10$의 그래프에서 $y>0$인 부분, 즉 그래프가 x축의 위쪽에 있는 부분의 x의 값의 범위는 $x<-5$ 또는 $x>2$이다.
따라서 주어진 부등식의 해는 $x<-5$ 또는 $x>2$이다.

(3) $2x-1\ge x^2$을 변형하면 $x^2-2x+1\le 0$
이차함수 $y=x^2-2x+1=(x-1)^2$의 그래프는 다음 그림과 같다.

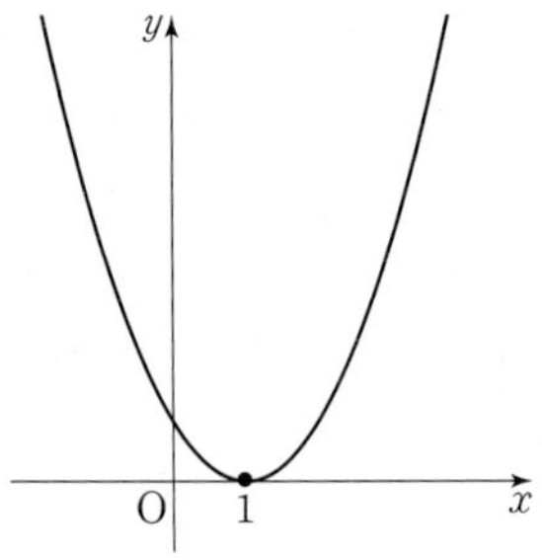

이차함수 $y=x^2-2x+1$의 그래프에서 $y\le 0$인 부분, 즉 그래프가 x축의 아래쪽에 있거나 x축과 만나는 부분은 $x=1$인 점 단 하나이다.
따라서 주어진 부등식의 해는 $x=1$이다.

03

$D>0$	$D=0$	$D<0$
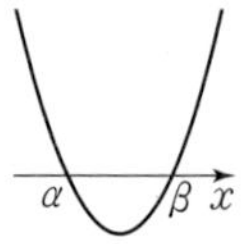	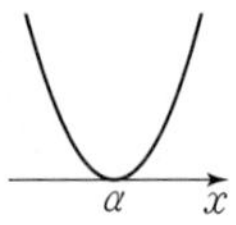	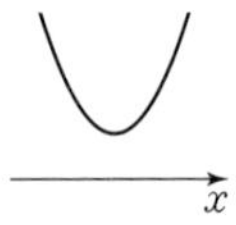
$x<\alpha$ 또는 $x>\beta$	$x\ne\alpha$인 모든 실수	모든 실수
$x\le\alpha$ 또는 $x\ge\beta$	모든 실수	모든 실수
$\alpha<x<\beta$	없다.	없다.
$\alpha\le x\le\beta$	$x=\alpha$	없다.

04 (i) $a\ne 0$이면
$ax^2+bx+c>0$은 이차부등식이고, 이 부등식이 항상 성립한다는 것은 해가 실수 전체일 때이므로 문제 **03**에서 $a>0$, $D<0$일 때이다.

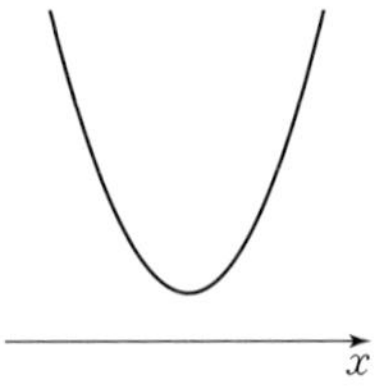

(ii) $a=0$일 때, $b\ne 0$이면 $bx+c>0$은 일차부등식이고, 일차부등식은 그 해가 실수 전체가 될 수 없으므로 $b=0$이어야 한다. 이때 $c>0$인 조건을 만족하면 항상 성립한다.

탐구하기 4

126쪽

01 (1) (i) 변의 길이이므로
$x>0$, $x+1>0$, $x+2>0$

(ii) 삼각형이 되려면 제일 긴 변의 길이가 나머지 두 변의 길이의 합보다 작아야 하므로

$x+2<x+(x+1)$

(iii) 둔각삼각형은 제일 긴 변의 길이의 제곱이 나머지 두 변의 길이의 제곱의 합보다 커야 하므로

$(x+2)^2>x^2+(x+1)^2$

(2) x의 값은 (1)에서 찾은 (i), (ii), (iii)의 모든 부등식을 동시에 만족시키는 값이다. 따라서 (i), (ii), (iii)의 해의 공통부분을 구하면 된다.

① $x>0$, $x+1>0$, $x+2>0$에서 $x>0$

② $x+2<x+(x+1)$에서 $x>1$

③ $(x+2)^2>x^2+(x+1)^2$에서 $x^2-2x-3<0$

이차함수 $y=x^2-2x-3=(x+1)(x-3)$에서 $y<0$인 x의 값의 범위는 $-1<x<3$

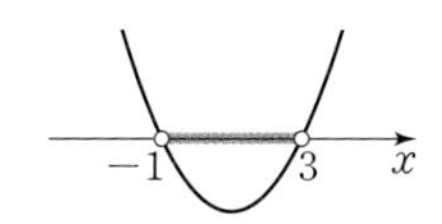

①, ②, ③의 해의 공통부분은 $1<x<3$

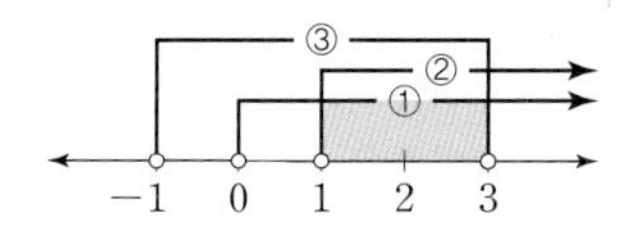

02 (1) (i) $2x+5>-1-x$

$2x+x>-1-5$

$3x>-6$

$x>-2$ …… ㉠

(ii) $x^2+4x+3<0$

이차함수

$y=x^2+4x+3=(x+1)(x+3)$

의 그래프에서 $y<0$인 부분의 x의 값의 범위는

$-3<x<-1$ …… ㉡

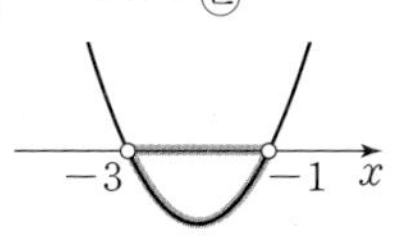

㉠, ㉡의 공통부분은

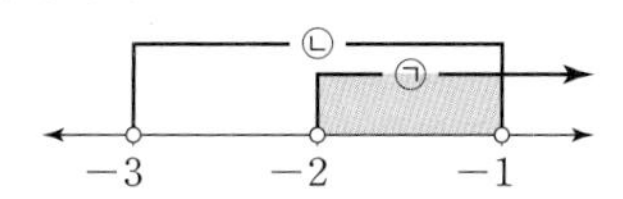

$-2<x<-1$

(2) (i) $|x|\geq 2$

$x\leq -2$ 또는 $x\geq 2$ …… ㉠

(ii) $-x^2+2x+3<0$

$x^2-2x-3>0$

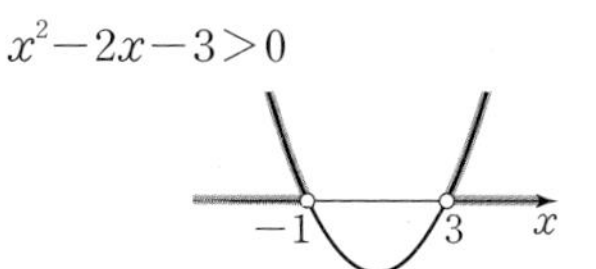

이차함수

$y=x^2-2x-3=(x+1)(x-3)$

의 그래프에서 $y>0$인 부분의 x의 값의 범위는

$x<-1$ 또는 $x>3$ …… ㉡

㉠, ㉡의 공통부분은

$x\leq -2$ 또는 $x>3$

(3) (i) $x^2-3x\leq 0$

이차함수 $y=x^2-3x=x(x-3)$

의 그래프에서 $y\leq 0$인 부분의 x의 값의 범위는

$0\leq x\leq 3$ …… ㉠

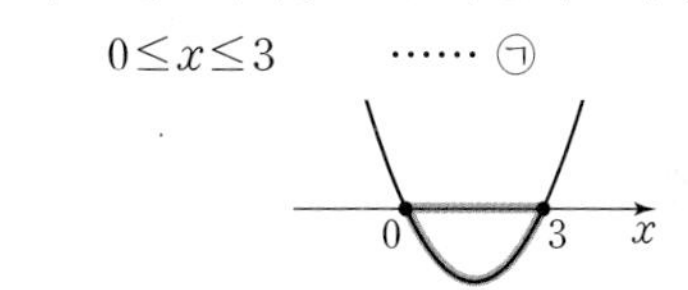

(ii) $2x^2-9x+4<0$

이차함수

$y=2x^2-9x+4$

$=(2x-1)(x-4)$

의 그래프에서 $y<0$인 부분의 x의 값의 범위는

$\frac{1}{2}<x<4$ …… ㉡

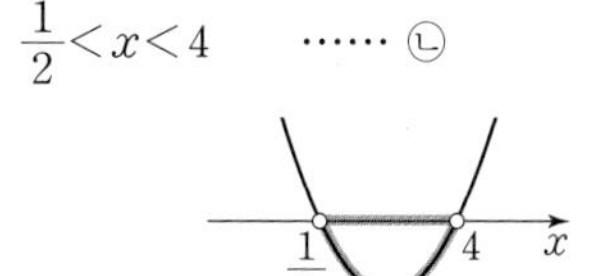

㉠, ㉡의 공통부분은

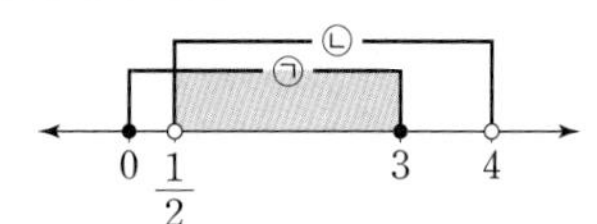

$\frac{1}{2}<x\leq 3$

03

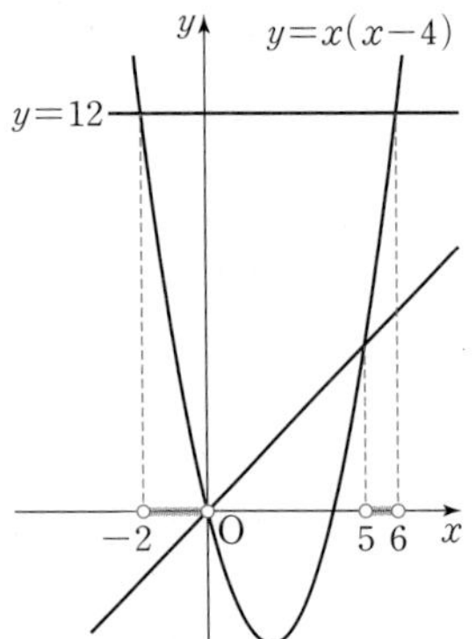

연립부등식 $\begin{cases} x<x(x-4) \\ x(x-4)<12 \end{cases}$와 같으므로

(i) $x<x(x-4)$에서 $x^2-5x>0$

이차함수 $y=x^2-5x=x(x-5)$에서 $y>0$인 부분의 x의 값의 범위는

$x<0$ 또는 $x>5$ …… ㉠

(ii) $x(x-4)<12$에서 $x^2-4x-12<0$

이차함수 $y=x^2-4x-12=(x+2)(x-6)$에서 $y<0$인 부분의 x의 값의 범위는

$-2<x<6$ …… ㉡

㉠, ㉡의 공통부분은

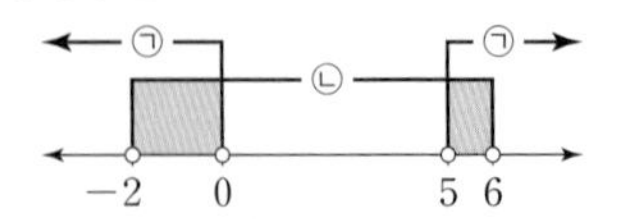

$-2<x<0$ 또는 $5<x<6$

설명 (i) 부등식 $x<x(x-4)$의 해 $x<0$ 또는 $x>5$는 함수 $y=x(x-4)$의 그래프가 직선 $y=x$의 위쪽에 있는 부분의 x의 값의 범위이다.

(ii) 부등식 $x(x-4)<12$의 해 $-2<x<6$은 함수 $y=x(x-4)$의 그래프가 직선 $y=12$의 아래쪽에 있는 부분의 x의 값의 범위이다.

따라서 (i), (ii)의 공통부분인 부등식의 해 $-2<x<0$ 또는 $5<x<6$은 함수 $y=x(x-4)$의 그래프가 직선 $y=x$의 위쪽에 있고 직선 $y=12$의 아래쪽에 있는 부분의 x의 값의 범위를 의미한다.

개념과 문제의 연결

128쪽 ~ 133쪽

1 (1) 이차방정식의 근의 공식은 배웠지만 삼차방정식이나 사차방정식의 근의 공식은 배우지 않았다. 그래서 삼차방정식의 근을 구하려면 반드시 인수분해를 해야 한다.

(2) $P(x)=x^3-2x^2+(a-8)x+2a$라 할 때, $P(\alpha)=0$을 만족하는 α의 값은 $\pm(2a$의 약수)이다.
$P(-2)=-8-8-2a+16+2a=0$이므로 조립제법을 이용하여 다항식 $P(x)$를 인수분해하면,

-2	1	-2	$a-8$	$2a$
		-2	8	$-2a$
	1	-4	a	0

$P(x)=(x+2)(x^2-4x+a)$

(3) (2)에 의해 삼차방정식은 다음과 같이 인수분해된다.

$(x+2)(x^2-4x+a)=0$

이 삼차방정식의 서로 다른 실근의 개수가 2가 될 때는 다음 2가지 경우 중 하나이다.

(i) 이차방정식 $x^2-4x+a=0$이 $x=-2$가 아닌 중근을 갖는 경우

(ii) 이차방정식 $x^2-4x+a=0$이 $x=-2$인 근과 -2가 아닌 근을 갖는 경우'

2 삼차방정식의 실근을 구하려면 좌변을 인수분해해야 한다.

$P(x)=x^3-2x^2+(a-8)x+2a$라 하자.

$P(\alpha)=0$인 α의 값은 $\boxed{\pm(2a\text{의 약수})}$여야 한다.

$P(\boxed{-2})=\boxed{-8-8-2a+16+2a}=0$이므로 조립제법을 이용하여 다항식 $P(x)$를 인수분해하면, $P(x)=\boxed{(x+2)(x^2-4x+a)}$이다.

$\boxed{-2}$	1	-2	$a-8$	$2a$
		$\boxed{-2}$	$\boxed{8}$	$\boxed{-2a}$
	1	$\boxed{-4}$	$\boxed{a}$	0

따라서

$x^3-2x^2+(a-8)x+2a=\boxed{(x+2)(x^2-4x+a)}$

이 삼차방정식의 서로 다른 실근의 개수가 2가 될 때는 다음 2가지 경우 중 하나이다.

(i) 이차방정식 $x^2-4x+a=0$이 $x=-2$가 아닌 중근을 갖는 경우
이차방정식 $x^2-4x+a=0$이 중근을 가질 때는 판별식을 D라 하면

$D=\boxed{16-4a}=0$에서 $a=\boxed{4}$

이때
$x^3-2x^2+(a-8)x+2a=\boxed{(x+2)(x-2)^2}$이므로 서로 다른 실근은 $\boxed{2}$, $\boxed{-2}$의 2개이다.

(ii) 이차방정식 $x^2-4x+a=0$이 $x=-2$인 근과 -2가 아닌 근을 갖는 경우
이차방정식 $x^2-4x+a=0$이 $x=-2$인 근을 가지면, 인수정리에 의해

$\boxed{4+8+a}=0$에서 $a=\boxed{-12}$

이때
$x^3-2x^2+(a-8)x+2a=\boxed{(x+2)^2(x-6)}$이므로 서로 다른 실근은 $\boxed{-2}$, $\boxed{6}$의 2개이다.

(i), (ii)에 의해 모든 실수 a의 값의 합은

$\boxed{4}+\boxed{(-12)}=\boxed{-8}$

3 (1) 부등식 $|x-5|<\frac{a}{2}$에서 $-\frac{a}{2}<x-5<\frac{a}{2}$
따라서 $5-\frac{a}{2}<x<5+\frac{a}{2}$

(2) 부등식 $x^2-2(a+1)x+a^2+2a\le0$에서
$x^2-(2a+2)x+a(a+2)\le0$
$(x-a)\{x-(a+2)\}\le0$
따라서 $a\le x\le a+2$

(3) a가 정수이면 부등식 $a\le x\le a+2$의 해를 만족하는 정수 x는 3개, a가 정수가 아니면 부등식 $a\le x\le a+2$의 해를 만족하는 정수 x는 2개이다.
연립부등식의 해는 (1)과 (2)의 부등식의 해의 공통부분이므로 (2)의 부등식의 해의 일부이다.
따라서 연립부등식을 만족하는 정수 x가 3개이기 위하여 실수 a는 정수여야 한다.

4 ㉠: 부등식 $|x-5|<\frac{a}{2}$에서 $\boxed{-\frac{a}{2}<x-5<\frac{a}{2}}$

$5-\frac{a}{2}<x<5+\frac{a}{2}$ $\cdots\cdots$ ㉢

㉡: 부등식 $x^2-2(a+1)x+a^2+2a\le0$에서
$x^2-(2a+2)x+a(a+2)\le0$
$(x-a)\{x-(a+2)\}\le0$에서

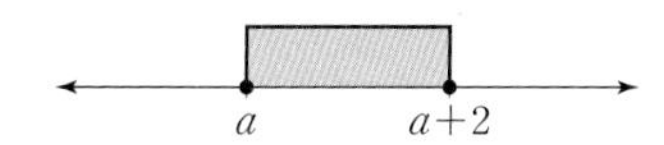

$a\le x\le a+2$ $\cdots\cdots$ ㉣

a가 정수이면 부등식 $a\le x\le a+2$의 해를 만족하는 정수 x는 $\boxed{3}$개, a가 정수가 아니면 부등식 $a\le x\le a+2$의 해를 만족하는 정수 x는 $\boxed{2}$개이다.
연립부등식의 해는 ㉢과 ㉣의 부등식의 해의 공통부분이므로, ㉣의 부등식의 해의 일부이다. 따라서 연립부등식을 만족하는 정수 x가 3개이기 위하여 실수 a는 정수여야 한다.
연립부등식을 만족하는 정수 x가 3개이기 위해서는 부등식 ㉣의 해를 만족하는 정수 x가 모두 ㉢의 부등식을 만족해야 한다. 이를 수직선으로 표현하면 다음과 같다.

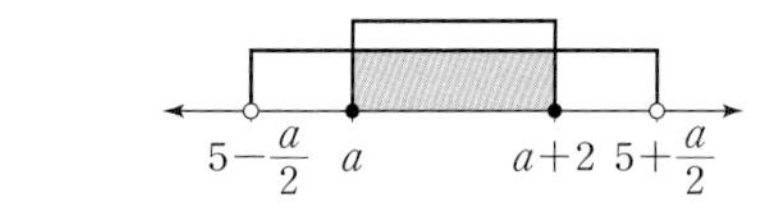

따라서 정수 a는 $\boxed{5-\frac{a}{2}}<\boxed{a}$와 $\boxed{a+2}<\boxed{5+\frac{a}{2}}$를 동시에 만족해야 한다.

따라서 $\boxed{\frac{10}{3}}<a$이고, $a<\boxed{6}$이므로,

$\boxed{\frac{10}{3}}<a<\boxed{6}$을 만족하는 정수 a는 $\boxed{4}$, $\boxed{5}$이다.

5 (1) 이차부등식의 해가 $0<x<1$이면 양의 정수 k에 대하여 $kx(x-1)<0$을 만족한다.
이차부등식 $f(x)>2x-\frac{9}{4}$에서
$-f(x)+2x-\frac{9}{4}<0$이므로

$$-f(x)+2x-\frac{9}{4}=kx(x-1)$$

(단, k는 양의 정수)

$$-kx(x-1)+2x-\frac{9}{4}=f(x)$$

$$\therefore f(x)=-kx^2+(k+2)x-\frac{9}{4}$$

(2) 조건 (나)를 만족하려면 모든 실수 x에 대하여 $-kx^2+(k+2)x-\frac{9}{4}<0$이어야 하므로

모든 실수 x에 대하여 $kx^2-(k+2)x+\frac{9}{4}>0$이어야 한다.

이차함수의 그래프를 생각할 때, 이차방정식 $kx^2-(k+2)x+\frac{9}{4}=0$의 판별식을 D라 하면

$D=(k+2)^2-4\times k\times\frac{9}{4}<0$이 성립해야 한다.

$(k+2)^2-4\times k\times\frac{9}{4}<0$을 전개하여 정리하면

$k^2-5k+4<0$이므로

$(k-1)(k-4)<0$

$1<k<4$

따라서 양의 정수 k의 값은 2 또는 3이다.

이때, $f(x)$는 $-2x^2+4x-\frac{9}{4}$ 또는

$-3x^2+5x-\frac{9}{4}$이다.

6 조건 (가)에서 이차부등식의 해가 $0<x<1$이면 양의 정수 k에 대하여 $kx(x-1)<0$을 만족한다.

이차부등식 $f(x)>2x-\frac{9}{4}$에서

$\boxed{-f(x)+2x-\frac{9}{4}}<0$이므로

$$\boxed{-f(x)+2x-\frac{9}{4}}=kx(x-1)$$

(단, k는 양의 정수)

$$\therefore f(x)=\boxed{-kx^2+(k+2)x-\frac{9}{4}}$$

조건 (나)에서 모든 실수 x에 대하여

$\boxed{-kx^2+(k+2)x-\frac{9}{4}}<0$이어야 하므로

모든 실수 x에 대하여 $\boxed{kx^2-(k+2)x+\frac{9}{4}}>0$이어야 한다.

이차함수의 그래프를 생각할 때, 이차방정식 $\boxed{kx^2-(k+2)x+\frac{9}{4}}=0$의 판별식을 D라 하면

$D=\boxed{(k+2)^2-4\times k\times\frac{9}{4}}<0$이 성립해야 한다.

$\boxed{(k+2)^2-4\times k\times\frac{9}{4}}<0$을 전개하여 정리하면

$k^2-5k+4<0$이므로

$\boxed{(k-1)(k-4)}<0$에서 $\boxed{1}<k<\boxed{4}$이다.

따라서 양의 정수 k의 값은 $\boxed{2}$ 또는 $\boxed{3}$이다.

k의 값이 $\boxed{2}$일 때, $f(x)=\boxed{-2x^2+4x-\frac{9}{4}}$이므로,

$f(-1)=\boxed{-2-4-\frac{9}{4}}=\boxed{-\frac{33}{4}}$

k의 값이 $\boxed{3}$일 때, $f(x)=\boxed{-3x^2+5x-\frac{9}{4}}$이므로,

$f(-1)=\boxed{-3-5-\frac{9}{4}}=\boxed{-\frac{41}{4}}$

중단원 연습문제

134쪽~137쪽

01 -11 **02** $-3\le a<2$ **03** -4
04 $k=-6$ 또는 $k=2$ **05** $2\sqrt{7}$
06 37 **07** 6 **08** 9
09 3 **10** $x<-2$ 또는 $x>1$
11 $-1\le x\le -\frac{1}{2}$
12 (1) $3<x\le 6$ (2) $-1\le x<3$ **13** 3
14 (1) $x=\frac{2}{3}$ (2) 모든 실수 **15** $a=-6$, $b=0$

01 $f(-1)=f(1)=f(2)=k$ (k는 상수)라 하면 방정식 $f(x)-k=0$의 세 근이 -1, 1, 2이고 $f(x)-k$의 최고차항의 계수는 1이므로

$f(x)-k=(x+1)(x-1)(x-2)$

즉, $f(x)=(x+1)(x-1)(x-2)+k$

$f(0)=2+k=3$이므로 $k=1$이고 따라서

$f(-2)=-11$

02 $x^4-(2a+1)x^2+(a+3)(a-2)=0$에서

$x^2=X$로 치환하면

$X^2-(2a+1)X+(a+3)(a-2)$

$=(X-a-3)(X-a+2)=0$

따라서 $(x^2-a-3)(x^2-a+2)=0$에서

$x^2=a+3$ 또는 $x^2=a-2$

주어진 사차방정식이 허근과 실근을 모두 가지려면

$a-2<0$이고 $a+3\geq 0$($\because$ $a+3>a-2$)

따라서 $-3\leq a<2$

03 $x^2+3x=t$로 치환하면

$t(t+2)-8=0$

$t^2+2t-8=0$

$(t+4)(t-2)=0$에서

$(x^2+3x+4)(x^2+3x-2)=0$이므로

$x^2+3x+4=0$ 또는 $x^2+3x-2=0$

이 중에서 허근을 갖는 방정식은 $x^2+3x+4=0$이므로 α는 이 방정식의 근이다.

$\alpha^2+3\alpha+4=0$이므로 $\alpha^2+3\alpha=-4$

04 $\begin{cases} x+y=1 & \cdots\cdots ㉠ \\ x^2-ky=-3 & \cdots\cdots ㉡ \end{cases}$

㉠에서 $y=1-x$ $\cdots\cdots$ ㉢

㉢을 ㉡에 대입하여 정리하면

$x^2-k(1-x)=-3$

$x^2+kx-k+3=0$

오직 한 쌍의 해를 가지므로 x의 값이 하나(중근)여야 한다.

$D=k^2+4k-12$

$=(k+6)(k-2)=0$

$\therefore$ $k=-6$ 또는 $k=2$

05 $\begin{cases} x^2-3xy+2y^2=0 & \cdots\cdots ㉠ \\ 2x^2-y^2=7 & \cdots\cdots ㉡ \end{cases}$

㉠의 좌변을 인수분해하면 $(x-2y)(x-y)=0$이므로

(i) $x=2y$를 ㉡에 대입하면

$8y^2-y^2=7$

$7y^2=7$

$y^2=1$

$y=\pm 1$이므로

$\begin{cases} x=2 \\ y=1 \end{cases}$ 또는 $\begin{cases} x=-2 \\ y=-1 \end{cases}$

(ii) $x=y$를 ㉡에 대입하면

$2y^2-y^2=7$

$y^2=7$

$y=\pm\sqrt{7}$이므로

$\begin{cases} x=\sqrt{7} \\ y=\sqrt{7} \end{cases}$ 또는 $\begin{cases} x=-\sqrt{7} \\ y=-\sqrt{7} \end{cases}$

따라서 $\alpha+\beta$의 최댓값은 $2\sqrt{7}$

06 두 자리 자연수의 십의 자리의 숫자를 x, 일의 자리의 숫자를 y라 하면, $x^2+y^2=58$이고

$(10x+y)+(10y+x)=11(x+y)=110$에서

$x+y=10$이다.

$\begin{cases} x^2+y^2=58 & \cdots\cdots ㉠ \\ x+y=10 & \cdots\cdots ㉡ \end{cases}$

㉡에서 $y=10-x$를 ㉠에 대입하면

$x^2+(10-x)^2=58$

$x^2-10x+21=0$ $\quad\therefore$ $x=3$ 또는 $x=7$

$\therefore$ $x=3$, $y=7$ 또는 $x=7$, $y=3$

$x<y$이므로 $x=3$, $y=7$

따라서 처음 수는 37이다.

07 $\begin{cases} 2(x+2)\geq 3x & \cdots\cdots ㉠ \\ -2x+5\leq x-1 & \cdots\cdots ㉡ \end{cases}$

부등식 ㉠을 풀면

$-x\geq -4$

$x\leq 4$ $\cdots\cdots$ ㉢

부등식 ㉡을 풀면

$-3x\leq -6$

$x\geq 2$ $\cdots\cdots$ ㉣

㉢, ㉣을 수직선 위에 나타내면 다음 그림과 같다.

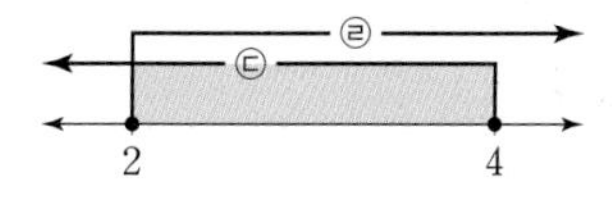

따라서 구하는 해는 $2\leq x\leq 4$이고, $a=2$, $b=4$이므로 $a+b=6$

08 연립부등식 $3x-1<5x+3\leq 4x+a$의 해는 연립부등식 $\begin{cases} 3x-1<5x+3 & \cdots\cdots ㉠ \\ 5x+3\leq 4x+a & \cdots\cdots ㉡ \end{cases}$의 해와 같다.

㉠에서 $-2x<4$이므로 $x>-2$, ㉡에서 $x\leq a-3$

두 부등식 ㉠, ㉡을 동시에 만족시키는 정수 x의 개수가 8이 되도록 두 부등식 ㉠, ㉡의 해를 수직선 위에 나타내면 다음 그림과 같다.

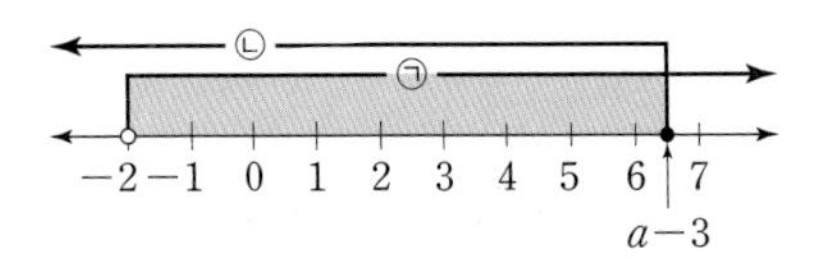

따라서 $6 \le a-3 < 7$에서 $9 \le a < 10$이므로 자연수 a의 값은 9

09 $|3x-2| \le 4$에서 $-4 \le 3x-2 \le 4$

부등식 $-4 \le 3x-2 \le 4$를 풀면

$-2 \le 3x \le 6$

$-\frac{2}{3} \le x \le 2$

따라서 부등식을 만족시키는 정수 $x=0,\ 1,\ 2$이므로 합은

$0+1+2=3$

10 이차함수 $y=f(x)$의 그래프와 x축이 만나는 점의 x좌표가 -3과 2이므로 이차방정식 $f(x)=0$의 두 근이 -3과 2이다.

따라서 $f(x)=a(x+3)(x-2)\ (a<0)$라 할 수 있다.

이때 그래프가 점 $(0,\ 6)$을 지나므로 $f(0)=6$이고,

$6=a \times 3 \times (-2)$에서 $a=-1$

따라서 $f(x)=-(x+3)(x-2)=-x^2-x+6$이고, 부등식 $f(x)<4$의 해는

$-x^2-x+6<4$

$x^2+x-2>0$

$(x+2)(x-1)>0$에서 $x<-2$ 또는 $x>1$

11 해가 $-3<x<1$이고 이차항의 계수가 1인 이차부등식은 $(x+3)(x-1)<0$이므로

$x^2+2x-3<0$이고 계수를 비교하면

$a=2,\ b=-3$

따라서 이차부등식 $2x^2+3x+1 \le 0$의 해를 구하면

$2x^2+3x+1=(x+1)(2x+1) \le 0$에서

$-1 \le x \le -\frac{1}{2}$

12 (1) $\begin{cases} 3x-1>8 & \cdots\cdots ㉠ \\ x^2-5x-6 \le 0 & \cdots\cdots ㉡ \end{cases}$

㉠에서 $x>3$, ㉡에서

$(x-6)(x+1) \le 0,\quad -1 \le x \le 6$

따라서 두 부등식 ㉠, ㉡을 동시에 만족시키는 해는 $3<x \le 6$이다.

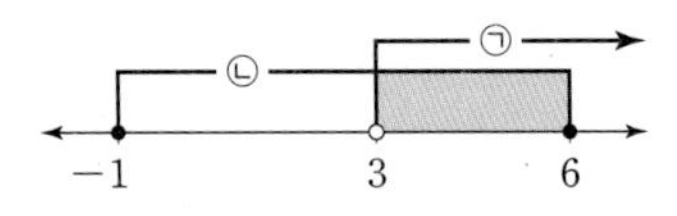

(2) $\begin{cases} x^2-9x+18>0 & \cdots\cdots ㉠ \\ x^2-3x \le 4 & \cdots\cdots ㉡ \end{cases}$

㉠에서 $(x-6)(x-3)>0,\quad x<3$ 또는 $x>6$이다.

㉡에서 $(x-4)(x+1) \le 0,\quad -1 \le x \le 4$이다.

따라서 두 부등식을 동시에 만족시키는 해는 $-1 \le x < 3$이다.

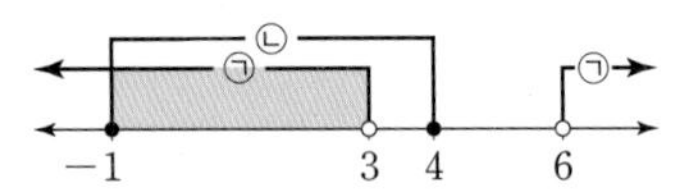

13 $|x-7| \le a+1$에서

$-(a+1) \le x-7 \le a+1$

$-a+6 \le x \le a+8$

이때 $-a+6,\ a+8$이 모두 정수이므로 모든 정수 x의 개수는

$(a+8)-(-a+6)+1=2a+3$

즉, $2a+3=9$이므로 $a=3$

14 (1) $-9x^2+12x-4 \ge 0$의 양변에 -1을 곱하면

$9x^2-12x+4 \le 0$

$y=9x^2-12x+4$라 하면

$y=9x^2-12x+4=(3x-2)^2$이므로

이 이차함수의 그래프는 오른쪽 그림과 같이 x축과 점 $\left(\frac{2}{3},\ 0\right)$에서 만난다.

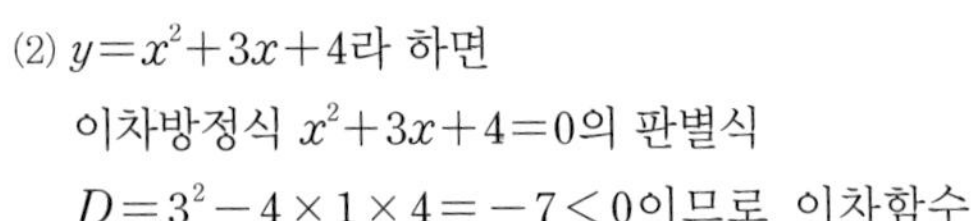

이때 주어진 부등식의 해는 이차함수 $y=9x^2-12x+4$의 그래프에서 $y \le 0$인 x의 값의 범위이므로 $x=\frac{2}{3}$

(2) $y=x^2+3x+4$라 하면

이차방정식 $x^2+3x+4=0$의 판별식

$D=3^2-4 \times 1 \times 4=-7<0$이므로 이차함수

$y=x^2+3x+4$의 그래프는 오른쪽 그림과 같이 x축과 만나지 않는다. 이때 주어진 부등식의 해는 이차함수

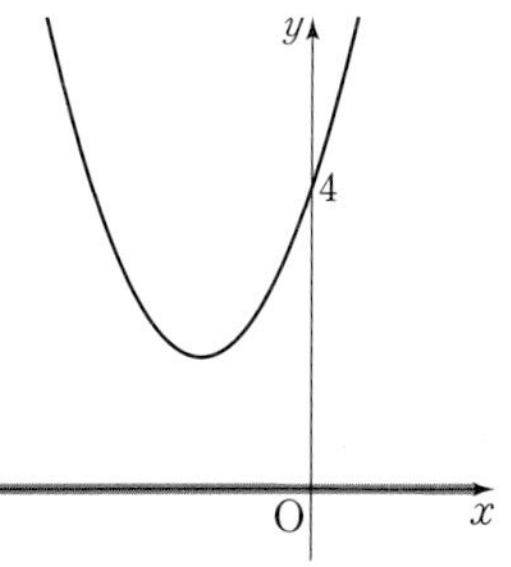

$y=x^2+3x+4$의 그래프에서 $y>0$인 x의 값의 범위이므로 x는 모든 실수

15 연립부등식을 풀어 보자.
첫 번째 부등식의 좌변을 인수분해하면
$x(x+4)\geq 0$에서

$x\leq -4$ 또는 $x\geq 0$ …… ㉠

두 번째 부등식은 $x^2-x-6\leq 0$ 에서
$(x-3)(x+2)\leq 0$이므로

$-2\leq x\leq 3$ …… ㉡

그림에서 연립부등식의 해는 $0\leq x\leq 3$이다.
이차부등식 $2x^2+ax+b\leq 0$의 해가 $0\leq x\leq 3$과 같으므로 이차부등식은 $2x(x-3)\leq 0$이다.

$2x(x-3)=2x^2-6x$에서

$a=-6$, $b=0$

(다른 풀이) 해가 $0\leq x\leq 3$이고 이차항의 계수가 1인 이차부등식은 $x(x-3)\leq 0$, 즉 $x^2-3x\leq 0$이다.
이차항의 계수가 2가 되도록 양변에 2를 곱하면 $2x^2-6x\leq 0$이므로 $a=-6$, $b=0$이다.

대단원 연습문제

138쪽~143쪽

01 $-6-2i$	**02** -4	**03** 8
04 $p=6$, $q=6$	**05** $k=\frac{1}{3}$	**06** $a=-1$
07 $m=3$	**08** $a=1$, $b=-5$	
09 4	**10** 4	**11** 12
12 8	**13** 27	**14** -1
15 $\frac{1}{4}$	**16** -8	**17** 14
18 $\frac{33}{4}$	**19** $x<-3$ 또는 $x>-\frac{1}{5}$	
20 11	**21** $-\frac{8}{9}<a\leq 0$	
22 2	**23** 10 m 초과 12 m 이하	
24 -3	**25** $\sqrt{10}$	

01 $\sqrt{-2}\sqrt{-18}+\frac{\sqrt{12}}{\sqrt{-3}}=\sqrt{2}i\times\sqrt{18}i+\frac{2\sqrt{3}}{\sqrt{3}i}$

$=\sqrt{36}i^2+\frac{2i}{i^2}$

$=-6-2i$

02 $z=(-2x^2+32)+(x^2-3x-4)i$, $z+\bar{z}=0$이므로
실수부분 $-2x^2+32=0$이다.
따라서 $x=4$ 또는 $x=-4$이다.
$x=4$이면 $z=0$이므로 $z\neq 0$을 만족하는 것은
$x=-4$이다.

03 $z=a+bi$ (a, b는 실수)라 하면
$z^2=(a^2-b^2)+2abi$
$\bar{z}=a-bi$이므로
$(\bar{z})^2=(a-bi)^2=(a^2-b^2)-2abi$
따라서 $z^2+(\bar{z})^2=2(a^2-b^2)$
조건 (나)에 의해 $z^2+(\bar{z})^2$은 음수이므로
$2(a^2-b^2)<0$
즉, $2(a+b)(a-b)<0$ …… ㉠
조건 (가)의 $z=3x+(2x-7)i$에서 $a=3x$,
$b=2x-7$을 식 ㉠에 대입하면
$2\{3x+(2x-7)\}\{3x-(2x-7)\}$
$=2(5x-7)(x+7)$이고
$(5x-7)(x+7)<0$이므로
$-7<x<\frac{7}{5}$을 만족하는 정수 x는 -6, -5, -4, -3, -2, -1, 0, 1이고 구하는 개수는 8이다.

04 $\overline{AH}=\alpha$, $\overline{AE}=\beta$라 하면
$\overline{PG}=10-\alpha$, $\overline{PF}=10-\beta$이다.
직사각형 PFCG의 둘레의 길이는
$2(10-\alpha)+2(10-\beta)=28$이므로 $\alpha+\beta=6$
직사각형 PFCG의 넓이는 $(10-\alpha)(10-\beta)=46$이므로 $\alpha\beta=6$
따라서 α, β를 두 근으로 갖는 이차방정식은
$x^2-(\alpha+\beta)x+\alpha\beta=0$에서 $x^2-6x+6=0$
따라서 $p=6$, $q=6$

05 $2x^2-4x+k=0$에서 $\alpha+\beta=-\frac{-4}{2}=2$, $\alpha\beta=\frac{k}{2}$

$$\alpha^3+\beta^3=(\alpha+\beta)^3-3\alpha\beta(\alpha+\beta)$$
$$=8-3\times\frac{k}{2}\times2=7$$

에서 $3k=1$　　$\therefore k=\frac{1}{3}$

06 이차방정식 $x^2+kx+k-1=0$이 중근 α를 가지므로 이차방정식 $x^2+kx+k-1=0$의 판별식을 D라 하면

$$D=k^2-4(k-1)=k^2-4k+4=(k-2)^2=0$$
$$\therefore k=2$$

$k=2$를 $x^2+kx+k-1=0$에 대입하면

$$x^2+2x+1=0$$
$$(x+1)^2=0$$
$$x=-1$$
$$\therefore \alpha=-1$$

07 점 $(-1, 0)$을 지나고 기울기가 m인 직선의 방정식은

$$y=m\{x-(-1)\}$$, 즉 $y=mx+m$

$y=mx+m$을 $y=x^2+x+4$에 대입하면

$$mx+m=x^2+x+4$$
$$x^2+(1-m)x+4-m=0$$

직선 $y=mx+m$이 곡선 $y=x^2+x+4$에 접하므로 이차방정식
$x^2+(1-m)x+4-m=0$의 판별식을 D라 할 때, $D=0$이다.

$$D=(1-m)^2-4(4-m)$$
$$=m^2+2m-15$$
$$=(m+5)(m-3)=0$$

에서 $m=-5$ 또는 $m=3$
$m>0$이므로 $m=3$

08 $x^2+ax+3=2x-b$의 두 실근은 -1, 2이므로

$$x^2+(a-2)x+3+b=(x+1)(x-2)$$
$$=x^2-x-2$$

따라서 $a=1$, $b=-5$

(다른 풀이) $x^2+(a-2)x+3+b=0$에서 근과 계수의 관계에 의해 두 근의 합 $1=-(a-2)$이고, 두 근의 곱 $-2=3+b$이다.
따라서 $a=1$, $b=-5$

09 $f(x)=x^2+ax+b$

$$=\left(x+\frac{a}{2}\right)^2-\frac{a^2}{4}+b$$

이차함수 $y=f(x)$의 그래프는 직선 $x=2$에 대하여 대칭이므로

$$-\frac{a}{2}=2$$에서　$a=-4$

$0\le x\le3$에서 함수 $f(x)$의 최댓값은 $f(0)$이므로

$$f(0)=8$$에서　$b=8$

따라서 $a+b=(-4)+8=4$

10 $y=f(x)$의 그래프와 직선 $y=g(x)$가 만나는 두 점의 x좌표가 2와 6이므로 $f(2)=g(2)$, $f(6)=g(6)$이다.
이때 $h(x)=f(x)-g(x)$이므로
$h(2)=f(2)-g(2)=0$,　$h(6)=f(6)-g(6)=0$
이때 $g(x)$는 일차함수이고 $f(x)$는 이차항의 계수가 -1인 이차함수이므로, 함수 $h(x)$는 이차함수이고 이차항의 계수는 -1이다. 인수정리에 의하여 $h(x)=-(x-2)(x-6)$

$$h(x)=-(x-2)(x-6)$$
$$=-x^2+8x-12$$
$$=-(x-4)^2+4$$

이므로 함수 $h(x)$는 $x=4$에서 최댓값 4를 갖는다.

11 $\overline{BP}=x$라 하면 $\triangle$PBQ와 $\triangle$APR은 직각이등변삼각형이므로

$$\overline{PQ}=\overline{BQ}=\frac{x}{\sqrt{2}}$$이고,　$\overline{AP}=\overline{AR}=6-x$

$$\square PQCR=\frac{1}{2}\times6\times6-\frac{1}{2}\times\frac{x}{\sqrt{2}}\times\frac{x}{\sqrt{2}}-\frac{1}{2}(6-x)^2$$
$$=18-\frac{x^2}{4}-\frac{1}{2}(x^2-12x+36)$$
$$=-\frac{3}{4}x^2+6x$$
$$=-\frac{3}{4}(x-4)^2+12$$

$0<x<6$이므로 $x=4$일 때, □PQCR의 넓이의 최댓값은 12이다.

12 최고차항의 계수가 1인 이차방정식 $f(x)=0$의 두 근의 곱이 8이므로 $f(x)=x^2+kx+8$

(단, k는 상수)

또한, 방정식 $x^2-4x+2=0$의 두 근이 α, β이므로

$\alpha+\beta=4$, $\alpha\beta=2$

$f(\alpha)+f(\beta)=4$에서

$$(\alpha^2+k\alpha+8)+(\beta^2+k\beta+8)=4$$
$$\alpha^2+\beta^2+k(\alpha+\beta)+16=4$$
$$(\alpha+\beta)^2-2\alpha\beta+k(\alpha+\beta)+16=4$$
$$4^2-2\times2+k\times4+16=4$$
$$4k+28=4 \qquad \therefore k=-6$$

따라서 $f(x)=x^2-6x+8$이므로

$f(6)=36-36+8=8$

13 $y=2x(x-a)=2\left(x-\frac{a}{2}\right)^2-\frac{a^2}{2}$이므로

점 $\mathrm{A}\left(\frac{a}{2}, -\frac{a^2}{2}\right)$, 점 $\mathrm{B}(a, 0)$

따라서 점 C의 좌표는 $(a+3, 0)$이다.

함수 $f(x)=-(x-a)(x-a-3)$이고,

함수 $y=f(x)$의 그래프가 점 A를 지나므로

$-\frac{a^2}{2}=-\left(-\frac{a}{2}\right)\left(-\frac{a}{2}-3\right)$

$a^2-6a=0$, a는 양수이므로 $a=6$

따라서 삼각형 ACB의 넓이는 $\frac{1}{2}\times3\times18=27$

14 $P(x)=x^3-3x^2+9x+13$이라 하면 $P(-1)=0$이므로 $P(x)$는 $x+1$을 인수로 갖는다.

$$P(x)=x^3-3x^2+9x+13$$
$$=(x+1)(x^2-4x+13)$$

으로 인수분해할 수 있으므로 (가)에서 z와 $\overline{z}$는 이차방정식 $x^2-4x+13=0$의 두 근 $x=2\pm3i$이다.

(나)에서 $\frac{z-\overline{z}}{i}=\frac{a+bi-(a-bi)}{i}=2b$가 음의 실수이므로 $b<0$

따라서 $z=2-3i$이므로 $a=2$, $b=-3$이고

$a+b=-1$이다.

15 $\begin{cases}2x+y=1 & \cdots\cdots ㉠\\ x^2+xy+y^2=k & \cdots\cdots ㉡\end{cases}$이라 하자.

㉠에서 $y=-2x+1$을 ㉡에 대입하면

$$x^2+x(-2x+1)+(-2x+1)^2=k$$

정리하면 $3x^2-3x+1-k=0$ $\cdots\cdots$ ㉢

주어진 연립방정식이 실근을 가지려면 이차방정식 ㉢이 실근을 가져야 한다.

이차방정식 ㉢의 판별식을 D라 하면

$$D=(-3)^2-4\times3\times(1-k)$$
$$=12k-3\geq0\text{에서} \quad k\geq\frac{1}{4}$$

따라서 실수 k의 최솟값은 $\frac{1}{4}$

16 $\begin{cases}x+3y=k & \cdots\cdots ㉠\\ y^2-x^2=1 & \cdots\cdots ㉡\end{cases}$에서

㉠을 x에 대하여 정리하면 $x=k-3y$ $\cdots\cdots$ ㉢

㉢을 ㉡에 대입하면

$$y^2-(k-3y)^2=1$$
$$8y^2-6ky+k^2+1=0 \qquad \cdots\cdots ㉣$$

주어진 연립방정식이 오직 한 쌍의 해를 가지려면 y에 대한 이차방정식 ㉣이 중근을 가져야 한다. ㉣의 판별식을 D라 하면

$\frac{D}{4}=(-3k)^2-8(k^2+1)=0$에서 $\quad k^2-8=0$

k에 대한 이차방정식의 근과 계수의 관계에 의해 $k^2-8=0$을 만족하는 모든 실수 k의 값의 곱은 -8이다.

17 $\begin{cases}x+2>3 & \cdots\cdots ㉠\\ 3x<a+1 & \cdots\cdots ㉡\end{cases}$

㉠에서 $x>1$, ㉡에서 $x<\frac{a+1}{3}$

두 부등식 ㉠, ㉡의 해를 동시에 만족시키는 모든 정수 x의 값의 합이 9가 되려면 그림과 같아야 하므로

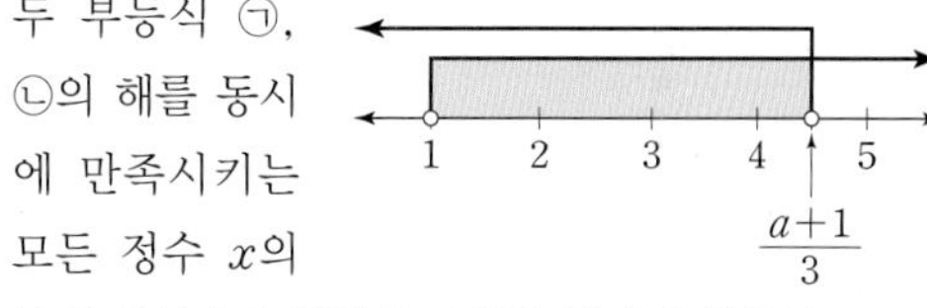

$$4<\frac{a+1}{3}\leq5$$
$$12<a+1\leq15$$
$$11<a\leq14$$

따라서 자연수 a의 최댓값은 14

18 $x^2-3x-28<0$을 풀면

$(x+4)(x-7)<0$에서 $\quad -4<x<7$

$|x-a|<b$를 풀면 $a-b<x<a+b$

두 부등식의 해가 같으므로 $a-b=-4$, $a+b=7$이어야 한다.

a, b에 대한 연립방정식 $\begin{cases} a-b=-4 & \cdots\cdots ㉠ \\ a+b=7 & \cdots\cdots ㉡ \end{cases}$

에서 두 식 ㉠과 ㉡을 변끼리 더하면

$2a=3,\ a=\frac{3}{2}$ ...... ㉢

㉢을 ㉡에 대입하여 풀면 $b=\frac{11}{2}$

따라서 $a=\frac{3}{2}$, $b=\frac{11}{2}$이므로 $ab=\frac{33}{4}$

19 (i) $x<-\frac{2}{3}$일 때, 부등식

$-(3x+2)>-(2x-1)$을 풀면

$x<-3$이므로 $x<-3$

(ii) $-\frac{2}{3}\leq x<\frac{1}{2}$일 때, 부등식

$3x+2>-(2x-1)$을 풀면

$x>-\frac{1}{5}$이므로 $-\frac{1}{5}<x<\frac{1}{2}$

(iii) $x\geq\frac{1}{2}$일 때, 부등식 $3x+2>2x-1$을 풀면

$x>-3$이므로 $x\geq\frac{1}{2}$

따라서 구하는 해는 $x<-3$ 또는 $x>-\frac{1}{5}$

20 $x^2-3x-18\leq 0$에서 $(x+3)(x-6)\leq 0$,

$-3\leq x\leq 6$ ...... ㉠

$x^2-8x+15\geq 0$에서 $(x-3)(x-5)\geq 0$,

$x\leq 3$ 또는 $x\geq 5$ ...... ㉡

㉠, ㉡에서 $-3\leq x\leq 3$ 또는 $5\leq x\leq 6$

정수 x는 -3, -2, -1, 0, 1, 2, 3, 5, 6이므로 모든 정수 x의 값의 합은 11이다.

21 (i) $a=0$일 때, 부등식은 $-2<0$이므로 항상 성립한다.

(ii) $a\neq 0$일 때, 모든 실수 x에 대하여 부등식 $ax^2-3ax-2<0$이 항상 성립해야 하므로 이차함수 $y=ax^2-3ax-2$는 위로 볼록한 포물선이고 x축과 만나지 않아야 한다.

위로 볼록한 포물선이므로 $a<0$ ...... ㉠

x축과 만나지 않아야 하므로 이차방정식 $ax^2-3ax-2=0$의 판별식

$D=9a^2+8a=a(9a+8)<0$에서

$-\frac{8}{9}<a<0$ ...... ㉡

㉠, ㉡에서 $-\frac{8}{9}<a<0$

(i), (ii)에서 a의 값의 범위는 $-\frac{8}{9}<a\leq 0$

22 $f(x)=x^2-4x-4k+3$이라 하면

$f(x)=(x-2)^2-4k-1$이고 $3\leq x\leq 5$에서 $f(x)\leq 0$이 항상 성립하려면 함수 $y=f(x)$의 그래프는 다음 그림과 같아야 한다.

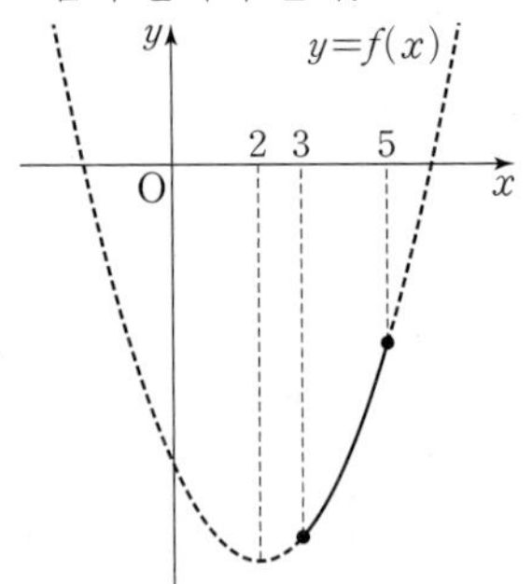

$3\leq x\leq 5$에서 $f(x)$는 $x=5$일 때 최대이므로

$f(5)\leq 0$에서 $8-4k\leq 0$, $k\geq 2$

따라서 실수 k의 최솟값은 2

23 텃밭의 가로의 길이를 x m라 하면 둘레의 길이가 40 m이므로 세로의 길이는 $(20-x)$ m이다.

가로와 세로의 길이는 양수이고 가로의 길이가 세로의 길이보다 길므로

$x>0$, $20-x>0$, $x>20-x$에서

$10<x<20$ ...... ㉠

직사각형 모양의 텃밭의 넓이는 $x(20-x)$ m^2이므로 $x(20-x)=-x^2+20x\geq 96$이고,

이 이차부등식을 풀면

$x^2-20x+96\leq 0$, $(x-8)(x-12)\leq 0$에서

$8\leq x\leq 12$ ...... ㉡

㉠과 ㉡을 동시에 만족시키는 x의 범위는

$10<x\leq 12$이므로

가로의 길이는 10 m 초과 12 m 이하이다.

24 조건 (가)에 의하여

$P(x)+2x+3=ax(x-1)\ (a<0)$이므로

$P(x)=ax^2-(a+2)x-3$이다.

조건 (나)에 의하여 방정식

$ax^2-(a+2)x-3=-3x-2$가 중근을 가지므로

$ax^2-(a-1)x-1=0$의 판별식

$$D=(a-1)^2-4a\times(-1)$$
$$=(a+1)^2=0\text{에서 } a=-1$$

따라서 $P(x)=-x^2-x-3$에서 $P(-1)=-3$

25 연립부등식 $\begin{cases} x^2-(a^2-3)x-3a^2<0 & \cdots\cdots ㉠ \\ x^2+(a-9)x-9a>0 & \cdots\cdots ㉡ \end{cases}$

에서 이차부등식 ㉠의 해는

$x^2-(a^2-3)x-3a^2=(x-a^2)(x+3)<0$에서

$a>2$이므로 $-3<x<a^2$

이차부등식 ㉡의 해는

$x^2+(a-9)x-9a=(x+a)(x-9)>0$에서 $a>2$

이므로 $x<-a$ 또는 $x>9$

$a^2>10$이면 연립부등식의 해에 $x=10$이 포함되므로 정수 x가 존재한다.

그러므로 정수 x가 존재하지 않기 위한 a의 범위는 $a^2\leq 10$이므로 $2<a\leq\sqrt{10}$이다.

따라서 a의 최댓값은 $\sqrt{10}$이다.

Ⅲ 도형의 방정식

기억하기

146쪽 ~ 147쪽

1 5

(풀이) 주어진 삼각형이 직각삼각형이므로 피타고라스 정리에 의하여 $x^2=3^2+4^2$이 성립한다.

$x>0$이므로 $x=5$이다.

2 20

(풀이) 주어진 삼각형 ABC가 직각삼각형이므로 삼각형 ADC도 직각삼각형이다.

피타고라스 정리에 의하여 $13^2=5^2+\overline{AC}^2$이 성립하므로 $\overline{AC}=12\,(\overline{AC}>0)$

또한 $x^2=12^2+16^2$이 성립하므로 $x=20\,(x>0)$이다.

3 $x=6$, $y=6$

(풀이) 점 N이 $\overline{AB}$의 중점이므로 $y=6$

점 G가 $\triangle$ABC의 무게중심이므로 $\overline{AG}:\overline{GL}=2:1$이다.

따라서 $x=6$

4 (1) 변 CD　(2) 점 C　(3) 4 cm

(풀이) (1) 변 BC와 직교하는 변은 변 CD이다.

(2) 점 D에서 변 BC에 내린 수선의 발은 점 C이다.

(3) 점 D와 변 BC 사이의 거리는 변 CD의 길이와 같다. 따라서 4 cm이다.

5 $\overline{PB}$

(풀이) 점 P에서 직선 l에 내린 수선의 발이 점 B이므로 점 P에서 직선 l까지의 거리를 나타내는 선분은 $\overline{PB}$이다.

6 $x=3$, $y=1$

(풀이) $\begin{cases} 2x-y=5 & \cdots\cdots ㉠ \\ x+3y=6 & \cdots\cdots ㉡ \end{cases}$

㉠$-$㉡$\times 2$를 하면 $-7y=-7$에서　$y=1$

$y=1$을 ㉠에 대입하면　$x=3$

따라서 해는 $x=3$, $y=1$

01 두 점 사이의 거리

탐구하기 1 148쪽

01

	거리	절댓값 기호로 나타내기
예	10	$\lvert 10-0\rvert$ 또는 $\lvert 0-10\rvert$
(1)	8	$\lvert 10-2\rvert$ 또는 $\lvert 2-10\rvert$
(2)	6	$\lvert 5-(-1)\rvert$ 또는 $\lvert(-1)-5\rvert$
(3)	8	$\lvert -15-(-7)\rvert$ 또는 $\lvert(-7)-(-15)\rvert$
(4)	$x\geq0$일 때, x $x<0$일 때, $-x$	$\lvert x-0\rvert=\lvert x\rvert$ 또는 $\lvert 0-x\rvert=\lvert x\rvert$
(5)	$x\geq5$일 때, $x-5$ $x<5$일 때, $5-x$	$\lvert x-5\rvert$ 또는 $\lvert 5-x\rvert$

02

P x_2-x_1 Q, x_1 x_2 x

Q x_1-x_2 P, x_2 x_1 x

$x_1\leq x_2$, 즉 $x_2-x_1\geq0$이면 $\overline{PQ}=x_2-x_1$

$x_1>x_2$, 즉 $x_2-x_1<0$이면 $\overline{PQ}=-(x_2-x_1)$

이것을 절댓값 기호로 나타내면 $\overline{PQ}=\lvert x_2-x_1\rvert$ 또는 $\overline{PQ}=\lvert x_1-x_2\rvert$이다.

탐구하기 2 149쪽 ~ 150쪽

01 (1) 태윤이의 집에서 남쪽으로 6블록(칸) 간 다음, 동쪽으로 10블록(칸) 더 가면 민석이네 집에 도착한다. 태윤이의 총 이동 거리는 16블록(칸)이다.

(2)

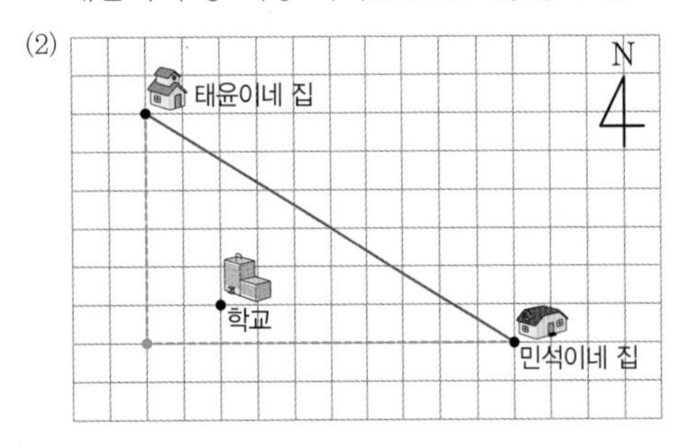

자전거로 이동한 경로와 같이 놓고 보면 직각삼각형이 되므로 피타고라스 정리를 이용하여 드론이 날아간 거리를 구할 수 있다.

따라서 $\sqrt{6^2+10^2}=\sqrt{136}=2\sqrt{34}$(블록)이다.

(3) 태윤이네 집은 $\mathrm{T}(-2, 5)$, 민석이네 집은 $\mathrm{M}(8, -1)$이므로

(1)에서 두 점 $\mathrm{T}(-2, 5)$와 $\mathrm{P}(-2, -1)$ 사이의 거리는 y좌표에 대응하는 두 수 5, -1의 차와 같다.

즉, $6=\lvert 5-(-1)\rvert$(또는 $\lvert(-1)-5\rvert$)이다.

두 점 $\mathrm{P}(-2, -1)$과 $\mathrm{M}(8, -1)$ 사이의 거리는 x좌표에 대응하는 두 수 -2, 8의 차와 같다.

즉, $10=\lvert 8-(-2)\rvert$(또는 $\lvert(-2)-8\rvert$)이다.

따라서 자전거의 총 이동 거리는 다음과 같다.

$$\lvert 5-(-1)\rvert+\lvert 8-(-2)\rvert=16$$

(2)에서 드론의 이동 거리는

$\sqrt{(\text{두 점 T, M의 }y\text{좌표의 차})^2+(\text{두 점 T, M의 }x\text{좌표의 차})^2}$

$=\sqrt{(5-(-1))^2+(8-(-2))^2}$

$=\sqrt{136}=2\sqrt{34}$

(4) 두 점 사이의 거리는 가장 짧은 거리, 즉 선분 AB의 길이이다.

두 점 사이의 거리는 x축과 y축에 평행한 선분을 그려 직각삼각형을 만든 다음, 피타고라스 정리를 이용하면 구할 수 있다.

즉, $\overline{AB}=\sqrt{(x_2-x_1)^2+(y_2-y_1)^2}$

02 선분의 내분점과 외분점

탐구하기 1 151쪽

01 (1) A 지점에서 900 m, B 지점에서 300 m 떨어진 지점

(2) $x=\dfrac{mx_2+nx_1}{m+n}$

풀이 (1) **가** 업체가 **나** 업체보다 작업 속도가 3배 빠르므로 두 업체가 만나는 점을 P라고 하면 점 P의 위치는 선분 AB의 길이를 3 : 1로 나누는 점과 같다.

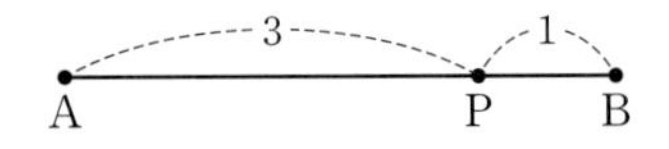

$\overline{AP}:\overline{PB}=3:1$에서, $\overline{AP}=x$라 하면

$x : (1200-x) = 3 : 1$

$3600-3x=x$에서 $x=900$

따라서 두 업체가 만나는 곳은 A 지점에서 900 m, B 지점에서 300 m 떨어진 지점이다.

(2) **가** 업체와 **나** 업체의 작업 속도의 비가 $m : n$이므로 만나는 점 P의 위치는 선분 AB를 $m : n$으로 나누는 점과 같다.

따라서 수직선 위의 두 점 $A(x_1)$, $B(x_2)$에 대하여 선분 AB를 $m : n\,(m>0,\ n>0)$으로 나누는 점 P의 좌표 x를 구하면

(i) $x_1<x_2$일 때, $x_1<x<x_2$이므로

$\overline{AP}=x-x_1$, $\overline{PB}=x_2-x$

$\overline{AP} : \overline{PB}=m : n$에서

m n
A(x_1) P(x) B(x_2)

$(x-x_1) : (x_2-x)=m : n$

이므로 $x=\dfrac{mx_2+nx_1}{m+n}$

(ii) $x_1>x_2$일 때도 같은 방법으로 위의 결과를 얻는다.

따라서 선분 AB를 $m : n$으로 나누는 점 P의 좌표 x는 $x=\dfrac{mx_2+nx_1}{m+n}$

탐구하기 2 152쪽

01 (1) $x=\dfrac{mx_2+nx_1}{m+n}$ (2) $y=\dfrac{my_2+ny_1}{m+n}$

(풀이) (1) 두 직각삼각형이 x축에 평행인 선을 각각 변으로 갖고, x축과 평행한 두 직선과 직선 AB가 이루는 두 각이 동위각으로 그 크기가 서로 같으므로 두 삼각형은 서로 닮음이다.

점 A, B, P의 x좌표가 각각 x_1, x_2, x이므로 닮음인 두 삼각형의 밑변의 길이는 각각 $x-x_1$, x_2-x이다.

두 삼각형이 닮음이므로

$(x-x_1) : (x_2-x)=m : n$

$n(x-x_1)=m(x_2-x)$에서 $x=\dfrac{mx_2+nx_1}{m+n}$

(2) 세 점 A, B, P에서 y축에 내린 수선의 발의 y좌표는 각각 y_1, y_2, y이고, 평행선에서 선분의 길이 사이에 닮음이 성립하기 때문에

$(y-y_1) : (y_2-y)=m : n$

이 성립한다. 따라서 점 P의 y좌표는

$y=\dfrac{my_2+ny_1}{m+n}$

(3) $P\left(\dfrac{mx_2+nx_1}{m+n}, \dfrac{my_2+ny_1}{m+n}\right)$

02 점 P의 좌표를 (x, y)라 하면

$x=\dfrac{1\times4+2\times1}{1+2}=2$,

$y=\dfrac{1\times3+2\times(-3)}{1+2}=-1$

이므로 점 P의 좌표는 $(2, -1)$이다.

탐구하기 3 153쪽 ~ 154쪽

01 (1) 내분점: 점 P_2, 점 P_3

외분점: 점 P_1, 점 P_4, 점 P_5

이유: 두 점 P_2, P_3은 선분 AB 위에 있으므로 내분점이고, 세 점 P_1, P_4, P_5는 선분 AB의 연장선 위에 있으므로 외분점이다.

(2) $m>n$인 점: 점 P_4, 점 P_5

$m<n$인 점: 점 P_1

$m>n$인 점은 선분 AB를 점 B 쪽으로 연장한 선 위에 있고, $m<n$인 점은 선분 AB를 점 A 쪽으로 연장한 선 위에 있다.

02 (1) 1 : 2 (2) 1 : 4 (3) 5 : 2

03

Q_5 Q_4 Q_6
A B

04

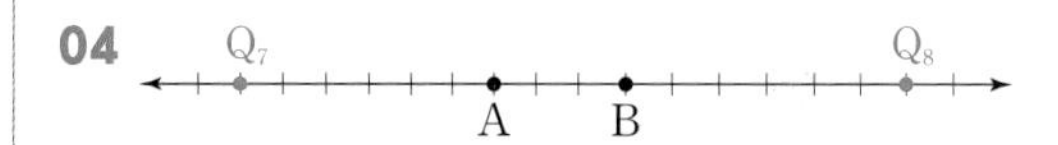

$\overline{AQ_7}<\overline{BQ_7}$이므로 점 Q_7은 선분 AB를 점 A 쪽으로 연장한 선 위에 있고, $\overline{AQ_8}>\overline{BQ_8}$이므로 점 Q_8은 선분 AB를 점 B 쪽으로 연장한 선 위에 있다.

05 선분 AB의 연장선 위에 있는 점 Q가 점 A에 가까운 쪽에 있으면 $\overline{AQ}<\overline{BQ}$이므로 $m<n$이고, 점 B에 가까운 쪽에 있으면 $\overline{AQ}>\overline{BQ}$이므로 $m>n$이다.

탐구하기 4 154쪽 ~ 155쪽

01 • $\overline{AQ}=x-x_1$, $\overline{BQ}=x-x_2$이고,

$(x-x_1) : (x-x_2)=m : n$이므로

$x=\dfrac{mx_2-nx_1}{m-n}$

• $\overline{AQ}=x_1-x$, $\overline{BQ}=x_2-x$이고,
$(x_1-x):(x_2-x)=m:n$이므로

$$x=\frac{mx_2-nx_1}{m-n}$$

02 $m>n$이면 점 Q는 두 점 A, B의 왼쪽에 위치하므로 $x<x_2<x_1$이다.

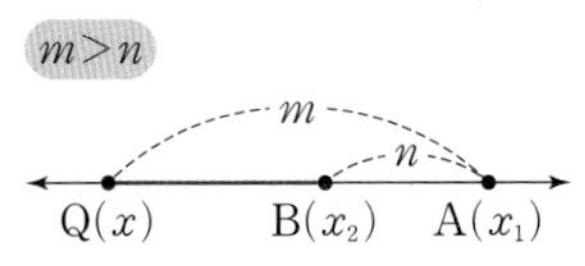

$\overline{AQ}=x_1-x$, $\overline{BQ}=x_2-x$이고,
$(x_1-x):(x_2-x)=m:n$이므로

$$x=\frac{mx_2-nx_1}{m-n}$$

$m<n$일 때도 같은 방법으로 구하면

$$x=\frac{mx_2-nx_1}{m-n}$$

03 (1) -8 (2) 6

풀이 (1) $\frac{1\times4-2\times(-2)}{1-2}=-8$

(2) $\frac{4\times4-1\times(-2)}{4-1}=\frac{18}{3}=6$

04 세 점 A, B, Q에서 x축에 내린 수선의 발을 각각 A′, B′, Q′이라 하고, y축에 내린 수선의 발을 각각 A″, B″, Q″이라 하면 점 Q′은 선분 A′B′을 $m:n$으로 외분하는 점이고, 점 Q″은 선분 A″B″을 $m:n$으로 외분하는 점이므로

$$x=\frac{mx_2-nx_1}{m-n},\quad y=\frac{my_2-ny_1}{m-n}$$

05 (1) $\left(7,\ -\frac{1}{2}\right)$ (2) $(-14,\ 10)$

풀이 (1) $\frac{1\times(-2)-3\times4}{1-3}=7$,

$\frac{1\times4-3\times1}{1-3}=-\frac{1}{2}$이므로 $\left(7,\ -\frac{1}{2}\right)$

(2) $\frac{3\times(-2)-2\times4}{3-2}=-14$, $\frac{3\times4-2\times1}{3-2}=10$이므로 $(-14,\ 10)$

03 직선의 방정식

탐구하기 1

156쪽

01 (1) $\frac{2}{5}$ (2) $-\frac{3}{4}$

풀이 (1) 두 점 $(-5,\ 0)$, $(0,\ 2)$를 지나는 직선이므로 기울기는

$$\frac{(y\text{의 값의 증가량})}{(x\text{의 값의 증가량})}=\frac{0-2}{-5-0}=\frac{2}{5}$$

(2) 두 점 $(9,\ 0)$, $(5,\ 3)$을 지나는 직선이므로 기울기는 $\frac{0-3}{9-5}=-\frac{3}{4}$이다.

02

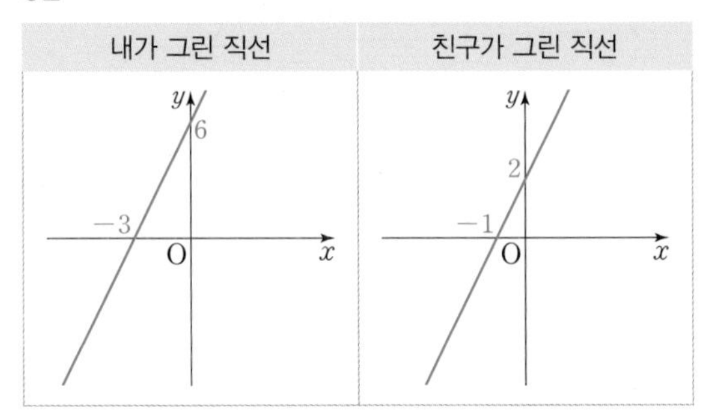

예 내가 그린 직선과 친구가 그린 직선이 서로 달랐다. 만약 기울기와 함께 직선이 지나는 한 점이 정해진다면 모두가 똑같은 직선을 그릴 것이다.

03

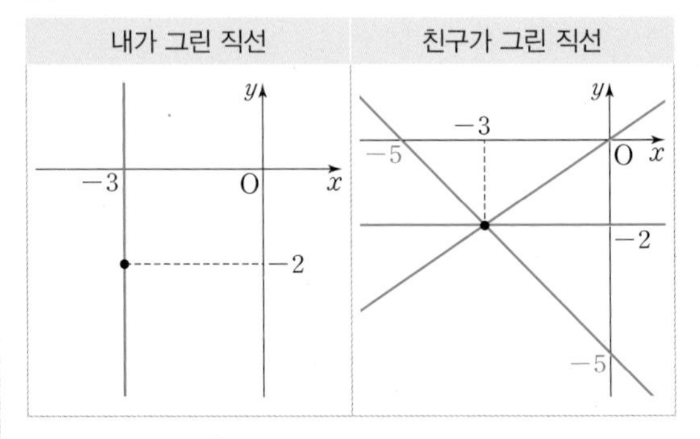

예 점 $(-3,\ -2)$를 지나는 직선은 여러 개 존재한다. 내가 그린 직선과 친구가 그린 직선이 달랐다.
만약 이 직선이 지나는 다른 한 점이나 기울기에 대한 정보가 추가된다면 친구가 그린 직선과 내가 그린 직선이 서로 같게 된다. 즉, 직선이 하나로 정해진다.

탐구하기 2

157쪽

01 (1) -2　　(2) -2　　(3) -2

(풀이) (1) 두 점 $\mathrm{A}(-2,\ 7)$, $\mathrm{B}(0,\ 3)$을 지나는 직선 AB의 기울기는 $\dfrac{7-3}{-2-0}=-2$

(2) 두 점 $\mathrm{B}(0,\ 3)$, $\mathrm{C}(1,\ 1)$을 지나는 직선 BC의 기울기는 $\dfrac{3-1}{0-1}=-2$

(3) 두 점 $\mathrm{C}(1,\ 1)$, $\mathrm{D}(3,\ -3)$을 지나는 직선 CD의 기울기는 $\dfrac{1-(-3)}{1-3}=-2$

네 점 중 어느 두 점을 선택해도 기울기는 항상 -2이므로 네 점은 한 직선 위에 있다.

02 만약 네 점이 한 직선 위에 존재한다면 어떤 두 점을 선택해도 기울기가 항상 같아야 한다.
직선 AB의 기울기는 -2이고, 직선 BC의 기울기도 -2이다. 즉, 직선 AB와 직선 BC는 모두 점 B를 지나고 기울기가 -2인 직선이므로 같은 직선이다.
그런데 직선 CD의 기울기는 -3이므로 직선 CD는 직선 AB(또는 직선 BC)와는 다른 직선이며, 점 D는 직선 AB(또는 직선 BC) 위에 있지 않다.
즉, 세 점 A, B, C는 한 직선 위에 있지만 점 D는 다른 세 점이 지나는 직선 위에 있지 않다.

03 (1) $y=-2x+3$　　(2) 풀이 참조

(풀이) (1)직선 l의 기울기가 $\dfrac{1-7}{1-(-2)}=-2$이므로
점 $\mathrm{P}(x,\ y)$가 직선 l 위에 있으려면
$\dfrac{y-7}{x-(-2)}=-2$ 또는 $\dfrac{y-1}{x-1}=-2$를 만족해야 한다.
즉, $y-7=-2\{x-(-2)\}$ 또는
$y-1=-2(x-1)$이므로
$y=-2\{x-(-2)\}+7$ 또는 $y=-2(x-1)+1$을 만족해야 한다.
두 식을 정리하면 $y=-2x+3$

(2) 두 점 $\mathrm{A}(-2,\ 7)$과 $\mathrm{B}(1,\ 1)$을 지나는 직선 l의 기울기는 -2이므로 직선 l의 y절편을 n이라 하면 직선 l의 방정식은

$$y=-2x+n$$

이라 할 수 있다. 이 직선이 점 $\mathrm{B}(1,\ 1)$을 지나므로

$1=-2+n$에서　$n=3$

따라서 직선 l의 방정식은 $y=-2x+3$이고 이것은 (1)에서 구한 x, y 사이의 관계식과 같다.
결론적으로 두 점을 지나는 직선 l의 방정식은 기울기를 이용하여 (1)과 같은 방식으로 구할 수 있다.

탐구하기 3

158쪽

01 $y=-x+4$

(풀이) 점 $\mathrm{P}(x,\ y)$가 이 직선 위의 임의의 점이면 다음을 만족한다.

$$\frac{y-1}{x-3}=-1$$

이를 정리하면, 직선의 방정식은
$y=-(x-3)+1=-x+4$

02 직선은 기울기가 일정하므로 점 $\mathrm{P}(x,\ y)$가 이 직선 위의 임의의 점이면 $\dfrac{y-y_1}{x-x_1}=m$을 만족한다. 이를 정리하면

$$y=m(x-x_1)+y_1$$

03 (1) $y=\dfrac{3}{2}x+\dfrac{1}{2}$　　(2) $y=2$
(3) $x=1$

(풀이) (1) 두 점 $(1,\ 2)$, $(3,\ 5)$를 지나는 직선의 기울기는 $\dfrac{2-5}{1-3}=\dfrac{3}{2}$
그러므로 이 직선 위의 임의의 점 $\mathrm{P}(x,\ y)$는
$\dfrac{y-2}{x-1}=\dfrac{3}{2}$을 만족해야 한다.
이를 정리하면, $y=\dfrac{3}{2}x+\dfrac{1}{2}$

(2) 두 점 $(-5,\ 2)$, $(1,\ 2)$를 지나는 직선의 기울기가 0이고 x좌표의 값이 변해도 y좌표의 값이 2로 일정하므로 직선의 방정식은 $y=2$

(3) 두 점 $(1,\ 2)$, $(1,\ 10)$을 지나는 직선의 기울기는 구할 수 없다. 그리고 y좌표의 값이 변해도 x좌표의 값이 1로 일정하므로 직선의 방정식은 $x=1$

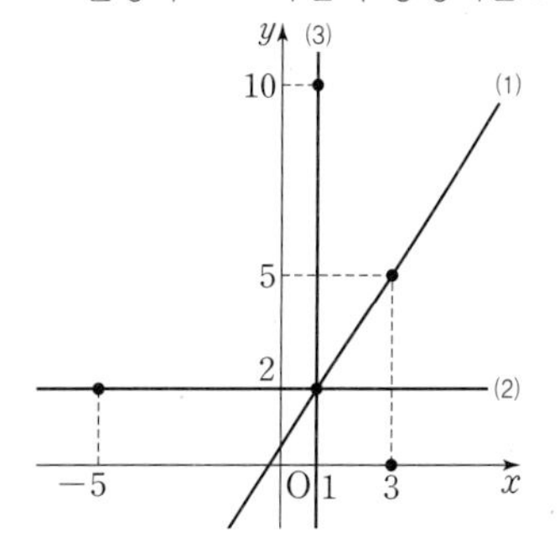

탐구하기 4

159쪽

01 (1)

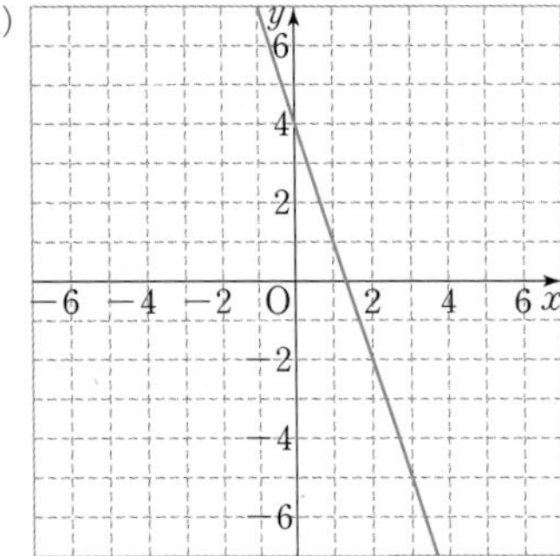

(2)

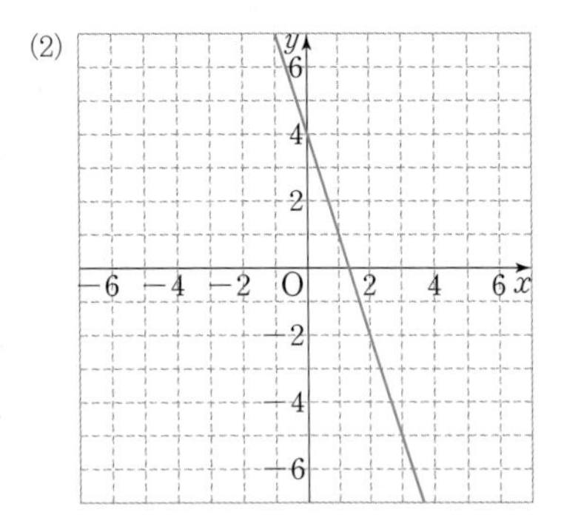

(3) 일차방정식 $6x+2y=8$을 만족하는 모든 해 $(x,\ y)$를 좌표평면에 나타내면 직선이 된다.

일차함수 $y=-3x+4$의 그래프는 기울기가 -3이고 y절편이 4인 직선이다.

일차방정식의 모든 해를 좌표평면에 나타낸 직선과 일차함수의 그래프는 일치한다.

일차함수 $y=-3x+4$의 그래프 위의 모든 점 $(x,\ y)$는 일차방정식 $6x+2y=8$의 해이다.

02 조건 $a\neq0$ 또는 $b\neq0$은 다음 3가지 경우를 의미한다.

(i) $a\neq0$이고 $b\neq0$: 일차방정식 $ax+by+c=0$은 $y=-\frac{a}{b}x-\frac{c}{b}$이다. 이것은 기울기가 $-\frac{a}{b}$인 직선이다.

(ii) $a\neq0$이고 $b=0$: 일차방정식 $ax+by+c=0$은 $x=-\frac{c}{a}$이다. 이것은 y축에 평행한 직선이다.

(iii) $a=0$이고 $b\neq0$: 일차방정식 $ax+by+c=0$은 $y=-\frac{c}{b}$이다. 이것은 x축에 평행한 직선이다.

따라서 x, y에 대한 일차방정식 $ax+by+c=0\,(a\neq0$ 또는 $b\neq0)$은 좌표평면 위의 모든 직선을 나타낼 수 있다. 철수의 의견이 맞다.

04 두 직선의 위치 관계

탐구하기 1

160쪽

01 (1) ③ $2x-y+1=0$을 고치면 $y=2x+1$이므로 이는 ①과 같다.

두 식의 그래프가 일치하기 때문에 직선이 3개만 그려진 것이다.

(2)

위치 관계	한 점에서 만난다.	평행하다.	일치한다.
그리기			
두 직선	①과 ④ 또는 ②와 ④	①과 ②	①과 ③

(3) 두 직선이 평행하다는 것은 두 직선의 기울기가 같다는 것을 의미한다. 기울기가 같은 두 직선은 서로 일치할 수도 있으므로 일치하는 경우는 제외해야 한다. 따라서 두 직선 $y=mx+n$과 $y=m'x+n'$이 평행하기 위한 조건은

$$m=m',\ n\neq n'$$

(4) 직선의 방정식 $ax+by+c=0$과 $a'x+b'y+c'=0$이 나타내는 두 직선이 서로 평행하기 위해서는 두 직선이 일치하지 않으면서 두 직선의 기울기가 같아야 한다.

방정식 $ax+by+c=0$은 $y=-\frac{a}{b}x-\frac{c}{b}$ (단, $b\neq0$),

방정식 $a'x+b'y+c'=0$은 $y=-\frac{a'}{b'}x-\frac{c'}{b'}$ (단, $b'\neq0$)으로 나타낼 수 있고 이때의 기울기는 각각 $-\frac{a}{b}$, $-\frac{a'}{b'}$이므로 두 직선이 평행하기 위한 조건은 $-\frac{a}{b}=-\frac{a'}{b'}$, $-\frac{c}{b}\neq-\frac{c'}{b'}$에서

$$\frac{a}{a'}=\frac{b}{b'}\neq\frac{c}{c'}$$

(5) $y=-2x+10$

풀이 직선 $4x+2y-7=0$에서 $y=-2x+\frac{7}{2}$이므로 주어진 직선에 평행한 직선의 기울기는 -2이다.

점 (3, 4)를 지나므로 구하는 직선의 방정식은

$y-4=-2(x-3)$에서 $y=-2x+10$

탐구하기 2 161쪽

01 (1) 90° (2) 풀이 참조 (3) $y=-2x+5$

풀이 (1) 그림에서 A(2, 4)이고, B(2, −1)이다.

이를 이용하여 △OAB의 세 변의 길이를 각각 구하면

$\overline{OA}=\sqrt{2^2+4^2}=\sqrt{20}$,

$\overline{OB}=\sqrt{2^2+(-1)^2}=\sqrt{5}$, $\overline{AB}=5$

이므로 $\overline{OA}^2+\overline{OB}^2=\overline{AB}^2$이 성립한다.

피타고라스 정리에 의하여 △OAB는

∠AOB=90°인 직각삼각형이므로

두 직선 $y=2x$, $y=-\frac{1}{2}x$가 이루는 각의 크기는

90°이다.

(2) 두 점 P, Q의 좌표는 $P(1, m)$, $Q(1, m')$이고, △POQ는 직각삼각형이다.

피타고라스 정리에 의하여

$\overline{OP}^2+\overline{OQ}^2=\overline{PQ}^2$이 성립하고

$\overline{OP}^2=1+m^2$, $\overline{OQ}^2=1+(m')^2$,

$\overline{PQ}^2=(m-m')^2$이므로

$(1+m^2)+\{1+(m')^2\}=(m-m')^2$이고

이 식을 정리하면 $mm'=-1$

(3) 직선 $x-2y+3=0$, 즉 $y=\frac{1}{2}x+\frac{3}{2}$의 기울기가 $\frac{1}{2}$

이므로 구하는 직선의 기울기를 m이라 하면

$\frac{1}{2}\times m=-1$, $m=-2$

따라서 점 (1, 3)을 지나고 기울기가 −2인 직선의 방정식은

$y-3=-2(x-1)$, 즉 $y=-2x+5$

05 점과 직선 사이의 거리

탐구하기 1 162쪽

01 (1)

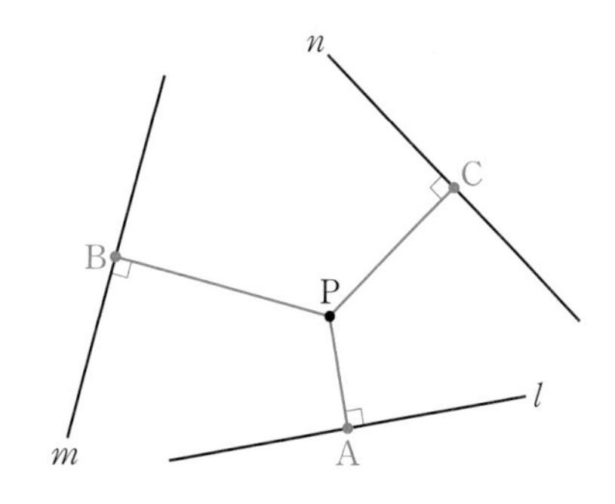

(2)

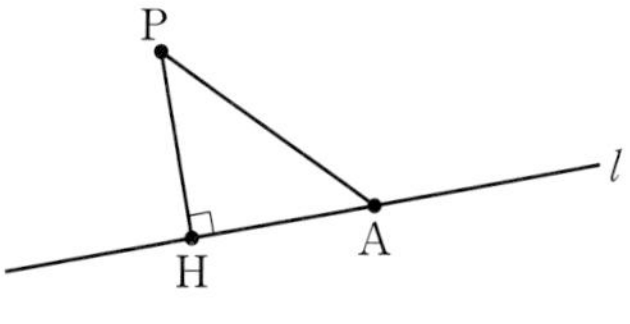

그림과 같이 직선 l 위의 점 H가 아닌 임의의 점을 A라 하면 직각삼각형 PHA에서 빗변 PA의 길이가 선분 PH의 길이보다 항상 길다. 따라서 점 H는 직선 l 위의 점 중에서 점 P와의 거리가 가장 짧은 점이다.

탐구하기 2 163쪽

01 (1) $-\frac{4}{3}$ (2) $4x+3y-10=0$

(3) H(4, −2) (4) 풀이 참조

(5) 풀이 참조

풀이 (1) 직선 l의 기울기는 $\frac{3}{4}$이므로 직선 l에 수직인 직선의 기울기는 $-\frac{4}{3}$이다.

(2) 직선 m은 점 P(1, 2)를 지나고 기울기가 $-\frac{4}{3}$인 직선이므로 직선 m의 방정식은

$y-2=-\frac{4}{3}(x-1)$, 즉 $4x+3y-10=0$

(3) 연립방정식 $\begin{cases} 3x-4y-20=0 \\ 4x+3y-10=0 \end{cases}$을 풀면

$x=4$, $y=-2$이므로 점 H의 좌표는 H(4, −2)이다.

(4) 두 점 P(1, 2), H(4, −2) 사이의 거리는

$\overline{PH}=\sqrt{(4-1)^2+(-2-2)^2}$

$=\sqrt{9+16}=\sqrt{25}=5$

Ⅲ-1 평면좌표와 직선의 방정식

이고 이 값은 점 P와 직선 l 사이의 거리와 같다.

(5) ① 주어진 직선에 수직인 직선의 기울기를 구한다.

② 주어진 점을 지나고 주어진 직선에 수직인 직선의 방정식을 구한다.

③ 주어진 직선과 ②에서 구한 직선의 교점의 좌표를 구한다.

④ 주어진 점과 ③에서 구한 교점 사이의 거리를 구한다.

탐구하기 3 164쪽

01 풀이 (1) 직선 l의 기울기가 $-\frac{a}{b}$이고, 직선 PH는 직선 l에 수직이므로

$$\frac{b}{a}=\frac{y_2-y_1}{x_2-x_1}$$

(2) $\frac{x_2-x_1}{a}=\frac{y_2-y_1}{b}=k$에서

$$x_2-x_1=ak,\ y_2-y_1=bk \quad \cdots\cdots ㉠$$

$$\therefore\ x_2=x_1+ak,\ y_2=y_1+bk \quad \cdots\cdots ㉡$$

02 점 $H(x_2,\ y_2)$는 직선 l 위의 점이므로 $ax_2+by_2+c=0$이다. 여기에 ㉡을 대입하면

$$a(x_1+ak)+b(y_1+bk)+c=0$$

$$ax_1+a^2k+by_1+b^2k+c=0$$

$$\therefore\ k=-\frac{ax_1+by_1+c}{a^2+b^2} \quad \cdots\cdots ㉢$$

한편, $d=\sqrt{(x_2-x_1)^2+(y_2-y_1)^2}$인데, 여기에 ㉠을 대입하면

$$d=\sqrt{(ak)^2+(bk)^2}=|k|\sqrt{a^2+b^2}$$

㉢을 대입하면

$$d=\frac{|ax_1+by_1+c|}{a^2+b^2}\times\sqrt{a^2+b^2}$$

$$=\frac{|ax_1+by_1+c|}{\sqrt{a^2+b^2}}$$

탐구하기 4 165쪽

01 (1) $\frac{6}{5}$ (2) $\frac{\sqrt{10}}{5}$

(3) $3x-4y+4=0$ 또는 $3x-4y-26=0$

(4) $\frac{4}{5}\sqrt{5}$

풀이 (1) $\frac{|4\times(-1)+3\times1-5|}{\sqrt{4^2+3^2}}=\frac{6}{5}$

(2) $\frac{|0+3\times0+2|}{\sqrt{1^2+3^2}}=\frac{2}{\sqrt{10}}=\frac{\sqrt{10}}{5}$

(3) 직선 $3x-4y+1=0$에 평행한 직선의 방정식을 $3x-4y+k=0$이라 하면 점 $(1,\ -2)$와의 거리가 3이므로

$$\frac{|3\times1-4\times(-2)+k|}{\sqrt{3^2+(-4)^2}}=3$$

$$\frac{|k+11|}{5}=3$$

$$k+11=\pm15$$

$$k=4 \text{ 또는 } k=-26$$

따라서 구하는 직선의 방정식은 $3x-4y+4=0$ 또는 $3x-4y-26=0$

(4) 평행한 두 직선 사이의 거리는 일정하므로 한 직선 위의 임의의 점과 다른 직선 사이의 거리를 구하면 된다.

직선 $y=2x+1$ 위의 점 $(0,\ 1)$과 직선 $y=2x-3$, 즉 $2x-y-3=0$ 사이의 거리는

$$\frac{|2\times0-1-3|}{\sqrt{2^2+(-1)^2}}=\frac{4}{\sqrt{5}}=\frac{4}{5}\sqrt{5}$$

개념과 문제의 연결 168쪽 ~ 173쪽

1 (1)

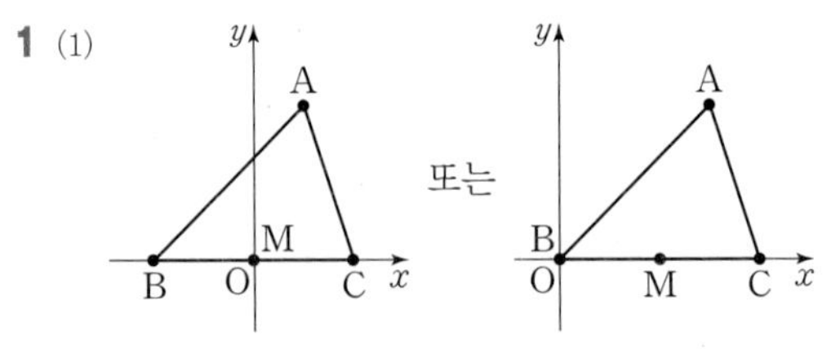

왼쪽 그림은 변 BC를 x축 위에 두고 그 중점 M을 원점으로 두었다.

오른쪽 그림은 변 BC를 x축 위에 두고 꼭짓점 B를 원점으로 두었다.

이렇게 두면 각 점의 좌표에 0을 최대한 많이 사용할 수 있어서 선분의 길이를 계산하기가 쉽다.

(2) 중점 M을 원점으로 둔 그림의 경우 $A(a,\ b)$, $B(-c,\ 0)$, $C(c,\ 0)$, $M(0,\ 0)$으로 둘 수 있다.

꼭짓점 B를 원점으로 둔 그림의 경우 $A(a,\ b)$, $B(0,\ 0)$, $C(2c,\ 0)$, $M(c,\ 0)$으로 둘 수 있다.

이때 $a>0$, $b>0$, $c>0$으로 두어도 상관없다.

(3) 두 점 사이의 거리를 구하는 공식을 이용하여 중점 M을 원점으로 둔 그림의 경우

$\overline{AB}=\sqrt{(a+c)^2+(b-0)^2}$,

$\overline{AC}=\sqrt{(a-c)^2+(b-0)^2}$,

$\overline{AM}=\sqrt{a^2+b^2}$, $\overline{BM}=c$

꼭짓점 B를 원점으로 둔 그림의 경우

$\overline{AB}=\sqrt{a^2+b^2}$, $\overline{AC}=\sqrt{(a-2c)^2+(b-0)^2}$,

$\overline{AM}=\sqrt{(a-c)^2+(b-0)^2}$, $\overline{BM}=c$

2 좌표평면에서 삼각형 ABC의 변 BC를 x축 위에 두고 그 중점 M을 원점으로 두면 각 점의 좌표를

A(a , b), B($-c$, 0), C(c , 0),

M(0 , 0)으로 둘 수 있다.

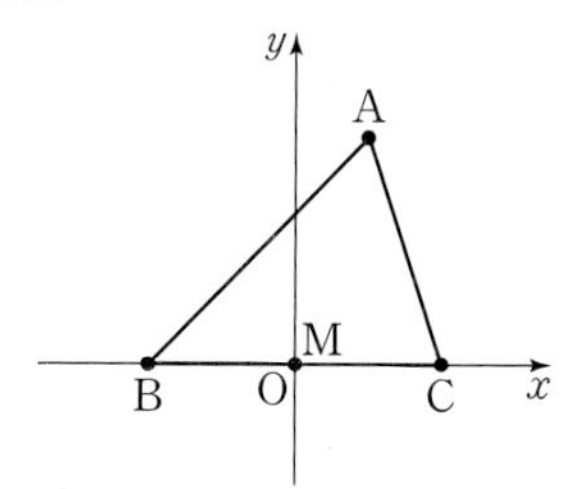

각 선분의 길이를 구하면,

$\overline{AB}=\boxed{\sqrt{(a+c)^2+(b-0)^2}}$,

$\overline{AC}=\boxed{\sqrt{(a-c)^2+(b-0)^2}}$,

$\overline{AM}=\boxed{\sqrt{a^2+b^2}}$, $\overline{BM}=\boxed{c}$

이므로

$\overline{AB}^2+\overline{AC}^2$

$=\boxed{\{(a+c)^2+b^2\}+\{(a-c)^2+b^2\}}$

$=\boxed{2(a^2+b^2+c^2)}$

이고, $\overline{AM}^2+\overline{BM}^2=\boxed{a^2+b^2+c^2}$이다.

따라서 $\overline{AB}^2+\overline{AC}^2=2(\overline{AM}^2+\overline{BM}^2)$이 성립한다.

3 (1) 삼각형의 한 꼭짓점과 그 대변의 중점을 이은 선분을 중선이라 하고, 세 중선의 교점을 삼각형의 무게중심이라고 한다.

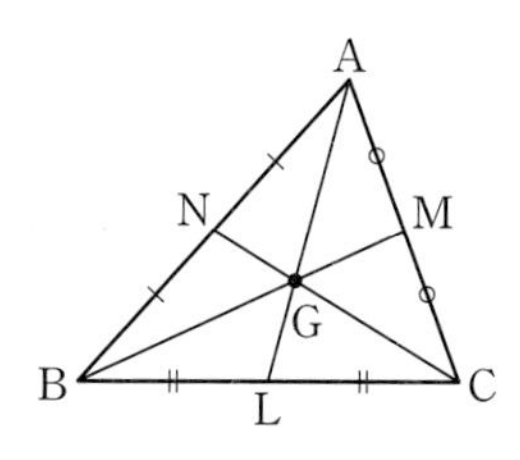

(2) 삼각형의 무게중심은 각 중선을 꼭짓점으로부터 각각 2 : 1로 내분한다.

(3) $M\left(\frac{x_1+x_2}{2}, \frac{y_1+y_2}{2}\right)$

(풀이) $\overline{AM}=\overline{BM}$이므로 중점 $M(x, y)$는 $\overline{AB}$를 1 : 1로 내분하는 점이다.

즉, $x=\frac{x_1+x_2}{2}$, $y=\frac{y_1+y_2}{2}$이므로 중점 M의 좌표는 $M\left(\frac{x_1+x_2}{2}, \frac{y_1+y_2}{2}\right)$

(4) $P\left(\frac{a+2c}{3}, \frac{b+2d}{3}\right)$

(풀이) 구하는 점의 좌표 $P(x, y)$는 $A(a, b)$, $B(c, d)$를 2 : 1로 내분하는 점이므로

$x=\frac{2\times c+1\times a}{2+1}=\frac{a+2c}{3}$,

$y=\frac{2\times d+1\times b}{2+1}=\frac{b+2d}{3}$

따라서 점 P의 좌표는 $P\left(\frac{a+2c}{3}, \frac{b+2d}{3}\right)$

4 삼각형의 무게중심은 한 꼭짓점과 그 대변의 중점을 이은 세 중선의 교점이다.

또한 삼각형의 무게중심은 각 중선을 꼭짓점으로부터 각각 $\boxed{2}$: $\boxed{1}$로 내분한다.

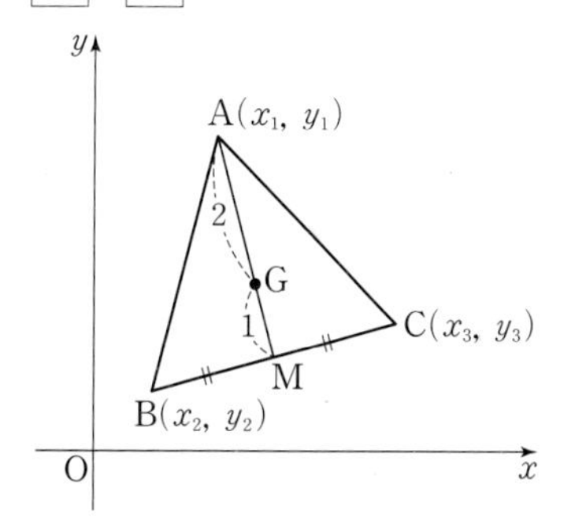

두 점 $B(x_2, y_2)$, $C(x_3, y_3)$의 중점을 $M(x, y)$라 하면 중점 M은 선분 BC를 $\boxed{1}$: $\boxed{1}$로 내분하는 점이므로

$M\left(\boxed{\frac{x_2+x_3}{2}}, \boxed{\frac{y_2+y_3}{2}}\right)$

무게중심 $G(x', y')$은 $\overline{AM}$을 2 : 1로 내분하므로

$x'=\frac{2x+x_1}{3}=\boxed{\frac{2\times\frac{x_2+x_3}{2}+x_1}{3}}$

$=\boxed{\frac{x_1+x_2+x_3}{3}}$

$$y'=\frac{2y+y_1}{3}=\boxed{\frac{2\times\frac{y_2+y_3}{2}+y_1}{3}}$$

$$=\boxed{\frac{y_1+y_2+y_3}{3}}$$

따라서 무게중심 G의 좌표는

$$\left(\boxed{\frac{x_1+x_2+x_3}{3}},\ \boxed{\frac{y_1+y_2+y_3}{3}}\right)$$

5 (1) 밑변의 길이와 높이를 알아야 한다.

(2) ⓔ 변 AB를 밑변으로 잡을 것이다. 그러면 원점과 직선 AB 사이의 거리가 높이가 되므로 높이를 구하는 것이 보다 수월할 것이기 때문이다.

ⓔ 변 OB를 밑변으로 잡을 것이다. 그러면 직선 OB의 방정식을 구하는 것이 보다 수월할 것이기 때문이다.

(3) 각 점의 좌표가 주어졌기 때문에 어느 변을 밑변으로 잡아도 다음과 같은 두 점 사이의 거리를 구하는 공식을 이용하여 밑변의 길이를 구할 수 있다.

두 점 $A(x_1, y_1)$, $B(x_2, y_2)$ 사이의 거리, 즉 선분 AB의 길이는

$$\overline{AB}=\sqrt{(x_1-x_2)^2+(y_1-y_2)^2}$$

(4) 밑변이 정해지면 높이는 남은 한 점과 밑변을 포함한 직선 사이의 거리이다.

따라서 밑변의 양 끝 점을 지나는 직선의 방정식을 구하고 나머지 한 점과 그 직선 사이의 거리를 구하면 된다.

다음과 같은 점과 직선 사이의 거리를 구하는 공식을 이용한다.

점 (x_1, y_1)과 직선 $ax+by+c=0$ 사이의 거리를 d라 하면

$$d=\frac{|ax_1+by_1+c|}{\sqrt{a^2+b^2}}$$

6 삼각형의 넓이를 구하기 위해서는 [밑변의 길이]와 [높이]를 알아야 한다.

변 AB를 [밑변]으로 잡으면 원점과 직선 AB 사이의 거리가 [높이]가 된다.

두 점 A(2, 5), B(6, 2) 사이의 거리는

$$\boxed{\sqrt{(6-2)^2+(2-5)^2}}=\boxed{5}$$

높이는 원점 O와 직선 AB 사이의 거리이므로 먼저 직선 AB의 방정식을 구한다.

두 점 A(2, 5), B(6, 2)를 지나는 직선의 기울기는

$$\boxed{\frac{2-5}{6-2}=-\frac{3}{4}}$$

이므로 직선 AB의 방정식은

$$\boxed{y-5=-\frac{3}{4}(x-2)}\text{에서 }\boxed{3x+4y-26=0}$$

원점 O와 직선 $\boxed{3x+4y-26=0}$ 사이의 거리를 d라 하면

$$d=\boxed{\frac{|-26|}{\sqrt{3^2+4^2}}=\frac{26}{5}}$$

따라서 삼각형 OAB의 넓이는

$$\boxed{\frac{1}{2}\times5\times\frac{26}{5}=13}$$

중단원 연습문제

174쪽~177쪽

01 (1) $\overline{AB}=|5-(-1)|$ 또는 $\overline{AB}=|(-1)-5|$

(2) $\overline{OP}=|x|$

(3) $\overline{AP}=|x-(-1)|=|x+1|$

02 (1) 5 (2) $\sqrt{13}$ **03** 9

04 $\left(\frac{5}{2}, 0\right)$ **05** $a=1$, $b=3$

06 $a=-\frac{1}{3}$, $b=-2$ **07** $\left(\frac{3}{2}, \frac{5}{2}\right)$

08 (1) $y=4x+11$ (2) $y=-2x+11$

(3) $x=5$

09 $y=3x+2$

10 (1) 제1, 2, 3사분면 (2) 제1, 4사분면

11 -3

12 (1) $y=-x+2$ (2) $y=\frac{2}{3}x-3$

13 $a=3$, $b=-4$

14 $k=8$ 또는 $k=-22$

15 $\left(\frac{6-3\sqrt{2}}{2}, \frac{6-3\sqrt{2}}{2}\right)$

02 (1) $\overline{AB}=2-(-3)=5$

(2) $\overline{AB}=\sqrt{(3-1)^2+(5-2)^2}=\sqrt{13}$

03 두 점 A(0), B(12)에 각각 서 있던 가은이와 나은이가 서로를 향하여 달려갈 때, 가은이의 속도가 나은이의 속도보다 3배 빠르므로 두 사람이 만나는 지점은 선분 AB를 3 : 1로 내분하는 점이 된다.
따라서 두 사람이 만나는 지점의 좌표는

$$\frac{3\times12+1\times0}{3+1}=9$$

04 선분 AB를 2 : 1로 내분하는 점의 좌표를 $P(x_1, y_1)$이라 하면

$$x_1=\frac{2\times4+1\times1}{2+1}=3,$$

$$y_1=\frac{2\times(-3)+1\times3}{2+1}=-1$$

따라서 P(3, −1)
선분 AB를 1 : 2로 내분하는 점의 좌표를 $Q(x_2, y_2)$라 하면

$$x_2=\frac{1\times4+2\times1}{1+2}=2,$$

$$y_2=\frac{1\times(-3)+2\times3}{1+2}=1$$

따라서 Q(2, 1)
$\overline{PQ}$의 중점의 좌표를 (x, y)라 하면

$$x=\frac{2+3}{2}=\frac{5}{2},\quad y=\frac{(-1)+1}{2}=0$$

따라서 선분 PQ의 중점의 좌표는 $\left(\frac{5}{2}, 0\right)$

05 세 점 A(−2, 1), B(a, 2), C(4, b)가 한 직선 위에 있고, $\overline{AB}=\overline{BC}$이므로 점 B는 선분 AC의 중점이어야 한다.

$$\frac{(-2)+4}{2}=a,\ \frac{b+1}{2}=2\text{에서}\quad a=1,\ b=3$$

06 선분 $\overline{AB}$를 2 : 3으로 외분하는 점의 좌표가 $(-3, b)$이므로

$$\frac{2\times1-3\times a}{2-3}=\frac{2-3a}{-1}=-3\text{에서}\quad a=-\frac{1}{3}$$

$$\frac{2\times4-3\times2}{2-3}=b\text{에서}\quad b=-2$$

07 점 P는 선분 AB를 1 : 2로 내분하므로

$$\frac{1\times2+2\times(-1)}{1+2}=0,\quad \frac{1\times2+2\times5}{1+2}=4$$

에서 P(0, 4)
점 Q는 선분 AB를 4 : 1로 외분하므로

$$\frac{4\times2-1\times(-1)}{4-1}=3,\quad \frac{4\times2-1\times5}{4-1}=1$$

에서 Q(3, 1)이다.
따라서 선분 PQ의 중점의 좌표는

$$\left(\frac{0+3}{2}, \frac{4+1}{2}\right),\ \text{즉}\ \left(\frac{3}{2}, \frac{5}{2}\right)$$

08 (1) $y-3=4(x+2)$에서 $\quad y=4x+11$

(2) 두 점 (4, 3), (8, −5)를 지나는 직선의 기울기는
$\frac{-5-3}{8-4}=-2$이므로 구하는 직선의 방정식은
$y-3=-2(x-4)$에서 $\quad y=-2x+11$

(3) 두 점 (5, 3), (5, −2)를 지나는 직선은 y축에 평행하다.
즉, y의 값이 변해도 x의 값은 5로 일정하므로 이 직선의 방정식은 $x=5$

09 선분 AB를 2 : 1로 내분하는 점을 $P(x, y)$라 하면

$$x=\frac{2\times2+1\times(-1)}{2+1}=1,$$

$$y=\frac{2\times7+1\times1}{2+1}=5$$

이므로 점 P(1, 5)를 지나고 기울기가 3인 직선의 방정식은

$$y-5=3(x-1)\text{에서}\quad y=3x+2$$

10 (1) x절편이 $-\frac{1}{3}$, y절편이 1인 직선이므로 그래프는 다음과 같다.
따라서 제1, 2, 3사분면을 지난다.

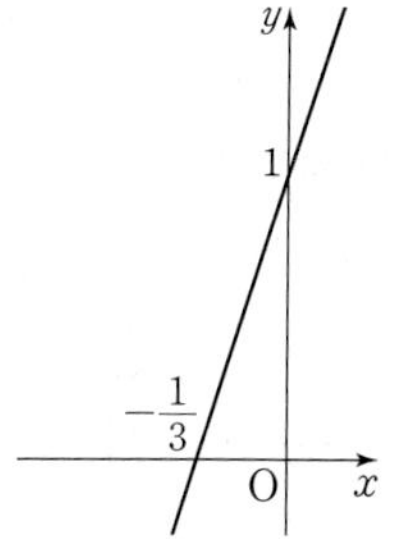

(2) 점 (2, 0)을 지나고 y축과 평행한 직선이므로 그래프는 다음과 같다.
따라서 제1, 4사분면을 지난다.

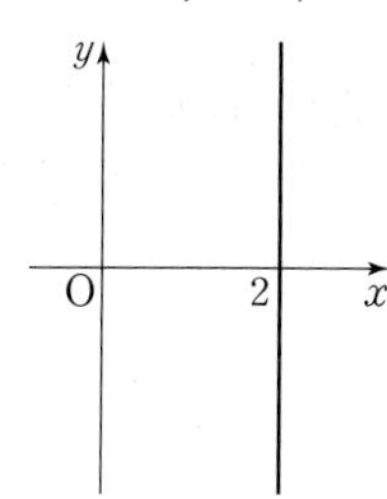

11 선분 AB의 수직이등분선의 기울기가 $-\frac{1}{4}$이므로 선분 AB의 기울기는 4이다.

$$\frac{b-5}{a-3}=4\text{에서}\quad 4a-b-7=0 \quad\cdots\cdots ㉠$$

선분 AB의 중점 $\left(\frac{a+3}{2}, \frac{b+5}{2}\right)$가 직선

$y=-\frac{1}{4}x+\frac{3}{2}$ 위에 있으므로

$\frac{b+5}{2}=-\frac{1}{4}\times\frac{a+3}{2}+\frac{3}{2}$에서

$a+4b+11=0$ …… ㉡

두 방정식 ㉠, ㉡을 연립하여 풀면

$a=1$, $b=-3$이므로 $ab=-3$

12 (1) 점 $(3,\ -1)$을 지나고 기울기가 -1인 직선의 방정식은

$y-(-1)=(-1)(x-3)$에서 $y=-x+2$

(2) $2x-3y+3=0$은 $y=\frac{2}{3}x+1$이므로 이 직선과 평행한 직선의 기울기는 $\frac{2}{3}$이다.

점 $(3,\ -1)$을 지나고 기울기가 $\frac{2}{3}$인 직선의 방정식은

$y-(-1)=\frac{2}{3}(x-3)$에서 $y=\frac{2}{3}x-3$

13 직선 $x+ay+1=0$이 직선 $3x-y+1=0$과 수직이므로

$\left(-\frac{1}{a}\right)\times 3=-1$

따라서 $a=3$

직선 $x+ay+1=0$이 직선 $2x+(2-b)y-1=0$과 평행하므로

$\frac{2}{b-2}=-\frac{1}{a}=-\frac{1}{3}$

따라서 $b=-4$

14 $\frac{|3+2\times 2+k|}{\sqrt{1+4}}=3\sqrt{5}$

$|k+7|=15$

$k+7=15$ 또는 $k+7=-15$

따라서 $k=8$ 또는 $k=-22$

15 그림과 같이 삼각형 OAB의 내심의 좌표를 $(a,\ a)$라 하자. (단, $0<a<3$)

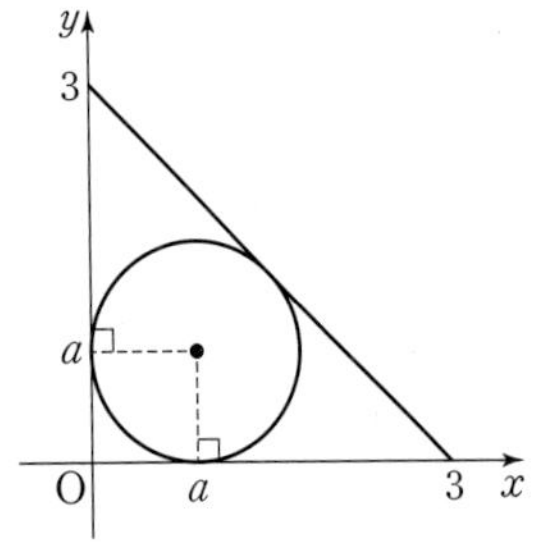

이 점과 직선 AB 사이의 거리가 a이고 직선 AB의 방정식은

$x+y-3=0$이므로

$\frac{|a+a-3|}{\sqrt{1+1}}=a$

$|2a-3|=\sqrt{2}a$

양변을 제곱하면 $4a^2-12a+9=2a^2$

$2a^2-12a+9=0$에서 $a=\frac{6\pm 3\sqrt{2}}{2}$

그런데 $0<a<3$이므로 $a=\frac{6-3\sqrt{2}}{2}$

따라서 구하는 내심의 좌표는 $\left(\frac{6-3\sqrt{2}}{2},\ \frac{6-3\sqrt{2}}{2}\right)$

기억하기 178쪽 ~ 179쪽

1 5

(풀이) $\overline{AB}=\sqrt{\{3-(-1)\}^2+(-2-1)^2}=\sqrt{25}=5$

2 $\overline{AB}=\overline{BC}$인 이등변삼각형

(풀이) △ABC의 세 변의 길이를 각각 구하면

$\overline{AB}=\sqrt{(3-2)^2+\{1-(-2)\}^2}=\sqrt{10}$

$\overline{BC}=\sqrt{(6-3)^2+(2-1)^2}=\sqrt{10}$

$\overline{CA}=\sqrt{(2-6)^2+(-2-2)^2}=4\sqrt{2}$

따라서 삼각형 ABC는 $\overline{AB}=\overline{BC}$인 이등변삼각형이다.

3 9

(풀이) 이차함수 $y=x^2-6x+k$의 그래프가 x축과 접하려면 이차방정식 $x^2-6x+k=0$의 판별식을 D라 할 때 $D=0$이어야 하므로

$D=(-6)^2-4\times1\times k=36-4k=0$

따라서 $k=9$

4 (1) $y=2x+3$을 $y=x^2-x+5$에 대입하면

$2x+3=x^2-x+5$에서 $x^2-3x+2=0$

이 이차방정식의 판별식을 D라 하면

$D=(-3)^2-4\times1\times2=1>0$

이므로 두 그래프는 서로 다른 두 점에서 만난다.

(2) $y=3x-5$를 $y=2x^2+x-1$에 대입하면

$3x-5=2x^2+x-1$에서 $2x^2-2x+4=0$

이 이차방정식의 판별식을 D라 하면

$D=(-2)^2-4\times2\times4=-28<0$

이므로 두 그래프는 만나지 않는다.

5

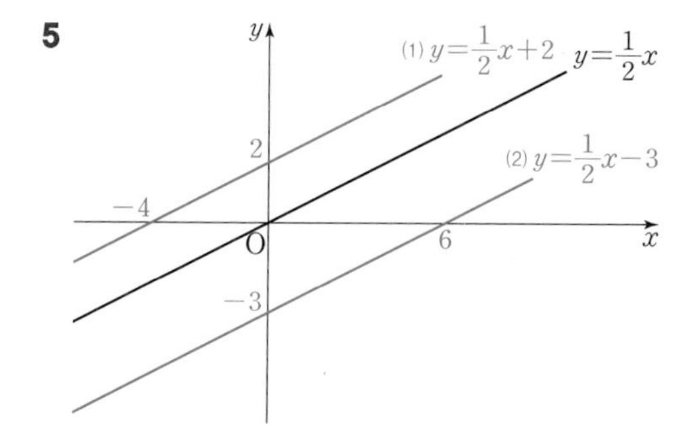

6 (1) 이차함수 $y=2(x-3)^2+4$의 그래프는 이차함수 $y=2x^2$의 그래프를 x축의 방향으로 3만큼, y축의 방향으로 4만큼 평행이동한 것이다.

(2) 이차함수 $y=2(x+1)^2-5$의 그래프는 이차함수 $y=2x^2$의 그래프를 x축의 방향으로 -1만큼, y축의 방향으로 -5만큼 평행이동한 것이다.

01 원의 방정식

탐구하기 1 180쪽

01

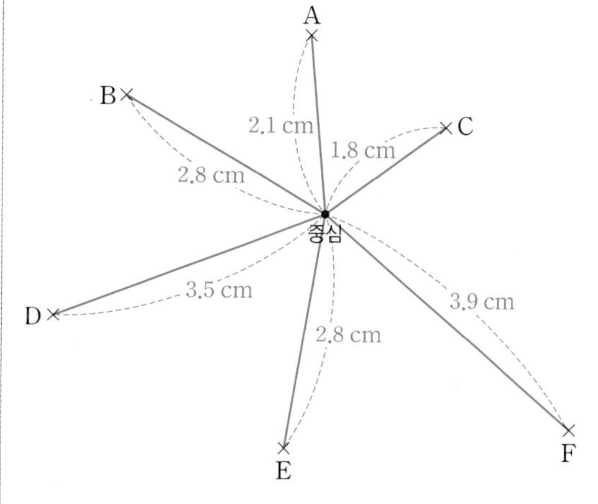

(1) 자를 이용하여 거리를 쟀더니 중심에서 가까운 것부터 순서대로 C−A−(B, E)−D−F였다.

과녁의 중심에서 B와 E까지 이르는 거리가 같으므로 같은 등수가 존재한다.

(2) 원 모양의 과녁판이 효과적이다.

원 모양의 과녁판에서 중심으로부터 얼마나 떨어져 있는지 보다 정확하게 알 수 있으며, 특히 B와 E가 같은 거리에 있다는 사실을 같은 원 위에 있는 것으로 확인할 수 있다.

정사각형 과녁판에서는 거리가 더 가까운 D가 F보다 더 먼 것처럼 느껴지고, 거리가 같은 B와 E도 같은 사각형 위에 있지 않아 거리와 무관한 결과가 나올 수 있다.

(3) 원은 한 점으로부터 같은 거리에 떨어져 있는 점들의 모임이다.

그래서 같은 원 위에 있다는 것은 중심으로부터 같은 거리만큼 떨어져 있다는 것을 의미한다.

평면에서 한 점을 기준으로 하는 거리를 생각할 때 원을 그리면 판단하기가 쉽다.

탐구하기 2

181쪽

01 (1) $(x-1)^2+(y-2)^2=9$

(2) $(x-a)^2+(y-b)^2=r^2$

풀이 (1) 두 점 $(1, 2)$와 (x, y) 사이의 거리가 3이므로 $\sqrt{(x-1)^2+(y-2)^2}=3$으로 나타낼 수 있다.
양변을 제곱하면 $(x-1)^2+(y-2)^2=9$이고, 이것은 중심이 $(1, 2)$이고 반지름의 길이가 3인 원의 방정식이다.

(2) 원 위의 임의의 점 (x, y)와 중심 (a, b) 사이의 거리가 반지름의 길이 r와 같으므로

$\sqrt{(x-a)^2+(y-b)^2}=r$에서

$(x-a)^2+(y-b)^2=r^2$

탐구하기 3

182쪽 ~ 183쪽

01

나의 생각

원의 방정식에서 우변은 반지름의 길이 r가 아니고 r^2의 값이야.
$r^2=4$이므로 $r=2$, 즉 원의 반지름의 길이는 2이고, 그래프는 다음과 같아.

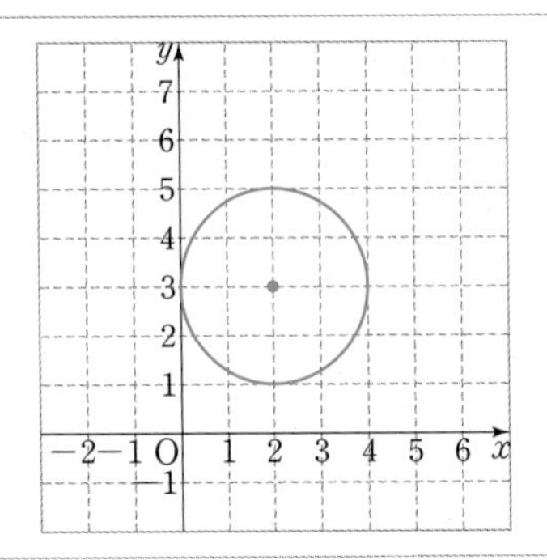

02 (1) $(x-1)^2+(y-2)^2=1$

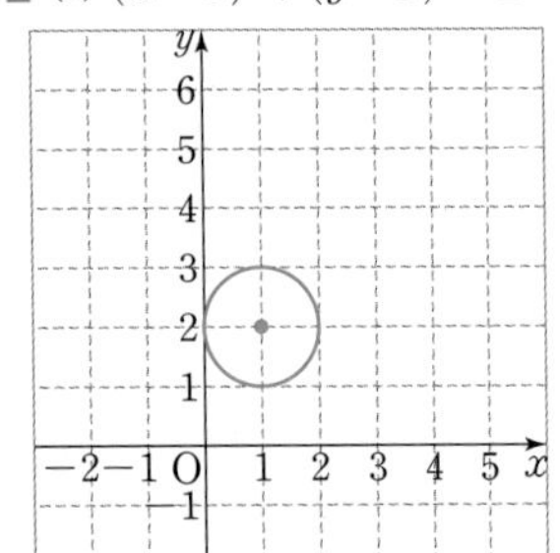

(2) $(x+1)^2+(y-3)^2=5$

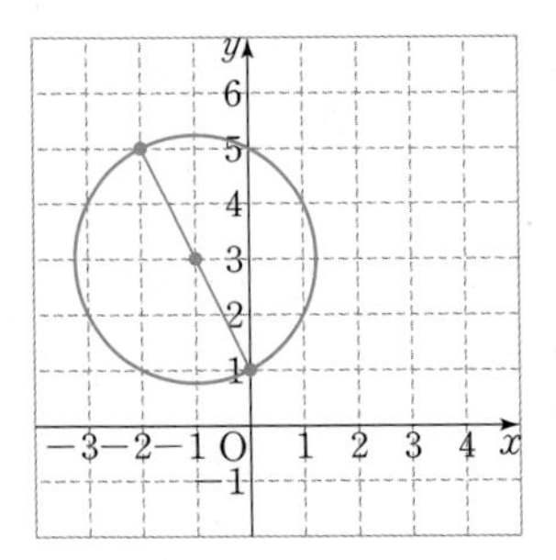

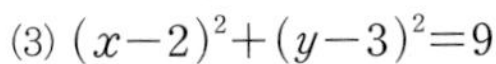

(3) $(x-2)^2+(y-3)^2=9$

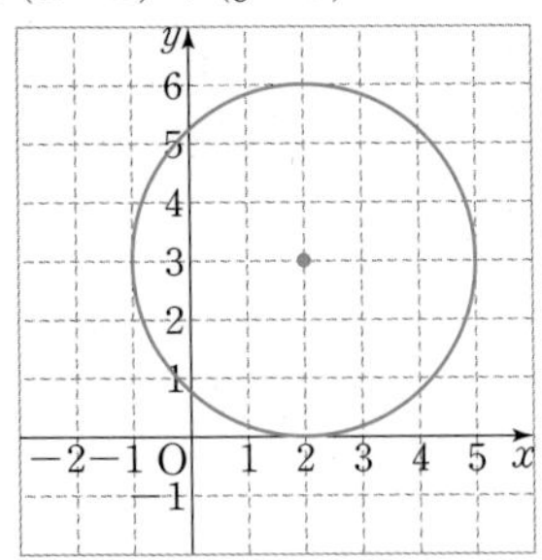

(4) $(x+1)^2+(y-2)^2=1$

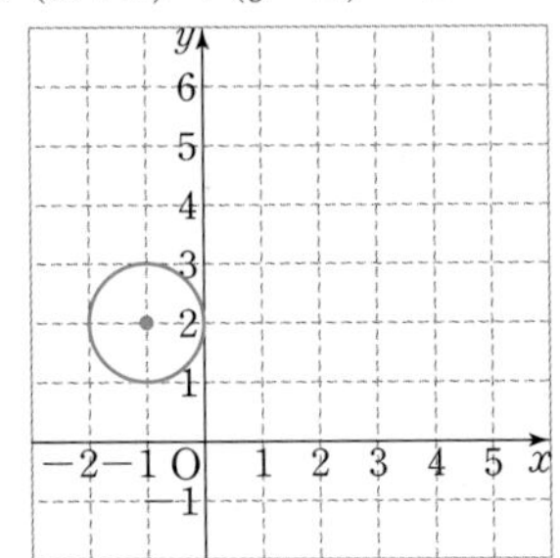

풀이 (2) 원의 중심은 지름의 중점이므로

$$\frac{0+(-2)}{2}=-1,\quad \frac{1+5}{2}=3$$

에서 중심의 좌표가 $(-1, 3)$이다.
반지름의 길이는 $\sqrt{(-1-0)^2+(3-1)^2}=\sqrt{5}$
이므로 원의 방정식은

$(x+1)^2+(y-3)^2=5$

(3) x축에 접하는 원의 반지름의 길이는 중심의 y좌표의 절댓값과 같으므로 3이고 원의 방정식은

$(x-2)^2+(y-3)^2=9$

(4) y축에 접하는 원의 반지름의 길이는 중심의 x좌표의 절댓값과 같으므로 1이고 원의 방정식은

$(x+1)^2+(y-2)^2=1$

탐구하기 4

183쪽 ~ 184쪽

01 (1) $x^2+y^2-2=0$ (2) $x^2+y^2-2y-3=0$

02 (1) $\sqrt{3}$ (2) 원의 방정식이 아니다.

(풀이) (1) $(x-1)^2+(y-2)^2=3$이므로 반지름의 길이는 $\sqrt{3}$이다.

(2) $x^2+(y+1)^2=-3$에서 $r^2=-3$을 만족하는 양수 r가 존재하지 않기 때문에 원의 방정식이 아니다.

03 $A^2+B^2>4C$

(풀이) $x^2+y^2+Ax+By+C=0$을 완전제곱식으로 변형하여 $(x-a)^2+(y-b)^2=r^2$의 꼴로 바꾸면

$$\left(x+\frac{A}{2}\right)^2+\left(y+\frac{B}{2}\right)^2=\frac{A^2+B^2-4C}{4}$$

이때 $r^2=\dfrac{A^2+B^2-4C}{4}>0$이어야 하므로

$A^2+B^2>4C$를 만족해야 방정식

$x^2+y^2+Ax+By+C=0$이 원을 나타낼 수 있다.

04 • $(x+1)^2+(y+3)^2=4$

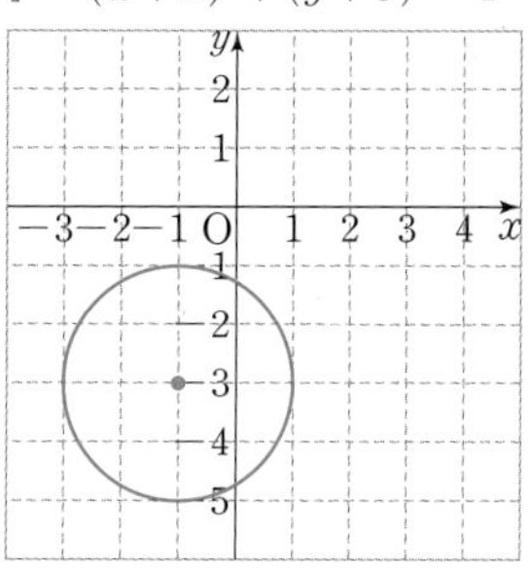

• $x^2+y^2-4=0$

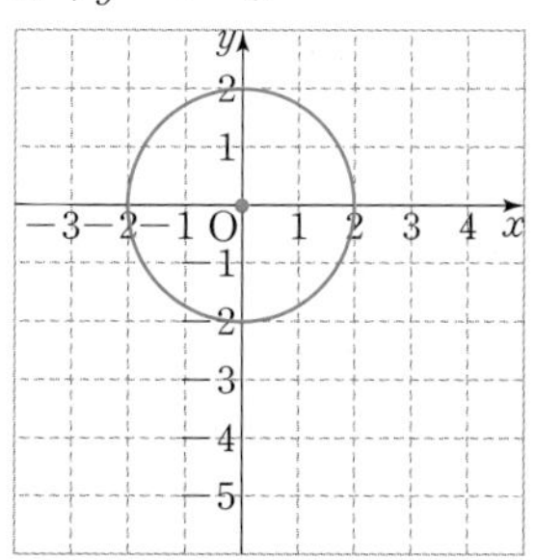

• $(x-3)^2+(y-1)^2=0$

우변이 0이므로 원이 아니고 점 $(3, 1)$이다.

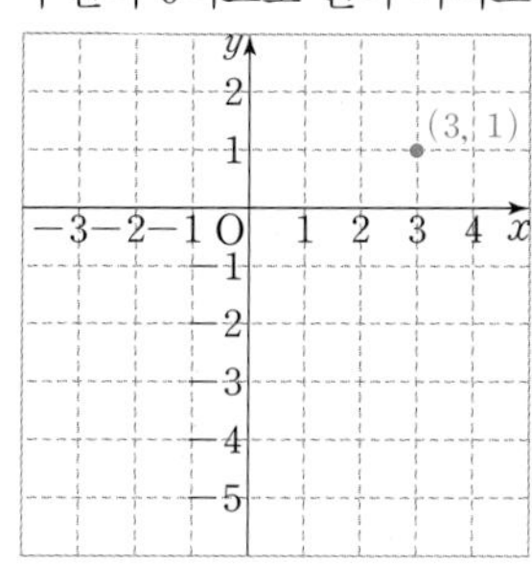

05 $k>-25$

(풀이) 주어진 방정식 $x^2+y^2-6x+8y-k=0$을 완전제곱 형태로 정리하면

$(x-3)^2-9+(y+4)^2-16-k=0$에서

$(x-3)^2+(y+4)^2=25+k$

반지름의 길이는 양수이므로 $25+k>0$

따라서 $k>-25$

02 원과 직선의 위치 관계

탐구하기 1

185쪽 ~ 186쪽

01

교점의 개수	원과 직선의 위치 관계 그림	원의 중심과 직선 사이의 거리(d)와 반지름의 길이(r) 비교
0	d, r	$d>r$
1	d, r	$d=r$
2	d, r	$d<r$

02 (1)

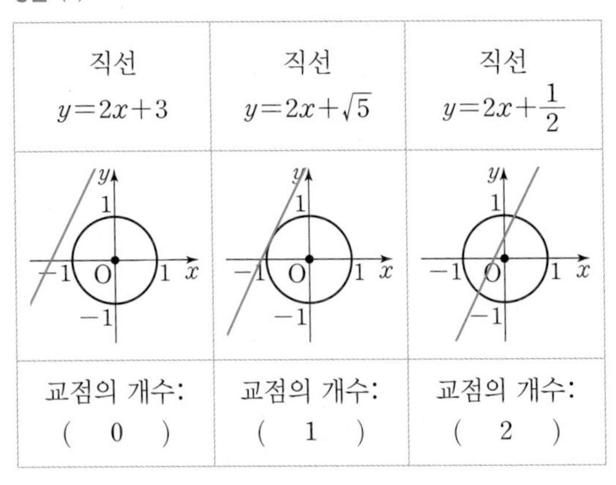

직선 $y=2x+3$	직선 $y=2x+\sqrt{5}$	직선 $y=2x+\frac{1}{2}$
교점의 개수: (0)	교점의 개수: (1)	교점의 개수: (2)

(2) 직선 $y=2x+\sqrt{5}$의 경우 원에 접하는지, 두 점에서 만나는지, 만나지 않는지 정확히 알 수 없다.
해결책으로는 2가지를 생각할 수 있는데
첫째, 원의 중심 $(0,\ 0)$과 직선 $y=2x+\sqrt{5}$ 사이의 거리를 구하고 원의 반지름의 길이와 같은지 확인하는 방법이다.
둘째, 원의 방정식과 직선의 방정식을 연립하여 y를 소거하고 x에 관한 이차방정식을 만든 다음, 판별식을 계산하여 근의 종류를 파악하면 두 도형의 위치 관계를 명확하게 확인할 수 있다.

탐구하기 2

186쪽

01 (1) 기울기가 m인 접선의 방정식을 $y=mx+n$으로 표현하여 원의 방정식 $x^2+y^2=r^2$에 대입하면

$$x^2+(mx+n)^2=r^2$$

이 식은 두 방정식을 연립한 이차방정식이고 접선은 한 점에서만 만나므로 판별식이 0이 되는 n의 값을 찾으면 된다.
식을 전개하면
$(1+m^2)x^2+2mnx+n^2-r^2=0$이므로
$D=(2mn)^2-4(1+m^2)(n^2-r^2)=0$에서

$$n^2=r^2(1+m^2)$$

$n=\pm r\sqrt{m^2+1}$이므로 접선의 방정식은

$$y=mx\pm r\sqrt{m^2+1}$$

(2) 기울기가 m인 접선의 방정식을 $y=mx+n$, 즉 $mx-y+n=0$이라 하면
원점 $(0,\ 0)$과 직선 $mx-y+n=0$ 사이의 거리는 r와 같으므로

$\frac{|0+0+n|}{\sqrt{m^2+1}}=r$에서 $|n|=r\sqrt{m^2+1}$
$n=\pm r\sqrt{m^2+1}$이므로 접선의 방정식은

$$y=mx\pm r\sqrt{m^2+1}$$

02 (1) $y=2x\pm3\sqrt{5}$ (2) $y=5x\pm2\sqrt{26}$

풀이 (1) 원 $x^2+y^2=9$의 반지름의 길이는 3이고, 직선 $y=2x+8$과 평행한 직선의 기울기는 2이므로 이를 접선의 방정식을 구하는 공식에 대입하면

$$y=2x\pm3\sqrt{2^2+1}$$

에서 접선의 방정식은 $y=2x\pm3\sqrt{5}$

(2) 원 $x^2+y^2=4$의 반지름의 길이는 2이고, 직선 $y=-\frac{1}{5}x+2$에 수직인 직선의 기울기는 5이므로
이를 접선의 방정식을 구하는 공식에 대입하면

$$y=5x\pm2\sqrt{5^2+1}$$

에서 접선의 방정식은 $y=5x\pm2\sqrt{26}$

탐구하기 3

187쪽

01 (1) 90° (2) $-\frac{x_1}{y_1}$ (3) $x_1x+y_1y=r^2$

풀이 (1) 원의 접선과 그 접점을 지나는 반지름은 서로 수직이므로 90°이다.

(2) 그림에서 직선 OP의 기울기는 $\frac{y_1}{x_1}$이다. 접선의 기울기를 m이라 할 때, 서로 수직인 두 직선의 기울기의 곱이 -1이므로

$m\times\frac{y_1}{x_1}=-1$에서 $m=-\frac{x_1}{y_1}$

(3) 점 $(x_1,\ y_1)$을 지나는 접선의 기울기가 $-\frac{x_1}{y_1}$이므로 접선의 방정식은

$$y-y_1=-\frac{x_1}{y_1}(x-x_1)$$

$y_1y-{y_1}^2=-x_1x+{x_1}^2$에서 $x_1x+y_1y={x_1}^2+{y_1}^2$인데 $(x_1,\ y_1)$은 원 위의 점이므로 ${x_1}^2+{y_1}^2=r^2$이다.
따라서 접선의 방정식은 $x_1x+y_1y=r^2$

02 $x\pm\sqrt{3}y+4=0$

풀이 점 $(-4,\ 0)$에서 원 $x^2+y^2=4$에 그은 접선이 원과 만나는 점을 $(x_1,\ y_1)$이라 하면 접선의 방정식은

$$x_1x+y_1y=4$$

이 직선이 점 $(-4,\ 0)$을 지나므로 $-4x_1=4$
따라서 $x_1=-1$

(x_1, y_1)은 원 위의 한 점이므로 $x_1^2+y_1^2=4$를 만족한다.
따라서 여기에 $x_1=-1$을 대입하면 $y_1^2=3$
$y_1=\pm\sqrt{3}$이므로 접점의 좌표는 $(-1, \sqrt{3})$과 $(-1, -\sqrt{3})$이고, 접선의 방정식은

$$-x+\sqrt{3}y=4, \quad -x-\sqrt{3}y=4$$

03 평행이동

탐구하기 1 188쪽

01 (1)

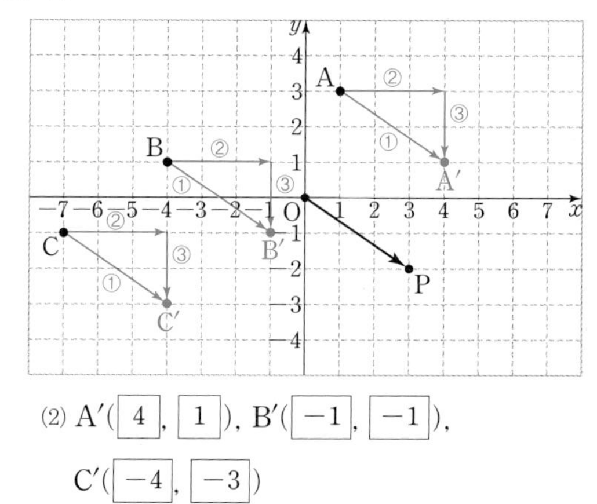

(2) A′(4 , 1), B′(−1 , −1),
C′(−4 , −3)

풀이 (2) 이동한 후의 x좌표는 이동하기 전의 x좌표에 3을 더하면 된다.
이동한 후의 y좌표는 이동하기 전의 y좌표에 -2를 더하면 된다.
모든 점을 원점 O에서 점 P의 방향으로 선분 OP의 길이만큼 이동(①)한 것은 x축의 방향으로 3만큼 평행이동(②)한 다음, y축의 방향으로 -2만큼 평행이동(③)한 것과 같다.
(3) $(x+3, y-2)$

02 $(x+m, y+n)$

탐구하기 2 189쪽 ~ 190쪽

01 (1)

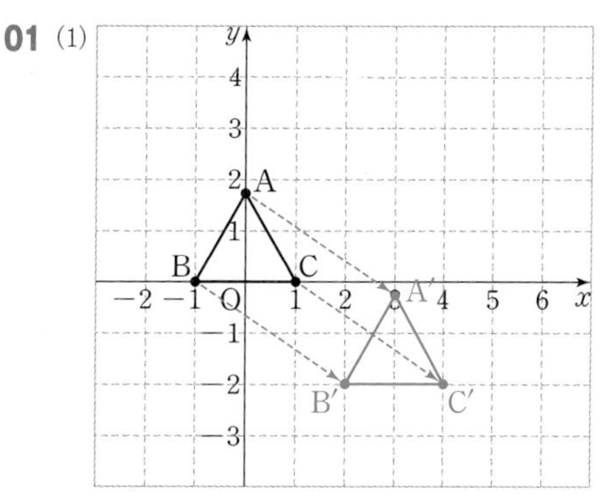

(2) ① 세 꼭짓점을 평행이동한 세 점 A′, B′, C′의 좌표를 구한 다음, 세 점 A′, B′, C′을 이어 정삼각형을 그렸다.
② 선분 BC를 평행이동한 선분 B′C′을 구한 다음, 컴퍼스를 이용하여 점 B′을 중심으로 선분 B′C′의 길이를 반지름으로 하는 원을 그리고, 점 C′을 중심으로 선분 B′C′의 길이를 반지름으로 하는 원을 그려 두 원이 만나는 교점 중 선분 B′C′의 위쪽에 있는 점을 A′이라 한다. 선분 A′B′과 선분 C′A′을 그어 정삼각형을 그렸다.
③ 선분 BC의 중점인 원점을 평행이동한 점 M(선분 B′C′의 중점)을 기준으로 x축에 평행하게 왼쪽으로 1만큼, 오른쪽으로 1만큼 떨어진 위치를 각각 점 B′, C′이라 하고, y축에 평행하게 위쪽으로 $\sqrt{3}$만큼 떨어진 위치를 점 A′이라 한다. 세 점 A′, B′, C′을 이어 정삼각형을 그렸다.
(3) [공통점]
두 정삼각형의 크기와 모양이 같다.
[차이점]
좌표평면 위의 두 정삼각형의 위치가 다르다.

02 (1)

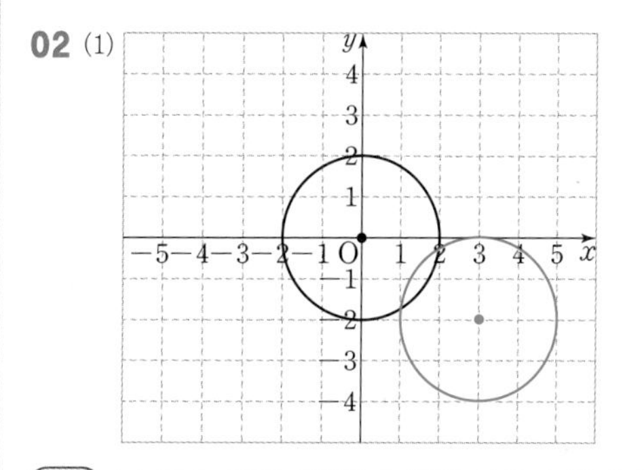

풀이 (1) 원을 평행이동하면 원의 중심도 똑같이 평행

이동하므로 원의 중심 $(0, 0)$을 x축의 방향으로 3만큼, y축의 방향으로 -2만큼 평행이동한 원의 중심의 좌표는 $(0+3, 0-2)$, 즉 $(3, -2)$이다.
이때 반지름의 길이는 같아야 하므로 평행이동한 원의 방정식은

$$(x-3)^2+(y+2)^2=4$$

(2) 점 (x, y)를 x축의 방향으로 3만큼, y축의 방향으로 -2만큼 평행이동한 점의 좌표는 $x \to x+3$, $y \to y-2$로 바뀌는데 (1)에서 원을 평행이동한 방정식에서는 $x \to x-3$, $y \to y+2$로 바뀌었다.

03 (1) $x'=x+a$, $y'=y+b$ (2) 풀이 참조

풀이 (1) 점 $P(x, y)$를 x축의 방향으로 a만큼, y축의 방향으로 b만큼 평행이동한 점이 $P'(x', y')$이므로

$$x'=x+a, \quad y'=y+b$$

(2) $x'=x+a$, $y'=y+b$에서 $x=x'-a$, $y=y'-b$이므로 이것을 방정식 $f(x, y)=0$에 대입하면

$$f(x'-a, y'-b)=0$$

따라서 $P'(x', y')$은 방정식 $f(x-a, y-b)=0$이 나타내는 도형 위의 점이고, 이 방정식이 평행이동한 도형의 방정식이다.

2. 원의 방정식과 도형의 이동

04 대칭이동

탐구하기 1
191쪽 ~ 192쪽

01 (1)

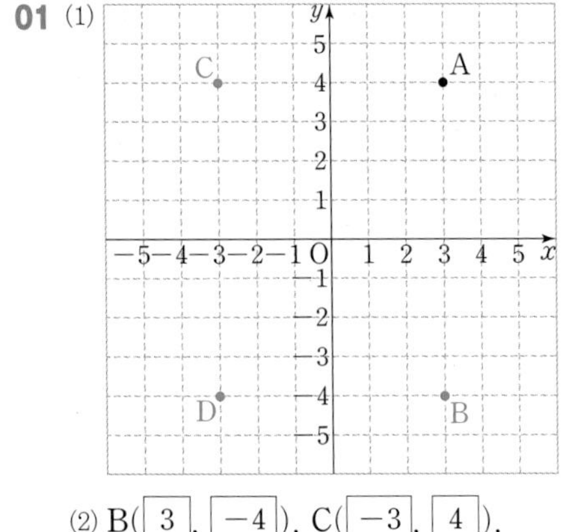

(2) B(3 , −4), C(−3 , 4), D(−3 , −4)

풀이 (2) x축에 대하여 대칭이동한 점의 x좌표는 그대로이고, y좌표는 부호가 바뀌었다.
y축에 대하여 대칭이동한 점의 y좌표는 그대로이고, x좌표는 부호가 바뀌었다.
원점에 대하여 대칭이동한 점의 x좌표와 y좌표의 부호가 모두 바뀌었다.

02 (1) 두 점 P, Q가 x축에 대하여 대칭이므로 선분 PQ의 중점이 x축 위에 있고, 직선 PQ와 x축은 수직이므로 선분 PQ의 중점의 좌표는 $(x, 0)$이다.
따라서 $Q(x, -y)$이다.

(2) 두 점 P, R가 y축에 대하여 대칭이므로 선분 PR의 중점이 y축 위에 있고, 직선 PR와 y축은 서로 수직이므로 선분 PR의 중점의 좌표는 $(0, y)$이다.
따라서 $R(-x, y)$이다.

(3) 두 점 P, S가 원점에 대하여 대칭이므로 선분 PS의 중점이 원점이다.
따라서 $S(-x, -y)$이다.

탐구하기 2
193쪽 ~ 194쪽

01 (1)

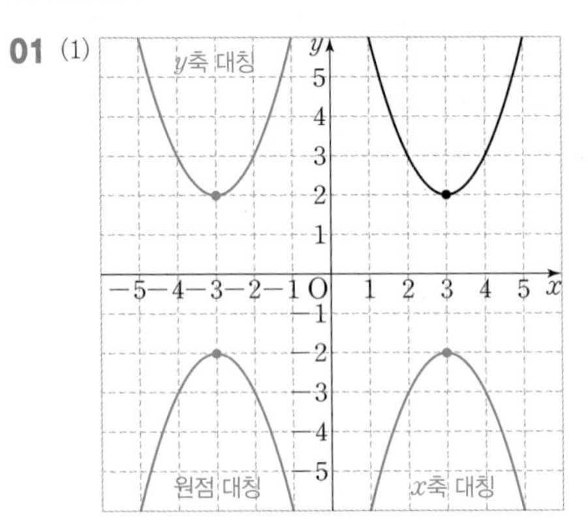

(2) x축: $y=-(x-3)^2-2$
y축: $y=(x+3)^2+2$
원점: $y=-(x+3)^2-2$

(3) x축에 대하여 대칭이동한 포물선의 방정식은 $y=-(x-3)^2-2$이다. 이를 정리하면 $-y=(x-3)^2+2$이므로 원래 포물선의 방정식 $y=(x-3)^2+2$에서 y의 부호가 바뀐 것으로 볼 수 있다. 이는 **| 탐구하기 1 |**의 문제 **02**에서 점(x, y)가 점$(x, -y)$로 바뀐 것과 같다.
y축에 대하여 대칭이동한 포물선의 방정식은 $y=(x+3)^2+2$이다. 이를 정리하면

$y=(-x-3)^2+2$이므로 원래 포물선의 방정식 $y=(x-3)^2+2$에서 x의 부호가 바뀐 것으로 볼 수 있다. 이는 **|탐구하기 1|**의 문제 **02**에서 점(x, y)가 점$(-x, y)$로 바뀐 것과 같다.
원점에 대하여 대칭이동한 포물선의 방정식은 $y=-(x+3)^2-2$이다. 이를 정리하면 $-y=(-x-3)^2+2$이므로 원래 포물선의 방정식 $y=(x-3)^2+2$에서 x와 y의 부호가 모두 바뀐 것으로 볼 수 있다. 이는 **|탐구하기 1|**의 문제 **02**에서 점(x, y)가 점$(-x, -y)$로 바뀐 것과 같다.

02 (1) $x'=x,\quad y'=-y$ (2) 풀이 참조
(3) 풀이 참조 (4) 풀이 참조

풀이 (1) 점 $\mathrm{P}(x, y)$를 x축에 대하여 대칭이동한 점이 $\mathrm{P}'(x', y')$이므로
$x'=x,\quad y'=-y$
(2) $x'=x$, $y'=-y$에서 $x=x'$, $y=-y'$이므로 이것을 방정식 $f(x, y)=0$에 대입하면
$f(x', -y')=0$
$\mathrm{P}'(x', y')$은 방정식 $f(x, -y)=0$이 나타내는 도형 위의 점이므로 이 방정식이 대칭이동한 도형의 방정식이다.
(3) 점 $\mathrm{P}(x, y)$를 y축에 대하여 대칭이동한 점을 $\mathrm{P}'(x', y')$이라 하면
$x'=-x,\quad y'=y$
이므로 $x=-x'$, $y=y'$을 방정식 $f(x, y)=0$에 대입하면
$f(-x', y')=0$
따라서 방정식 $f(x, y)=0$이 나타내는 도형을 y축에 대하여 대칭이동한 도형의 방정식은 $f(-x, y)=0$이다.
(4) 점 $\mathrm{P}(x, y)$를 원점에 대하여 대칭이동한 점을 $\mathrm{P}'(x', y')$이라 하면
$x'=-x,\quad y'=-y$
이므로 $x=-x'$, $y=-y'$을 방정식 $f(x, y)=0$에 대입하면
$f(-x', -y')=0$
따라서 방정식 $f(x, y)=0$이 나타내는 도형을 원점에 대하여 대칭이동한 도형의 방정식은 $f(-x, -y)=0$이다.

탐구하기 3
195쪽 ~ 196

01 (1)

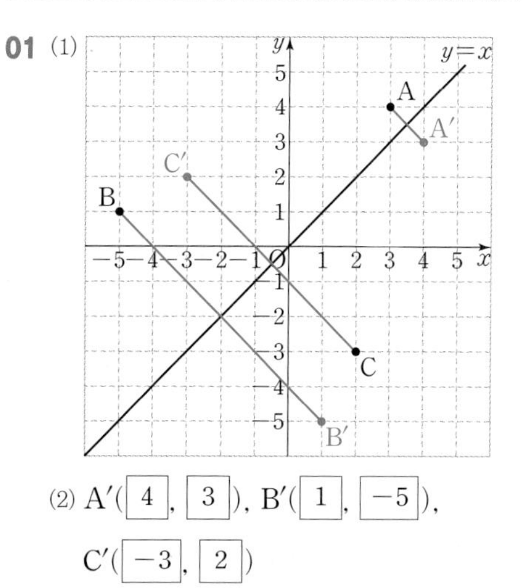

(2) $\mathrm{A}'(\boxed{4}, \boxed{3})$, $\mathrm{B}'(\boxed{1}, \boxed{-5})$, $\mathrm{C}'(\boxed{-3}, \boxed{2})$

풀이 (2) 직선 $y=x$에 대한 대칭이동 전의 x좌표는 대칭이동 후의 y좌표가 되고, 직선 $y=x$에 대한 대칭이동 전의 y좌표는 대칭이동 후의 x좌표가 되었다.

02 (1) ① 선분 AA'의 중점 M은 직선 l 위에 있다.
② 직선 AA'과 직선 l은 서로 수직이다.
(2) 선분 PP'의 중점 $\mathrm{M}\left(\frac{x+x'}{2}, \frac{y+y'}{2}\right)$이 직선 $y=x$ 위에 있으므로
$\frac{x+x'}{2}=\frac{y+y'}{2}$에서
$x+x'=y+y' \quad \cdots\cdots ㉠$
또한 직선 PP'과 직선 $y=x$는 서로 수직이므로
$\frac{y-y'}{x-x'}\times 1=-1$에서
$y-y'=x'-x \quad \cdots\cdots ㉡$
㉠, ㉡을 연립하여 풀면
$x'=y,\quad y'=x$
이므로 점 P'의 좌표는 (y, x)

탐구하기 4 　196쪽 ~ 197쪽

01 (1)

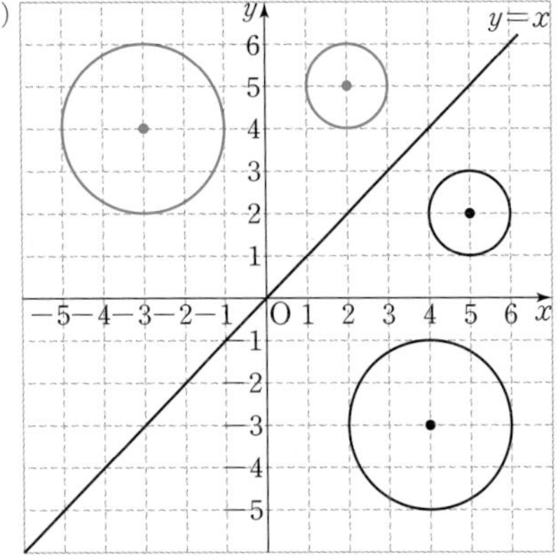

(2)

직선 $y=x$에 대하여 대칭이동한 원의 방정식
$(x-2)^2+(y-5)^2=1$
$(x+3)^2+(y-4)^2=4$

(3) 직선 $y=x$에 대하여 대칭이동한 원의 방정식은 중심의 x좌표와 y좌표가 서로 바뀌었다. **|탐구하기 3|**의 문제 **02**에서 점 (x, y)가 점 (y, x)로 바뀐 것과 다른 것처럼 보이지만 최초의 방정식에서 x를 y로, y를 x로 바꾸면 결국 같은 방정식이 되므로 중심의 x좌표와 y좌표가 서로 바뀐 것과 같다.

02 (1) $x'=y,\quad y'=x$ 　(2) 풀이 참조

풀이 (1) 점 $P(x, y)$를 직선 $y=x$에 대하여 대칭이동한 점이 $P(x', y')$이므로

$$x'=y,\quad y'=x$$

(2) $x'=y$, $y'=x$에서 $x=y'$, $y=x'$이므로 이것을 방정식 $f(x, y)=0$에 대입하면

$$f(y', x')=0$$

따라서 $P(x', y')$은 방정식 $f(y, x)=0$이 나타내는 도형 위의 점이고, 이 방정식이 $f(x, y)=0$을 직선 $y=x$에 대하여 대칭이동한 도형의 방정식이다.

개념과 문제의 연결 　200쪽 ~ 205쪽

1 (1) 점 $A(4, 0)$이 점 $A'(9, 3)$으로 평행이동했으므로

$$4+5=9,\ 0+3=3$$

에서 삼각형 OAB를 x축의 방향으로 5만큼, y축의 방향으로 3만큼 평행이동한 도형이 삼각형 $O'A'B'$인 것을 알 수 있다.

(2) (1)에서 얻은 평행이동을 이용하여 세 점 O', A', B'의 좌표를 구한 다음, 삼각형 $O'A'B'$의 무게중심의 좌표를 구한다.

(3) 세 점 $A(x_1, y_1)$, $B(x_2, y_2)$, $C(x_3, y_3)$을 꼭짓점으로 하는 삼각형 ABC의 무게중심의 좌표는

$$\left(\frac{x_1+x_2+x_3}{3}, \frac{y_1+y_2+y_3}{3}\right)$$

2 점 $A(4, 0)$이 $A'(9, 3)$으로 평행이동했으므로 삼각형 OAB를 x축의 방향으로 $\boxed{5}$만큼, y축의 방향으로 $\boxed{3}$만큼 평행이동한 도형이 삼각형 $O'A'B'$이다.
삼각형 $O'A'B'$의 무게중심을 구하기 위해 평행이동을 이용하여 세 점 O', A', B'의 좌표를 구한다.
세 점 $O(0, 0)$, $A(4, 0)$, $B(0, 3)$을 각각 x축의 방향으로 $\boxed{5}$만큼, y축의 방향으로 $\boxed{3}$만큼 평행이동하면 $O'(\boxed{5}, \boxed{3})$, $A'(\boxed{9}, \boxed{3})$, $B'(\boxed{5}, \boxed{6})$이고, 삼각형 $O'A'B'$의 무게중심을 G라 하면

$$\boxed{\frac{5+9+5}{3}=\frac{19}{3}},\ \boxed{\frac{3+3+6}{3}=4}$$

이므로 $G\left(\boxed{\frac{19}{3}}, \boxed{4}\right)$이다.

3 (1) $(x-a)^2+(y-b)^2=b^2$ 　(2) 풀이 참조 　(3) 풀이 참조

풀이 (1) 원이 x축에 접할 때는 원의 중심의 y좌표의 절댓값이 원의 반지름의 길이가 된다.
즉, 원의 중심이 (a, b)이므로 반지름의 길이는 $|b|$와 같다.
따라서 원의 방정식은 $(x-a)^2+(y-b)^2=b^2$이다.

(2) 원의 중심에서 현에 내린 수선은 현을 이등분한다.
현의 수직이등분선은 원의 중심을 지난다.
두 현의 길이가 같으면 원의 중심으로부터 두 현까지의 거리는 같다.
원의 중심에서 두 현까지의 거리가 같으면 두 현의 길이는 같다.

(3) 점 (x_1, y_1)과 직선 $ax+by+c=0$ 사이의 거리를 d라 하면

$$d=\frac{|ax_1+by_1+c|}{\sqrt{a^2+b^2}}$$

4 원의 중심을 C(a, b)라 하면 $a>0$, $b>0$이다.

원이 x축에 접할 때 원의 반지름의 길이는 원의 중심의 $\boxed{y\text{좌표 } b}$의 절댓값과 같다.

그런데 $b>0$이므로 이 원의 반지름의 길이는 $\boxed{b}$이다.

따라서 원의 방정식은 $\boxed{(x-a)^2+(y-b)^2=b^2}$이다.

이때, 접점 P의 좌표는 $(a, 0)$이다.

따라서 점 P$(a, 0)$을 지나고 기울기가 2인 직선 PS의 방정식은

$\boxed{y=2(x-a)}$

$\overline{QR}=\overline{PS}=4$, 즉 두 현 PS, QR의 길이가 같으므로 원의 중심 C에서 두 현까지의 거리는 같다.

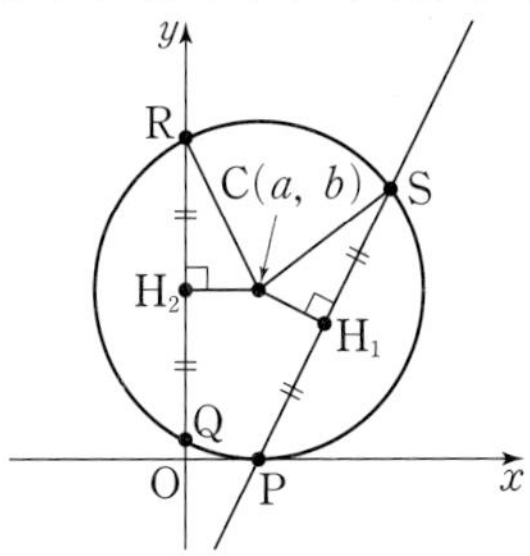

원의 중심 C에서 두 현 PS, QR에 내린 수선의 발을 각각 H_1, H_2라 하면

$\overline{CH_1}=\overline{CH_2}=\boxed{a}$

점 C(a, b)와 직선 PS 사이의 거리는

$\dfrac{|2a-b-2a|}{\sqrt{4+1}}=a$에서 $b=\boxed{a\sqrt{5}}$

$\overline{QR}=4$이므로 $\overline{RH_2}=\boxed{2}$이고, $\overline{CH_2}=\boxed{a}$,

$\overline{CR}=b=\boxed{a\sqrt{5}}$이므로 피타고라스 정리를 이용하면

$\boxed{a^2+4=5a^2}$

에서 $a=\boxed{1}$이고 $b=\boxed{\sqrt{5}}$이다.

따라서 원의 중심의 좌표는 $\boxed{(1, \sqrt{5})}$이다.

5 (1) 점 (a, b)를 원점에 대하여 대칭이동한 점의 좌표를 (c, d)라 하면 두 점의 중점이 원점이므로

$\dfrac{a+c}{2}=0$, $\dfrac{b+d}{2}=0$

에서 $c=-a$, $d=-b$

따라서 점 (a, b)를 원점에 대하여 대칭이동한 점의 좌표는 $(-a, -b)$이다.

(2) 점 (a, b)를 직선 $y=x$에 대하여 대칭이동한 점의 좌표를 (c, d)라 하자.

두 점의 중점 $\left(\dfrac{a+c}{2}, \dfrac{b+d}{2}\right)$가 직선 $y=x$ 위에 있으므로

$\dfrac{a+c}{2}=\dfrac{b+d}{2}$에서

$a+c=b+d$ ······ ㉠

두 점을 지나는 직선이 직선 $y=x$와 수직이므로

$\dfrac{d-b}{c-a}=-1$ ······ ㉡

㉠, ㉡을 연립하여 풀면 $c=b$, $d=a$

따라서 점 (a, b)를 원점에 대하여 대칭이동한 점의 좌표는 (b, a)이다.

(3) 점 A의 좌표를 (a, b)라 하자.

점 B는 점 A(a, b)를 원점에 대하여 대칭이동한 점이므로 그 좌표는 B$(-a, -b)$이다.

점 C는 점 B$(-a, -b)$를 직선 $y=x$에 대하여 대칭이동한 점이므로 그 좌표는 C$(-b, -a)$이다.

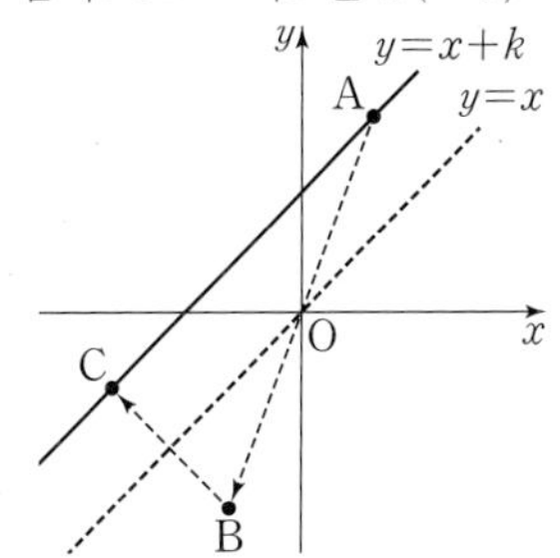

직선 AC의 기울기는

$\dfrac{b-(-a)}{a-(-b)}=\dfrac{b+a}{a+b}=1$

이고 직선 BC의 기울기는

$\dfrac{-a-(-b)}{-b-(-a)}=\dfrac{b-a}{a-b}=-1$

이므로 두 직선 AC와 BC는 서로 수직이다.

따라서 삼각형 ABC는 $\angle ACB=90°$인 직각삼각형이다.

6 점 A의 좌표를 (a, b)라 하면 a는 자연수이고, $b=\boxed{a+k}$를 만족한다.

점 A를 원점에 대하여 대칭이동한 점 B의 좌표는 $(\boxed{-a}, \boxed{-b})$이고, 점 B를 직선 $y=x$에 대하여 대칭이동한 점 C의 좌표는 $(\boxed{-b}, \boxed{-a})$이다.

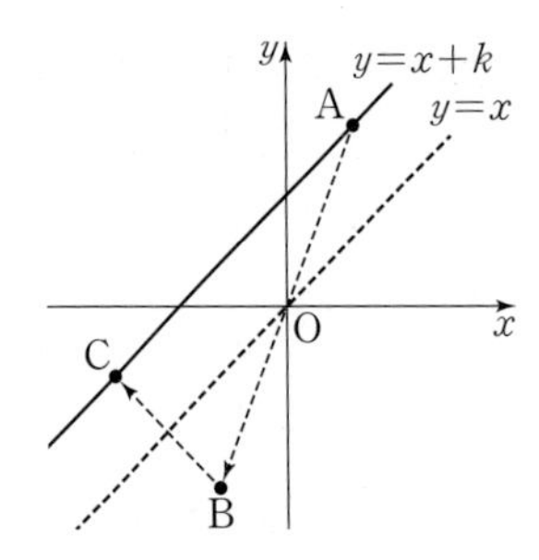

이때 직선 AC의 기울기는

$$\boxed{\frac{b-(-a)}{a-(-b)}=\frac{a+b}{a+b}=1}$$

이고, 직선 BC의 기울기는

$$\boxed{\frac{-a-(-b)}{-b-(-a)}=\frac{b-a}{a-b}=-1}$$

이므로 두 직선 AC와 BC는 서로 $\boxed{\text{수직}}$이다.

따라서 삼각형 ABC는 $\boxed{\text{직각}}$삼각형이다.

$$\overline{AC}=\boxed{\sqrt{(-b-a)^2+(-a-b)^2}=(a+b)\sqrt{2}}$$

$$\overline{BC}=\boxed{\sqrt{\{-b-(-a)\}^2+\{-a-(-b)\}^2}=|a-b|\sqrt{2}}$$

그런데 $b=\boxed{a+k}$이고 $k>0$이므로 $\boxed{b>a}$

$$\therefore \overline{BC}=\boxed{(b-a)\sqrt{2}}$$

$\triangle$ABC의 넓이는

$$\triangle ABC=\frac{1}{2}\times\overline{AC}\times\overline{BC}$$

$$=\frac{1}{2}\times\boxed{(a+b)\sqrt{2}}\times\boxed{(b-a)\sqrt{2}}$$

$$=\boxed{(a+b)(b-a)}=7$$

a, b는 자연수이고 $a+b>b-a$이므로

$$a+b=\boxed{7},\ b-a=\boxed{1}$$

따라서 $k=\boxed{b-a}=\boxed{1}$

중단원 연습문제

206쪽~209쪽

01 (1) $(2,\ 1)$, 2 (2) $(-3,\ 4)$, 3
(3) $(-5,\ -4)$, 4 (4) $(3,\ -2)$, $\sqrt{3}$

02 (1) $-2x+\sqrt{5}y=9$ (2) $-x+\sqrt{3}y=4$

03 $x=-2$, $-3x+4y=10$

04 $(x-3)^2+(y-3)^2=17$

05 (1) 풀이 참조 (2) 풀이 참조
(3) 풀이 참조

06 1 **07** 10 **08** $\frac{7}{2}$

09 4 **10** $a=5$, $b=2$ **11** 1

12 (1) $y=2x-4$ (2) $y=x^2-2x$
(3) $(x-1)^2+(y-5)^2=9$

13 (1) $3x+2y+5=0$ (2) $y=-(x-3)^2-2$
(3) $x^2+y^2+2x+4y+1=0$

14 4 **15** 20

01 (1) 원의 중심의 좌표는 $(2,\ 1)$이고 반지름의 길이는 2이다.

(2) 원의 중심의 좌표는 $(-3,\ 4)$이고 반지름의 길이는 3이다.

(3) 주어진 원의 방정식을 변형하면
$(x+5)^2+(y+4)^2=16$이므로 원의 중심의 좌표는 $(-5,\ -4)$이고 반지름의 길이는 4이다.

(4) 주어진 원의 방정식을 변형하면
$(x-3)^2+(y+2)^2=3$이므로 원의 중심의 좌표는 $(3,\ -2)$이고 반지름의 길이는 $\sqrt{3}$이다.

03 접점의 좌표를 $(x_1,\ y_1)$이라 하면 접선의 방정식은

$$x_1x+y_1y=4$$

이 직선 위에 점 $(-2,\ 1)$이 있으므로

$$-2x_1+y_1=4\text{에서}\quad y_1=2x_1+4$$

원 $x^2+y^2=4$ 위의 점이므로

$$x_1^2+y_1^2=4$$

$$x_1^2+(4+2x_1)^2=4$$

$$5x_1^2+16x_1+12=0$$

$$(x_1+2)(5x_1+6)=0$$

$x_1=-2$ 또는 $x_1=-\frac{6}{5}$이므로

접점의 좌표는 $(-2,\ 0)$ 또는 $\left(-\frac{6}{5},\ \frac{8}{5}\right)$

따라서 접선의 방정식은

$-2x=4$에서 $x=-2$

$-\frac{6}{5}x+\frac{8}{5}y=4$에서 $-3x+4y=10$

04 구하는 원의 중심이 직선 $y=x$ 위에 있으므로 원의 중심을 $P(k, k)$라 하면

$\overline{PA}=\overline{PB}$에서 $\overline{PA}^2=\overline{PB}^2$이므로

$(k+1)^2+(k-2)^2=(k-4)^2+(k-7)^2$에서

$k=3$

즉, 원의 중심은 $P(3, 3)$이고 반지름의 길이는

$\overline{PA}=\sqrt{\{3-(-1)\}^2+(3-2)^2}=\sqrt{17}$

이므로 구하는 원의 방정식은

$(x-3)^2+(y-3)^2=17$

05 (1) 원의 중심을 $C(a, b)$라 하면 반지름의 길이는

$\overline{CO}=\overline{CA}=\overline{CB}=r$

$\overline{CO}^2=\overline{CA}^2$이므로

$a^2+b^2=(a-2)^2+b^2$, $4a=4$, $a=1$

$\overline{CO}^2=\overline{CB}^2$이므로

$a^2+b^2=a^2+(b-4)^2$, $8b=16$, $b=2$

원의 중심의 좌표는 $(1, 2)$이고 반지름의 길이는

$r=\sqrt{(2-1)^2+(0-2)^2}=\sqrt{5}$

이므로 구하는 원의 방정식은

$(x-1)^2+(y-2)^2=5$

(2) $\triangle OAB$는 직각삼각형이므로 빗변 AB의 중점은 $\left(\frac{2+0}{2}, \frac{0+4}{2}\right)$에서 $(1, 2)$이고, 이 점이 직각삼각형의 외심이므로 원의 중심이다.

반지름의 길이는 $r=\sqrt{(2-1)^2+(0-2)^2}=\sqrt{5}$

이므로 구하는 원의 방정식은

$(x-1)^2+(y-2)^2=5$

(3) 원의 방정식 $x^2+y^2+ax+by+c=0$에

$O(0, 0)$을 대입하면 $c=0$

$A(2, 0)$을 대입하면 $4+2a=0$, $a=-2$

$B(0, 4)$를 대입하면 $16+4b=0$, $b=-4$

따라서 원의 방정식은 $x^2+y^2-2x-4y=0$

정리하면 $(x-1)^2+(y-2)^2=5$

06 직선 $3x+4y+2=0$이 원 $(x-1)^2+y^2=r^2$에 접하므로 원의 중심 $(1, 0)$과 직선 $3x+4y+2=0$ 사이의 거리는 원의 반지름의 길이 r와 같다.

따라서 $r=\frac{|3+2|}{\sqrt{3^2+4^2}}=\frac{5}{5}=1$

07 (풀이1) 접선의 방정식을 구하는 공식 이용하기

직선 $y=3x+2$와 평행한 직선의 기울기는 3이고, 원 $x^2+y^2=1$의 반지름의 길이가 1이므로 접선의 방정식은

$y=3x\pm\sqrt{3^2+1}$, 즉 $y=3x\pm\sqrt{10}$

따라서 직선의 y절편은 $\pm\sqrt{10}$이고

$k=\pm\sqrt{10}$에서 $k^2=10$

(풀이2) 판별식 이용하기

직선 $y=3x+2$와 평행한 직선의 기울기는 3이므로 기울기가 3이고 y절편이 k인 직선의 방정식은

$y=3x+k$

이 식을 원의 방정식 $x^2+y^2=1$에 대입하면

$x^2+(3x+k)^2=1$, $10x^2+6kx+k^2-1=0$

이 이차방정식의 판별식을 D라 하면 원과 직선이 접하므로

$\frac{D}{4}=9k^2-10(k^2-1)=0$

따라서 $k^2=10$

(풀이3) 점과 직선 사이의 거리 이용하기

기울기가 3이고 y절편이 k인 직선의 방정식은

$y=3x+k$

이 직선이 원 $x^2+y^2=1$에 접하므로 원의 중심 $(0, 0)$과 직선 $3x-y+k=0$ 사이의 거리는 원의 반지름의 길이 1과 같다.

즉, $\frac{|k|}{\sqrt{3^2+1^2}}=1$, $|k|=\sqrt{10}$

따라서 $k^2=10$

08 원점에서 원 $(x+2)^2+(y-3)^2=2$에 그은 접선의 기울기를 m이라 하면 접선의 방정식은 $y=mx$

이 접선의 방정식을 변형하면 $mx-y=0$

원의 중심 $(-2, 3)$과 직선 $mx-y=0$ 사이의 거리는 반지름의 길이 $\sqrt{2}$와 같으므로

$\frac{|-2m-3|}{\sqrt{m^2+1}}=\sqrt{2}$에서

$|-2m-3|=\sqrt{2(m^2+1)}$

양변을 제곱하여 정리하면 $2m^2+12m+7=0$

따라서 두 접선의 기울기의 곱은 이차방정식의 근과 계수의 관계에 의하여 $\frac{7}{2}$이다.

09 원의 방정식 $x^2+y^2-4x-2y-4=0$을 변형하면

$(x-2)^2+(y-1)^2=9$

이 원의 중심은 C(2, 1)이고, 반지름의 길이는 3이다.
다음 그림과 같이 점 C에서 $\overline{AB}$에 내린 수선의 발을 H라 하자.

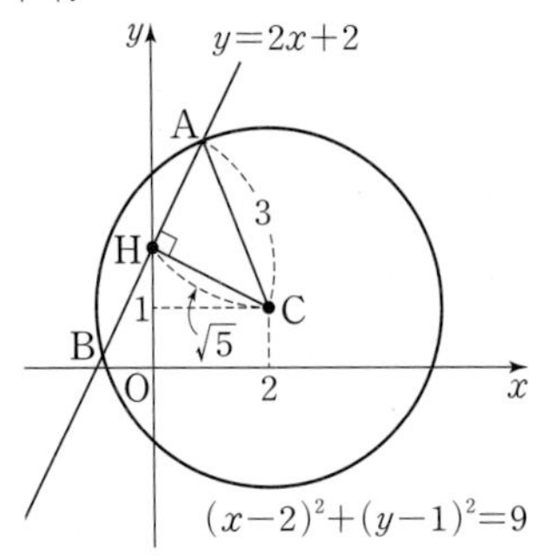

점 C(2, 1)과 직선 $2x-y+2=0$ 사이의 거리는

$$\overline{CH}=\frac{|2\times2-1+2|}{\sqrt{2^2+(-1)^2}}=\frac{5}{\sqrt{5}}=\sqrt{5}$$

따라서 직각삼각형 CAH에서
$\overline{AC}^2=\overline{AH}^2+\overline{CH}^2$, $9=\overline{AH}^2+5$이므로

$\overline{AH}^2=4$

$\overline{AH}=2$이므로 $\overline{AB}=4$

10 점 A$(-4, 3)$을 x축의 방향으로 a만큼, y축의 방향으로 b만큼 평행이동한 점의 좌표는
$(-4+a, 3+b)$이므로

$-4+a=1$, $3+b=5$

따라서 $a=5$, $b=2$

11 점 $(1, a)$를 직선 $y=x$에 대하여 대칭이동한 점 A의 좌표는 $(a, 1)$이고, 점 A$(a, 1)$을 x축에 대하여 대칭이동한 점의 좌표는 $(a, -1)$이다.
점 $(a, -1)$과 점 $(2, b)$가 같으므로

$a=2$, $b=-1$

따라서 $a+b=1$

12 (1) $y-3=2(x-2)-3$에서 $y=2x-4$

(2) $y-3=(x-2)^2+2(x-2)-3$

$y=x^2-4x+4+2x-4$에서 $y=x^2-2x$

(3) $\{(x-2)+1\}^2+\{(y-3)-2\}^2=9$

에서 $(x-1)^2+(y-5)^2=9$

13 (1) $3x-2(-y)+5=0$에서 $3x+2y+5=0$

(2) $-y=(x-3)^2+2$에서 $y=-(x-3)^2-2$

(3) $x^2+(-y)^2+2x-4(-y)+1=0$

에서 $x^2+y^2+2x+4y+1=0$

14 직선 $y=kx+1$을 x축의 방향으로 2만큼, y축의 방향으로 -3만큼 평행이동시킨 직선의 방정식은

$y+3=k(x-2)+1$에서 $y=kx-2k-2$

직선 $y=kx-2k-2$가 원 $(x-3)^2+(y-2)^2=1$의 중심 $(3, 2)$를 지나므로

$2=3k-2k-2$

따라서 $k=4$

15 점 A$(-2, 1)$을 x축의 방향으로 m만큼 평행이동한 점 B의 좌표는 $(-2+m, 1)$이다.
점 B$(-2+m, 1)$을 y축의 방향으로 n만큼 평행이동한 점 C의 좌표는 $(-2+m, 1+n)$이다.

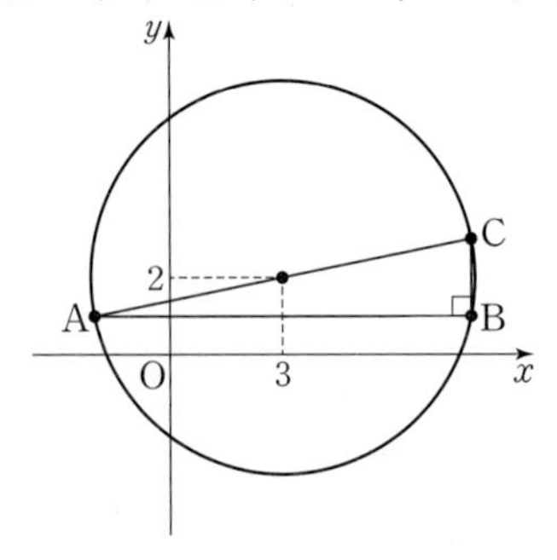

위 그림과 같이 삼각형 ABC는 ∠B=90°인 직각삼각형이므로 세 점 A, B, C를 지나는 원의 중심은 선분 AC의 중점이다.
선분 AC의 중점 $\left(\frac{-4+m}{2}, \frac{2+n}{2}\right)$이 $(3, 2)$이므로

$\frac{-4+m}{2}=3$, $\frac{2+n}{2}=2$

$\therefore m=10, n=2$

따라서 $mn=20$

대단원 연습문제

210쪽～215쪽

01 $\left(\frac{11}{2}, \frac{9}{2}\right)$ 02 9 03 $\frac{11}{4}$

04 4 05 $\frac{1}{4}<t<\frac{5}{8}$ 06 9

07 $\left(\frac{20}{3}, -\frac{8}{3}\right)$ 08 -1

09 $-\frac{1}{5}$ 10 ㄱ, ㄴ 11 $y=3$

12 $4x-3y+13=0$ 또는 $4x-3y-7=0$

13 8 14 $k<9-2\sqrt{10}$ 또는 $k>9+2\sqrt{10}$

15 2 16 $\frac{2}{3}$ 17 10

18 $\frac{20}{9}$ 19 $\frac{5}{2}\sqrt{15}$ 20 4

21 $2\sqrt{13}$ 22 1 23 2

24 $\frac{6}{5}$ 25 16

01 P(x, y)라 하면

$\overline{AP}^2=\overline{BP}^2$이므로

$(x-4)^2+(y+1)^2=(x-0)^2+(y-3)^2$

즉 $x-y=1$ ...... ㉠

$\overline{BP}^2=\overline{CP}^2$이므로

$(x-0)^2+(y-3)^2=(x-2)^2+(y-0)^2$

즉 $4x-6y=-5$ ...... ㉡

㉠에서 $x=y+1$이므로 ㉡에 대입하면,

$4(y+1)-6y=-5$이므로 $y=\frac{9}{2}$

$x=\frac{9}{2}+1=\frac{11}{2}$이므로 점 P의 좌표는 $\left(\frac{11}{2}, \frac{9}{2}\right)$

02 $\overline{AB}=\sqrt{(x-1)^2+(x-3)^2}\le\sqrt{34}$이므로

$(x-1)^2+(x-3)^2\le 34$

이를 정리하면 $x^2-4x-12\le 0$

$(x-6)(x+2)\le 0$이므로 $-2\le x\le 6$

따라서 조건을 만족시키는 정수 x는 -2, -1, 0, 1, 2, 3, 4, 5, 6의 9개이다.

03 선분 AC는 △OAB의 넓이를 이등분해야 하므로 점 C는 $\overline{OB}$의 중점이다.

따라서 점 C의 좌표는 $\left(\frac{3}{2}, 0\right)$이다.

선분 OD는 △OAC의 넓이를 이등분해야 하므로 점 D는 $\overline{AC}$의 중점이다.

따라서 점 D의 좌표는 $\left(\frac{7}{4}, 1\right)$

$x+y=\frac{7}{4}+1=\frac{11}{4}$

04 A(a), B(b)라 하면

선분 AB를 2 : 1로 내분하는 점이 P(3)이므로

$\frac{2b+a}{2+1}=3$, $a+2b=9$ ...... ㉠

선분 AB를 2 : 1로 외분하는 점이 Q(7)이므로

$\frac{2b-a}{2-1}=7$, $-a+2b=7$ ...... ㉡

㉠, ㉡에서 $a=1$, $b=4$이므로 A(1), B(4)이고,

선분 PQ의 중점의 좌표는 M(5)이다.

따라서 $\overline{AM}=|5-1|=4$

05 $\overline{AB}$를 t : $(1-t)$로 내분하는 점의 좌표는

$\frac{6t+(-2)\times(1-t)}{t+(1-t)}=8t-2$

$\frac{-3t+5(1-t)}{t+(1-t)}=-8t+5$

에서 $(8t-2, -8t+5)$

이 점이 제1사분면 위의 점이므로

$8t-2>0$, $-8t+5>0$

따라서 t의 값의 범위는 $\frac{1}{4}<t<\frac{5}{8}$

참고로 $\frac{1}{4}<t<\frac{5}{8}$이면 $t>0$, $1-t>0$이므로 내분하는 상황에 맞다.

06 선분 AB를 1 : 4로 외분하는 점의 좌표가 P(1)이므로 $\frac{x-12}{1-4}=1$이고 $x-12=-3$에서 $x=9$

07 점 P의 좌표는

$\frac{3\times6+2\times1}{3+2}=4$, $\frac{3\times0+2\times5}{3+2}=2$에서

P(4, 2)

점 Q의 좌표는

$\frac{3\times6-2\times1}{3-2}=16$, $\frac{3\times0-2\times5}{3-2}=-10$에서

Q(16, -10)

따라서 삼각형 OPQ의 무게중심의 좌표는

$\left(\frac{0+4+16}{3}, \frac{0+2-10}{3}\right)$, 즉 $\left(\frac{20}{3}, -\frac{8}{3}\right)$

08 점 P의 좌표는 $\frac{10+x}{3}$이고,

점 Q의 좌표는 $\frac{5-2x}{-1}=2x-5$이므로

선분 PQ의 중점의 좌표는

$$\frac{\frac{10+x}{3}+2x-5}{2}=\frac{7x-5}{6}$$

즉, $\frac{7x-5}{6}=-2$이므로 $x=-1$

09 두 점을 지나는 직선의 기울기는

$\frac{2-(-8)}{-1-3}=-\frac{5}{2}$

그러므로 두 점을 지나는 직선의 방정식은

$$y-2=-\frac{5}{2}(x+1),\ \text{즉}\ y=-\frac{5}{2}x-\frac{1}{2}$$

$y=0$일 때, $x=-\frac{1}{5}$이므로

이 직선의 x절편은 $-\frac{1}{5}$

10 $b\neq0$일 때 $ax+by+c=0$에서 $y=-\frac{a}{b}x-\frac{c}{b}$이므로 이 직선의 기울기는 $-\frac{a}{b}$, y절편은 $-\frac{c}{b}$이다.

ㄱ. $ab<0$, $bc=0$이므로 $c=0$이고 $-\frac{a}{b}>0$

즉, 원점을 지나면서 기울기가 양수인 직선이다.

따라서 제1, 3사분면을 지난다.

ㄴ. $ab<0$, $bc>0$이므로 $-\frac{a}{b}>0$, $-\frac{c}{b}<0$

따라서 제1, 3, 4사분면을 지난다.

ㄷ. $ac>0$이므로 a, c는 같은 부호이고, $bc>0$에서 b, c도 같은 부호이다. a, b도 같은 부호이므로 $-\frac{a}{b}<0$, $-\frac{c}{b}<0$

따라서 제2, 3, 4사분면을 지난다.

옳은 것은 ㄱ, ㄴ이다.

11 삼각형 ABC의 넓이를 이등분하려면 선분 BC의 중점 M을 지나면 된다.

선분 BC의 중점의 좌표는 $\mathrm{M}\left(\frac{0+8}{2},\ \frac{6+0}{2}\right)$, 즉 $(4,\ 3)$이다.

따라서 두 점 $\mathrm{A}(-1,\ 3)$과 $\mathrm{M}(4,\ 3)$을 지나는 직선의 방정식은

$$y=3$$

12 직선 $3x+4y-1=0$에 수직인 직선의 방정식은

$$4x-3y+k=0$$

으로 놓을 수 있다. 이 직선과 점 $(0,\ 1)$ 사이의 거리가 2이므로

$$\frac{|-3+k|}{\sqrt{16+9}}=2$$

$$|k-3|=10$$

$k-3=10$ 또는 $k-3=-10$에서

$$k=13\ \text{또는}\ k=-7$$

따라서 구하는 직선의 방정식은

$4x-3y+13=0$ 또는 $4x-3y-7=0$

13 $\overline{\mathrm{AB}}$를 $\triangle\mathrm{OAB}$의 밑변으로 보면 높이는 원점에서 직선 AB까지의 거리가 된다.

두 점 $\mathrm{A}(5,\ 7)$, $\mathrm{B}(a,\ 3)$ 사이의 거리는

$$\sqrt{(a-5)^2+16}=\sqrt{a^2-10a+41}$$

두 점 $\mathrm{A}(5,\ 7)$, $\mathrm{B}(a,\ 3)$을 지나는 직선의 방정식은

$$y-7=\frac{3-7}{a-5}(x-5)$$

$$4x+(a-5)y-7a+15=0$$

이므로 원점과 직선 AB 사이의 거리는

$$\frac{|-7a+15|}{\sqrt{16+(a-5)^2}}=\frac{|-7a+15|}{\sqrt{a^2-10a+41}}$$

이때 삼각형 OAB의 넓이는

$\frac{1}{2}\times\sqrt{a^2-10a+41}\times\frac{|-7a+15|}{\sqrt{a^2-10a+41}}$

$=\frac{1}{2}|-7a+15|$이므로

$$\frac{1}{2}|-7a+15|=\frac{41}{2}$$

$-7a+15=41$ 또는 $-7a+15=-41$에서

$$a=-\frac{26}{7}\ \text{또는}\ a=8$$

a는 양수이므로 $a=8$

14 직선의 방정식을 정리하면 $3x-y-k=0$

원과 직선이 만나지 않으려면 원의 중심에서 직선까지의 거리가 반지름보다 커야 한다.

원의 중심의 좌표는 $(2,\ -3)$이므로

$\frac{|6+3-k|}{\sqrt{9+1}}=\frac{|9-k|}{\sqrt{10}}>2$에서

$|9-k|>2\sqrt{10}$

(i) $9-k>2\sqrt{10}$일 때 $k<9-2\sqrt{10}$

(ii) $9-k<-2\sqrt{10}$일 때 $k>9+2\sqrt{10}$

따라서 $k<9-2\sqrt{10}$ 또는 $k>9+2\sqrt{10}$

15 구하는 원의 방정식을 $x^2+y^2+ax+by+c=0$ (a, b, c는 상수)이라 한다.

이 원이 세 점 O, A, B를 지나므로 $\mathrm{O}(0,\ 0)$을 대입하면 $c=0$

A(6, 0)을 대입하면 $36+6a=0$

따라서 $a=-6$

B(0, −2)를 대입하면 $4-2b=0$

따라서 $b=2$

$x^2+y^2-6x+2y=0$을 원의 방정식으로 정리하면

$$(x-3)^2+(y+1)^2=9+1=10$$

원의 중심의 좌표가 (3, −1)이므로

$$p+q=3+(-1)=2$$

(다른 풀이) △OAB는 변 AB를 빗변으로 하는 직각삼각형이므로 세 점을 지나는 원의 중심은 선분 AB의 중점이다.

$$p=\frac{6+0}{2}=3,\quad q=\frac{0+(-2)}{2}=-1$$

이므로 $p+q=2$

16 점 (−1, −2)에서 원 $x^2+y^2=1$에 그은 접선의 접점의 좌표를 (x_1, y_1)이라 하면 접선의 방정식은

$$x_1x+y_1y=1 \quad \cdots\cdots ㉠$$

이 직선이 점 (−1, −2)를 지나므로

$$-x_1-2y_1=1,\ x_1=-2y_1-1 \quad \cdots\cdots ㉡$$

또, 접점 (x_1, y_1)이 원 $x^2+y^2=1$ 위의 점이므로

$$x_1^{\ 2}+y_1^{\ 2}=1 \quad \cdots\cdots ㉢$$

㉡을 ㉢에 대입하여 정리하면

$5y_1^{\ 2}+4y_1=0,\quad y_1(5y_1+4)=0$에서

$$y_1=0 \text{ 또는 } y_1=-\frac{4}{5}$$

$y_1=0$을 ㉡에 대입하면 $x_1=-1$

$y_1=-\frac{4}{5}$를 ㉡에 대입하면 $x_1=\frac{3}{5}$

즉, 접선의 방정식은 ㉠에서

$$-x=1,\quad \frac{3}{5}x-\frac{4}{5}y=1$$

이 두 접선이 x축과 만나는 두 점의 좌표는 각각

$$(-1, 0),\ \left(\frac{5}{3}, 0\right)$$

$a=-1$, $b=\frac{5}{3}$이므로 $a+b=\frac{2}{3}$

17 점 A의 좌표가 (4, 3)이므로

$$\overline{OA}=\sqrt{4^2+3^2}=5$$

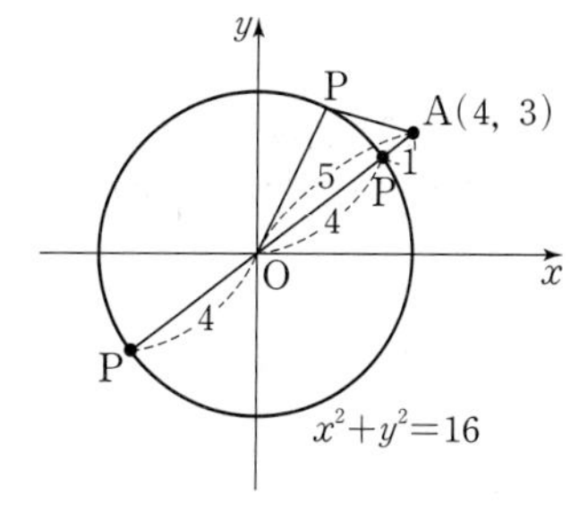

점 P는 원 $x^2+y^2=16$ 위의 점이므로 $\overline{OP}=4$

$\overline{AP}$의 길이는 점 P가 $\overline{OA}$와 원의 교점일 때 최소이고, $\overline{OA}$의 연장선과 원의 교점일 때 최대이다.

반지름의 길이는 4이므로 $\overline{AP}$의 길이의 최솟값은 $5-4=1$이고 최댓값은 $5+4=9$이다.

따라서 $1+9=10$

18 x축과 y축에 동시에 접하려면 원의 중심은 직선 $y=x$ 또는 $y=-x$ 위에 있어야 한다.

(i) 직선 $y=x$ 위에 있는 경우

$2x+1=x$이므로 $x+1=0$

따라서 $x=-1$, $y=-1$이므로 중심의 좌표는 (−1, −1)이다.

(ii) 직선 $y=-x$ 위에 있는 경우

$2x+1=-x$이므로 $3x+1=0$

따라서 $x=-\frac{1}{3}$, $y=\frac{1}{3}$이므로 중심의 좌표는 $\left(-\frac{1}{3}, \frac{1}{3}\right)$이다.

따라서

$$\overline{AB}^2=\left(-1+\frac{1}{3}\right)^2+\left(-1-\frac{1}{3}\right)^2$$
$$=\frac{4}{9}+\frac{16}{9}=\frac{20}{9}$$

19 원 C: $x^2+y^2=4$ 위의 제1사분면 위의 점 P의 좌표를 (x_1, y_1) $(x_1>0, y_1>0)$이라 하자.

원 C 위의 점 P(x_1, y_1)에서의 접선의 방정식은

$x_1x+y_1y=4$

이 직선이 x축과 만나는 점 B의 좌표는 $\left(\frac{4}{x_1}, 0\right)$이고, 점 P$(x_1, y_1)$에서 x축에 내린 수선의 발 H의 x좌표는 x_1이다.

$3\overline{AH}=\overline{HB}$에서

$$3(x_1+2)=\frac{4}{x_1}-x_1,\ 4x_1^{\ 2}+6x_1-4=0,$$
$$2x_1^{\ 2}+3x_1-2=0,\ (x_1+2)(2x_1-1)=0$$

$x_1>0$이므로 $x_1=\frac{1}{2}$에서 　B(8, 0)

또, 점 P(x_1, y_1)은 원 C 위의 점이므로 $x_1^2+y_1^2=4$

$x_1=\frac{1}{2}$을 $x_1^2+y_1^2=4$에 대입하면 $y_1^2=\frac{15}{4}$

$y_1>0$이므로 $y_1=\frac{\sqrt{15}}{2}$

따라서 △PAB의 넓이는

$$\frac{1}{2}\times\overline{AB}\times\overline{PH}=\frac{1}{2}\times 10\times\frac{\sqrt{15}}{2}=\frac{5}{2}\sqrt{15}$$

20 직선 $3x+4y+17=0$을 x축의 방향으로 n만큼 평행이동한 직선의 방정식은

$3(x-n)+4y+17=0$에서

$$3x+4y-3n+17=0$$

직선 $3x+4y-3n+17=0$이 원 $x^2+y^2=1$에 접하므로 원의 중심 (0, 0)과

직선 $3x+4y-3n+17=0$ 사이의 거리가 1이다.

$\frac{|-3n+17|}{\sqrt{3^2+4^2}}=1$에서

$-3n+17=-5$ 또는 $-3n+17=5$

$\therefore n=\frac{22}{3}$ 또는 $n=4$

n은 자연수이므로 $n=4$

21 점 (3, 2)를 직선 $y=x$에 대하여 대칭이동한 점 A의 좌표는 (2, 3)이고 점 A(2, 3)을 원점에 대하여 대칭이동한 점 B의 좌표는 (−2, −3)이므로

$$\begin{aligned}\overline{AB}&=\sqrt{\{2-(-2)\}^2+\{3-(-3)\}^2}\\&=\sqrt{16+36}\\&=\sqrt{52}\\&=2\sqrt{13}\end{aligned}$$

22 직선 l의 기울기를 m이라 하면 직선 l의 방정식은

$$y+3=m(x-4)$$

직선 $y+3=m(x-4)$를 직선 $y=x$에 대하여 대칭이동한 직선의 방정식은 $x+3=m(y-4)$

직선 $x+3=m(y-4)$를 원점에 대하여 대칭이동한 직선의 방정식은 $-x+3=m(-y-4)$

이 직선이 점 A(4, −3)을 지나므로

$$-4+3=m(3-4)$$

따라서 $m=1$

23 점 A(3, 1)을 x축에 대하여 대칭이동한 점 B의 좌표는 (3, −1)

점 A(3, 1)을 직선 $y=x$에 대하여 대칭이동한 점 C의 좌표는 (1, 3)

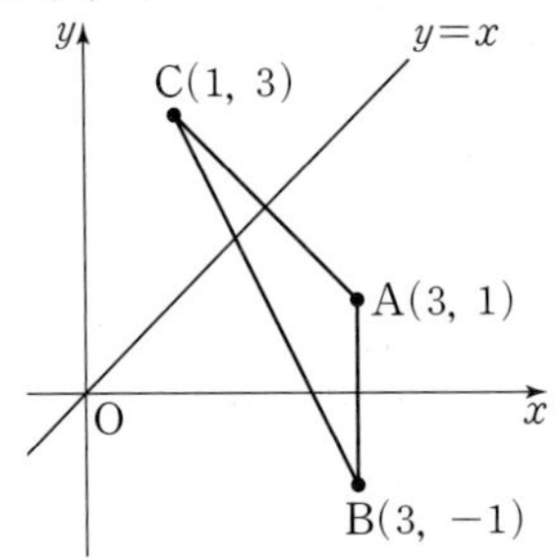

그림과 같이 삼각형 ABC의 밑변의 길이는 2이고, 높이는 2이므로

$$\triangle ABC=\frac{1}{2}\times 2\times 2=2$$

24 직선 AB의 방정식은 $y-4=\frac{6-4}{6-2}(x-2)$에서

$$y=\frac{1}{2}x+3$$

점 A를 직선 $y=x$에 대하여 대칭이동한 점 A′의 좌표는 (4, 2)이다.

직선 A′B의 방정식은 $y-2=\frac{6-2}{6-4}(x-4)$에서

$$y=2x-6$$

$\overline{AB}=\overline{A'B}$이므로 조건 (나)에 의하여

점 C(0, k)와 직선 $2x-y-6=0$ 사이의 거리는 점 C(0, k)와 직선 $x-2y+6=0$ 사이의 거리의 2배이므로

$$\frac{|-k-6|}{\sqrt{4+1}}=2\times\frac{|-2k+6|}{\sqrt{1+4}}$$

$0<k<3$이므로 $k+6=2(-2k+6)$에서 $k=\frac{6}{5}$

25 점 A를 x축의 방향으로 4만큼, y축의 방향으로 −3만큼 평행이동한 점이 C이므로 직선 AC의 기울기는 $-\frac{3}{4}$

두 점 A, B는 직선 $4x-3y-6=0$ 위에 있으므로 직선 AB의 기울기는 $\frac{4}{3}$이고 두 직선 AB와 AC는 서로 수직이다.

따라서 사각형 ABCD는 직사각형이고

$$\overline{AC}=\sqrt{4^2+(-3)^2}=5$$

또한 원점에서 직선 $4x-3y-6=0$에 내린 수선의 발을 H라 하면

$$\overline{\mathrm{OH}}=\frac{|-6|}{\sqrt{4^2+(-3)^2}}=\frac{6}{5}$$

$$\overline{\mathrm{AH}}=\sqrt{\overline{\mathrm{OA}}^2-\overline{\mathrm{OH}}^2}=\sqrt{2^2-\left(\frac{6}{5}\right)^2}$$

$$=\sqrt{\frac{100-36}{25}}=\frac{8}{5}$$

$$\overline{\mathrm{AB}}=2\overline{\mathrm{AH}}=\frac{16}{5}$$

선분 AC, 선분 BD, 호 AB 및 호 CD로 둘러싸인 색칠된 부분의 넓이는 사각형 ABCD의 넓이와 같으므로 구하는 넓이는

$$\overline{\mathrm{AB}}\times\overline{\mathrm{AC}}=\frac{16}{5}\times 5=16$$

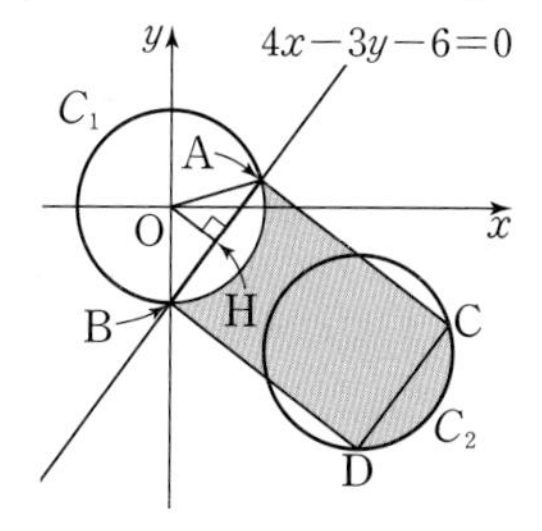

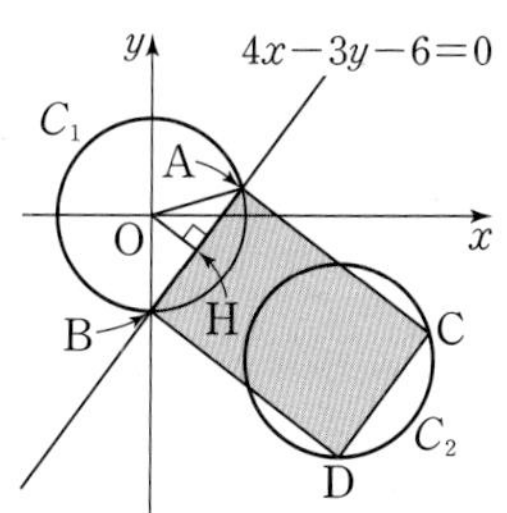

"학생들이 환호하는 수학 교과서가 드디어 나왔다!"

『고등 수학의 발견』 실험본으로 수업을 진행한 교사들의 이야기를 모았습니다.

"『고등 수학의 발견』은 기존 교과서와 달리 학생들이 직접 개념을 발견하고 구성할 수 있게 만들어졌습니다. 그래서 수학적 원리를 이해하며 개념을 학습하고, 기존의 '문제를 풀기 위한' 학습이 아닌 '보다 학문적인 호기심을 갖고 탐구하는' 학습이 가능하게 도와줍니다." – 노소윤 선생님 (대구 매천고)

" 학생에게 수학을 탐구하는 즐거움을 알려 주고 좁혀져 있는 수학적 사고력을 넓혀 줄 수 있는 기회가 된 수업이었습니다. 그동안 문제 풀이 중심의 익숙한 수업을 했던 경험을 떠올리며 수학교사로서의 정체성을 성찰해 보는 값진 시간이었습니다." – 박성우 선생님 (경기 문산제일고)

" 여러 선생님이 고민해서 만든『고등 수학의 발견』으로 수업을 하면서 학생에게 놀라운 변화가 생겼습니다. 스스로 수학 개념을 발견하고 문제에 적용해 거침없이 해결하는 학생이 하나둘 늘어난 것입니다. 이 책으로 같이 고민을 나누고, 기쁨도 누리는 수학 수업이 많아지길 기대해 봅니다." – 백미선 선생님 (경기 운천고)

" 학습할 내용을 제시하고 연역적으로 수업을 이끌어 가는 게 교사로서는 쉬운 방법이지만 이런 수업으로 아이들에게 정말 '앎'이 일어날까? 늘 고민이었습니다. 그러다『고등 수학의 발견』으로 공부한 학생이 더 확장된 사고를 하고, 학습의 주도권을 장악하며 성취감을 느끼는 모습을 직접 눈으로 보며 확신했습니다. 교사에게는 조금 불편한 방법이 학생에게 더 유익하고, 학생의 성장을 위해 교사가 존재한다면 그 목적에도 맞는 방법이 아닐까 하고요." – 안효은 선생님 (경기 소명학교)

"『고등 수학의 발견』은 새롭게 다가오는 시대에 맞게 답보다 답으로 가는 과정을 질문을 통해 보여줍니다. 그 질문을 따라가면서 답을 구하는 희열뿐만 아니라 그 과정에서 발견할 수 있는 수학적 원리를 찾아내는 즐거움을 학생과 함께 느낄 수 있었습니다. 학생들은 정답에 이르는 과정을 하나하나 해결해 나가며 마치 게임의 미션을 클리어하듯이 즐거워했고, 성취감을 느꼈습니다." – 여주현 선생님 (대구 매천고)

" 더 빨리 더 많이 푸는 수학 교실이 아니라 더 깊이 더 연결된 수학 교실을 만들고 싶었습니다.『고등 수학의 발견』의 실험학교에 참여하면서 수학적 논의로 시끌시끌한 수학 교실을 만날 수 있는 행운을 누리게 되었습니다. 수학 교실에서 '왜 그런지 생각해 본 적이 없었는데 이제 왜 그런지 알겠어요'라고 말하는 아이들을 만나는 기쁨을 더 많은 선생님과 나눌 수 있기를 기대합니다." – 우진아 선생님 (대구 매천고)

"『고등 수학의 발견』으로 수업을 하면서 문제 풀이가 아닌 수학에 관해 이야기 나누는 시간이 참 소중했습니다. 그리고 수학 개념을 같이 발견하고, 학생의 엉뚱하지만 놀라운 생각을 접하는 과정이 즐거웠습니다."
– 윤동휘 선생님 (경남 통영여고)

"우선 나부터 새롭게 배우고, 교사로서 성장하는 시간이었습니다. 처음에는 깔끔하게 정리된 개념을 효율적으로 전달받는 것에 익숙한 학생에게『고등 수학의 발견』의 수업 방식은 어색함과 불편감을 주기도 했습니다. 그러나 학생들은 차츰 수학 개념을 자신의 것으로 쌓아 가는 경험을 통해 수학의 필요성과 의미를 진정으로 깨닫고, 스스로 다른 단원까지 탐색하고 고민하는 등 수학을 대하는 태도가 성숙해졌습니다." – 이미선 선생님 (서울 금옥여고)

"수업에서 가장 힘든 것은 학생들의 주도적인 발견을 끌어낼 수 있는 과제, 즉 단절된 하나의 과제가 아니라 연결성이 있는 일련의 과제를 통해 개념적인 이해를 끌어낼 수 있는 과제를 만드는 것이었습니다. 『고등 수학의 발견』은 기존의 과제와 다른, 개념이 연결되고 학생이 기꺼이 참여해 재미있는 수업으로 이끄는 과제를 다양하게 제공합니다. 수업이 풍요로워지는 것을 느낄 수 있었습니다." – 이선영 선생님 (경기 백석고)

"주어진 개념을 받아들이기 전에 학생이 먼저 고민해 볼 수 있도록 구성된 『고등 수학의 발견』을 실험하는 과정에서 평소와 다른 생동감을 느낄 수 있었습니다. 수학을 싫어하던 학생은 생각할 거리를 가지고 즐겁게 참여할 수 있었고, 수학을 좋아하는 학생은 교과서에서 접하기 힘든 열린 생각을 해 볼 수 있는 의미 있는 시간을 보냈습니다. 학생뿐만 아니라 교사인 나도 한 뼘은 성장한 것 같습니다." – 이은영 선생님 (서울 금옥여고)

"교사 주도의 일방적인 지식 전달 수업에서 벗어나 학생들과 끊임없이 소통하고, 그 속에서 학생들은 스스로 수학적 개념을 발견하거나 오개념을 바로잡는 활동 등을 통해 진짜 수학을 공부하는 시간이었습니다. 처음에는 '수학=문제 풀이'에 익숙해져 있던 학생들과 쉽지 않은 수업이었지만 시간이 지날수록 학생들이 '왜'라는 의문을 가지고 친구들과 의견을 나누며 답을 찾아가는 모습에 보람을 느끼게 되었습니다." – 장세아 선생님 (경기 백석고)

"학생의 탐구를 도와 가는 과정에서 영역별 핵심 원리는 물론이고 학생의 이해는 어떻게 성취될까에 대해 많이 고민하고 공부할 수 있었습니다. 학교 현장에 적용할 때 학교와 학생의 상황에 맞게 재구성해서 수업에 활용하면 좋을 것 같습니다." – 장소영 선생님 (경남 거창여고)

"학원에서는 그냥 외웠는데 『고등 수학의 발견』으로 수업하고 나서 개념과 원리를 알 수 있어 좋았다는 학생들의 이야기를 들었을 때 내가 하고 싶은 수업이 실현되어 뿌듯했습니다. 기본 개념을 잘 모르는 학생이나 학원에서 미리 배워 온 학생도 함께 의견을 나누며 배울 수 있는 탐구의 과정이 좋았습니다. 이 과정을 거쳐 학생들은 공식을 외우지 않아도 문제를 술술 풀 수 있게 되었습니다." – 정선영 선생님 (경남 통영여고)

"'수학은 암기 과목이다', '수학은 문제 풀이가 제일 중요하다' 이런 생각이 그동안 학생의 발목을 잡고 있었습니다. 『고등 수학의 발견』을 통해 학생들은 스스로 개념을 정의하고, 개념을 배우는 이유를 생각해 보고, 친구와 소통하면서 지겨운 수학이 아니라 친근한 수학을 접하게 되었습니다. 이러한 즐거움을 느낀 학생들은 수업에서 말을 하고 싶어 했고, 틀린 문제가 있어도 정오 과정에서 옳은 개념을 찾았다고 즐거워했습니다. 수학에 대한 내적 동기를 심어 주는 신기한 책입니다." – 정예진 선생님 (경기 백석고)

"입시로 인해 과감하게 도전하지 못했던 고등학교의 수학 수업도 변할 수 있다는 것을 알게 되었습니다. 학생이 스스로 발견하여 학습할 수 있음을 확인했고 '와' 하고 연신 환호하며 발견하는 학생의 모습을 볼 수 있었습니다."
– 최민기 선생님 (경기 소명학교)

"세상에 이런 수학 교과서는 없었다!"

『고등 수학의 발견』 실험본으로 공부한 학생들의 이야기를 모았습니다.

◆ 문제 풀이에만 집중하는 것이 아니라 수학 개념이 도출된 과정과 원리를 찬찬히 살펴볼 수 있어서 수학 전반을 이해하는 데 큰 도움을 받았다. – 강난영 (경남 통영여고)

◆ 교과서에서 공식을 처음 접하면 낯설고, 이해하기 어려웠는데, 『고등 수학의 발견』에는 공식의 개념과 원리가 한눈에 알기 쉽게 정리되어 있어서 좋았다. – 강민주 (경남 통영여고)

◆ 『고등 수학의 발견』은 교과서보다 개념이 더 잘 정리되어 있어서 이해가 잘되었고, 알고 있는 내용을 확장해 다른 개념까지 연결할 수 있게 정리되어 있어서 좋았다. – 강정희 (경남 통영여고)

◆ 『고등 수학의 발견』으로 수업을 하면서 답을 찾는 수학이 아닌 개념과 과정을 이해하는 '진짜 수학'을 배웠다. 모둠 친구들과 함께 소통하고 수학에 대해 깊게 생각해 볼 수 있어서 수학 시간이 기다려졌었다. – 김다희 (경남 통영여고)

◆ 친구들과 함께 수업에 참여해 직접 수학의 개념을 알아볼 수 있게 구성되어 개념이 오랫동안 기억에 남았다. 또 공식의 원리를 이해하고 있어서인지 절대 까먹지 않게 되었다. – 김수빈 (서울 금옥여고)

◆ 한 발짝씩 계단을 밟아 오르듯 개념을 하나하나 이해하며 공식을 유도하고 문제에 적용하다 보니 수학 능력이 향상되었다. 수학을 공부하는 새로운 시각을 갖게 되었다. – 김아림 (경기 문산제일고)

◆ 개념이 성립하는 원리와 이유를 스스로 생각하고, 공식을 유도해 볼 수 있어서 수학 공부가 색다르고 흥미로웠다.
– 김아영 (경기 운천고)

◆ 교과서나 일반 참고서는 개념에 대한 간단한 설명과 문제 풀이가 전부인 데 반해 『고등 수학의 발견』은 탐구 위주로 구성되어 있어서 차근차근 이해할 수 있었다. 덕분에 수학 문제를 풀 때 공식을 암기하지 않아도 배운 개념을 잘 적용할 수 있었다.
– 김태현 (경기 문산제일고)

◆ 시중 문제집으로 공부를 하다 보면 개념을 이해하기보다 문제 푸는 순서를 외운다는 느낌이 들 때가 많았다. 『고등 수학의 발견』은 문제를 다양한 관점에서 살펴보고, 문제를 직접 해결해 본 뒤, 그 내용을 바탕으로 개념정리를 할 수 있어서 좋았다.
– 나희재 (경기 백석고)

◆ 왜 이런 공식이 도출되었으며, 왜 이런 문제가 나오는지 그 배경과 의도를 알 수 있어서 수학을 이해하는 데 도움이 되었다. 새로운 관점으로 접근하니 다양한 문제를 만나도 당황하지 않게 되었다. – 남상현 (경기 문산제일고)

◆ 이 책은 중학교 수학부터 차근차근 설명해 주고 있어서 수학을 어렵다고 느끼는 나에게 도움이 되었다. 그리고 개념에 대한 친절한 설명과 다양한 문제까지 더해지면서 이해가 더 잘 되었다. – 남정인 (경기 백석고)

◆ 공식의 유도 과정과 개념을 암기와 주입식이 아닌 생활 밀착 문제, 생각을 여는 문제 등을 통해 재미있게 알려 주는 책이다. 이 과정에서 수학적 창의력과 사고력을 기를 수 있고, 스스로 생각하는 힘을 기르게 되었다. 『고등 수학의 발견』을 통해 수학을 혐오했던 많은 학생이 수학을 즐겼으면 좋겠다. –박은지 (경기 소명학교)

◆ 수학의 개념이 손에 잡히는 느낌이었다. 『고등 수학의 발견』을 접한 후 수학 수업에 더 집중할 수 있었다.
– 박은채 (경기 운천고)

- 기존에는 그냥 문제를 풀기 위해 수학을 공부했다면, 『고등 수학의 발견』은 창의적으로 사고하는 과정을 통해 문제를 해결할 수 있다는 새로운 시각을 제공해 줬다. 『고등 수학의 발견』을 접하고 수학의 재미에 눈을 떴다.
  – 서유진 (대구 매천고)

- 『고등 수학의 발견』은 공식에 대한 개념과 원리를 예시를 통해 친절하게 설명하고 있다. 그래서 외우지 않아도 공식이 저절로 생각났고, 문제를 쉽게 풀 수 있었다. – 손수진 (경남 통영여고)

- 교과서에 있는 문제와 다른 유형의 문제가 많아서 평소 별생각 없이 대했던 문제들에 의문을 가지게 되었고, 그 문제를 해결하는 과정에서 공식에 대한 이해도가 높아지고, 수학에 재미가 생겼다. – 안혜정 (대구 매천고)

- 수학 공식이 왜, 어떻게 만들어졌는지 원리를 먼저 궁금하게 해 준 다음 예시를 통해 문제에 적용하는 방법을 잘 설명해 준다. 다른 문제집에서 보지 못한 새로운 방법이어서 신기했다. – 오다인 (경기 운천고)

- 스스로 개념을 발견하면서 수학에 대한 흥미를 느꼈고, 성취감을 느꼈다. 결과적으로 수학 공부를 하는 데 큰 도움이 되었다.
  – 유가온 (경기 운천고)

- 그동안은 비슷한 유형의 문제를 반복적으로 풀고서 개념을 이해했다고 착각했다. 이 책으로 공부한 후 공식의 의미와 본질을 이해하게 되었고, 개념이 제대로 잡혀 간다는 것을 느끼게 되었다. – 유동민 (경기 백석고)

- 수학은 암기 과목이라는 잘못된 생각을 가지고 있었다. 이 책은 개념에 대해 '왜'를 생각해 보게 했다. 문제를 풀 때도 푸는 방식을 외우는 것이 아니라 개념을 연결해서 문제를 푸니 어려운 수학이 친근하게 느껴졌다. – 이가은 (경기 백석고)

- 중학교 때 배웠던 개념들과 연결해서 새로운 개념을 배우니 수학 수업이 어렵지 않고 참여하고 싶은 마음이 들었다. 새로운 사실을 많이 알게 되어 수학에서 '개념'이라는 것이 얼마나 중요한지 다시 한번 깨달았다. 앞으로 고등학교에서 더 어려운 내용을 배우게 될 텐데 이런 식으로 배우면 부담도 줄고 잘 이해할 수 있을 것 같다. – 이다연 (경기 백석고)

- 학교나 학원에서 배웠던 문제 풀이 중심의 수업과 다른 수업이었다. 딱딱한 수학이라는 과목이 편안하게 다가왔다. 공식을 유도하는 과정을 통해 암기하지 않아도 문제를 쉽게 풀 수 있었다. – 이대건 (경기 문산제일고)

- 교과서로 공부했을 때보다 개념적인 부분에서 더 탄탄하게 공부할 수 있었다. 문제에 대해 먼저 생각해 보는 시간을 가지니 나중에 문제 풀기가 한결 쉬워졌다. – 이송 (경기 문산제일고)

- 『고등 수학의 발견』은 쉬운 예시부터 시작해서 수학의 개념을 차근차근 이해할 수 있게 설명해 준다. 그래서 시간이 지나도 개념이 기억에 남아 있어 문제가 술술 풀렸다. 특히 수학의 기초를 확실하게 다지는 데 큰 도움이 되었다. – 이수아 (서울 금옥여고)

- 단순 암기가 아닌 생각하는 활동을 통해 답을 찾으니 수업이 지루하지 않았고, 친절한 개념 설명이 곁들어져 이해가 쉽게 되었다. – 이시유 (경남 통영여고)

- 이전에는 수학을 왜 배워야 하는지, 사회에서 어떻게 이용하는지 등을 모른 채 공부해서 흥미가 많이 떨어졌었다. 그러나 이 책을 접하고 수학에 대한 흥미가 생겨 더 열심히 과제를 탐구하게 되었다. – 이은재 (경기 백석고)

- 일상생활에서 일어나는 상황에 수학을 접목시켜 답을 찾아가는 방식이 새로워서 수학이 재미있어졌다. 이 책을 접한 후에 생활 속에서 수학 원리를 찾고 적용해 보려는 탐구심이 생겼다. – 이정민 (서울 금옥여고)

- 문제를 해결할 때 그 공식이 사용되는 이유, 그 공식이 성립되는 과정까지 생각하게 해 주었다. 이후로 수학 문제를 접할 때 더 깊게 고민하는 습관이 생겼다. 진짜 수학 공부를 하는 기분을 느꼈다. – 이채원 (경기 백석고)

- 단순히 문제를 푸는 것이 아니라 개념을 이해할 수 있는 여러 사례를 통해 핵심 내용을 이해할 수 있었다. 그리고 개념을 직접 탐구하고 문제에 적용할 수 있어서 수학 실력 향상에 큰 도움이 되었다. 더불어 수학 수업이 즐거워졌다.
  – 이초은 (경기 문산제일고)

- 이 책은 공식을 외우지 않아도 다른 방식으로 문제 풀이를 할 수 있다는 점을 알려 준다. 이렇게 여러 가지 방식으로 문제를 풀 수 있도록 구성되어 있는 점이 좋았다. – 이하람 (경기 운천고)

- 공식을 외우고 그 공식을 적용하여 기계적으로 수학 문제를 풀어 왔는데, 이 책에서 원리를 생각해 보는 다양한 활동을 통해 수학을 암기가 아닌 이해로 받아들이게 되었고, 넓은 시야에서 수학을 사고하는 연습을 하게 되었다. – 이효진 (대구 매천고)

- 『고등 수학의 발견』으로 공부하면서 처음으로 수학에서 성취감을 느꼈다. 예전에 배웠던 개념이나 일상 속 수학을 통해 배우고자 하는 개념에 차근차근 가까워졌다. 열려 있는 질문들을 통해 사고력이 확장되었고, 나만의 표현으로 개념이 완성되는 경험을 했다. 이 책으로 나도 웃으며 수학을 배울 수 있다는 사실을 알게 되었다.
  – 이휘영 (경기 소명학교)

- 『고등 수학의 발견』에 우리 일상에서 수학과 관련된 문제들이 많아서 재미있었고, 이 문제들을 해결하는 과정에서 논리적 사고력이 쑥쑥 늘어 가는 경험을 했다. – 임서현 (대구 매천고)

- 이 책은 개념이 왜 이런지, 어떻게 만들어진 것인지에 대해 근본으로 돌아가서 생각할 수 있게 해 준다. 개념에 대해 확실히 이해할 수 있었다. – 장유진 (경기 운천고)

- 기존 문제집에는 유형을 암기하고 정해진 길을 따라가라는 식의 문제가 많았다. 하지만 이 책으로 공부하면서 미처 생각해 보지 못한, 수학 개념들이 도출되는 과정까지의 논리 구조, 개념들의 유기적인 연결성을 알 수 있었다. 되돌아보면 이 책으로 수업하면서 '왜 그럴까? 다른 방법은 없을까?'라고 생각하는 습관이 생겼다. – 장홍준 (경기 백석고)

- 다른 개념서처럼 먼저 개념을 제시하고 그에 맞는 유형의 문제들을 학습하도록 하는 것이 아니라 '탐구하기'라는 방식을 통해 학생들이 스스로 그 개념을 파헤칠 수 있도록 한 것이 좋았다. 수학적 사고력이 확장되는 경험을 했다. – 정헌규 (경기 운천고)

- 나열된 개념을 일방적으로 받아들이는 방식이 아닌, 개념이 도출되는 과정을 학생이 직접 고민하게 만들어 주는 책이다. 다른 학생들도 이 책을 통해 수학을 제대로 공부한다는 것, 수학적 사고의 힘을 느끼게 되었으면 한다. – 조수민 (경기 운천고)

- 『고등 수학의 발견』은 교과서보다 개념이 더 자세하고 이해하기 쉽게 구성되어 있다. 개념에 대한 적절한 예시와 문제로, 공식을 더 쉽게 이해할 수 있었다. – 최성민 (대구 매천고)

- 중학교 때 배웠던 수학 개념들을 먼저 상기시키고 그 내용을 바탕으로 새로 배우는 개념을 스스로 만들어 나가는 과정이 처음에는 낯설었지만, 연관성이 있다고 생각지도 못했던 개념들이 서로 연결된다는 사실이 놀라웠다. '수학'이라는 것이 그저 문제를 풀기 위한 수단이 아니라는 것을 알게 되었다. – 최성빈 (경기 백석고)

- '세상에 이런 교과서는 없었다. 이건 주입인가 이해인가!' 탐구 활동으로 수학의 숨겨진 내용과 학원에서 배우지 못한 정보를 배울 수 있었고 이로 인해 좋은 성적을 받을 수 있었다. 수업에 대한 흥미도 늘어나 다음 수학 시간이 기다려지게 되었다.
  – 최지용 (경기 문산제일고)

- 바로 공식을 알려 주고 문제를 푸는 주입식 수업이 아닌, 친구들과 함께 생각하고 고민하는 과정을 통해 여러 가지 수학적 접근을 해 볼 수 있었다. 지금껏 접한 어떤 교재보다도 큰 도움이 되었다. – 황지민 (경남 통영여고)